PREFACE 머리말

건설과 기계, 토목 등의 산업 규모가 커지면서 건설기계가 널리 활용되고 있습니다. 특히 지게차는 건설기계 현장에서 화물 상하차와 운반에 꼭 필요한 이동 수단이며, 각종 건설 공사 현장과 공항, 물류 산업에서 다양하게 활용됩니다. 이처럼 다양한 산업에 지게차 조종 인력이 필요하므로 지게차운전기능사 자격증의 효용 가치는 높게 평가 받고 있습니다.

지게차운전기능사 자격증의 CBT 필기시험은 한국산업인력공단에서 '상시'로 시행합니다. 따라서 시험 응시 기회가 많을뿐더러, 기능사의 CBT 필기시험은 문제은행 방식으로 기출문제가 반복 출제되므로 최대한 집중한다면 단기간에 자격증 취득이 가능할 수 있습니다. 엄선된 핵심이론을 효과적으로 학습하고, 반복되는 기출문제를 분석하여 푸는 것이 지게차운전기능사 자격증 취득에 핵심입니다.

본 교재는 지게차 운전과 관련된 NCS 학습 모듈로 개정된 출제기준에 맞추어 내용을 구성하였습니다. 또한, 지게차라는 개념을 처음 접하는 수험생들이 쉽게 학습하고, 시험에 효과적으로 대비할 수 있도록 교재를 구성하였습니다.

이 책의 특징

❶ NCS(국가직무능력표준) 학습 모듈을 반영하여 최신 출제기준에 맞추어 핵심이론을 구성하였습니다.
❷ 수험생 스스로 실력을 테스트할 수 있도록 이론별 단원문제를 수록하였습니다.
❸ CBT 모의고사로 실력을 최종 점검할 수 있도록 반복되는 기출문제를 CBT 시험과 유사하게 구성하여 수록하였습니다.

수험생 여러분들의 합격을 진심으로 기원합니다.
그리고, 합격으로 가는 길에 이 책이 가장 도움이 되었기를 희망합니다.

GUIDE 안전보건&교통안전 표지

◆ 산업안전표시

금지표지	출입금지	보행금지	차량통행금지	사용금지	탑승금지	금연	화기금지	물체이동금지

경고표지	인화성물질 경고	산화성물질 경고	폭발성물질 경고	급성독성물질 경고	부식성물질 경고	방사성물질 경고	고압전기 경고	매달린 물체 경고
	낙하물 경고	고온 경고	저온 경고	몸균형상실 경고	레이저광선 경고	발암성·변이원성·생식독성·전신독성·호흡기 과민성 물질 경고		위험장소 경고

지시표지	보안경 착용	방독마스크 착용	방진마스크 착용	보안면 착용	안전모 착용	귀마개 착용	안전화 착용	안전장갑 착용	안전복 착용

안내표지	녹십자표지	응급구호표지	들것	세안장치	비상용기구	비상구	좌측비상구	우측비상구

◆ 규제표지

통행금지	자동차 통행금지	화물자동차 통행금지	승합자동차 통행금지	이륜자동차 및 원동기 장치 자전거통행금지	자동차·이륜 자동차 및 원동기장치 자전거 통행금지	경운기·트랙터 및 손수레 통행금지	자전거 통행금지	진입금지
직진금지	우회전금지	좌회전금지	유턴금지	앞지르기금지	주정차금지	주차금지	차중량제한	차높이제한
차폭제한	차간거리확보	최고속도제한	최저속도제한	서행	일시정지	양보	보행자 보행금지	위험물적재차량 통행금지

◆ 주의표지

+자형교차로	T자형교차로	Y자형교차로	ㅏ자형교차로	ㅓ자형교차로	우선도로	우합류도로	좌합류도로	회전형교차로
철목건널목	우로굽은도로	좌로굽은도로	우좌로굽은도로	도로폭이좁아짐	우측차로없어짐	좌측차로없어짐	우측방통행	양측방통행
중앙분리대시작	중앙분리대끝남	신호기	미끄러운도로	강변도로	노면고르지못함	과속방지턱	낙석도로	횡단도로
어린이보호	자전거	도로공사중	비행기	횡풍	터널	교량	야생동물보호	위험
상습정체구간								

◆ 지시표지

자동차 전용도로	자전거 전용도로	자전거 및 보행자 겸용도로	회전교차로	직진	우회전	좌회전	직진 및 우회전	직진 및 좌회전
좌회전 및 유턴	좌우회전	유턴	양측방통행	자전거 및 보행자 통행구분	자전거 전용차로	주차장	자전거 주차장	보행자 전용도로
횡단보도	노인보호	어린이보호	장애인보호	자전거횡단도	일방통행	일방통행	일방통행	비보호좌회전
버스전용차로	다인승차량 전용차로	통행우선	자전거나란히 통행허용					

GUIDE 지게차운전기능사 시험정보

✅ 지게차운전기능사 취득방법

구분		내용
시험과목	필기	1.지게차 주행 2.화물 적재 3.운반 4.하역 5.안전관리
	실기	지게차운전 작업 및 도로주행
검정방법	필기	객관식 4지 택일형 60문항(60분)
	실기	작업형(4분 정도)
합격기준	필기	100점을 만점으로 하여 60점 이상
	실기	100점을 만점으로 하여 60점 이상

✅ 지게차운전기능사 필기출제비율

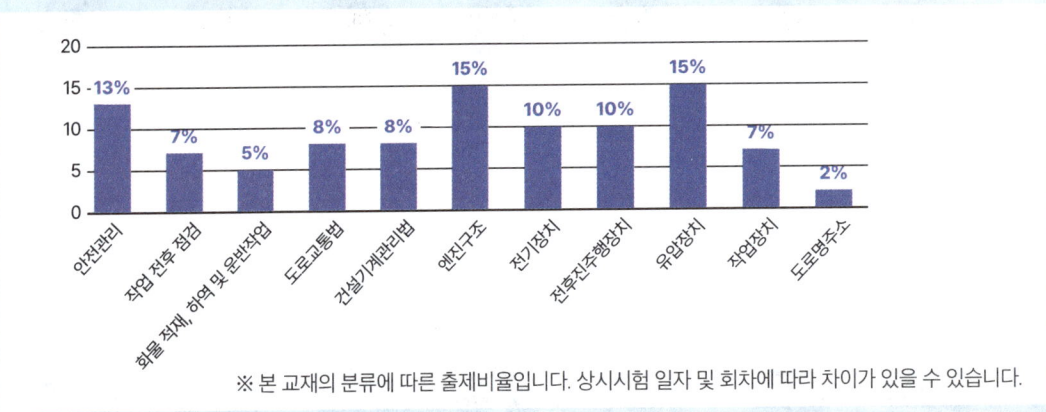

※ 본 교재의 분류에 따른 출제비율입니다. 상시시험 일자 및 회차에 따라 차이가 있을 수 있습니다.

✅ 지게차운전기능사 합격률

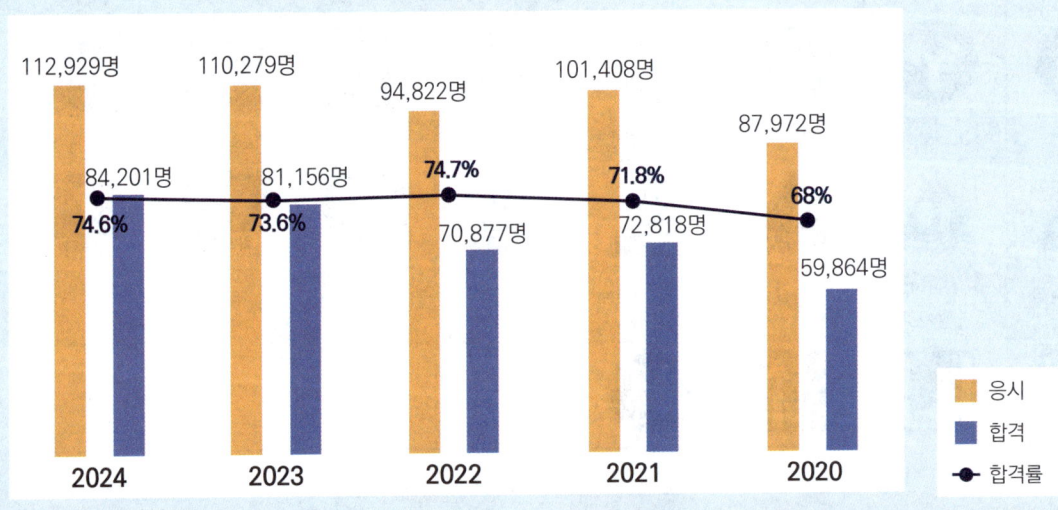

GUIDE 지게차운전기능사 필기 출제기준

직무분야	건설	중직무분야	건설기계운전	자격종목	지게차운전기능사	적용기간	2025.01.01.~2027.12.31.
필기검정방법	객관식	문제수	60			시험시간	1시간

필기과목명	주요항목	세부항목
지게차주행, 화물적재, 운반, 하역, 안전관리	1. 안전관리	1. 안전보호구 착용 및 안전장치 확인
		2. 위험요소 확인
		3. 안전운반 작업
		4. 장비 안전관리
	2. 작업 전 점검	1. 외관점검
		2. 누유·누수 확인
		3. 계기판 점검
		4. 마스트·체인 점검
		5. 엔진시동 상태 점검
	3. 화물 적재 및 하역작업	1. 화물의 무게중심 확인
		2. 화물 하역작업
	4. 화물 운반작업	1. 전·후진 주행
		2. 화물 운반작업
	5. 운전시야 확보	1. 운전시야 확보
		2. 장비 및 주변상태 확인
	6. 작업 후 점검	1. 안전주차
		2. 연료 상태 점검
		3. 외관점검
		4. 작업 및 관리일지 작성
	7. 건설기계관리법 및 도로교통법	1. 도로교통법
		2. 안전운전 준수
		3. 건설기계관리법
	8. 응급대처	1. 고장 시 응급처치
		2. 교통사고 시 대처
	9. 장비구조	1. 엔진구조
		2. 전기장치
		3. 전·후진 주행장치
		4. 유압장치
		5. 작업장치

GUIDE 지게차운전기능사 필기 접수절차

01 큐넷 접속 및 로그인

- 한국산업인력공단 홈페이지 큐넷(www.q-net.or.kr) 접속
- 큐넷 홈페이지 로그인(※ 회원가입 시 반명함판 사진 등록 필수)

02 원서접수

- 큐넷 메인에서 [원서접수] 클릭
- 응시할 자격증을 선택한 후 [접수하기] 클릭

03 장소선택

- 응시할 지역을 선택한 후 [조회] 클릭
- 시험장소를 확인한 후 [선택] 클릭
- 장소를 확인한 후 [접수하기] 클릭

04 결제하기

- 응시시험명, 응시종목, 시험장소 및 일시 확인
- 해당 내용에 이상이 없으면, 검정수수료 확인 후 [결제하기] 클릭

05 접수내용 확인하기

- 마이페이지 접속
- 원서접수관리 탭에서 [원서접수내역] 클릭 후 확인

GUIDE 지게차운전기능사 필기 CBT 자격시험

01 CBT 시험 웹체험 서비스 접속하기

❶ 한국산업인력공단 홈페이지 큐넷(www.q-net.or.kr)에 접속하여 로그인 후 오른쪽 하단 CBT 체험하기를 클릭합니다.
  ※ 큐넷에 가입되어 있지 않으면 회원가입을 진행해야 하며, 회원가입 시 반명함판 크기의 사진 파일이 필요합니다.

❷ 튜토리얼을 따라서 안내사항과 유의사항 등을 확인합니다.
  ※ 튜토리얼 내용 확인을 하지 않으려면 '튜토리얼 나가기'를 클릭한 다음 '시험 바로가기'를 클릭하여 시험을 시작할 수 있습니다.

02 CBT 시험 웹체험하기

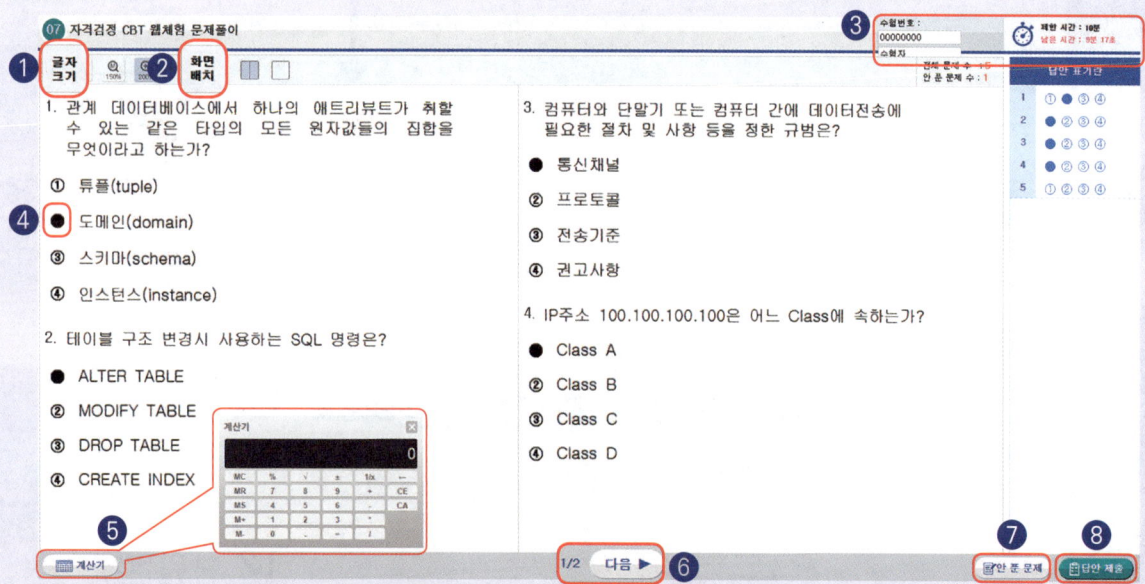

❶ 글자 크기 조정 : 화면의 글자 크기를 변경할 수 있습니다.
❷ 화면 배치 변경 : 한 화면에 문제 배열을 2문제/ 2단 /1문제로 조정할 수 있습니다.
❸ 시험 정보 확인 : 본인의 [수험번호]와 [수험자명]을 확인할 수 있으며, 문제를 푸는 도중에 [안 푼 문제 수]와 [남은 시간]을 확인하며 시간을 적절하게 분배할 수 있습니다.
❹ 정답 체크 : 문제 번호에 정답을 체크하거나 [답안표기란]의 각 문제 번호에 정답을 체크합니다.
❺ 계산기 : 계산이 필요한 문제가 나올 때 사용할 수 있습니다.
❻ 다음 ▶ : 다음 화면의 문제로 넘어갈 때 사용합니다.
❼ 안 푼 문제 : ❸의 [안 푼 문제 수]를 확인하여 해당 버튼을 클릭하고, 풀지 않은 문제 번호를 누르면 해당 문제로 이동합니다.
❽ 답안 제출 : 문제를 모두 푼 다음 '답안 제출' 버튼을 눌러 답안을 제출하고, 합격 여부를 바로 확인합니다.

이 책의 구성과 특징

☑ 핵심이론

시험에 출제되는 핵심적인 내용을 엄선하였습니다. 합격을 위해 꼭 학습해야 할 내용을 과목별로 분류하였고, 핵심이론으로 구성하여 내용을 쉽게 이해하면서 효과적으로 학습할 수 있습니다.

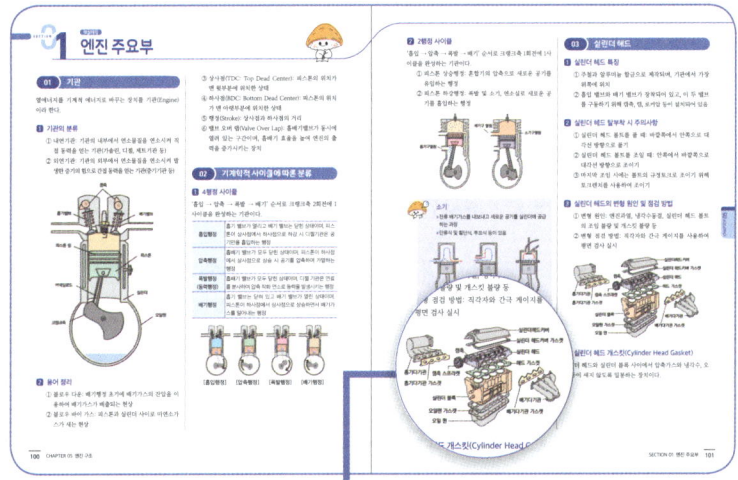

☑ 컬러 삽화

학습 내용을 쉽게 이해할 수 있도록 컬러 삽화를 수록하였습니다.

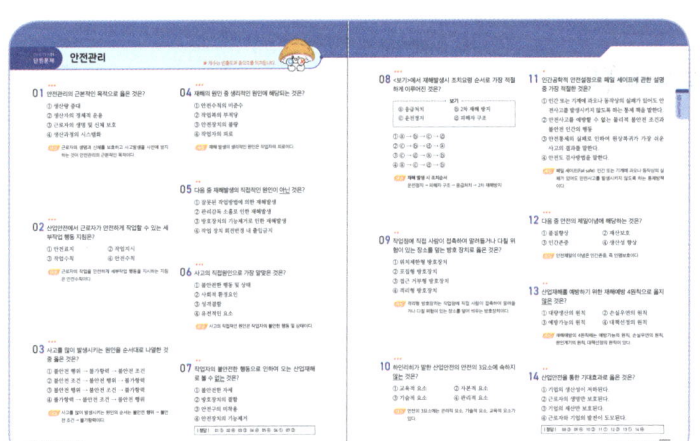

☑ 단원문제

각 단원 마지막에는 이론과 연계된 단원문제를 수록하였습니다. 단원문제를 풀면서 최신 출제 유형과 출제 가능성이 높은 문제를 파악할 수 있고, 맞춤형 해설로 문제와 답을 쉽게 이해할 수 있습니다.

☑ 실전대비 CBT 모의고사

수험생들이 스스로 역량을 확인할 수 있도록 최신 경향의 CBT 문제와 빈출 유형을 분석하여 엄선하였습니다. 양질의 실전 모의고사로 최신 기출 유형을 파악하며 학습할 수 있습니다.

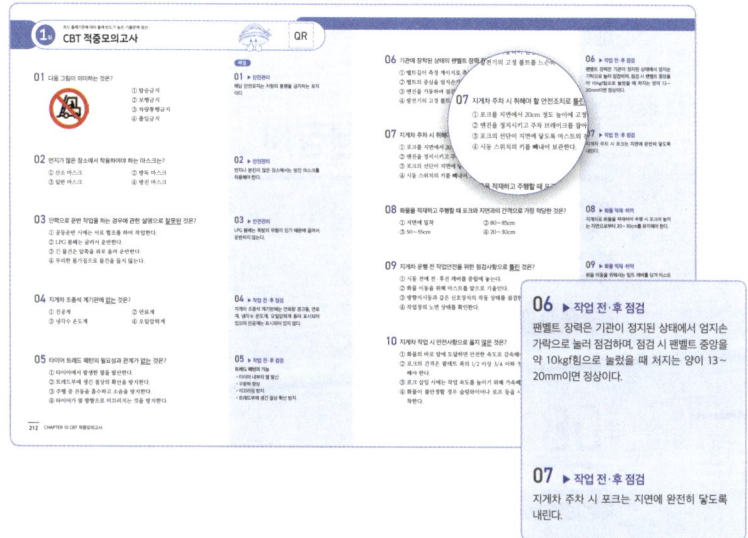

☑ 자세한 해설

자세한 해설로 시험을 체계적으로 대비할 수 있습니다.

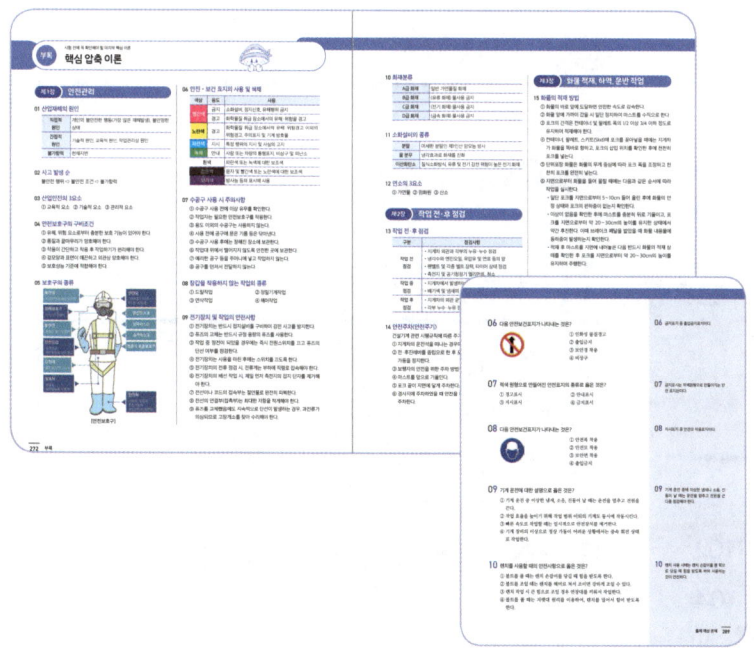

☑ 핵심요약과 최신 경향 빈출문제

시험 전에 빠르게 볼 수 있는 핵심이론과 최신경향 빈출 문제를 따로 엄선하였습니다. 압축된 내용으로 학습 개념을 빠르게 정리하며 시험에 대비할 수 있습니다.

CONTENTS 목차

01 안전관리

SECTION 01	산업안전관리	12
SECTION 02	안전보호구 및 안전장치	14
SECTION 03	안전표지	16
SECTION 04	위험요소 확인 및 안전운반	18
SECTION 05	기계, 기구, 공구 및 작업 안전	20

02 작업 전·후 점검

| SECTION 01 | 작업 전·후 점검 | 36 |

03 화물 적재, 하역, 운반 작업

| SECTION 01 | 화물의 종류 및 적재 작업 | 50 |
| SECTION 02 | 화물 운반 작업 및 안전 운전 | 52 |

04 건설기계관리법 및 도로교통법

SECTION 01	도로교통법	60
SECTION 02	건설기계관리법	66
SECTION 03	응급대처	72

05 엔진구조

SECTION 01	엔진 주요부	94
SECTION 02	윤활장치	102
SECTION 03	냉각장치 및 흡·배기장치	104

06 전기장치

SECTION 01	전기와 축전지(배터리)	126
SECTION 02	시동장치	130
SECTION 03	충전장치와 등화장치	132

07 전·후진 주행장치

SECTION 01	동력전달장치	146
SECTION 02	조향장치	150
SECTION 03	제동장치	152

08 유압장치

SECTION 01	유압일반 및 유압펌프와 실린더	166
SECTION 02	유압탱크와 유압기호 및 회로	170
SECTION 03	유압유·컨트롤 밸브 및 그 밖의 부속장치	172

09 작업장치

| SECTION 01 | 지게차의 구조 및 작업장치 | 194 |
| SECTION 02 | 지게차의 제원과 관련 용어 | 198 |

10 CBT 적중모의고사

1	CBT 적중모의고사 1회	206
2	CBT 적중모의고사 2회	218
3	CBT 적중모의고사 3회	230
4	CBT 적중모의고사 4회	242
5	CBT 적중모의고사 5회	254

부록

- 핵심 압축 이론 266
- 출제 예상 문제 100제 282

CHAPTER 01

안전관리

SECTION	01	산업안전관리
SECTION	02	안전보호구 및 안전장치
SECTION	03	안전표지
SECTION	04	위험요소 확인 및 안전운반
SECTION	05	기계, 기구, 공구 및 작업 안전

단원별 기출 분석

✓ 출제비율이 높고, 모든 파트가 골고루 출제되는 단원입니다.
✓ 상식으로 풀 수 있는 문제가 많이 포함되어 쉽게 점수를 확보할 수 있습니다.
✓ 안전표지와 장비 및 기계, 화재 안전 등의 개념 암기는 필수입니다.

SECTION 01 산업안전관리

01 산업안전의 정의

1 산업재해 정의
산업재해(産業災害) 또는 산재(産災)로, 노동자가 업무 상 건설물·설비·원재료·가스·증기·분진 등으로 작업 또는 그 밖의 업무로 사망 또는 부상을 당하거나 질병에 걸리는 것을 말한다.

2 재해조사의 목적
① 발생한 재해를 과학적 방법으로 조사, 분석하여 재해의 발생 원인 규명
② 안전대책을 수립하여 동종 및 유사재해의 재발 방지
③ 안전한 작업 상태를 확보하고 쾌적한 작업환경 조성

02 산업재해의 원인

1 직접적 원인

(1) 개인의 행동(가장 많은 재해 발생 원인, 산업재해율 85%)
① 사고·재해를 일으키거나 그 요인을 만들어 내는 작업자의 행동을 의미
② 안전장치 무효와 안전 조치 불이행, 불안전한 방치, 장치 등의 목적 이외의 사용 등이 원인
③ 운전 중 기계 및 장치 등의 점검 미비, 보호구와 복장 결함과 위험장소 출입 및 잘못된 동작 등도 원인이 됨

(2) 불안정한 상태(산업재해율 15%)
① 사고·재해를 일으키거나 그 요인을 만들어 내는 물리적 상태나 환경을 의미
② 방호조치 결함 및 물건 적치 방법, 작업장소 결함, 보호구, 복장 등의 결함 그리고 작업환경 결함 등이 원인

2 간접적 원인
① 기술적 원인: 건물 기계장치 설계 불량, 구조재료의 부적합, 생산방법 부적당, 점검 불량 등
② 교육적 원인: 안전 지식 부족, 안전 수칙 미숙지, 경험 부족, 작업 방법 교육 불충분 등
③ 작업 관리상 원인: 안전 수칙 미숙지, 작업 준비 부족, 인원배치 부적당, 작업지시 부적당 등
④ 불가항력의 원인
  - 천재지변(태풍, 홍수, 지진 등), 인간이나 기계의 한계로 인한 불가항력을 의미
  - 사고 발생의 순서

불안전 행위 → 불안전 조건 → 불가항력

 **산업안전의 3요소**
» 교육적 요소
» 기술적 요소
» 관리적 요소

03 산업재해 예방

1 산업재해 예방의 4원칙
① 예방가능의 원칙: 천재지변을 제외한 모든 인재는 예방이 가능
② 손실우연의 원칙: 사고의 결과 손실의 유무 또는 대소는 사고 당시의 조건에 따라 우연히 발생
③ 원인연계의 원칙: 사고에는 반드시 원인이 있고 원인은 대부분 복합적 연계 원인
④ 대책선정의 원칙: 사고의 원인이나 불안정 요소가 발견되면 반드시 대책 선정

04 산업재해 분류

1 산업재해의 용어
① 사망: 사고로 생명을 잃게 되는 것(노동 손실일수 7,500일)
② 무상해 사고: 응급조치 이하의 상해로 치료를 받는 것
③ 경상해: 부상으로 1일 이상 7일 이하의 노동 상실을 가져오는 것
④ 중경상: 부상으로 인하여 8일 이상의 노동 상실을 가져오는 것

2 ILO의 근로 불능 상해의 구분(상해 정도별 분류)

사망	사고로 생명을 잃음(노동 손실일수 7,500일)
영구 전노동 불능	신체 전체의 노동 기능 완전 상실(1~3급)(노동 손실일수 7,500일)
영구 일부노동 불능	신체 일부의 노동 기능 상실(4~14급)
일시 전노동 불능	일정기간 노동 종사 불가(휴업 상해)
일시 일부노동 불능	일정기간 일부 노동에 종사 불가(통원 상해)
구급조치 상해	1일 미만의 치료를 받고 정상작업에 임할 수 있는 상해

05 산업재해발생시 조치사항

① 산업재해: 근로자가 업무와 관련된 건설물, 설비, 원재료, 가스, 증기·분진 등으로 작업 또는 기타 업무 때문에 사망 또는 부상을 당하거나 질병에 걸리는 것
② 중대 산업재해
  - 사망자 1명 이상 발생
  - 동일한 사고로 6개월 이상 치료가 필요한 부상자가 2명 이상 발생
  - 동일한 유해요인으로 급성중독 등 대통령령으로 정하는 직업성 질병자가 1년 이내에 3명 이상 발생
③ 재해발생시 조치 순서

> 기계 정지 → 피해자 구출 → 응급처치 및 긴급후송 → 보고 및 현장보존

④ 산업재해 발생보고: 산업재해가 발생한 날부터 1개월 이내에 지방고용노동관서에 산업재해 조사표를 제출하여야 한다.
⑤ 중대 재해는 지체 없이 관할 지방고용노동관서에 전화 및 팩스 등으로 보고한다.

06 방호장치

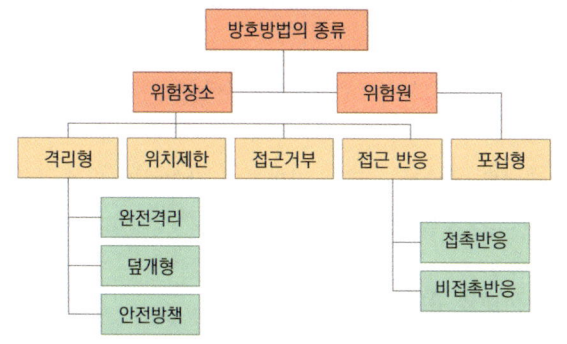

[방호장치의 분류]

1 방호장치의 정의
방호장치는 위험원을 방호하는 포집형 방호장치와 위험 장소를 방호하는 격리형, 위치 제한형, 접근 거부형, 접근 반응형 등이 있다.

2 방호의 원리
① 위험 제거: 위험원을 제거하여 위험 요인을 원칙적으로 없애는 것
② 차단: 위험성은 존재하나 기계와 사람을 격리시켜 재해 발생이 불가능하게 하는 것
③ 덮어씌움: 작업자와 기계가 격리될 수 없는 공유 영역이 있을 경우, 한쪽을 덮어씌우는 것
④ 위험 적응: 사람이 위험에 적응하도록 위험에 대한 정보 제공, 안전 행동 동기 부여, 안전 교육 훈련 등을 실시

3 방호장치 종류

방호장치 종류	점검사항
격리형 방호장치	위험 장소에 작업자가 접근하여 일어날 수 있는 재해를 방지하기 위해 차단벽이나 망을 설치(방책)
위치제한형 방호장치	위험 장소에 접근하지 못하도록 안전거리를 확보하여 작업자를 보호
접근거부형 방호장치	위험 장소에 접근하면 위험 지점으로부터 강제로 밀어냄
접근반응형 방호장치	위험 장소에 접근 시, 센서가 작동하여 기계를 정지시킴
포집형 방호장치	위험 장소의 방호가 아니라 위험원에 대한 방호(연삭 숫돌의 포집 장치)

SECTION 02 안전보호구 및 안전장치

01 안전보호구

산업재해를 예방하기 위해 작업자가 작업하기 전에 착용하는 기구나 장치를 뜻한다.

1 안전보호구의 구비조건

① 유해, 위험 요소로부터 충분한 보호 기능이 있어야 한다.
② 품질과 끝마무리가 양호해야 한다.
③ 착용이 간단하고 착용 후 작업하기가 편리해야 한다.
④ 겉모양과 표면이 매끈하고 외관상 양호해야 한다.
⑤ 보호성능 기준에 적합해야 한다.

2 안전보호구 선택 시 주의사항

① 사용하기 쉬워야 하며, 사용 목적에 적합해야 한다.
② 품질이 좋고 작업자에게 잘 맞아야 한다.
③ 관리가 편리해야 한다.

02 안전보호구의 종류

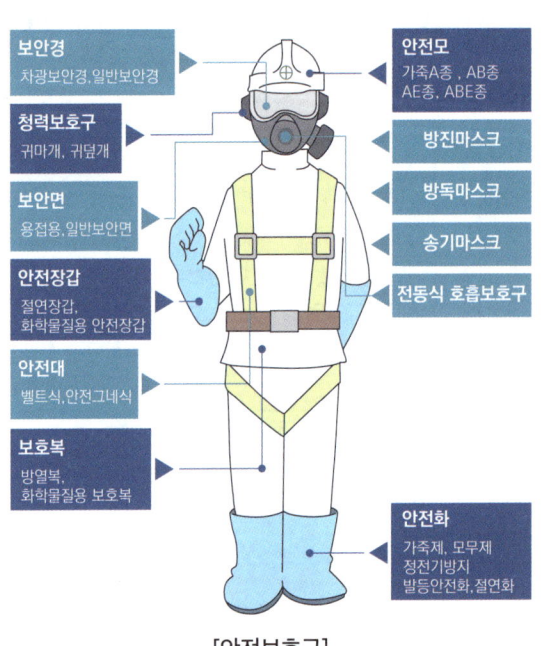

[안전보호구]

1 안전모

물체의 비래 또는 낙하, 작업자의 추락 위험으로부터 작업자의 머리를 보호한다.

① 작업 내용에 적합한 안전모를 착용
② 안전모 착용 시 턱 끈을 바르게 조절
③ 자신의 머리 크기에 맞도록 착장제의 머리 고정대 조절
④ 충격을 받은 안전모나 변형된 안전모는 폐기 처분
⑤ 안전모에 구멍을 내지 않도록 주의
⑥ 합성수지는 자외선에 균열 및 노화가 일어나므로 자동차 뒷 창문 등에 보관하지 말 것

2 안전화

작업장소의 상태가 나쁘거나, 작업자세가 부적합하여 발생할 수 있는 사고 또는 물건을 운반할 때 발등이 다치는 위험으로부터 작업자를 보호한다.

① 경 작업용: 금속선별, 전기제품 조립 화학제품 선별, 식품가공업 등 경량의 물체를 취급하는 작업장에서 착용
② 보통 작업용: 기계공업, 금속가공업, 등 공구부품을 손으로 취급하는 작업 및 차량사업장, 기계 등을 조작하는 작업장에서 착용
③ 중 작업용: 중량물 운반 작업 및 중량이 큰 물체를 취급하는 작업장에서 착용

3 안전작업복

안전작업복의 기본 요소	• 기능성 • 심미성 • 상징성
안전작업복의 조건	• 보건성 • 장신성 • 적응성 • 내구성

4 보안경

보안경은 날아오는 물체로부터 눈을 보호하고, 유해 및 약물로부터 시력을 보호한다.

일반 보안경	고운가루, 칩, 기타 비산물체로부터 눈을 보호
차광용 보안경	전기 아크용접이나 가스용접, 자외선 및 적외선, 가시광선 등으로부터 눈을 보호
도수렌즈 보안경	작업자의 눈을 보호하고, 시력을 보정해주는 렌즈를 사용하는 보안경

5 방음보호구(귀마개, 귀덮개)

소음이 발생하는 작업장에서 작업자의 청력을 보호하기 위해 사용되는데, 소음의 허용기준은 8시간 작업을 할 때 90dB이며, 그 이상의 소음 작업장에서는 귀마개나 귀덮개를 착용해야 한다.

6 마스크 (호흡용 보호구)

산소결핍 작업, 분진 및 유독가스 발생 작업장에서 작업할 때 신선한 공기 공급 및 여과를 통하여 호흡기를 보호한다.

① 방진 마스크: 분진이 발생하는 작업장에서 착용
② 방독 마스크: 유해가스가 발생하는 장소에서 착용
③ 송기(공기)마스크: 산소 결핍이 우려되는 작업장에서 착용

7 안전대

높이가 2m 이상이며 추락 위험이 있는 장소에서 신체를 보호하기 위해 착용한다.

① 작업자세 유지: 전신주 작업 등에서 작업을 할 수 있도록 자세를 유지시켜 추락 방지
② 작업제한: 개구부 또는 측면이 개방 형태로, 추락할 수 있는 장소에서 작업자의 행동반경을 제한하면서 추락을 방지
③ 추락억제: 철골 구조물 또는 비계의 조립·해체 작업 시 충격흡수장치가 부착된 죔줄을 사용하여 추락 하중을 신체에 고루 분포시키고 추락 하중을 감소

8 지게차 안전장치

지게차 작업 시 다른 작업자나 구조물과 충돌하는 것을 방지하며, 각종 위험으로부터 운전자를 안전하게 보호한다.

① 주행연동 안전벨트: 지게차의 전도 또는 충격에 의해 운전자가 튕겨져 나가는 것을 방지
② 후방접근 경보장치: 지게차 후진 시, 통행하는 근로자 또는 물체와의 충돌을 방지하는 접근 경보 장치
③ 대형 후사경: 지게차 후면에 위치한 작업자 또는 물체를 인지하기 위한 장치
④ 룸 미러: 지게차 뒷면의 사각 지역을 확인하는 장치
⑤ 포크 위치 표시: 바닥으로부터 포크의 위치를 쉽게 알 수 있도록 마스트와 포크 후면에 경고 표지를 부착
⑦ 경광등 설치: 조명이 어두운 작업장소에서 지게차의 운행상태를 알 수 있도록 지게차 후면에 경광등을 설치
⑧ 오버헤드 가드(Over Head Guard): 물체의 낙하 충격에 견딜 수 있는 강도를 가진 지게차 운전석 상부
⑨ 포크 받침대: 지게차 수리 또는 점검 시 포크의 급격한 하강을 방지하기 위한 받침대

SECTION 03 안전표지

01 안전표지

1 안전표지의 개요
① 「산업안전보건법」상 안전표지는 색채, 내용, 모양으로 구성
② 작업장에서 작업자의 실수가 발생하기 쉬운 장소나 중대한 재해를 일으킬 수 있는 장소에서 안전 확보를 위해 표시하는 표지

2 안전·보건 표지의 사용 및 색채

색상	용도	사용
빨간색	금지	소화설비, 정지신호, 유해행위 금지
빨간색	경고	화학물질 취급 장소에서의 유해·위험을 경고
노란색	경고	화학물질 취급 장소에서의 유해·위험경고 이외의 위험경고, 주의표지 및 기계 방호물
파란색	지시	특정 행위의 지시 및 사실의 고지
녹색	안내	사람 또는 차량의 통행표지, 비상구 및 피난소
흰색		파란색 또는 녹색에 대한 보조색
검은색		문자 및 빨간색 또는 노란색에 대한 보조색
보라색		방사능 등의 표시에 사용

3 금지표지(8종)

출입금지	보행금지	차량통행금지	사용금지
탑승금지	금연	화기금지	물체이동금지

4 경고표지(15종)

인화성 물질 경고	산화성 물질 경고	폭발성 물질 경고	급성독성 물질 경고
부식성 물질 경고	방사성 물질 경고	고압전기 경고	매달린 물체 경고
낙하물 경고	고온 경고	저온 경고	몸균형 상실 경고
레이저광선 경고	발암성·변이원성·생식독성·전신 독성·호흡기 과민성 물질 경고		위험장소 경고

5 지시표지(9종)

보안경 착용	방독마스크 착용	방진마스크 착용	보안면 착용	안전모 착용
귀마개 착용	안전화 착용	안전장갑 착용	안전복 착용	

6 안내표지(8종)

녹십자표지	응급구호표지	들것	세안장치
비상용기구	비상구	좌측비상구	우측비상구

SECTION 04 위험요소 확인 및 안전운반

01 안전수칙

1 안전수칙
① 안전보호구 착용
② 안전보건표지 부착
③ 안전보건교육 실시
④ 안전작업 절차 준수

2 작업자의 올바른 안전 자세
① 자신과 타인의 안전을 고려
② 안전한 작업장 환경을 조성하기 위해 노력
③ 작업 안전 사항을 준수

02 산업재해

1 재해 관련 용어

산업재해	노동 과정에서 작업환경 또는 작업행동 등의 업무상 사유로 발생하는 노동자의 신체적·정신적 재해
협착	기계의 움직이는 부분 사이 또는 움직이는 부분과 고정 부분 사이에 신체 또는 신체의 일부분이 끼이거나 물림으로 발생하는 재해
전도	사람이 바닥 등의 장애물에 걸려 넘어져 발생하는 재해
추락	사람이 높은 곳에서 떨어지는 재해

2 지게차 화물의 낙하 재해 예방
① 화물의 적재상태 확인
② 허용하중을 초과한 적재 금지
③ 무자격자의 운전 금지
④ 마모가 심한 타이어 교체
⑤ 작업장의 바닥 요철 확인

3 지게차 협착 및 충돌 재해 예방
① 지게차 전용통로 확보
② 지게차 운행구간별 제한속도 지정 및 표지판 부착
③ 교차로 등 사각지대에 반사경 설치
④ 불안전한 화물적재 금지 및 시야를 확보하도록 적재
⑤ 경사진 노면에 지게차 방치 금지

4 지게차 전도 재해 예방
① 연약한 지반에서는 받침판을 사용하고 작업
② 연약한 지반에서 편하중에 주의하여 작업
③ 지게차의 용량을 무시하고 무리한 작업 금지
④ 급선회, 급제동, 오작동 등 금지
⑤ 화물의 적재중량보다 작은 소형 지게차로 작업 금지

5 추락 재해 예방
① 운전석 이외에 작업자 탑승 금지
② 작업 전 안전모와 안전벨트 반드시 착용
③ 난폭운전 금지하고, 유도자 신호에 따라 작업
④ 지게차를 이용한 고소 작업 금지

6 작업장 주변상황 파악
① 작업 지시사항에 따라 정확하고 안전한 작업을 수행하기 위해 지게차의 주기상태를 육안으로 확인
② 지게차 작업 반경 내의 위험요소를 육안으로 확인
③ 작업장 주변 구조물의 위치를 육안으로 확인

작업자의 안전
» 지게차는 운전자만 탑승
» 안전 부착물 부착
» 운전자만 작업장치 작동
» 운전석 정 위치에서 작업장치 작동
» 운전자의 복장, 손, 안전화 및 운전석 바닥 오염 시 세척
» 작업장치와 주행 장치의 작동 상태 점검

03 지게차의 안전운반

1 안전운반 수칙

① 작업 전 일일점검 실시
② 정해진 운전자만 운전
③ 작업 시 적재하중을 초과한 적재 금지
④ 작업 시 규정 주행속도 준수
⑤ 작업 중 운전석을 이탈할 때에는 반드시 시동키 휴대
⑥ 작업 시 안전표지 내용 준수
⑦ 작업 시 안전모와 안전벨트 착용
⑧ 지게차를 다른 용도로 사용 금지
⑨ 작업 시 안전한 경로를 선택하여 규정 속도로 주행
⑩ 작업 시 운전시야 확보
⑪ 작업 시 휴대전화 사용 금지
⑫ 작업 시 음주 운전 금지

안전 운반 수칙

» 마스트를 뒤로 충분하게 기울인 상태에서 포크 높이를 지면으로부터 20~30cm 유지하며 운반
» 적재한 화물이 운전시야를 가릴 때에는 후진주행이나 유도자를 배치하여 주행
» 주행 시 이동방향을 확인하고 작업장 바닥과의 간격을 유지하면서 화물 운반
» 혼잡한 지역이나 운전시야가 가려질 때는 장애물과 보행자에 주의하면서 주행속도 감속
» 경사로를 올라가거나 내려올 때는 적재물이 경사로의 위쪽을 향하도록 하고, 경사로를 내려오는 경우에는 엔진 브레이크를 사용하여 천천히 내려오기

04 지게차 운반 경로의 이해

1 운반 관리 계획

① 운반 계획의 입안과 결정
② 운반 경로의 계획과 실시
③ 운반 계획과 실시
④ 운반 경로(공장 내외)결정
⑤ 운반 실시의 관리

2 효율적인 운반 경로

① 운반 거리가 짧아야 함
② 통행이 편리해야 함
③ 작업이 용이해야 함

3 지게차 안전작업 방법

① 지게차의 안전한 운행경로 확보하고 확인
② 작업 장소의 지면이 충분한 강도인지 확인
③ 노면 붕괴로 전복 전략의 위험 요소 확인
④ 운행을 방해하는 장애물 제거
⑤ 필요에 따라 유도자 배치

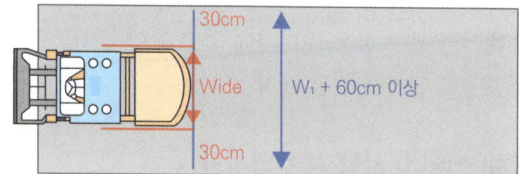

[지게차 1대의 운행 경로 폭]

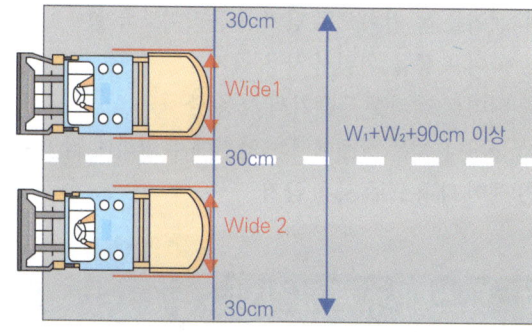

[지게차 2대의 운행 경로 폭]

SECTION 05 기계, 기구, 공구 및 작업 안전

01 수공구 안전사항

1 수공구 사용 시 주의사항
① 수공구 사용 전에 이상 유무 확인
② 작업자는 필요한 안전보호구 착용
③ 용도 이외의 수공구 사용 금지
④ 사용 전에 공구에 묻은 기름 등 제거
⑤ 수공구 사용 후 정해진 장소에 보관
⑥ 작업대 위에서 떨어지지 않도록 안전한 곳에 보관
⑦ 예리한 공구 등은 주머니에 넣고 작업 금지
⑧ 공구를 던져서 전달 금지

2 렌치(스패너) 사용 시 주의사항
① 볼트 및 너트 머리 크기와 같은 죠(Jaw)의 렌치 사용
② 볼트 및 너트에 렌치를 깊이 물림
③ 렌치를 몸 안쪽으로 당기며 움직이도록 함
④ 파이프 등을 끼워서 사용 금지
⑤ 해머로 렌치를 두들겨서 사용 금지
⑥ 높거나 좁은 장소에서는 안전에 유의하며 작업
⑦ 해머 대용으로 사용 금지

02 스패너, 렌치 작업

1 렌치의 종류
① 조정렌치(몽키렌치): 제한된 범위에서 다양한 규격의 볼트나 너트에 사용할 수 있음

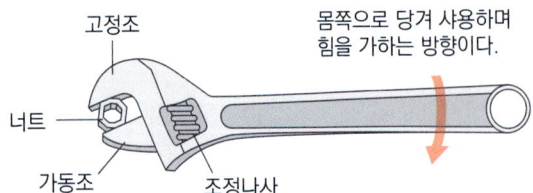

② 복스렌치: 볼트 너트 주위를 완전히 감싸는 형태라 사용 중에 미끄러지지 않으며, 6각 볼트나 너트에 적합

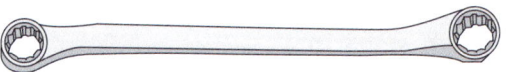

③ 오픈엔드렌치: 한쪽 또는 양쪽이 벌어진 렌치이며 연료 파이프의 피팅을 풀거나 조일 때 사용

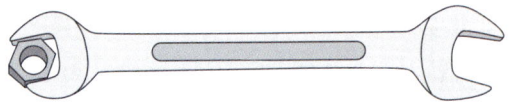

④ 조합렌치(콤비네이션렌치): 한쪽은 오픈엔드렌치이고 다른 한쪽은 복스렌치로 되어 있음

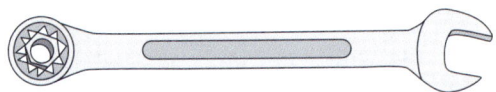

⑤ 토크렌치: 볼트나 너트를 규정 토크로 조일 때 사용하는 렌치

⑥ 파이프렌치: 파이프 관을 설치하거나 분해할 때 관의 나사를 조이거나 푸는 렌치

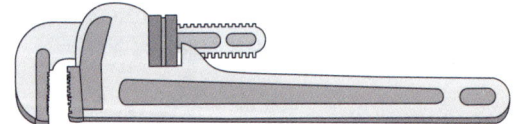

⑦ 소켓렌치: 복스렌치의 일종으로, 라쳇핸들 또는 힌지핸들, 스피드핸들에 끼워 사용하는 렌치

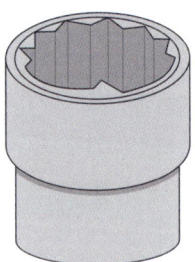

[소켓렌치용 소켓]

03 드라이버(Driver) 작업 시 주의사항

① 스크루 드라이버의 크기는 손잡이를 제외한 길이로 표시한다.
② 날 끝의 홈의 폭과 길이가 같은 것을 사용한다.
③ 작은 크기의 부품이라도 한 손으로 잡지 않으며 바이스에 고정시키고 작업한다.
④ 전기 작업을 할 때에는 절연된 손잡이를 사용한다.
⑤ 드라이버에 압력을 가하지 말아야 한다.
⑥ 정 대용으로 드라이버를 사용하지 않는다.
⑦ 자루가 쪼개졌거나 허술한 드라이버는 사용하지 않는다.
⑦ 드라이버의 끝을 항상 양호하게 관리해야 한다.
⑧ 날 끝이 수평이어야 한다.

04 해머 작업 시 주의 및 안전사항

① 해머로 녹슨 것을 때릴 때에는 반드시 보안경을 쓴다.
② 기름이 묻은 손이나 장갑을 끼고 작업하지 않는다.
③ 해머는 작게 시작하여 차차 큰 행정으로 작업한다.
④ 해머 대용으로 다른 것을 사용 금지한다.
⑤ 타격면은 평탄하고, 손잡이는 튼튼한 것을 사용한다.
⑥ 사용 중에 자루 등을 자주 조사한다.
⑦ 타격 가공하려는 것을 보면서 작업한다.
⑧ 해머를 휘두르기 전에 반드시 주위를 확인한다.
⑨ 좁은 곳에서는 해머 작업을 해지 금지한다.

05 드릴 작업 시 주의 및 안전사항

① 구멍을 거의 뚫었을 때 일감 자체가 회전하기 쉽다.
② 드릴의 탈부착은 회전이 멈춘 다음 진행한다.
③ 공작물은 단단히 고정시켜서 따라 돌지 않게 해야 한다.
④ 드릴 끝이 가공물을 관통여부를 손으로 확인하지 않는다.
⑤ 드릴작업은 장갑을 끼고 작업하지 않는다.
⑥ 작업 중 쇳가루를 입으로 불지 않는다.
⑦ 드릴작업을 하고자 할 때 재료 밑의 받침은 나무판을 이용한다.

06 가스 용접 작업 시 주의 및 안전사항

① 산소 용기(봄베)의 주둥이 쇠나 물통에 녹이 슬지 않게 하려고 그리스를 바르면 폭발한다.
② 토치는 반드시 작업대 위에 놓고 기름이나 그리스가 묻지 않도록 주의한다.
③ 가스를 완전히 멈추지 않거나 점화된 상태로 방치하지 않는다.
④ 산소 용기는 던지거나 넘어뜨리지 않는다.
⑤ 산소 용기는 40℃ 이하에서 보관한다.
⑥ 아세틸렌 밸브를 먼저 열고 점화한 후 산소 밸브를 개방한다.
⑦ 산소 용접 시 역류 및 역화가 일어나면 산소 밸브부터 잠근다.
⑧ 점화는 성냥불로 직접 하지 않는다.
⑨ 운반할 때는 운반용으로 전용 운반 차량을 사용한다.
⑩ 용접기에서 가스 누설 여부를 확인할 때는 비눗물을 사용한다.

07 연삭기 작업 시 주의 및 안전사항

① 작업 시 보안경과 방진마스크를 착용한다.
② 연삭 칩의 비산을 막기 위해 안전덮개를 부착한다.
③ 연삭숫돌과 받침대 사이 간격은 3mm 이상 떨어지지 않도록 해야 한다.
④ 숫돌의 측면 쪽에 서서 작업하고, 숫돌의 측면으로 연삭 작업을 금지한다.

08 벨트 작업 시 주의 및 안전사항

① 벨트 교환 및 점검은 회전이 완전히 멈춘 상태에서 진행한다.
② 벨트의 이음쇠는 돌기가 없는 구조로 해야 한다.
③ 벨트는 적당한 장력을 유지한다.
④ 벨트의 둘레 및 풀리가 돌아가는 부분은 보호덮개를 설치한다.

풀리(pulley) 도르래
로프나 벨트를 걸어 회전시키는 바퀴

09 전기 장치 작업

1 전기 장치 작업 시 주의 및 안전사항

① 전기 장치는 반드시 접지설비를 구비하여 감전 사고를 방지한다.
② 퓨즈의 교체는 반드시 규정 용량의 퓨즈를 사용한다.
③ 작업 중 정전이 되었을 경우에는 즉시 전원스위치를 끄고 퓨즈의 단선 여부를 점검한다.
④ 전기장치는 사용을 마친 후에는 스위치를 끈다.
⑤ 전기장치의 전류 점검 시, 전류계는 부하에 직렬로 접속해야 한다.
⑥ 전기장치의 배선 작업 시, 제일 먼저 축전지의 접지 단자를 제거해야 한다.
⑦ 전선이나 코드의 접속부는 절연물로 완전히 피복한다.
⑧ 전선의 연결부(접촉부)는 최대한 저항을 적게 한다.
⑨ 퓨즈를 교체했음에도 지속적으로 단선이 발생하는 경우, 과전류가 의심되므로 고장개소를 찾아 수리한다.

2 감전재해 발생 유형

① 전기기기의 충전부에 인체가 접촉되는 경우
② 누전 상태의 전기기기에 인체가 접촉되는 경우
③ 고압 전력선에 안전거리 이상 떨어져 있지 않은 경우
④ 콘덴서나 고압케이블 등의 잔류전하에 의해 감전되는 경우
⑤ 전선이나 전기기기의 노출된 충전부의 양단간에 인체가 접촉되는 경우
⑥ 손상, 절연, 열화, 파손 등 전선 표면이 누설되어 있는 곳에 인체가 접촉되는 경우

감전사고 예방
» 전기 기기에는 위험 표시하기
» 젖은 손으로는 전기 기기 만지지 않기
» 전선에 물체 접촉하지 않기
» 코드를 뺄 때에는 반드시 플러그의 몸체를 잡고 빼기
» 작업자에게 사전 안전교육 실시

10 화재 분류와 소화 설비

1 화재의 정의 및 분류

화재는 어떤 물질이 산소와 결합하여 연소하면서 열을 방출시키는 산화 반응이며, 화재가 발생하기 위해서는 가연성 물질, 산소, 점화원 등이 필요하다.

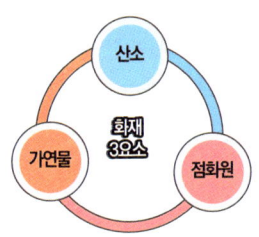

(1) A급 화재(일반 가연물질 화재)
① 나무나 섬유, 종이 및 고무, 플라스틱류와 같은 일반 가연성 물질이 연소된 후에 재를 남기는 일반적인 화재를 뜻한다.
② 포말 소화기 등의 냉각소화 방식으로 소화한다.

(2) B급 화재(유류 화재)
① 유류, 가스 등의 가연성 액체나 기체 등의 화재로 연소 후 재를 남기지 않는 화재를 뜻한다.
② 포말, 분말 소화기, 탄산가스 소화기 등의 질식소화 방식으로 소화한다.
③ 유류화재 시 물을 사용하면 화재가 더 확산되므로 사용을 금지한다.

(3) C급 화재(전기 화재)
① 전기설비 등에서 발생하는 화재이며, 물을 사용하면 안되는 화재를 말한다.
② 전기적 절연성을 갖는 이산화탄소, 할론, 분말 등의 소화 약제를 사용하여 질식·냉각 효과를 이용한다.

ABC 소화기
A급, B급, C급 화재에 적합한 소화기로 주로 냉각 및 질식·억제 작용으로 소화

(4) D급 화재(금속 화재)
① 금속이나 금속분에서 발생하는 화재이며, 화재의 발생빈도는 낮은 편이다.
② 금속 화재 시 물을 사용하면 수소가스가 발생하므로 사용을 금지한다.

11 소화

1 소화 방법

연소의 3요소(가연물, 점화원, 산소) 중 어느 하나를 제거하거나 연소가 계속되지 않도록 하는 방법으로 화재를 진화한다.
① 질식소화 방법: 산소를 차단
② 냉각소화 방법: 화점의 온도를 낮춤
③ 제거소화 방법: 가연물 제거
④ 억제소화 방법: 산화반응의 진행을 차단
⑤ 유화소화 방법: 기름 등 화재 시, 유류 포면에 유화층의 막이 형성되어 공기 접촉을 차단
⑥ 희석소화 방법: 가연물의 농도를 희석

2 소화 설비 분류

분말 소화 설비	분말소화기 속에는 밀가루와 같은 미세한 분말인 '제1인산 암모늄'이라는 소화약제가 들어 있어 질식 또는 냉각 효과로 화재를 진화한다.
물 분무 소화 설비	분무헤드에서 물을 안개와 같이 내뿜는 형상으로 방사하여 냉각 효과 또는 질식 효과로 화재를 소화하는 고정식 소화 설비를 말한다.
이산화탄소 소화 설비	화재 발생 장소의 공기 중 산소 농도를 낮추어 연소반응을 억제하는 질식소화 방식으로, 유류 및 전기 감전 위험이 높은 전기 화재에 사용한다.

CHAPTER 01 안전관리

★ 개수는 빈출도와 중요도를 의미합니다.

01 안전관리의 근본적인 목적으로 옳은 것은?

① 생산량 증대
② 생산자의 경제적 운용
③ 근로자의 생명 및 신체 보호
④ 생산과정의 시스템화

해설 근로자의 생명과 신체를 보호하고 사고발생을 사전에 방지하는 것이 안전관리의 근본적인 목적이다.

02 산업안전에서 근로자가 안전하게 작업할 수 있는 세부작업 행동 지침은?

① 안전표지 ② 작업지시
③ 작업수칙 ④ 안전수칙

해설 근로자의 작업을 안전하게 세부작업 행동을 지시하는 지침은 안전수칙이다.

03 사고를 많이 발생시키는 원인을 순서대로 나열한 것 중 옳은 것은?

① 불안전 행위 → 불가항력 → 불안전 조건
② 불안전 조건 → 불안전 행위 → 불가항력
③ 불안전 행위 → 불안전 조건 → 불가항력
④ 불가항력 → 불안전 조건 → 불안전 행위

해설 사고를 많이 발생시키는 원인의 순서는 불안전 행위 → 불안전 조건 → 불가항력이다.

04 재해의 원인 중 생리적인 원인에 해당되는 것은?

① 안전수칙의 미준수
② 작업복의 부적당
③ 안전장치의 불량
④ 작업자의 피로

해설 재해 발생의 생리적인 원인은 작업자의 피로이다.

05 다음 중 재해발생의 직접적인 원인이 아닌 것은?

① 잘못된 작업방법에 의한 재해발생
② 관리감독 소홀로 인한 재해발생
③ 방호장치의 기능제거로 인한 재해발생
④ 작업 장치 회전반경 내 출입금지

06 사고의 직접원인으로 가장 알맞은 것은?

① 불안전한 행동 및 상태
② 사회적 환경요인
③ 성격결함
④ 유전적인 요소

해설 사고의 직접적인 원인은 작업자의 불안한 행동 및 상태이다.

07 작업자의 불안전한 행동으로 인하여 오는 산업재해로 볼 수 없는 것은?

① 불안전한 자세
② 방호장치의 결함
③ 안전구의 미착용
④ 안전장치의 기능제거

| 정답 | 01 ③ 02 ④ 03 ③ 04 ④ 05 ④ 06 ① 07 ②

08 <보기>에서 재해발생시 조치요령 순서로 가장 적절하게 이루어진 것은?

```
─────── 보기 ───────
ⓐ 응급처치      ⓑ 2차 재해 방지
ⓒ 운전정지      ⓓ 피해자 구조
```

① ⓐ → ⓑ → ⓒ → ⓓ
② ⓒ → ⓑ → ⓓ → ⓐ
③ ⓒ → ⓓ → ⓐ → ⓑ
④ ⓐ → ⓒ → ⓓ → ⓑ

해설 재해 발생 시 조치순서
운전정지 → 피해자 구조 → 응급처치 → 2차 재해방지

09 작업점에 직접 사람이 접촉하여 말려들거나 다칠 위험이 있는 장소를 덮는 방호 장치로 옳은 것은?

① 위치제한형 방호장치
② 포집형 방호장치
③ 접근 거부형 방호장치
④ 격리형 방호장치

해설 격리형 방호장치는 작업점에 직접 사람이 접촉하여 말려들거나 다칠 위험이 있는 장소를 덮어 씌우는 방호장치이다.

10 하인리히가 말한 산업안전의 안전의 3요소에 속하지 않는 것은?

① 교육적 요소   ② 자본적 요소
③ 기술적 요소   ④ 관리적 요소

해설 안전의 3요소에는 관리적 요소, 기술적 요소, 교육적 요소가 있다.

11 인간공학적 안전설정으로 페일 세이프에 관한 설명 중 가장 적절한 것은?

① 인간 또는 기계에 과오나 동작상의 실패가 있어도 안전사고를 발생시키지 않도록 하는 통제책을 말한다.
② 안전사고를 예방할 수 없는 물리적 불안전 조건과 불안전 인간의 행동
③ 안전통제의 실패로 인하여 원상복귀가 가장 쉬운 사고의 결과를 말한다.
④ 안전도 검사방법을 말한다.

해설 페일 세이프(Fail safe): 인간 또는 기계에 과오나 동작상의 실패가 있어도 안전사고를 발생시키지 않도록 하는 통제방책이다.

12 다음 중 안전의 제일이념에 해당하는 것은?

① 품질향상   ② 재산보호
③ 인간존중   ④ 생산성 향상

해설 안전제일의 이념은 인간존중, 즉 인명보호이다.

13 산업재해를 예방하기 위한 재해예방 4원칙으로 옳지 않은 것은?

① 대량생산의 원칙   ② 손실우연의 원칙
③ 예방가능의 원칙   ④ 대책선정의 원칙

해설 재해예방의 4원칙에는 예방가능의 원칙, 손실우연의 원칙, 원인연계의 원칙, 대책선정의 원칙이 있다.

14 산업안전을 통한 기대효과로 옳은 것은?

① 기업의 생산성이 저하된다.
② 근로자의 생명만 보호된다.
③ 기업의 재산만 보호된다.
④ 근로자와 기업의 발전이 도모된다.

| 정답 | 08 ③ 09 ④ 10 ② 11 ① 12 ③ 13 ① 14 ④

15 구급처치 중에서 환자의 상태를 확인하는 사항과 가장 거리가 먼 것은?

① 의식   ② 상처
③ 출혈   ④ 격리

> **해설** 구급처치 중 환자의 상태 확인은 의식, 상처, 출혈 여부를 확인한다.

안전보호구 및 안전장치

16 안전모의 관리 및 착용방법으로 옳지 않은 것은?

① 규정된 방법으로 착용하고 사용한다.
② 통풍을 목적으로 안전모에 구멍을 뚫어 사용하여서는 안 된다.
③ 큰 충격을 받은 것은 사용을 피한다.
④ 사용 후 뜨거운 스팀으로 반드시 소독하여 사용해야 한다.

> **해설** 안전모는 사용 후 스팀으로 소독할 필요가 없는 안전보호구이다.

17 보호구의 구비조건이 아닌 것은?

① 유해위험 요소에 대한 방호 성능이 경미해도 된다.
② 작업에 방해가 되어서는 안 된다.
③ 보호구 착용은 편리해야 한다.
④ 보호구의 구조는 양호한 상태여야 한다.

> **해설** 보호구는 유해 위험요소에 대한 방호성능이 좋아야 한다.

18 다음 중 안전 보호구의 종류가 아닌 것은?

① 안전 방호장치   ② 안전모
③ 안전장갑   ④ 보안경

> **해설** 안전 방호장치는 안전시설이다.

19 안전모에 대한 설명이 아닌 것은?

① 충격 흡수성이 좋아야 한다.
② 알맞은 규격으로 성능 시험에 합격한 제품이어야 한다.
③ 낙하 또는 비래, 추락, 감전 등으로부터 머리를 보호해야 한다.
④ 머리 크기보다 큰 안전모를 선택해야 한다.

> **해설** 안전모는 머리 크기에 꼭 맞는 것으로 선택해야 한다.

20 작업복에 대한 설명으로 옳지 않은 것은?

① 착용자의 연령, 성별 등에 관계없이 작업복의 디자인과 색깔이 똑같아야 한다.
② 작업복은 항상 깨끗한 상태를 유지하는 것이 좋다.
③ 작업복은 몸에 알맞고 동작이 편해야 한다.
④ 주머니가 너무 많지 않고, 소매가 단정한 것이 안전에 더 유리하다.

> **해설** 작업복은 착용자의 연령, 성별 등에 따라 알맞은 디자인으로 착용해야 한다.

21 작업복을 착용하는 이유로 옳은 것은?

① 질서를 확립시키기 위해서
② 직책과 직급을 알리기 위해서
③ 복장 통일을 위해서
④ 작업 시 위험 요소로부터 작업자의 몸을 보호하기 위해서

> **해설** 작업복은 작업 시 발생할 수 있는 위험 요소로부터 작업자의 몸을 보호해야 한다.

| 정답 | 15 ④   16 ④   17 ①   18 ①   19 ④   20 ①   21 ④

22 중량물 운반 작업 시 착용하여야 할 안전화의 종류로 옳은 것은?

① 절연용　　② 보통 작업용
③ 경 작업용　④ 중 작업용

해설
- 경 작업용 안전화: 금속 선별, 전기제품 조립, 화학품 선별, 식품 가공업 등 경량 물체를 취급하는 작업장
- 보통 작업용 안전화: 기계공업, 금속 가공업 등 공구를 손으로 취급하는 작업 및 차량사업장, 기계조작 사업장
- 중 작업용 안전화: 광산, 채광, 철강 작업에서 원료 취급, 강재 운반 중량물 운반 작업 및 중량이 큰 물체를 취급하는 작업장

23 보안경을 착용하는 이유로 옳지 않은 것은?

① 유해 화학물의 침입을 막기 위해서
② 낙하하는 물체로부터 작업자의 머리를 보호하기 위해서
③ 그라인더 작업이 비산되는 칩으로부터 작업자의 눈을 보호하기 위해서
④ 용접이 발생되는 자외선이나 적외선 등으로부터 작업자의 눈을 보호하기 위해서

해설 낙하하는 물체로부터 작업자의 머리를 보호하기 위한 보호구는 안전모이다.

24 비산 물체로부터 눈을 보호하고 작업자의 시력을 교정하기 위한 보안경은?

① 도수렌즈 보안경　② 플라스틱 보안경
③ 유리 보안경　　　④ 고글형 보안경

해설 도수렌즈 보안경은 시력을 교정하고 비산물체로부터 눈을 보호할 수 있는 보안경이다.

25 방진 마스크를 착용해야 하는 작업장으로 옳은 것은?

① 온도가 높은 작업장
② 분진이 많은 작업장
③ 유해가스가 많은 작업장
④ 소음이 심한 작업장

해설 분진(먼지)이 발생하는 장소에서는 방진마스크를 착용하여야 한다.

26 산소결핍의 우려가 있는 장소에서 착용하여야 하는 마스크는?

① 송기마스크　　② 방진마스크
③ 방독마스크　　④ 안면부 여과마스크

해설 산소가 부족한 작업 장소에서는 산소를 공급하는 기능이 있는 송기(송풍) 마스크를 착용하여야 한다.

안전표지

27 다음 안전보건표지가 나타내는 것은?

① 인화성 물질경고
② 출입금지
③ 보안경 착용
④ 비상구

해설 금지표지 중 출입금지표지이다.

28 다음 안전보건표지가 나타내는 것은?

① 물체이동금지
② 사용금지
③ 탑승금지
④ 차량통행금지

해설 금지표지 중 차량통행금지표지이다.

| 정답 | 22 ④　23 ②　24 ①　25 ②　26 ①　27 ②　28 ④ |

29 안전표지의 구성요소가 아닌 것은?
① 내용　　② 색깔
③ 크기　　④ 모양

> 해설　안전표지의 구성 요소는 모양, 색깔, 내용이다.

30 다음 안전보건표지가 나타내는 것은?

① 매달린 물체 경고
② 비상구
③ 몸 균형상실 경고
④ 방화성 물질 경고

> 해설　경고표지 중 매달린 물체 경고표지이다.

31 다음 안전보건표지가 나타내는 것은?

① 고압전기 경고
② 폭발물 경고
③ 독극물 경고
④ 지시표지

> 해설　경고표지 중 고압전기 경고표지이다.

32 산업안전 보건법상 안전보건표지의 종류에 해당되지 않는 것은?
① 경고표지　　② 위험표지
③ 지시표지　　④ 금지표지

> 해설　안전보건표지는 금지표지, 경고표지, 지시표지, 안내표지 등으로 분류된다.

33 산업안전보건표지의 종류에서 지시표지에 해당하는 것은?
① 안전모 착용
② 출입금지
③ 차량통행금지
④ 고압경고

> 해설　지시표지에는 보안경 착용, 안전복 착용, 방지마스크 착용, 보안면 착용, 안전모 착용, 귀마개 착용, 방독마스크 착용, 안전장갑 착용, 안전화 착용 등이 있다.

34 적색 원형으로 만들어진 안전표지의 종류로 옳은 것은?
① 경고표시
② 안내표시
③ 지시표시
④ 금지표시

> 해설　금지표시는 적색원형으로 만들어지는 안전 표지판이다.

35 안전보건표지에서 바탕은 흰색, 기본 모형은 빨간색, 부호 및 그림은 검정색으로 된 표지는?
① 보조표지
② 지시표지
③ 금지표지
④ 주의표지

> 해설　금지표지는 바탕은 흰색, 기본모형은 빨간색, 관련부호 및 그림은 검정색으로 되어 있다.

| 정답 | 29 ③　30 ①　31 ①　32 ②　33 ①　34 ④　35 ③ |

36 다음 안전보건표지가 나타내는 것은?

① 보안경 착용
② 방진마스크 착용
③ 안전화 착용
④ 보안면 착용

해설 지시표지 중 보안경 착용표지이다.

37 다음 안전보건표지가 나타내는 것은?

① 안전복 착용
② 안전모 착용
③ 보안면 착용
④ 출입금지

해설 지시표지 중 안전모 착용표지이다.

38 다음 안전보건표지가 나타내는 것은?

① 폭발성 물질경고
② 인화성 물질경고
③ 산화성 물질경고
④ 급성독성 물질경고

해설 경고표지 중 인화성 물질경고표지이다.

39 다음 안전보건표지가 나타내는 것은?

① 물체이동금지
② 출입금지
③ 보행금지
④ 탑승금지

해설 경고표지 중 물체이동금지표지이다.

40 다음 안전보건표지가 나타내는 것은?

① 비상구표지
② 녹십자표지
③ 병원표지
④ 응급구호 표지

해설 안내표지 중 녹십자표지이다.

41 다음 안전보건표지가 나타내는 것은?

① 교차로
② 비상구
③ 응급구호
④ 안전제일

해설 안내표지 중 응급구호표지이다.

42 안내표지로 옳지 않은 것은?

① 녹십자표지
② 응급구호표지
③ 비상구표지
④ 출입금지표지

해설 출입금지표지는 금지표지에 해당한다.

| 정답 | 36 ① 37 ② 38 ② 39 ① 40 ② 41 ③ 42 ④ |

43 산업안전보건 법령상 안전보건표지의 색채와 용도로 옳지 않은 것은?

① 파란색: 지시
② 녹색: 안내
③ 노란색: 위험
④ 빨간색: 금지, 경고

해설 노란색은 주의표시로 사용된다.

46 지게차 사용 방법으로 옳지 않은 것은?

① 운전 중 운전자 이외에는 승차시켜서는 안 된다.
② 하역장소에 가까워지면 지게차의 속도를 더 빠르게 해야 한다.
③ 교통법규를 반드시 준수한다.
④ 운전자는 반드시 면허증을 소지해야 한다.

해설 하역장소에 가까워지면 지게차를 감속해야 한다.

위험요소 확인 및 안전운반

44 산업재해의 분류에서 사람이 평면상으로 넘어졌을 때를 말하는 용어는?

① 낙하
② 협착
③ 전도
④ 추락

해설 ① 낙하: 물체가 높은 데서 낮은 데로 떨어짐.
② 협착: 기계의 움직이는 부분 사이 또는 움직이는 부분과 고정부분 사이에 신체 또는 신체의 일부분이 끼이거나 물림으로 발생하는 재해
③ 전도: 사람이 바닥 등의 장애물에 걸려 넘어져 발생하는 재해
④ 추락: 사람이 높은 곳에서 떨어지는 재해

47 지게차 1대의 안전운행 경로 폭은 얼마를 유지해야 하는가?

① 지게차의 차폭 외에 양쪽 모두 30cm 폭을 유지해야 안전하다.
② 지게차의 차폭 외에 양쪽 모두 60cm 폭을 유지해야 안전하다.
③ 지게차의 차폭 외에 양쪽 모두 90cm 폭을 유지해야 안전하다.
④ 지게차의 안전운행 경로 폭은 기준이 없다.

해설 지게차의 1대 운행 경로 폭은 지게차 차폭 외에 양쪽 모두 30cm 이상의 폭을 유지해야 안전하다.

기계, 기구, 공구 및 작업안전

45 지게차의 화물 운반 방법으로 옳은 것은?

① 화물을 언덕 위로 향하게 하고 후진하면 위험할 수 있다.
② 화물을 싣지 않고 비탈길을 내려갈 때에는 카운터웨이트가 아래쪽에 위치하도록 한다.
③ 지게차는 운전 중에는 조향핸들이 무거워져야 한다.
④ 화물을 적재하고 내리막길을 내려갈 때에는 화물이 위로 가게하고 후진으로 내려가는 것이 안전하다.

해설 화물 운반 시, 안전을 위해 내리막길에서는 화물이 위로 가게 하고, 후진으로 내려가야 한다.

48 기계 취급 안전수칙으로 옳지 않은 것은?

① 기계운전 중에는 자리를 뜨지 않는다.
② 기계 공장에서는 반드시 작업에 알맞은 작업복과 안전화를 착용한다.
③ 기계운전 중 정전 시, 즉시 주 스위치를 차단시켜야 한다.
④ 작동 중인 기계를 청소한다.

해설 안전을 위해 기계를 청소할 때는 모든 엔진을 끈 상태로 청소한다.

| 정답 | 43 ③ 44 ③ 45 ④ 46 ② 47 ① 48 ④ |

49 기계 장치와 관련된 사고 발생 원인으로 옳지 않은 것은?

① 기계 장치가 넓은 장소에 설치된 때
② 정리정돈이 잘되어 있지 않을 때
③ 불량 공구를 사용할 때
④ 안전장치 및 보호 장치가 불안전할 때

해설 　기계 장치가 넓은 장소에 설치된 경우를 사고 발생 원인으로 볼 수 없다.

50 기계 운전에 대한 설명으로 옳은 것은?

① 기계 운전 중 이상한 냄새, 소음, 진동이 날 때는 운전을 멈추고 전원을 끈다.
② 작업 효율을 높이기 위해 작업 범위 이외의 기계도 동시에 작동시킨다.
③ 빠른 속도로 작업할 때는 일시적으로 안전장치를 제거한다.
④ 기계 장비의 이상으로 정상 가동이 어려운 상황에서는 중속 회전 상태로 작업한다.

해설 　기계 운전 중에 이상한 냄새나 소음, 진동이 날 때는 운전을 멈추고 전원을 끈 다음 점검해야 한다.

51 안전하게 공구를 취급하는 방법으로 옳지 않은 것은?

① 공구를 사용한 후 제자리에 정리하여 둔다.
② 끝 부분이 예리한 공구 등을 주머니에 넣고 작업을 하여서는 안 된다.
③ 공구 사용 전에 손잡이에 묻은 기름 등은 닦아내어야 한다.
④ 숙달이 되면 옆 작업자에게 공구를 던져서 전달하여 작업 능률을 올린다.

해설 　공구를 취급할 때는 안전을 위해 공구를 던지지 않는다.

52 공구 및 장비 사용에 대한 설명으로 옳지 않은 것은?

① 토크렌치는 볼트와 너트를 풀거나 조일 때 모두 사용이 가능하다.
② 볼트와 너트를 다룰 때는 알맞은 소켓렌치로 작업한다.
③ 마이크로미터를 보관할 때는 직사광선이나 습기에 노출시키지 않는다.
④ 공구는 사용 후 공구상자에 넣어 보관한다.

해설 　토크렌치는 볼트와 너트를 규정토크로 조일 때만 사용하는 측정기이다.

53 렌치를 사용할 때의 안전사항으로 옳은 것은?

① 볼트를 풀 때는 렌치 손잡이를 당길 때 힘을 받도록 한다.
② 볼트를 조일 때는 렌치를 해머로 쳐서 조이면 강하게 조일 수 있다.
③ 렌치 작업 시 큰 힘으로 조일 경우 연장대를 끼워서 작업한다.
④ 볼트를 풀 때는 지렛대 원리를 이용하여, 렌치를 밀어서 힘이 받도록 한다.

해설 　렌치 사용 시에는 렌치 손잡이를 몸쪽으로 당길 때 힘을 받도록 하여 사용하는 것이 안전하다.

54 수공구 사용 시 안전 수칙으로 옳지 않은 것은?

① 해머작업은 미끄러짐을 방지하기 위해서 반드시 장갑을 끼고 작업한다.
② 줄 작업으로 생긴 쇳가루는 브러시로 살살 털어내며 작업한다.
③ 톱 작업은 밀 때 절삭되도록 작업한다.
④ 조정렌치는 조정조가 있는 부분에 힘을 받지 않도록 사용한다.

해설 　면장갑 착용하고 해머 작업을 하면 해머를 놓칠 수 있기 때문에 장갑 착용을 금한다.

| 정답 | 49 ① 50 ① 51 ④ 52 ① 53 ① 54 ① |

55 볼트 등을 조일 때 조이는 힘을 측정하기 위하여 사용하는 렌치는?

① 토크렌치 ② 복스렌치
③ 소켓렌치 ④ 오픈엔드렌치

해설 토크렌치는 볼트 등을 조일 때 조이는 힘을 측정하기 위하여 사용하는 도구이다.

56 볼트머리나 너트의 크기가 명확하지 않을 때나 가볍게 조이고 풀 때 사용하며 크기는 전체 길이로 표시하는 렌치는?

① 조정렌치 ② 복스렌치
③ 소켓렌치 ④ 파이프렌치

해설 조정렌치는 볼트머리나 너트의 크기가 명확하지 않을 때나 가볍게 조이고 풀 때 사용하는 공구이다.(몽키스페너)

57 스패너 사용 시 주의사항으로 옳지 않은 것은?

① 스패너는 볼트나 너트의 폭과 맞는 것을 사용한다.
② 필요 시 스패너 두 개를 이어서 사용하기도 한다.
③ 스패너를 너트에 정확하게 장착하여 사용한다.
④ 스패너의 입이 변형된 것은 폐기한다.

58 다음 중 드라이버 사용 방법으로 옳지 않은 것은?

① 작은 공작물이라도 한 손으로 잡지 않고 바이스 등으로 고정하고 사용한다.
② 전기 작업 시 자루는 모두 금속으로 되어있는 것을 사용한다.
③ 날 끝이 수평이어야 하며 둥글거나 빠진 것은 사용하지 않는다.
④ 날 끝 홈의 폭과 깊이가 같은 것을 사용한다.

해설 전기 작업을 할 때 손잡이 전체가 절연되어야 한다.

59 드라이버 사용 시 주의할 점으로 옳지 않은 것은?

① 규격에 맞는 드라이버를 사용한다.
② 지렛대 대신 소형 드라이버를 사용하지 않는다.
③ 클립이 있는 드라이버는 옷에 걸고 다녀도 무방하다.
④ 잘 풀리지 않는 나사는 플라이어를 이용하여 강제로 뺀다.

해설 잘 풀리지 않는 나사를 플라이어를 이용하여 강제로 빼면 나사 머리 부분이 변형되거나 파손될 수 있다.

60 드릴 작업의 안전수칙으로 옳지 않은 것은?

① 드릴을 끼운 후에 척렌치는 그대로 둔다.
② 칩을 제거할 때는 회전을 정지시킨 상태에서 솔로 제거한다.
③ 일감은 견고하게 고정시키고 손으로 잡고 구멍을 뚫지 않는다.
④ 장갑을 끼고 작업하지 않는다.

해설 드릴을 끼운 후 척렌치는 분리하여 보관하여야 안전하다.

61 연삭기에서 연삭 칩의 비산을 막기 위해 착용하는 보호구는?

① 안전덮개
② 광전식 안전방호장치
③ 급정지 장치
④ 양수 조작식 방호장치

해설 연삭기에는 연삭 칩의 비산을 막기 위하여 안전덮개를 부착하여야 한다.

| 정답 | 55 ① 56 ① 57 ② 58 ② 59 ④ 60 ① 61 ①

62 연삭기의 안전한 사용 방법으로 옳지 <u>않은</u> 것은?

① 숫돌과 받침대 간격을 넓게 유지한다.
② 숫돌덮개 설치 후 작업한다.
③ 보안경과 방진마스크를 착용한다.
④ 숫돌 측면으로 작업하지 않는다.

> **해설** 연삭기의 숫돌 받침대와 숫돌과의 틈새는 2~3mm 이내로 조정한다.

63 감전 사고를 예방하기 위해 필요한 설비는 무엇인가?

① 접지 설비
② 고압계 설비
③ 방폭등 설비
④ 대지 전위 상승 설비

> **해설** 전기기기에 의한 감전 사고를 막기 위해 접지를 설비한다.

64 전기 작업에서 안전 작업으로 적절하지 <u>않은</u> 것은?

① 저압전력선에서는 감전 우려가 없으므로 안심하고 작업할 것
② 규정된 알맞은 퓨즈를 사용할 것
③ 전선이나 코드 접속부는 절연물로 완전히 피복할 것
④ 전기장치는 사용 후 스위치를 OFF 할 것

> **해설** 저압전력선에서도 감전 우려가 있으므로 주의해야 한다.

65 감전 재해 요인으로 옳지 <u>않은</u> 것은?

① 작업 시 절연장비 및 안전장치 착용
② 충전부에 직접 접촉하거나 안전거리 이내 접근
③ 절연, 열화, 손상, 파손 등으로 누전된 전기 기기 등에 접촉
④ 전기 기기 등의 외함과 대지 간의 정전 용량에 의한 전압 발생부분 접촉

> **해설** 작업 시 감전재해를 예방하기 위하여 절연장비 및 안전장구를 착용해야 한다.

66 감전사고 방지책으로 옳지 <u>않은</u> 것은?

① 전기 기기에 위험 표시를 한다.
② 작업자는 안전 보호구를 착용한다.
③ 작업자에게 사전 안전교육을 실시한다.
④ 전기설비에 약간의 물을 뿌려 감전 여부를 확인한다.

> **해설** 감전 사고가 발생할 수 있으므로 전기설비에 물을 뿌려서는 안 된다.

67 연소의 3요소에 해당하지 <u>않는</u> 것은?

① 물
② 공기
③ 점화원
④ 가연물

> **해설** 연소의 3요소: 점화원, 가연물, 공기(산소)

68 화재 분류에 대한 설명으로 옳은 것은?

① B급 화재-전기 화재
② C급 화재-유류 화재
③ D급 화재-금속 화재
④ E급 화재-일반 화재

> **해설** A급 화재: 일반 가연물 화재
> B급 화재: 유류 화재
> C급 화재: 전기 화재
> D급 화재: 금속 화재

| 정답 | 62 ① 63 ① 64 ① 65 ① 66 ④ 67 ① 68 ③ |

69 유류 화재 시 소화 방법으로 옳지 않은 것은?

① B급 화재 소화기를 사용한다.
② 모래를 뿌린다.
③ ABC소화기를 사용한다.
④ 다량의 물을 부어서 끈다.

해설 유류 화재를 진화할 때는 물 사용이 금지되며, 분말 소화기나 탄산가스 소화기, ABC소화기 등을 사용하는 것이 좋다.

70 화재 발생 시 화염이 있는 곳을 통과할 때의 요령으로 옳지 않은 것은?

① 몸을 낮게 엎드려서 통과한다.
② 물수건으로 입을 막고 통과한다.
③ 뜨거운 김을 입으로 마시면서 통과한다.
④ 머리카락, 얼굴, 발, 손 등이 불과 닿지 않게 한다.

해설 화재가 발생하면 호흡기 손상을 방지하기 위해 젖은 수건으로 입을 막고 화염이 있는 곳을 통과한다.

71 전기 화재 시 화점에 분사하여 산소를 차단하는 소화기는?

① 분말 소화기
② 증발 소화기
③ 포말 소화기
④ 이산화탄소 소화기

해설 이산화탄소 소화기는 '탄산가스 소화기'라고도 하며, 공기 중 산소 농도를 낮추어 연소 반응을 억제해 주는 질식소화방식이다.

| 정답 | 69 ④ 70 ③ 71 ④

CHAPTER 02

작업 전·후 점검

SECTION 01 작업 전·후 점검

단원별 기출 분석
- ✓ 엔진과 전기, 주행, 작업 및 유압 장치와 관련된 개념들이 수록되어 있습니다.
- ✓ 출제 비율이 높은 편은 아니지만 이후에 나오는 개념과 연결되므로 중요한 단원입니다.

SECTION 01 작업 전·후 점검

01 작업 전 일일 점검 사항

구분	점검사항
작업 전 점검	• 지게차 외관과 각 부의 누유·누수 점검 • 냉각수와 엔진오일, 유압유 및 연료 등의 양 • 팬벨트 및 각종 벨트 장력, 타이어 상태 점검 • 축전지 및 공기청정기 엘리먼트 청소
작업 중 점검	• 지게차에서 발생하는 이상 소음 점검 • 배기색 및 냄새의 이상 점검
작업 후 점검	• 지게차의 외관 균열 및 변형 점검 • 각 부 누수·누유 점검, 연료 부족 시 보충

지게차 외관 점검
» 지게차가 안전하게 주차되었는지 확인
» 오버헤드가드 점검
» 백레스트, 포크, 핑거보드의 휨, 균열 및 변형, 이상 마모 등 점검

02 작업 전 점검 사항

1 타이어 공기압 및 손상 점검

(1) 타이어의 역할
① 지게차의 하중 지지
② 지게차의 동력과 제동력 전달
③ 노면에서의 충격 흡수

(2) 타이어 마모 한계를 초과하여 사용하면 발생하는 현상
① 제동력이 저하되어 브레이크 페달을 밟아도 타이어가 미끄러져 제동거리가 길어짐
② 마모가 심한 타이어는 빗길 운전에서 수막현상 발생률이 높아져 위험
③ 우천에서 주행할 때 도로와 타이어 사이의 물이 배수가 잘되지 않아 타이어가 물에 떠있는 것과 같은 수막현상이 발생
④ 도로를 주행할 때 도로의 작은 이물질에 의해서도 타이어 트레드에 상처가 발생하여 사고의 원인이 됨
⑤ 타이어의 교체 시기는 '▲'형이 표시된 부분을 보면 홈(패턴) 속에 돌출된 부분이 마모 한계 표시

2 팬벨트 및 기타 점검

① 팬벨트 장력 점검
  • 팬벨트의 장력 점검방법은 오른손 엄지손가락으로 팬벨트 중앙을 약 10kgf 힘으로 눌러 처지는 양을 확인, 벨트의 처지는 양이 13~20mm 이면 정상

  • 벨트장력이 느슨하면 엔진 시동 시 벨트의 미끄럼 현상이 발생하여 소음이 생긴다.
② 공기청정기 점검
③ 그리스 주입 상태를 점검하고 그리스 주입이 부족하면 그리스를 주입
④ 후진 경보장치 점검
⑤ 룸 미러 점검
⑥ 전조등 및 후미등 점등여부 점검

3 제동장치 점검

(1) 제동상태 점검
① 포크를 지면으로부터 20cm 들어올리기
② 브레이크 페달을 밟은 상태로 전·후진 레버를 전진에 넣기
③ 주차 브레이크 해제
④ 브레이크 페달에서 발을 떼고 가속페달을 서서히 밟기
⑤ 브레이크 페달을 밟아 제동이 되면 제동장치는 정상

(2) 브레이크 고장 점검
① 브레이크 라이닝과 드럼과의 간극이 클 때
  - 브레이크 작동이 늦어짐
  - 브레이크 페달의 행정이 길어짐
  - 브레이크 페달이 발판에 닿아 제동 작용이 불량해짐
② 브레이크 라이닝과 드럼과의 간극이 적을 때
  - 라이닝과 드럼의 마모가 촉진
  - 베이퍼 록의 원인

(3) 제동불량 원인
① 브레이크 회로 내의 오일누설 및 공기가 혼입되었을 때
② 라이닝에 오일, 물 등이 묻었을 때
③ 라이닝 또는 드럼이 과도하게 편마모 되었을 때
④ 라이닝과 드럼의 간극이 너무 클 때
⑤ 브레이크 페달의 자유간극이 너무 클 때

브레이크 오일의 구비조건
» 주성분은 알코올과 피마자유
» 점도지수가 높아야 함
» 응고점이 낮고 비점이 높아야 함

4 조향장치

(1) 조향장치 점검
① 조향핸들을 조작하여 유격상태를 점검하고, 이상 진동이 느껴지는지 확인
② 조향핸들을 조작할 때 조향비율 및 조작력에 큰 차이가 느껴진다면 점검이 필요함

(2) 조향핸들이 무거운 원인
① 타이어의 공기압이 부족할 때
② 조향기어의 백래시가 작을 때
③ 조향기어 박스의 오일 양이 부족할 때
④ 앞바퀴 정렬이 불량할 때
⑤ 타이어의 마멸이 과대할 때

백래시
한 쌍의 기어를 맞물렸을 때 치면(맞물리는 면) 사이에 생기는 틈새

(3) 조향핸들 조작상태 점검
조향핸들을 왼쪽 및 오른쪽으로 끝까지 돌렸을 때 양쪽 바퀴의 돌아가는 각도가 같으면 정상이다.

5 엔진시동 전·후 점검
① 엔진이 공회전할 때 이상한 소음이 발생하는지 점검
② 흡입 및 배기 밸브 간극, 밸브 기구 불량으로 이상한 소음이 발생하는지 점검
③ 엔진 내·외부 각종 베어링의 불량으로 이상한 소음이 발생하는지 점검
④ 발전기 및 물 펌프 구동벨트의 불량으로 이상한 소음이 발생하는지 점검
⑤ 배기계통 불량으로 이상한 소음이 발생하는지 점검

03 누유·누수 확인

1 엔진오일의 누유 점검
엔진오일 누유점검은 엔진에서 누유된 부분이 있는지 육안으로 확인한다. 주기된 지게차의 지면을 확인하여 엔진오일의 누유 흔적을 확인한다.

엔진오일 양 점검
» 유면표시기를 뽑아 유면표시기에 묻은 오일을 깨끗이 제거
» 유면표시기를 다시 끼웠다 빼서 오일이 묻은 부분이 상한선과 하한선의 중간부분에 위치하면 정상

2 유압오일의 누유 점검

① 유압오일이 유압장치에서 누유된 부분이 있는지 육안으로 확인
② 주기된 지게차의 지면을 확인하여 유압오일의 누유 흔적 확인
③ 유압장치의 정상 작동을 위해 각 실린더 및 유압호스의 누유 상태 점검
  - 유압펌프 배관 및 호스와의 이음부분의 누유, 제어밸브의 누유, 리프트 실린더 및 틸트 실린더의 누유를 확인하고, 유압유 양을 확인하여 부족하면 유압유를 보충

유면표시기 점검
» 유면표시기에는 아래쪽에 L(Low or min) 위쪽에 F(Full or max) 눈금이 표시
» 유압오일의 양이 유면표시기의 L과 F 중간에 위치하면 정상

3 제동장치의 누유 점검

마스터 실린더 및 제동계통 파이프 연결부위의 누유를 점검한다.

4 조향장치 누유 점검

조향장치 파이프 연결부위에서의 누유를 점검한다.

5 냉각수의 누수 점검

① 냉각수 누수점검은 냉각장치에서 누수된 부분이 있는지 육안으로 확인
② 주기된 지게차의 지면을 확인하여 냉각수의 누수 흔적 확인

냉각수 양 점검
엔진 과열 방지를 위해 냉각장치 호스 클램프의 풀림 여부와 각부 이음에서 냉각수가 누수되는지 확인하고, 냉각수 양이 부족하면 냉각수를 보충

04 계기판 점검

1 엔진 오일 압력 경고등 점검

엔진 오일 압력 경고등은 엔진이 작동하는 도중 유압이 규정값 이하로 내려가면 경고등이 점등되며, 경고등이 점등되면 엔진 시동을 끄고 윤활장치를 점검한다.

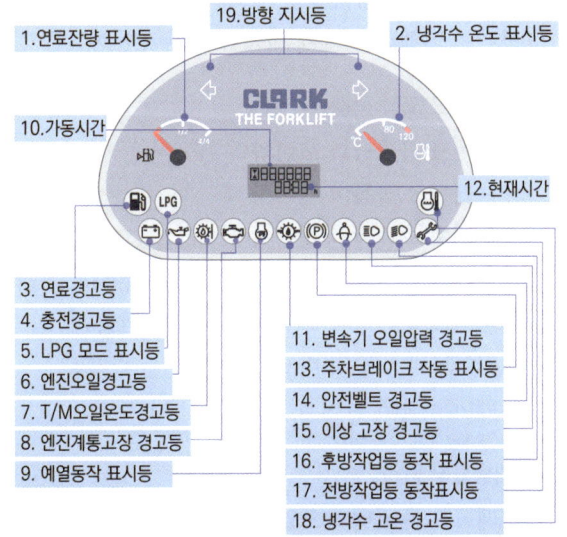

[계기판의 각부 명칭]

2 냉각수 온도계 점검

냉각수 온도게이지를 점검하여 냉각수 정상 순환 여부를 확인한다. 냉각수 온도게이지는 저온에서 고온으로 점진적인 증가를 보이도록 작동된다.

3 연료계 점검

연료계를 확인하여 연료가 부족하면 보충한다.

4 방향 지시등 및 전조등 점검

방향 지시등 및 전조등을 확인하고, 전구가 점등되지 않으면 전구를 교환한다.

5 아워미터(hour meter: 시간계) 점검

아워미터를 점검하여 지게차 가동 시간을 확인한다.

05 마스트·체인 점검

1 체인 연결 부위 점검

① 포크와 체인의 연결부위 균열 상태 점검: 포크와 리프트 체인 연결부의 균열 여부를 확인하여 포크의 휨, 이상 마모, 균열 및 핑거보드와의 연결 상태를 점검
② 리프트 체인 점검: 좌우 리프트 체인의 유격상태를 점검

2 마스트 및 베어링 점검

① 리프트 체인 및 마스트 베어링 점검: 리프트 레버 및 리프트 실린더를 조작하여 리프트 체인 고정 핀의 마모 및 헐거움을 점검하고, 마스트 롤러 베어링의 정상작동 상태 점검
② 마스트 상·하 작동상태 점검: 리프트 실린더를 조작하여 마스트의 휨, 이상 마모, 균열여부 및 변형을 확인하면서 마스트의 작동 상태 점검

06 엔진시동 상태 점검

1 축전지 점검

(1) 축전지 상태 점검
① 축전지 단자의 파손 상태를 점검하고, 축전지 단자를 보호하기 위하여 고무커버 씌우기
② 축전지 배선의 결선 상태를 점검

[충전]

[방전]

[교환]

(2) 축전지 충전상태 점검
① 축전지 충전상태를 점검 창으로 확인하고, 방전되었으면 축전지 충전
② MF 축전지 상태는 점검 창의 색으로 확인 가능

● 초록색	충전된 상태
● 검정색	방전된 상태(충전 필요)
○ 흰색	축전지 점검(축전지 교환)

(3) 축전지를 충전할 때 주의사항
① 충전장소에는 환기 장치 설치
② 축전지가 방전될 시 즉시 충전
③ 충전 중 전해액의 온도는 45℃ 이상 상승시키지 않기
④ 충전 중인 축전지 근처에 불꽃을 가져가지 않기
⑤ 축전지를 과다 충전하지 않기
⑥ 지게차에서 축전지를 떼어 내지 않고 충전할 경우에는 축전지와 기동전동기 연결 배선 분리

2 예열장치 점검

예열플러그 작동 여부와 예열 시간을 점검한다.

예열플러그 단선 원인
» 엔진이 과열될 경우
» 엔진 가동 중에 예열시킬 경우
» 예열플러그에 규정 이상의 과대 전류가 흐를 경우
» 예열시간이 너무 긴 경우
» 예열플러그를 설치할 때 조임이 불량일 경우

3 시동장치 점검

(1) 기동전동기가 회전하지 않는 원인
① 시동스위치 접촉 및 배선 불량일 때
② 계자코일이 손상되었을 때
③ 브러시가 정류자에 밀착이 안 될 때
④ 전기자 코일이 단선되었을 때

4 난기운전

(1) 난기운전의 개념
한랭 시기에 엔진을 시동 후, 바로 작업을 시작하면 유압장치가 고장날 수 있다. 이를 방지하기 위해 작업 전에 유압유 온도를 상승시키는 것을 난기운전이라고 한다.

(2) 지게차 난기운전 방법
작업 전 유압유 온도를 최소 20~27℃ 이상이 되도록 상승시키는 운전
① 엔진 시동 후 5분 정도 공회전 하기
② 가속페달을 서서히 밟으면서 리프트 실린더를 최고 높이까지 올리기
③ 가속페달에서 발을 떼고 리프트 실린더 내리기
④ ②와 ③을 3~4회 정도 실시(동절기에는 횟수 증가)

⑤ 가속페달을 서서히 밟으면서 틸트 실린더를 후경으로 두기
⑥ 가속페달을 서서히 밟으면서 틸트 실린더를 전경으로 두기
⑦ ⑤와 ⑥을 3~4회 정도 실시(동절기에는 횟수 증가)

07 작업 후 점검

1 안전주차 방법
① 지게차의 운전석을 떠나는 경우에는 주차 브레이크 체결
② 전·후진레버를 중립으로 한 후 포크 등을 바닥면에 내리고 엔진의 가동 정지
③ 보행자의 안전을 위한 주차 방법 연습
④ 마스트를 앞으로 기울이기
⑤ 포크 끝이 지면에 닿게 주차
⑥ 경사지에 주차하였을 때 안전을 위하여 바퀴에 고임목을 사용하여 주차

2 연료 점검
① 운행 종료 후 다음 작업을 위해 연료 보충
② 동절기에는 연료탱크와 대기의 온도차로 결로 현상이 발생할 수 있기 때문에 연료를 가득 채워 놓는 것이 좋음
③ 연료를 보충할 때는 반드시 엔진을 정지해야 함

연료를 주입할 때 주의사항
» 폭발성 가스가 발생했을 수도 있으니 급유할 때는 불꽃이 발생하지 않도록 주의
» 지게차의 급유는 지정된 안전한 장소에서만 진행(옥내보다는 옥외가 더 좋음)
» 연료량이 너무 적게 남거나 연료가 완전히 소진될 정도로 주행해서는 안 됨

3 작업 및 관리일지 작성
① 운전 시 특이사항을 관찰하여 작업일지에 기록
② 장비 관리를 위해 사용자, 작업 종류, 운행 시간 등을 작업일지에 기록
③ 연료 주입 시기를 작업일지에 기록
④ 장비 관리를 위해 사용부품, 수리 이력 등을 작업일지에 기록

MEMO

CHAPTER 02 단원문제 — 작업 전·후 점검

★ 개수는 빈출도와 중요도를 의미합니다.

작업 전 점검

01 ★★★ 지게차의 일일 점검 사항이 아닌 것은?
① 엔진 오일 점검　② 배터리 전해액 점검
③ 냉각수 점검　　④ 연료량 점검

해설　배터리 전해액 점검은 주간정비(매50시간 주기)점검 사항에 해당한다.

02 ★★★ 타이어 트레드 마모 한계를 초과하여 사용할 경우 발생되는 현상으로 옳지 않은 것은?
① 작은 이물질에도 타이어가 찢어질 수 있다.
② 제동거리가 길어진다.
③ 빗길 주행 시 수막현상이 일어난다.
④ 브레이크가 잘 듣지 않는 페이드 현상의 원인이 된다.

해설　페이드 현상은 잦은 브레이크의 사용으로 패드와 라이닝의 마찰계수가 작아져 브레이크가 밀리는 현상이다.

03 ★★★ 다음 중 기관에서 팬벨트 장력 점검 방법으로 옳은 것은?
① 발전기의 고정 볼트를 느슨하게 하여 점검한다.
② 엔진의 가동이 정지된 상태에서 벨트의 중심을 엄지손가락으로 눌러서 점검한다.
③ 엔진을 가동한 후 텐셔너를 이용하여 점검한다.
④ 벨트길이 측정게이지로 측정 점검한다.

해설　팬벨트 장력은 기관이 정지된 상태에서 물 펌프와 발전기 사이의 벨트 중심을 엄지손가락으로 눌러서 점검한다.

04 ★★★ 건설기계의 운전 전 점검사항을 나타낸 것으로 적절하지 않은 것은?
① 라디에이터의 냉각수량 확인 및 부족 시 보충
② 엔진 오일량 확인 및 부족 시 보충
③ 팬벨트 상태확인 및 장력 부족 시 조정
④ 배출가스의 상태 확인 및 조정

해설　배출가스의 상태 확인 및 조정은 운전 전이 아니라 시동을 걸고 운전상태에서 점검이 가능하다.

05 ★★ 동절기 축전지 관리요령으로 옳지 않은 것은?
① 충전이 불량하면 전해액이 결빙될 수 있으므로 완전히 충전시킨다.
② 엔진시동을 쉽게 하기 위하여 축전지를 보온시킨다.
③ 전해액 수준이 낮으면 운전 후 즉시 증류수를 보충한다.
④ 전해액 수준이 낮으면 운전시작 전 아침에 증류수를 보충한다.

해설　전해액 수준이 낮으면 운전 전에 증류수를 보충하여야 한다.

06 ★ 작업 장치를 갖춘 건설기계의 작업 전 점검사항으로 옳지 않은 것은?
① 제동장치 및 조종 장치 기능의 이상 유무
② 하역장치 및 유압장치 기능이상 유무
③ 유압장치의 과열 이상 유무
④ 전조등, 후미등, 방향지시등 및 경보장치의 이상 유무

해설　유압장치의 과열 이상 유무는 작업이 진행되는 과정 중에 살펴볼 수 있다.

| 정답 |　01 ②　02 ④　03 ②　04 ④　05 ③　06 ③

07 작업 중 운전자가 확인해야 하는 것으로 가장 거리가 먼 것은?

① 온도계　　　② 충전경고등
③ 유압경고등　④ 실린더 압력계

해설　작업 중 운전자가 확인해야 하는 계기는 충전경고등, 유압경고등, 온도계 등이다. 지게차의 계기판에 실린더 압력계는 없다.

08 건설기계에서 기관을 시동한 후 정상운전 가능상태를 확인하기 위해 운전자가 가장 먼저 점검해야 하는 것은?

① 주행속도계　　② 엔진오일의 양
③ 냉각수 온도계　④ 오일압력계

해설　시동 후 정상운전 가능 상태를 확인 중 가장 먼저 점검해야 하는 것은 오일 압력계이며, 오일압력 경고등 점등 시 엔진 시동을 멈추고 오일을 보충하여야 한다.

09 건설기계 작업 시 계기판에서 오일경고등이 점등되었을 때 우선 조치사항으로 적절한 것은?

① 엔진을 분해한다.
② 즉시 엔진시동을 끄고 오일계통을 점검한다.
③ 엔진오일을 교환하고 운전한다.
④ 냉각수를 보충하고 운전한다.

해설　계기판의 오일경고등이 점등되면 즉시 엔진의 시동을 끄고 오일계통을 점검한다.

10 그림과 같은 경고등의 의미는?

① 엔진오일 압력 경고등
② 와셔액 부족 경고등
③ 브레이크액 누유 경고등
④ 냉각수 온도 경고등

해설　제시된 그림은 엔진오일 압력 경고등이며, 엔진오일 부족 시 점등된다.

11 엔진 시동 전에 해야 할 가장 중요한 일반적인 점검 사항은?

① 실린더의 오염도　　② 충전장치
③ 유압계의 지침　　　④ 엔진오일과 냉각수의 양

해설　시동 전 냉각수와 엔진오일의 양 점검은 일일점검사항이다.

12 기관을 시동하여 공전 상태에서 점검하는 사항으로 옳지 않은 것은?

① 배기가스 색 점검　② 냉각수 누수 점검
③ 팬벨트 장력 점검　④ 이상소음 발생유무 점검

해설　팬벨트 점검은 기관 정지 상태에서 점검해야 안전하다.

13 다음 기관에서 팬벨트의 장력이 약할 때 생기는 현상으로 옳은 것은?

① 물펌프 베어링의 조기 마모
② 엔진 과냉
③ 발전기 출력 저하
④ 엔진 부조

해설　보통 팬벨트는 엔진의 회전력을 물펌프, 발전기 등에 전달하므로 물펌프 회전이 약해져서 발전기 출력이 저하된다.

| 정답 | 07 ④　08 ④　09 ②　10 ①　11 ④　12 ③　13 ③ |

14 엔진의 라디에이터 캡을 열어 냉각수 점검 시 냉각수에 기름이 떠 있다면, 그 원인으로 옳은 것은?

① 실린더 헤드 가스켓의 파손이 있다.
② 밸브의 간격이 작다.
③ 팬벨트 장력이 부족하다.
④ 라디에이터 호스에 누수가 발생했다.

> **해설** 라디에이터 캡을 열어 냉각수에 기름이 떠 있다면, 실린더 헤드 가스켓의 파손, 헤드의 균열, 실린더 블록의 균열로 냉각수와 엔진오일이 희석될 수 있다.

15 기관의 오일 레벨 게이지에 관한 설명으로 옳지 않은 것은?

① 윤활유를 육안검사 시에도 활용한다.
② 윤활유 레벨을 점검할 때 사용한다.
③ 기관의 오일 팬에 있는 오일을 점검하는 것이다.
④ 반드시 기관 작동 중에 점검해야 한다.

> **해설** 엔진오일 레벨 게이지 점검은 엔진을 정지시킨 상태에서 점검한다.

16 운전 중 엔진오일 경고등이 점등되었을 때, 다음 현상 중 틀린 것은?

① 오일량이 적정할 때
② 윤활계통이 막혔을 때
③ 오일필터가 막혔을 때
④ 오일 드레인 플러그가 열렸을 때

> **해설** 오일량이 적정할 때 운전 중 엔진오일 경고등은 소등되어 있다.

17 엔진 오일량 점검에서 오일게이지에 상한 선(Full)과 하한선(Low)표시가 되어있을 때 점검 상태 확인으로 옳은 것은?

① Low와 Full 표시 사이에서 Full 근처에 있어야 오일양이 적당하다.
② Low와 Full 표시 사이에서 Low에 가까이 있으면 좋다.
③ Low 표시에 있어야 한다.
④ Full 표시 이상이 되어야 한다.

> **해설** 엔진오일은 기관 정지 후 레벨게이지를 뽑았을 때 Low와 Full 표시 사이에서 Full에 근처에 있어야 오일양이 적당하다.

18 축전지가 낮은 충전율로 충전되는 이유로 옳지 않은 것은?

① 발전기의 고장
② 축전지의 노후
③ 전해액 비중의 과다
④ 레귤레이터의 고장

> **해설** 축전지가 충전되지 않는 원인
> - 축전지 극판이 손상되었거나 노후된 때
> - 전장부품에서 전기사용량이 많을 때
> - 축전지 접지케이블의 접속이 이완되었을 때
> - 발전기가 고장 나거나 팬벨트가 파손되었을 때
> - 레귤레이터(전압조정기)가 고장 났을 때
> - 전지 본선(B+) 연결부분의 접속이 이완되었을 때

19 운전 중 운전석 계기판에 다음 그림과 같은 경고등이 점등되었다. 이는 무슨 표시인가?

① 충전 경고등
② 전원 차단 경고등
③ 전기계통 작동 표시등
④ 배터리 완전충전 표시등

> **해설** 배터리의 충전 전압이 낮을 때 충전 경고등이 점등된다.

| 정답 | 14 ① 15 ④ 16 ① 17 ① 18 ③ 19 ① |

20 납산 축전지를 충전할 때 화기를 가까이 하면 폭발의 위험성이 있는 이유는?

① 배터리(-) 극에서 수소가스의 발생
② 산소가스의 발생
③ 배터리 전해액의 인화성 물질
④ 산소가스가 인화성 가스이기 때문

해설 충전 시 배터리 (-) 극판에서 수소가스가 발생하여 폭발의 위험을 갖고 있다.

21 예열플러그의 고장이 발생하는 경우로 거리가 먼 것은?

① 정격이 아닌 예열플러그를 사용했을 때
② 발전기의 발전전압이 낮을 때
③ 엔진이 과열되었을 때
④ 예열시간이 길었을 때

해설 예열플러그의 단선원인
- 기관이 과열된 상태에서 빈번한 예열
- 예열시간이 너무 길 때
- 예열플러그를 규정토크로 조이지 않았을 때
- 정격이 아닌 예열플러그를 사용했을 때
- 규정이상의 과대전류가 흐를 때 등

22 지게차 작업 장치의 포크 한쪽이 기울어지는 원인은?

① 한쪽 리프트 실린더가 마모된 경우
② 한쪽 로울러가 마모된 경우
③ 한쪽 실린더의 작동유가 부족한 경우
④ 한쪽 체인이 늘어난 경우

해설 지게차의 한쪽 체인이 늘어지는 경우에 지게차의 포크가 한쪽으로 기울어지게 된다.

23 브레이크가 잘 작동되지 않을 때의 원인으로 가장 거리가 먼 것은?

① 브레이크 드럼의 간극이 클 때
② 휠 실린더 오일이 누출되었을 때
③ 브레이크 페달 자유간극이 작을 때
④ 라이닝에 오일이 묻었을 때

해설 브레이크 페달의 자유간극이 작으면 급제동의 원인이 된다.

24 유압식 조향장치의 조향핸들 조작이 무거운 원인으로 옳지 않은 것은?

① 오일이 부족하다.
② 오일에 공기가 들어갔다.
③ 유압호스에 누유가 발생했다.
④ 오일펌프의 회전이 빠르다.

해설 조향핸들의 조작이 무거운 원인
- 타이어의 공기압력이 너무 낮을 때
- 유압장치 내에 공기가 유입되었을 때
- 오일이 부족하거나 유압이 낮을 때
- 오일펌프의 회전속도가 느릴 때
- 오일펌프의 벨트가 파손되었을 때
- 오일호스가 파손되었을 때

25 유압 작동유의 정상작동 온도 범위로 가장 옳은 것은?

① 40℃ 이하가 적당
② 45℃~55℃가 적당
③ 80℃ 이상이 적당
④ 25℃ 이하가 적당

해설 유압 작동유의 정상작동 온도 범위는 45℃~55℃가 가장 알맞은 온도이다.

| 정답 | 20 ① 21 ② 22 ④ 23 ③ 24 ④ 25 ② |

26 작업 전 지게차의 난기운전 및 점검 사항으로 옳지 않은 것은?

① 엔진 시동 후 작동유의 온도가 정상범위 내에 도달하도록 고속으로 전·후진 주행을 2~3회 실시한다.
② 엔진 시동 후 5분간 저속운전을 실시한다.
③ 틸트 레버를 사용하여 전체행정으로 전후 경사운동을 2~3회 실시한다.
④ 리프트 레버를 사용하여 상승, 하강운동을 전체행정으로 2~3회 실시한다.

> 해설 지게차의 난기운전 방법
> • 포크를 지면으로 부터 20cm 정도로 올린 후 틸트 레버를 사용하여 전체행정으로 포크를 앞뒤로 2~3회 작동시킨다.
> • 리프트 레버를 사용하여 포크의 상승·하강 운동을 실린더 전체행정으로 2~3회 실시한다.
> • 엔진을 시동 후 5분 정도 공회전 시킨다.

27 지게차에서 난기운전을 할 때 리프트 레버로 포크를 올렸다가 내렸다 하고, 틸트레버를 작동시키는 목적으로 가장 알맞은 것은?

① 유압실린더 내부의 녹을 제거하기 위해
② 오일여과기 내의 오물이나 금속 분말을 제거하기 위해
③ 유압유의 온도를 올리기 위해
④ 유압탱크 내의 공기를 빼기를 위해

> 해설 난기운전을 할 때 리프트 레버로 포크를 올렸다가 내렸다 하고, 틸트레버를 작동시키는 목적은 유압유의 온도를 올리기 위함이다.

28 건식 공기청정기의 효율저하를 방지하기 위한 방법으로 가장 적합한 것은?

① 기름으로 닦는다.
② 마른걸레로 닦아야 한다.
③ 압축공기로 먼지 등을 털어낸다.
④ 물로 깨끗이 세척한다.

> 해설 건식 공기청정기 엘리먼트는 압축공기로 안에서 밖으로 불어내어 청소한다.

29 기관에서 팬벨트 및 발전기 벨트의 장력이 너무 강할 경우 발생할 수 있는 현상으로 옳은 것은?

① 기관이 과열된다.
② 충전부족 현상이 생긴다.
③ 기관의 밸브장치가 손상될 수 있다.
④ 발전기 베어링이 조기 손상될 수 있다.

> 해설 팬벨트의 장력이 너무 강하면 발전기 베어링이 손상되기 쉽다.

30 지게차의 유압탱크 내의 유량을 점검하는 방법 중 올바른 것은?

① 엔진을 저속으로 하고 주행하면서 점검한다.
② 포크를 지면에 내려놓고 점검한다.
③ 포크를 최대로 높인 후 점검한다.
④ 포크를 중간위치로 올린 후 점검한다.

> 해설 지게차의 유압탱크 내의 유량 점검은 포크를 지면에 내려놓고 엔진은 정지한 상태에서 점검하는 것이 안전하다.

작업 후 점검

31 건설기계 운전자가 연료탱크의 배출 콕을 열었다가 잠그는 작업을 하고 있다면, 무엇을 배출하기 위한 예방정비 작업인가?

① 유압오일
② 수분과 오물
③ 엔진오일
④ 공기

> 해설 연료탱크의 배출 콕(드레인 플러그)은 수분과 오물을 배출하기 위한 작업이다.

| 정답 | 26 ① 27 ③ 28 ③ 29 ④ 30 ② 31 ② |

32 지게차를 주차하고자 할 때 포크는 어떤 상태로 하는 것이 안전한가?

① 평지에 주차하면 포크의 위치는 상관없다.
② 평지에 주차하고 포크는 지면에 접하도록 내려놓는다.
③ 앞으로 3° 정도 경사지에 주차하고 마스트 전경 각을 최대로 포크는 지면에 접하도록 내려놓는다.
④ 평지에 주차하고 포크는 녹이 발생하는 것을 방지하기 위하여 10cm 정도 들어 놓는다.

해설 지게차를 주차시킬 때에는 포크의 선단이 지면에 닿도록 하강 후 마스트를 전방으로 약간 경사 시켜야 안전주차가 이루어진다.

33 디젤기관의 연료계통에서 결로 현상이 생기면 시동이 어렵게 되는데, 이러한 결로 현상은 어느 계절에 가장 많이 발생하는가?

① 가을 ② 여름
③ 봄 ④ 겨울

해설 연료계통의 응축 수는 날이 추운 겨울에 가장 많이 발생한다.

34 지게차의 주차 및 정차에 대한 안전사항으로 옳지 않은 것은?

① 마스트를 전방으로 틸트하고 포크를 지면에 내려놓는다.
② 막힌 통로나 비상구에는 주차를 하지 않는다.
③ 시동스위치의 키를 OFF에 놓고 주차 브레이크를 잠근다.
④ 주·정차 후에는 항상 지게차에 시동 스위치의 키를 꽂아놓는다.

해설 주정차 시에는 항상 지게차의 시동 스위치 키는 뽑아서 따로 보관함에 보관한다.

35 건설기계 운전 작업 후 탱크에 연료를 가득 채워주는 이유와 가장 관련이 적은 것은?

① 연료의 압력을 높이기 위해서
② 연료의 기포방지를 위해서
③ 다음 작업을 준비하기 위해서
④ 연료탱크에 수분이 생기는 것을 방지하기 위해서

해설 작업 후 탱크에 연료를 가득 채워주는 이유
• 다음 작업을 준비하기 위해
• 연료의 기포방지를 위해
• 연료탱크 내의 공기 중의 수분이 응축되어 물이 생기는 것을 방지하기 위해

36 연료취급에 관한 설명으로 가장 거리가 먼 것은?

① 연료를 취급할 때에는 화기에 주의한다.
② 연료주입 시 물이나 먼지 등의 불순물이 혼합되지 않도록 주의한다.
③ 정기적으로 드레인콕을 열어 연료탱크 내의 수분을 제거한다.
④ 연료주입은 운전 중에 하는 것이 효과적이다.

해설 연료주입은 작업을 마친 후에 하는 것이 가장 효과적이다.

37 지게차의 주차 시 주의사항으로 적절하지 않은 것은?

① 시동스위치의 키를 빼놓는다.
② 포크의 선단이 지면에 닿도록 마스트를 전방으로 경사 시킨다.
③ 포크를 지면에 내린다.
④ 주차 브레이크를 완전히 풀어 놓는다.

해설 주차 브레이크는 완전히 작동시켜야 하며 비탈길 등에 주차 시에는 고임목을 설치해야 안전하다.

| 정답 | 32 ② 33 ④ 34 ④ 35 ① 36 ④ 37 ④

38 지게차 작업 후 점검사항으로 거리가 먼 것은?

① 파이프나 실린더의 누유를 점검한다.
② 작동 시 필요한 소모품의 상태를 점검한다.
③ 겨울철엔 가급적 연료 탱크를 가득 채운다.
④ 다음날 계속 작업하므로 차의 내·외부는 그대로 두는 것이 편리하다.

> **해설** 주차 후 차의 내·외부는 정리해야 한다.

39 다음은 지게차 작업 후 점검해야 하는 사항으로 옳지 않은 것은?

① 그리스를 주입해야 할 부분은 깨끗이 닦고 급유한다.
② 지게차의 휠 너트가 풀려 있으면 알맞은 토크로 조여 놓는다.
③ 장비의 외관 상태를 파악하고 적정한 공구를 사용하여 정비한다.
④ 휠의 볼트나 너트를 풀기 전에 반드시 타이어 공기를 빼야 한다.

> **해설** 휠의 볼트나 너트가 풀려있다면 양쪽 볼트 및 너트를 조이고 타이어 공기압은 정상 압력으로 공기를 주입해 놓는다.

40 지게차의 운전을 종료했을 때 취해야 할 안전사항으로 옳지 않은 것은?

① 연료를 빼낸다.
② 각종레버는 중립에 놓는다.
③ 전원 스위치를 차단시킨다.
④ 주차브레이크를 작동시킨다.

> **해설** 지게차의 운전 종료 후에는 연료를 빼지 않고 오히려 연료를 보충해 두어야 한다.

| 정답 | 38 ④ 39 ④ 40 ① |

CHAPTER 03

화물 적재, 하역, 운반 작업

SECTION 01 화물의 종류 및 적재 작업
SECTION 02 화물 운반 작업 및 안전 운전

단원별 기출 분석
- ✓ 상식으로 풀 수 있는 문제가 출제되고 출제 비율이 높지 않은 단원입니다.
- ✓ 기출문제 위주로 간단하게 정리할 수 있는 단원입니다.

SECTION 01 화물의 종류 및 적재 작업

01 화물 적재 작업

1 화물의 종류
컨테이너(Container): 컨테이너는 단위별 화물의 수송, 보관 등을 쉽게 할 수 있어 선정된 포장 방법이다. 형태는 일반적으로 직사각형으로 되어 있고, ISO 6346에 따라 소유자와 연번, 중량 등을 나타내는 표시가 문에 표시되어 있다.

2 팔레트 및 개별 포장 종류
① 지게차용 팔레트는 목재, 철제, 알루미늄, 플라스틱, 하드보드 등 화물의 사용 목적에 따라 장단점을 검토하여 적재, 운반, 하역 시 작업이 용이하도록 제작된 포장 방법
② 일반 팔레트는 외형, 규격은 비슷하나 재질은 나무, 플라스틱, 강철, 알루미늄 등으로 제작
③ 개별 포장은 각종 철재, 나무, 섬유 등 단위별로 개당 처리 또는 묶음 처리하여도 작업이 가능한 화물
④ 화물 종류별 비중을 참고하여 작업 전 사전에 내용물을 파악해야 함

3 화물의 적재 방법
① 적재하고자 하는 화물의 바로 앞에 도달하면 안전한 속도로 감속한다.
② 화물 앞에 가까이 갔을 때에는 일단 정지하여 마스트를 수직으로 한다.
③ 포크의 간격은 컨테이너 및 팔레트 폭의 1/2 이상 3/4 이하 정도로 유지하여 적재한다.
④ 컨테이너, 팔레트, 스키트(Skid)에 포크를 꽂아 넣을 때에는 지게차가 화물을 똑바로 향하고, 포크의 삽입 위치를 확인한 후에 천천히 포크를 넣는다.
⑤ 단위포장 화물은 화물의 무게 중심에 따라 포크 폭을 조정하고 천천히 포크를 완전히 넣는다.

⑥ 지면으로부터 화물을 들어 올릴 때에는 다음과 같은 순서에 따라 작업을 실시한다.

> 포크를 지면으로부터 5~10cm 들어 올린 후에 화물의 안정 상태와 포크의 편하중이 없는지 확인

▼

> 이상이 없음을 확인한 후에 마스트를 충분히 뒤로 기울이고, 포크를 지면으로부터 약 20~30cm의 높이를 유지한 상태에서 약간 후진(이때 브레이크 페달을 밟았을 때 화물 내용물에 동하중이 발생하는지 확인)

▼

> 적재 후 마스트를 지면에 내려놓은 다음 반드시 화물의 적재 상태를 확인하고, 포크를 지면으로부터 약 20~30cm의 높이를 유지하며 주행

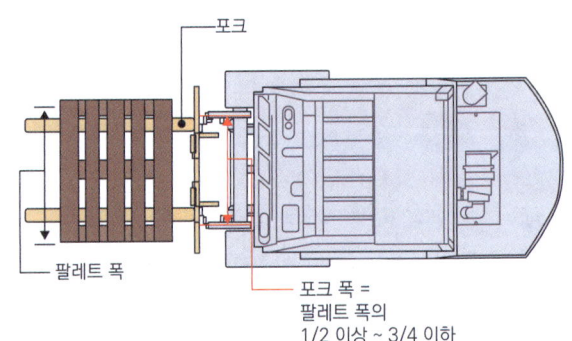

4 화물 적재 상태 확인
① 팔레트는 적재 화물의 중량에 따라 충분한 강도여야 하며, 심한 손상이나 변형이 없는지를 확인하고 적재한다.
② 팔레트에 실린 화물은 안전하고 확실하게 적재되어 있는지를 확인하고, 불안정한 적재 또는 화물이 무너질 우려가 있는 경우에는 밧줄로 묶기 등의 안전 조치 후에 적재한다.
③ 단위화물의 바닥이 불균형 형태인 경우 포크와 화물의 사이에 고임목을 사용하여 안정시킬 수 있다.
④ 인양물이 불안정할 경우, 슬링 와이어로프나 체인블록 등의 공구를 사용하여 지게차와 결착한다.

⑤ 결착할 때 화물의 형태에 따라 공구와 화물 사이의 손상을 방지하기 위하여 보호대를 사용할 수 있다.
⑥ 금속끼리 결착할 때는 목재나 하드보드, 종이, 천 등으로 금속의 미끄러짐 방지한다.

02 화물 하역 작업

1 하역 작업 답사

① 하역 장소를 답사하여 하역 장소의 지반 및 주변 여건을 확인
② 일반 비포장인 경우 야적장에 지반이 견고한지 확인
③ 불안정할 시 작업관리자에게 통보하여 수정 후 하역 장소에서 하역할 수 있도록 할 것

2 화물 하역 작업

① 하역하는 장소의 바로 앞에 오면 안전한 주행 속도로 감속한다.
② 하역하는 장소의 앞에 접근하였을 때에는 일단 정지한다.
③ 하역하는 장소에 화물의 붕괴, 파손 등의 위험이 없는지 확인한다.
④ 마스트는 수직, 포크는 수평으로 한 다음 내려놓을 위치보다 약간 높은 위치까지 올린다.
⑤ 내려놓을 위치를 잘 확인한 후, 천천히 주행하여 예정된 위치에 내린다.
⑥ 천천히 후진하여 포크를 10~20cm 정도 빼내고, 다시 약간 들어 올려 안전하고 올바른 하역 위치까지 밀어 넣고 내려야 한다.
⑦ 팔레트 또는 스키드로부터 포크를 빼낼 때에도 접촉 또는 비틀리지 않도록 조작한다.
⑧ 하역하는 경우, 포크를 완전히 올린 상태에서는 마스트를 앞뒤로 거칠게 조작하지 않는다.
⑨ 하역하는 상태에서는 절대로 지게차에서 내리거나 이탈하지 않는다.

SECTION 02 화물 운반 작업 및 안전 운전

01 화물 운반 작업

① 운행 경로와 지반 상태를 사전에 파악한다.
② 화물을 운반할 때는 마스트를 뒤로 4~6° 기울이고, 포크와 지면 거리를 20~30cm 정도 높이로 유지하며 주행한다.
③ 화물 운반 시, 주행 속도는 10km/h를 초과할 수 없다.
④ 후진 작업을 할 때는 주변 상황을 파악한 후, 후진경고음과 후사경으로 주변을 확인한다.
⑤ 급출발 및 급제동, 급선회 등을 금지한다.
⑥ 경사로를 올라갈 때는 적재물이 경사로의 위쪽을 향하도록 주행한다.(경사로를 내려갈 때는 엔진 브레이크 및 풋 브레이크를 조작하며 천천히 운전)
⑦ 지게차 조종석 또는 적하장치에 사람을 태우지 않으며, 포크 밑으로 사람 출입을 통제한다.
⑧ 뒷바퀴 조향에 유의하며 운행하고, 후륜이 뜬 상태로 주행을 금지한다.
⑨ 운전자의 시야가 화물에 가려질 경우, 보조자의 수신호를 확인하며 운전한다.
⑩ 작업 전에 후사경과 경광등, 후진 경고음 및 후방 카메라 등을 점검하여 안전하게 주행한다.

02 안전 운전 작업

1 지게차 운행 통로 확보

① 지게차 운행통로의 폭은 지게차의 최대 폭보다 넓어야 하고, 양방향으로 30cm 이상의 간격을 유지하며 여유 통로를 두기
② 지게차 운행 도로 선은 황색 실선으로 표시하고, 선의 폭은 12cm로 함
③ 화물 적재, 기계 설비, 출구 신설 등을 할 때는 운전자 및 보행자의 조망 상태를 충분히 고려

2 안전경고 표시

① 운행 통로를 확인하여 장애물을 제거하고 주행 동선을 확인한다.
② 작업장 내 안전 표지판은 목적에 맞는 표지판을 올바른 위치에 설치했는지 확인한다.
③ 적재 후 이동 통로를 확인하고, 하역 장소를 사전 답사해야 하며 신호수 지시에 따른 작업 진행 방법을 사전에 숙지한다.

3 신호수의 도움으로 동선 확보

① 신호수와는 서로의 맞대면으로 항상 통해야 한다.
② 차량에 적재할 때는 차량 운전자 입회하에 작업을 진행해야 한다.
③ 시야가 확보되지 않은 작업 시, 신호수를 두어 충돌과 낙하의 사고를 예방해야 한다.

4 제한속도 준수규칙

① 제한속도 내에서 주행은 현장여건에 맞추어야 하므로 필수요건은 아니지만, 화물 종류와 지면 상태에 따라서 운전자가 반드시 준수해야 할 사항
② 일반도로를 주행할 때는 통행 제한구역 및 시간이 있으므로 관련 법규를 준수해야 이동이 가능하며, 따라서 목적지까지 이동이 가능한지 사전에 확인해야 함

5 작업자와 보행자의 안전거리 확보

① 제한속도는 현장 여건에 맞추어 시행하여야 하며, 화물 종류와 지면 상태에 따라 운전자는 제동거리를 준수해야 한다.
② 일반차도 주행 시는 지역별 통행 제한구역 및 시간이 있으므로 관련 법규를 준수해야 이동이 가능하므로 목적지까지 이동 가능 여부가 사전에 확인되어야 한다.
③ 도로상 주행할 때에는 포크의 선단에 표식을 부착하는 등 보행자와 작업자가 식별할 수 있도록 하고, 주행 속도에 비례한 안전거리를 확보하며 방어 운전을 하여야 한다.

03 장치 및 주변상태 확인

1 작업 장치 성능확인 및 이상소음 확인

동력전달장치 소음상태 이해	자동변속기의 경우 전·후진레버를 작동할 때 덜컹거림 발생여부 확인 후, 이상소음 없이 주행하는지 확인
조향장치	조향핸들의 허용 유격이 정상인지 상·하·좌우 및 앞뒤로 덜컹거림의 발생 여부를 확인
주차 브레이크	주차 브레이크 레버를 완전히 당긴 상태에서 여유를 확인하고, 평탄한 노면에서 저속으로 주행할 때 레버 작동으로 브레이크 작동상태와 소음발생 여부를 확인
주행 브레이크	브레이크 페달의 여유 및 페달을 밟았을 때 페달과 바닥판의 간격 유무를 확인

2 작업장치의 소음상태 판단
① 마스트 고정 핀(Foot Pin) 및 부싱 상태 확인
② 가이드 및 롤러 베어링 정상 작동 확인
③ 리프트 실린더 및 연결핀, 부싱 상태 확인
④ 브래킷 및 연결부분 상태 확인
⑤ 리프트 체인 마모 및 좌우 균형상태 확인
⑥ 마스트를 올림 상태에서 정지시켰을 때 자체하강이 없는지 확인(실린더 내 피스톤 실 누유상태 확인)

3 포크 이송장치 소음상태 판단
① 유압실린더 고정핀, 부싱의 정상적인 연결 상태 확인
② 유압호스 연결 및 고정상태 확인
③ 구조물의 손상 및 외관상태 확인
④ 가이드 및 롤러 베어링 정상작동 확인
⑤ 포크 이동 및 각 부분 주유상태 확인

4 작동장치 이상소음 확인
① 마스트를 최대한 올리고 내림을 2~3회 반복하여 이상 소음 확인
② 마스트를 앞뒤로 2~3회 반복 조종하여 이상 소음 확인
③ 포크 폭을 2~3회 반복 조종하여 이상 소음 확인

후각(냄새)으로 판단
» 주행 중 냄새로 이상 유무 확인
» 엔진 과열로 엔진 오일이 타는 냄새로 확인
» 브레이크 라이닝 타는 냄새로 확인
» 유압유의 과열로 인한 냄새로 확인
» 각종 구동 부위의 베어링이 타는 냄새로 확인

5 포크의 이상 유무 확인 방법
작업 전 포크를 육안으로 검사할 때 균열 의심이 발생되면 형광 탐색 검사를 하여 대형사고를 예방해야 한다.

6 위험요소에 관한 판단
냄새가 감지되었을 때는 열에 의한 이상상태로 화재발생의 소지가 생기게 되므로 소화기 위치 및 정상충전 상태를 확인하여야 한다(화재 초기 진압이 목적).

7 장치별 누유 누수 확인
① 엔진오일 누유 확인
② 엔진 냉각수 누수 확인
③ 유압유의 누유 확인
④ 하체 구성부품의 누유 확인

8 유압계통 누유 확인
① 작업 중 유압호스나 파이프에서 작동유가 누유될 경우, 반드시 엔진을 끄고 계통 내에 있는 작업 부하를 해제한 다음 해당 공구로 수리 또는 교체해야 한다.
② 호스나 파이프에서 유압유가 누유 하는 곳은 대부분 작동 시 진동으로 마모나 충격으로 인한 것이므로 진동이 심한 파이프나 호스는 클램프로 단단히 고착해야 한다.
③ 밸브 중에서 가장 많이 누유가 의심되는 곳은 고압력을 가장 많이 사용하는 밸브의 스풀이다.

CHAPTER 03 단원문제 — 화물 적재, 하역, 운반 작업

★ 개수는 빈출도와 중요도를 의미합니다.

화물의 종류 및 적재 작업

01 ★★★ 지게차 작업 시 안전수칙으로 옳지 않은 것은?

① 화물을 적재하고 경사지를 내려갈 때는 운전시야 확보를 위해 전진으로 운행해야 한다.
② 포크를 이용하여 사람을 싣거나 들어 올리지 않아야 한다.
③ 주차 시에는 포크를 완전히 지면에 내려야 한다.
④ 경사지를 오르거나 내려올 때는 급회전을 금해야 한다.

해설 화물을 적재하고 경사지를 내려 갈 때는 저속 후진으로 내려가야 화물의 전복을 방지할 수 있다.

02 ★★★ 지게차 주행 시 주의해야 할 사항 중 옳지 않은 것은?

① 포크에 사람을 태워서는 안 된다.
② 포크는 노면에 경사지게 한다.
③ 포크에 화물을 싣고 주행할 때는 절대로 속도를 내서는 안 된다.
④ 노면상태에 따라 충분한 주의를 하여야 한다.

해설 지게차 주행 시 마스트를 틸트 작용하여 포크는 안으로 경사지게 한다.

03 ★★★ 지게차로 가파른 경사지에서 적재물을 운반할 때의 방법으로 옳은 것은?

① 지그재그로 내려온다.
② 기어의 변속을 중립에 놓고 내려온다.
③ 적재물을 앞으로 하여 천천히 내려온다.
④ 기어의 변속을 저속 상태로 놓고 후진으로 내려온다.

해설 가파른 경사지에서 적재물을 운반할 때는 변속기어를 저단으로 두고 엔진 브레이크와 풋 브레이크로 후진한다.

04 ★★★ 지게차 운전 시 유의사항이 아닌 것은?

① 운전석에는 운전자 이외는 승차하지 않는다.
② 내리막길에서는 급회전을 하지 않는다.
③ 화물적재 후 고속 주행을 하여 작업 능률을 높인다.
④ 면허소지자 이외는 운전하지 못하도록 한다.

해설 포크에 화물을 싣고 운행할 때에는 저속으로 주행하여야 한다.

05 ★ 다음 중 지게차의 작업을 쉽게 하기 위하여 사용하는 것은?

① 스키드(Skid) ② 컨테이너
③ 종이상자 ④ 널빤지

해설 스키드는 팔레트와 함께 지게차 화물을 운반할 때에 사용하는 기구이다.

06 ★★★ 지게차의 적재작업 방법으로 옳지 않은 것은?

① 화물을 들어 올릴 때에는 포크가 수평이 되도록 하여야 한다.
② 무거운 화물을 들어 올릴 경우 사람이나 중량물로 밸런스 웨이트를 삼는다.
③ 포크로 화물을 찌르거나 화물을 직접 끌어 올리지 않는다.
④ 화물을 올릴 때에는 인칭 페달을 밟는 동시에 리프트 레버를 조작한다.

해설 지게차의 화물 중량은 밸런스 웨이트 한계 내에서 들어올려야 하며, 사람이나 중량물로 균형을 맞추지 않는다.

| 정답 | 01 ① 02 ② 03 ④ 04 ③ 05 ① 06 ②

07 지게차 하역작업에 대한 설명 중 옳지 않은 것은?

① 포크는 팔레트에 대해 하역·적재·운행 시 항상 평행을 유지시킨다.
② 화물 앞에서는 일단 정지한다.
③ 틸트 기구를 이용해 화물을 당긴다.
④ 운반하려는 화물 앞 가까이 오면 속도를 서서히 줄인다.

> 해설 하역이나 적재 시에는 포크는 평행을 유지하되, 주행 시에는 포크를 뒤로 기울여 화물이 떨어지는 것을 방지한다.

08 지게차 화물취급 작업 시 준수하여야 할 사항으로 옳지 않은 것은?

① 화물의 근처에 왔을 때에는 가속페달을 살짝 밟아 작업시간을 단축시킨다.
② 지게차를 화물 쪽으로 반듯하게 향하고 포크가 팔레트와 부딪치지 않도록 주의한다.
③ 팔레트에 실려 있는 물체의 안전한 적재 여부와 결착이 필요시 결착을 한다.
④ 화물 앞에서 일단 정지해야 한다.

> 해설 화물의 근처에 왔을 때에는 브레이크 페달을 가볍게 밟아 속도를 줄여 정지 준비를 한다.

화물 운반 작업 및 안전 운전

09 지게차 포크에 화물을 적재하고 주행할 때 지면과 포크와 간격으로 옳은 것은?

① 20~30cm   ② 70~85cm
③ 지면에 밀착   ④ 40~55cm

> 해설 화물을 적재하고 주행할 때 포크와 지면과 간격은 20~30cm가 적당하다.

10 지게차의 운행통로 확보에 대한 설명으로 옳지 않은 것은?

① 지게차 1대의 운행 경로 폭은 지게차 차체 폭을 제외하고 양쪽 합이 60cm 이상의 통로를 확보해야 한다.
② 지게차 2대의 운행 경로 폭은 지게차 2대 폭을 제외한 경로 폭은 90cm 이상의 통로를 확보해야 한다.
③ 지게차 1대의 운행 경로 폭은 지게차 차체 폭을 제외한 한쪽의 폭은 30cm 이상의 통로를 확보해야 한다.
④ 지게차 2대가 운행 시 지게차 사이의 경로 폭은 20cm 이상의 통로를 확보해야 한다.

> 해설 지게차 2대 운행 시 지게차 사이의 경로 폭은 30cm 이상으로 확보해야 한다.

11 화물 운반 시 팔레트 폭의 어떤 비율이 지게차 포크의 간격으로 가장 적당한가?

① 팔레트 폭의 1/2~3/4
② 팔레트 폭의 1/3~2/3
③ 팔레트 폭의 1/2~2/3
④ 팔레트 폭의 1/2~1/3

> 해설 포크의 간격은 팔레트 폭의 1/2~3/4 정도가 좋다.

12 지게차로 화물을 운반할 때의 주의사항이 아닌 것은?

① 화물운반 거리는 10m 이내로 한다.
② 경사지 운전 시 화물이 위쪽을 향하도록 한다.
③ 노면이 좋지 않을 때는 저속으로 운행해야 안전하다.
④ 노면에서 포크를 약 20~30cm 올리고, 마스트를 뒤쪽으로 약 6도 후경한 후 이동한다.

> 해설 지게차의 화물운반 거리는 일반적으로 100m 이내로 한다.

| 정답 | 07 ③   08 ①   09 ①   10 ④   11 ①   12 ① |

13 지게차를 경사지에서 운전할 때의 방법으로 옳지 않은 것은?

① 내리막길에서는 전·후진레버를 중립에 놓고 엔진의 시동을 끈 상태로 탄력 주행을 해서는 안 된다.
② 경사면을 따라 내려갈 때에는 옆으로 기울어진 상태로 주행한다.
③ 급한 경사지를 화물을 싣고 내려갈 때에는 후진으로 주행한다.
④ 경사지를 올라갈 때에는 포크의 끝부분 또는 팔레트 앞부분이 지면에 닿지 않도록 주의하며 주행한다.

해설 경사면을 따라 내려갈 때에는 옆으로 기울어진 상태로 주행해서는 안 된다.

14 지게차의 화물 운반 방법으로 옳지 않은 것은?

① 화물을 적재하고 운반할 때에는 항상 후진으로 운행한다.
② 화물운반 중에는 마스트를 뒤로 6° 가량 기울인다.
③ 주행 중에는 포크를 지면에서 20~30cm 정도 들고 주행한다.
④ 경사지에서 화물을 운반할 때 내리막에서는 후진으로, 오르막에서는 전진으로 운행한다.

해설 화물이 전방시야를 가리거나 경사지에서 화물을 싣고 내려올 때에는 후진 주행이 안전하다.

15 지게차의 화물 운반 방법으로 옳은 것은?

① 샤퍼를 뒤로 6° 정도 기울여서 운반한다.
② 댐퍼를 뒤로 13° 정도 기울여서 운반한다.
③ 마스트를 뒤로 4° 정도 기울여서 운반한다.
④ 바이브레이터를 뒤로 8° 정도 기울여서 운반한다.

해설 샤퍼(마스트)를 뒤로 6° 정도 기울여서 운반한다.

16 팔레트에 있는 화물을 운반할 때 주의할 사항이 아닌 것은?

① 마스트를 앞으로 기울여서 주행한다.
② 포크를 적당한 높이까지 올린다.
③ 포크를 올리기 전에 위쪽에 전선 등의 위험요소가 있는 지 확인한다.
④ 포크를 팔레트 구멍과 평행하게 놓는다.

해설 마스트는 뒤로 6° 기울여서 주행한다.

17 평탄한 노면에서 지게차의 하역작업 시 옳지 않은 방법은?

① 팔레트에 실은 화물이 안정되고 확실하게 실려 있는지를 확인한다.
② 포크를 삽입하고자 하는 곳과 평행하게 한다.
③ 불안정한 적재의 경우에는 화물이 떨어지기 전에 빠른 작업을 하여야 한다.
④ 화물 앞에서 정지한 후 마스트가 수직이 되도록 기울여야 한다.

해설 불안정한 적재물의 경우 화물을 안전하게 결착하고 하역작업을 하고 하역작업 시에는 서두르지 않는다.

18 화물 적하작업 시 지게차의 작업을 용이하게 하는 것은?

① 화물을 받치는 상자
② 화물을 받치는 팔레트
③ 화물을 받치는 드럼통
④ 화물을 받치는 판자

해설 팔레트는 지게차로 화물을 실어 나를 때 화물을 안정적으로 옮기기 위해 사용하는 구조물이다.

| 정답 | 13 ② 14 ① 15 ① 16 ① 17 ③ 18 ②

19 하역작업 시 안전한 작업방법이라고 볼 수 없는 것은?

① 굴러갈 위험이 있는 물체는 고임목으로 고인다.
② 가벼운 것은 위로, 무거운 것은 밑으로 적재한다.
③ 허용 적재 하중을 초과하는 화물의 적재는 금한다.
④ 무너질 위험이 있는 경우 무너지기 전에 빨리 작업을 마쳐야 한다.

해설 무너질 위험이 있는 경우에는 작업을 멈추고 안전조치를 한 후 작업을 마쳐야 한다.

20 지게차 작업방법 중 옳지 않은 것은?

① 마스트를 앞쪽으로 기울이고 화물을 운반해서는 안 된다.
② 젖은 손, 기름이 묻은 손, 구두를 신고서 작업을 해서는 안 된다.
③ 화물을 2단으로 적재 시 안전에 주의하여야 한다.
④ 옆 좌석에 다른 사람을 태워서는 안 되며, 고공 작업 시 사람을 태우는 엘리베이터용으로 사용이 가능하다.

해설 지게차 포크에 사람을 태우는 행동을 해서는 안 된다.

21 지게차로 화물 적재 시 화물이 움직일 수 있는 상황에서 가장 적합한 적재방법으로 옳은 것은?

① 화물이 떨어지기 전 작업을 빨리 마쳐야 한다.
② 화물이 무거우면 사람이나 중량물로 밸런스 웨이트를 삼는다.
③ 화물을 안전하게 적재하기 위해서는 밧줄 등으로 단단히 결착하고 작업을 진행하여야 한다.
④ 적재할 장소에 도달했을 때 속도를 높여 적재장소에 빠르게 도달한다.

해설 화물을 안전하게 적재하기 위해서는 밧줄 등으로 단단히 결착하고 작업을 해야 한다.

22 지게차 적재작업 시 유의사항으로 옳지 않은 것은?

① 화물이 무너지거나 파손 등의 위험성 여부를 확인한다.
② 화물을 최대한 높이 들어 올려 아래 부분을 확인하며 천천히 출발한다.
③ 운반하려고 하는 화물가까이 가면 속도를 줄인다.
④ 화물을 적재할 장소 앞에서는 일단 정지한다.

해설 지게차로 적재작업을 할 때 화물을 높이 들어 올리고 운행하면 지게차가 전복될 위험이 있다.

23 지게차 작업에 대한 설명으로 옳지 않은 것은?

① 화물을 싣기 위해 마스트를 약간 전경시키고 포크를 끼워 물건을 싣는다.
② 목적지에 도착 후 화물을 내리기 위해 틸트 실린더를 후경시켜 전진한다.
③ 틸트 레버는 앞으로 밀면 마스트가 앞으로 기울고 따라서 포크가 앞으로 기운다.
④ 포크를 상승시킬 때는 리프트 레버를 뒤쪽으로, 하강시킬 때는 앞쪽으로 민다.

해설 목적지에 도착 후 화물을 내리기 위해 포크를 수평으로 한 후 전진한다.

24 지게차의 안전작업에 관한 설명으로 옳지 않은 것은?

① 정격용량을 초과하는 화물을 싣고 균형을 맞추려면 밸런스 웨이트(balance weight)에 사람을 태워야 한다.
② 부피가 큰 화물로 인하여 전방시야가 방해를 받을 경우에는 후진으로 운행한다.
③ 경사면에서 운행을 할 때에는 화물이 언덕 위를 향하도록 하고 후진한다.
④ 포크(fork) 끝 부분으로 화물을 올려서는 안 된다.

해설 지게차의 정격용량을 초과하여 화물을 적재하여서는 안 된다.

| 정답 | 19 ④ 20 ④ 21 ③ 22 ② 23 ② 24 ① |

25 자동변속기가 장착된 지게차를 운행을 위해 출발하고자 할 때의 방법으로 옳은 것은?

① 브레이크 페달을 조작할 필요 없이 전·후진 레버를 선택한다.
② 브레이크 페달을 밟고 전·후진레버를 전진이나 후진으로 선택한다.
③ 인칭페달을 밟고 전·후진레버를 전진이나 후진으로 선택한다.
④ 클러치 페달을 밟고 전·후진레버를 전진이나 후진으로 선택한다.

> 해설 자동변속기가 장착된 지게차 운행을 위해 출발하려 할 때는 브레이크 페달을 밟고 전·후진레버를 전진이나 후진으로 선택 후 운전을 한다.

26 지게차 운전 시 주의 사항으로 옳지 않은 것은?

① 포크에 화물적재 시 전방이 보이지 않으면 후진한다.
② 사람을 옆에 태우고 운행하면 교통상황을 잘 알 수 있다.
③ 포크에 화물적재 시에는 서행한다.
④ 바닥의 견고성 상태를 확인한 후 주행한다.

> 해설 지게차 운전 시 운전자 이외의 사람은 승차해서는 안 된다.

27 사업장 내에서 지게차의 속도는 최대 얼마 이하여야 하는가?

① 5km/h 이하
② 10km/h 이하
③ 20km/h 이하
④ 50km/h 이하

> 해설 사업장 내에서 지게차의 속도는 최대 10km/h 이하이다.

28 지게차 주행 시 도로의 주행 폭은 지게차 너비를 제외한 양쪽 너비는 각각 몇 cm 이상이어야 안전한가?

① 30cm 이상
② 25cm 이상
③ 50cm 이상
④ 100cm 이상

> 해설 지게차 주행 시 도로의 주행 폭은 지게차 너비를 제외한 양쪽 너비는 각각 30cm이상이어야 안전하다.

29 지게차 작업방법 중 틀린 것은?

① 조향바퀴가 지면에서 5cm 이하로 떨어졌을 때에는 카운터 웨이트의 중량을 높여 균형을 맞춘다.
② 주행방향을 바꿀 때에는 완전정지 또는 저속에서 행한다.
③ 경사지에서 화물을 싣고 내려올 때에는 후진으로 진행한다.
④ 틸트는 화물이 백레스트에 완전히 닿도록 하고 운행한다.

> 해설 지게차의 조향바퀴가 지면에서 떨어지게 되면 전복의 위험이 있으므로 적재물의 중량을 줄여서 카운터 웨이트와의 중량 균형을 맞추어야 안전하다.

| 정답 | 25 ② 26 ② 27 ② 28 ① 29 ① |

CHAPTER 04

건설기계관리법 및 도로교통법

SECTION 01 도로교통법
SECTION 02 건설기계관리법
SECTION 03 응급대처

단원별 기출 분석

✓ 건설기계관리법, 도로교통법, 도로명주소 등과 같은 법규 문제가 출제됩니다.
✓ 수험생들이 특히 어려워하는 단원으로, 수록된 핵심이론들을 꼼꼼하게 암기하고 기출문제를 꼭 풀어보시기 바랍니다.

SECTION 01 도로교통법

01 도로교통법의 목적과 용어

도로에서 일어나는 교통상의 모든 위험과 장해를 방지하고 제거하여 안전하고 원활한 교통을 확보함을 목적으로 한다.

용어	정의
도로	도로교통법상 도로 • 「유료도로법」에 따른 유료 도로 • 「도로법」에 따른 도로 • 「농어촌도로 정비법」에 따른 도로 • 차마의 통행을 위한 도로
고속도로	자동차의 고속운행에만 사용하기 위하여 지정된 도로
자동차 전용도로	자동차만 다닐 수 있도록 설치된 도로
긴급자동차	소방차, 구급차, 혈액공급차량 그밖에 대통령령으로 정하는 자동차(긴급자동차는 긴급 용무 중일 때만 우선권과 특례의 적용을 받는다.)
정차	운전자가 5분을 초과하지 아니하고 차를 정지시키는 것으로서 주차 외의 정지상태
안전지대	도로를 횡단하는 보행자나 통행하는 차마의 안전을 위하여 안전표지나 이와 비슷한 인공구조물로 표시한 도로의 부분
어린이	13세 미만인 사람
안전표지	교통안전에 필요한 주의·규제·지시 등을 표시하는 표지판이나 도로의 바닥에 표시하는 기호·문자 또는 선 등
서행	운전자가 차 또는 노면전차를 즉시 정지시킬 수 있는 정도의 느린 속도로 진행하는 것

02 차마의 통행

1 차마의 도로주행

① 차도와 보도가 구분된 도로에서는 차도로 통행하여야 하며, 다만 도로 외의 장소로 출입할 때에는 보도를 횡단하여 통행할 수 있다.
② 보도를 횡단하기 직전에 일시 정지하여 좌측이나 우측을 살핀 후, 보행자의 통행을 방해하지 않도록 횡단하여야 한다.
③ 차마의 운전자는 도로(보도와 차도가 구분된 도로에서는 차도를 말한다)의 중앙(중앙선이 설치되어 있는 경우에는 그 중앙선을 말한다) 우측 부분을 통행하여야 한다.

2 차로에 따른 통행차의 기준

도로		차로구분	통행할 수 있는 차종
고속도로 외 도로		왼쪽차로	승용자동차 및 경형·소형·중형 승합자동차
		오른쪽 차로	건설기계·화물·특수·대형승합·이륜자동차 및 원동기장치자전거
고속도로	편도 2차로	1차로	• 앞지르기를 하려는 모든 자동차 • 도로상황이 시속 80km 미만으로 통행할 수밖에 없는 경우에는 통행 가능
		2차로	모든 자동차(건설 기계 포함)
	편도 3차로 이상	1차로	• 앞지르기를 하려는 승용·경형·소형·중형 승합자동차 • 도로상황이 시속 80km 미만으로 통행할 수밖에 없는 경우에는 통행 가능
		왼쪽차로	승용자동차 및 경형·소형·중형 승합자동차
		오른쪽차로	건설기계 및 화물, 대형 승합, 특수자동차

3 차마가 도로의 중앙이나 좌측 부분을 통행할 수 있는 경우

① 도로가 일방통행인 경우
② 도로의 파손, 도로공사나 그 밖의 장애 등으로 도로의 우측 부분을 통행할 수 없는 경우
③ 도로 우측 부분의 폭이 6미터가 되지 아니하는 도로에서 다른 차를 앞지르려는 경우(다만, 다음 각 목의 어느 하나에 해당하는 경우에는 그러하지 아니하다.)
  가. 도로의 좌측 부분을 확인할 수 없는 경우
  나. 반대 방향의 교통을 방해할 우려가 있는 경우
  다. 안전표지 등으로 앞지르기를 금지하거나 제한하고 있는 경우
④ 도로 우측 부분의 폭이 차마의 통행에 충분하지 아니한 경우
⑤ 가파른 비탈길의 구부러진 곳에서 교통의 위험을 방지하기 위하여 시·도경찰청장이 필요하다고 인정하여 구간 및 통행방법을 지정하고 있는 경우에 그 지정에 따라 통행하는 경우

통행 우선순위
① 긴급자동차
② 긴급자동차 이외 차량
③ 원동기장치자전거
④ 자동차 및 원동기장치자전거 이외 차마

03 신호등화와 통행 방법

1 녹색등화 시 차마의 통행 방법
① 차마는 직진 또는 우회전 할 수 있다.
② 차마는 좌회전을 할 수 없으나, 비보호 좌회전 표지나 표시가 있는 곳에서는 좌회전을 할 수 있다.

2 황색등화 시 차마의 통행 방법
① 차마는 우회전 할 수 있고, 우회전할 때에는 보행자의 횡단을 방해하지 않아야 한다.
② 이미 교차로에 진입하였다면 신속하게 통과해야 한다.

3 적색등화 시 차마의 통행 방법
① 차마는 정지선, 횡단보도 및 교차로의 직전에 정지해야 한다.
② 직진하는 측면 교통을 방해하지 않으면 우회전 할 수 있다.

4 신호등의 신호 순서
① 사색등화 신호 순서

녹색 → 황색 → 적색 및 녹색화살표 → 적색 및 황색 → 적색

② 삼색등화 신호 순서

녹색(적색 및 녹색화살표) → 황색 → 적색

③ 이색등화 신호 순서

녹색 → 녹색 점멸 → 적색

04 정차 또는 주차 방법

① 도로에서 정차를 하고자 하는 때에는 차도의 우측 가장자리에 정차하여야 한다. 다만 차도와 보도의 구별이 없는 도로에 있어서는 도로의 우측 가장자리로부터 중앙으로 50cm 이상의 거리를 둔다.
② 정차 또는 주차를 하고자 하는 때에는 교통에 방해가 되지 않도록 하여야 한다.

05 철길 건널목 통과 방법

1 통과 방법
① 건널목 앞에서는 일시 정지하여 안전을 확인한 후 통과해야 한다.
② 신호등이 표시하는 신호에 따르는 경우에는 정지하지 않고 통과할 수 있다.
③ 차단기가 내려져 있거나 내려지려고 할 때 또는 건널목의 경보기가 울리고 있는 동안에는 그 건널목으로 들어가지 않도록 한다.

2 철길 건널목에서 차량 고장 시 조치사항
① 즉시 승객을 대피시키고 비상 신호기를 이용하거나 그 밖의 방법으로 철도 공무원 또는 경찰 공무원에게 알리기
② 차량을 건널목 이외의 장소로 이동시키기

06 이상 기후 시 운행 속도

도로의 상태	감속운행속도
• 비가 내려 노면에 습기가 있는 때 • 눈이 20mm 미만 쌓인 때	최고속도의 20/100
• 폭우·폭설·안개 등으로 가시거리가 100m 이내인 때 • 노면이 얼어붙는 때 • 눈이 20mm 이상 쌓인 때	최고속도의 50/100

07 도로 주행 시 보행자 보호 및 양보 운전

1 도로 주행 시 보행자의 보호

① 보행자가 횡단보도를 통행할 때는 그 횡단보도 앞에서 일시 정지해야 한다.
② 교차로에서 좌회전 또는 우회전을 하고자 할 때는 도로를 횡단하는 보행자 통행을 방해하지 않는다.
③ 교차로 또는 그 부근의 도로를 횡단하는 보행자 통행을 방해하지 않는다.
④ 안전지대에 보행자가 있는 경우와 차로가 설치되지 않은 좁은 도로에서 보행자 옆을 지나는 경우에는 안전한 거리를 두고 서행해야 한다.
⑤ 보행자가 횡단보도가 설치되어 있지 않은 도로를 횡단할 때는 안전거리를 두고 일시 정지하여 보행자가 안전하게 횡단할 수 있도록 해야 한다.

2 교통정리가 없는 교차로 양보 운전

① 교차로 먼저 진입자동차 우선 진입
② 도로 폭이 넓은 차량 우선 진입
③ 직진 및 우회전 차량 우선 진입
④ 같은 순위일 경우, 우측도로 차량 우선 진입

08 서행 또는 일시 정지

1 서행해야 하는 장소

① 교통정리가 행하여지지 않은 교차로
② 도로가 구부러진 부근, 비탈길의 고갯마루 부근, 가파른 비탈길의 내리막길
③ 지방경찰청장이 안전표지에 의하여 지정한 곳

2 일시 정지 장소

① 교통정리가 진행되지 않는 교차로
② 지방 경찰청장이 안전표지에 의거하여 지정한 곳

09 앞지르기 금지

1 앞지르기가 금지되는 경우

① 앞차의 좌측에 다른 차가 앞차와 나란히 가고 있는 경우
② 앞차가 다른 차를 앞지르고 있거나 앞지르고자 하는 경우
③ 앞지르지 못하는 다른 차
  • 도로교통법에 따른 명령에 따라 정지하거나 서행하고 있는 차
  • 경찰공무원의 지시에 따라 정지하거나 서행하고 있는 차
  • 위험을 방지하기 위하여 정지하거나 서행하고 있는 차

2 앞지르기 금지 장소

① 교차로, 터널, 다리 위
② 급경사의 내리막
③ 경사로 정상 부근

3 도로 주행에서 앞지르기

① 앞지르기 할 때에는 안전한 속도와 방법으로 해야 한다.
② 앞지르기 할 때에는 교통상황에 따라 경음기를 울릴 수도 있다.
③ 앞지르기 당하는 차는 속도를 높여 경쟁하거나 가로막는 등의 방해 행동을 하지 않는다.

10 교차로 통행 방법

1 우회전을 하려는 경우

미리 도로의 우측 가장자리를 서행하며 우회전해야 한다. 이 경우 우회전하는 차의 운전자는 신호에 따라 정지하거나 진행하는 보행자 또는 자전거 등에 주의해야 한다.

2 좌회전을 하려는 경우

미리 도로의 중앙선을 따라 서행하며 교차로의 중심 안쪽을 이용하여 좌회전해야 한다. 다만, 시·도경찰청장이 교차로의 상황에 따라 특히 필요하다고 인정하여 지정한 곳에서는 교차로의 중심 바깥쪽을 통과할 수 있다.

3 신호기로 교통정리를 하고 있는 경우

진행 경로 앞쪽에 있는 차 또는 노면전차의 상황에 따라서 교차로에 정지하여 다른 차 또는 노면전차의 통행을 방해할 우려가 있는 경우에는 그 교차로에 들어가지 않는다.

4 교통정리를 하고 있지 않은 경우

다른 차의 진행을 방해하지 않도록 일시정지 하거나 양보하여야 한다.

5 비보호 좌회전 교차로에서 통행하는 경우

녹색 신호 시 반대 방향의 교통에 방해되지 않게 좌회전을 할 수 있다.

11 안전운전

① 물이 고인 곳을 운행하는 때에는 고인 물을 튀게 하여 다른 사람에게 피해를 주는 일이 없도록 할 것
② 도로에서 자동차 등을 세워둔 채로 시비·다툼 등의 행위를 함으로써 다른 차마의 통행을 방해하지 말 것
③ 차량을 떠나는 때에는 원동기의 발동을 끄고 제동장치를 철저하게 하는 등 차의 정지 상태를 안전하게 유지하고 다른 사람이 함부로 운전하지 못하도록 필요한 조치를 할 것
④ 운전자는 정당한 사유 없이 다른 사람에게 피해를 주는 소음을 발생시키지 아니할 것
⑤ 운전 중에는 휴대용 전화를 사용하지 아니할 것
⑥ 적재함에 사람을 태우고 운행하지 아니할 것
⑦ 안전띠를 착용할 것

12 교통안전표지

1 교통안전표지 종류

표지	설명
주의 표지	도로상태가 위험하거나 도로 또는 그 부근에 위험물이 있는 경우에 필요한 안전조치를 할 수 있도록 이를 도로사용자에게 알리는 표지
규제 표지	도로교통의 안전을 위하여 각종 제한·금지 등의 규제를 하는 경우에 이를 도로사용자에게 알리는 표지
지시 표지	도로의 통행방법·통행구분 등 도로교통의 안전을 위하여 필요한 지시를 하는 경우에 도로사용자가 이를 따르도록 알리는 표지
보조 표지	주의표지·규제표지 또는 지시표지의 주 기능을 보충하여 도로사용자에게 알리는 표지
노면 표지	• 도로교통의 안전을 위하여 각종 주의·규제·지시 등의 내용을 노면에 기호·문자 또는 선으로 도로 사용자에게 알리는 표지 • 노면표시 중 점선은 허용, 실선은 제한, 복선은 의미의 강조

2 교통안전표지의 예

표지	설명
진입금지	진입 금지 표지
	회전형 교차로 표지
	좌/우회전 표지
50	최고속도 제한표지
	좌우로 이중 굽은 도로
5.5t	차 중량 제한 표지
30	최저 시속 30km 속도 제한표지

13 야간 운행

1 야간 운행 시 차의 등화

① 자동차: 자동차안전기준에 따른 전조등, 차폭등, 미등, 번호등과 실내조명등
② 원동기장치자전거: 전조등, 미등
③ 견인되는 차: 미등, 차폭등 및 번호등
④ 노면전차: 전조등, 차폭등, 미등 및 실내조명등
⑤ 안개 등 장애로 100m 이내의 장애물을 확인할 수 없는 경우: 야간에 준하는 등화
⑥ 위의 규정 외의 모든 차: 시·도 경찰청장이 정하여 고시하는 등화

2 야간 도로 주정차 시 차의 등화

① 자동차: 미등 및 차폭등
② 이륜자동차 및 원동기장치자전거: 미등(후부 반사기를 포함)
③ 노면전차: 미등 및 차폭등

14 도로명 주소

도로명주소(道路名住所)는 대한민국에서 1995년부터 시범사업, 2009년 전면개정, 2014년 전면 시행한 주소 표기 방법 중 하나이다. 도로 명을 주소 표기에 사용하기 때문에 '도로 명 주소'가 정식 명칭이다. 행정안전부에서 관장한다. 2014년 1월 1일부터는 토지대장을 제외한 모든 곳에 도로명 주소만을 쓸 수 있다. 도로명 주소의 빠른 정착의 대안으로 교통공단 및 한국산업인력관리공단에서 주관하는 국가 공인 시험에 도로명 주소에 관한 시험이 출제되고 있으며, 출제의 난이도는 매우 기초적인 쉬운 문제가 한 문제 정도 출제되거나 출제가 되지 않는 경우도 있다.

1 도로명 주소 소개

'도로명 주소'란 부여된 도로 명, 기초번호, 건물번호, 상세주소에 의하여 건물의 주소를 표기하는 방식으로, 도로에는 도로 명을 부여하고, 건물에는 도로에 따라 규칙적으로 건물번호를 부여하여 도로명과 건물번호 및 상세주소(동·층·호)로 표기하는 주소 제도를 말한다.

» 도로명 주소는 **도로명+건물번호**로 이루어져 있다.
» 도로명은 도로구간마다 부여한 이름으로 **명사+도로별 기준(대로/로/길)** 로 구성되어 있다.

2 도로명 주소부여 원리 4원칙

1원칙	도로명은 도로 폭에 따라 ① **대로(8차로 이상)** ② **로(2~7차로)** ③ **길(그밖의 도로)** 로 구분
2원칙	도로시작점에서 **20m** 간격으로 **왼쪽은 홀수, 오른쪽은 짝수**를 부여하여 거리 예측이 가능하다.
3원칙	도로시점에서 건물까지의 거리는 **건물번호×10m**
4원칙	건물번호 부여 • 좌측: 홀수 • 우측: 짝수

3 상세주소

상세주소는 도로명주소의 건물번호 뒤에 표시되는 동·층·호 등의 정보를 말한다.

시/도 +시/군/구+읍/면 +도로명+건물번호+상세주소(동/층/호)+(참고항목:법정동, 공동주택)

4 도로표지판 의미

5 도로명 주소 표기 방법

공동주택(아파트)	서울특별시 서초구 반포대로58, 105동301호(서초동,서초아트자이)
주택, 상가	서울특별서 서초구 반포대로23길 6(서초동)

6 도로명판 종류

한 방향용	양방향용
강남대로 1→699 Gangnam-daero	92 안양로 96 Anang-ro
① 강남대로: 큰길 ② 1→ : 도로시작 현위치 ③ 1→ 699: 강남로 6.69km(699×10m)	① 안양로: 앞교차로 ② 좌 92: 92번 이하 건물 ③ 우 96: 96번 이상 건물
한쪽 방향용	진행방향
1←65 반포대로23길 Banpo-daero 23-gil	안양로 250 Anang-ro 90
① 반포대로23길 ② 1←65: 현 위치가 종점65 에서 1번으로 진행	① 로: 2차로 ② 90: 현위치90 ③ 90→250: 남은 거리 1.6Km ((250-90)×10)

7 건물번호판의 종류

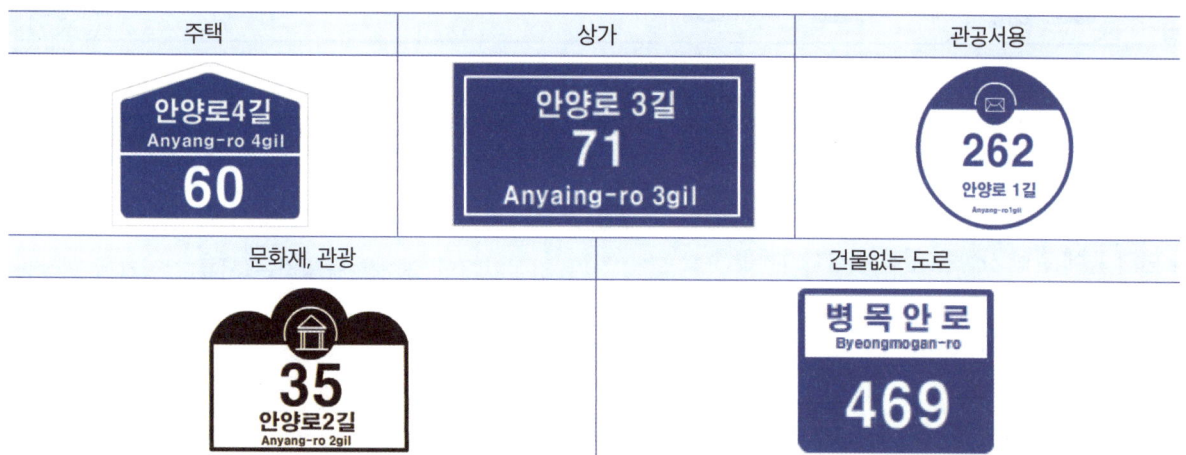

8 도로명 주소 부여 원리

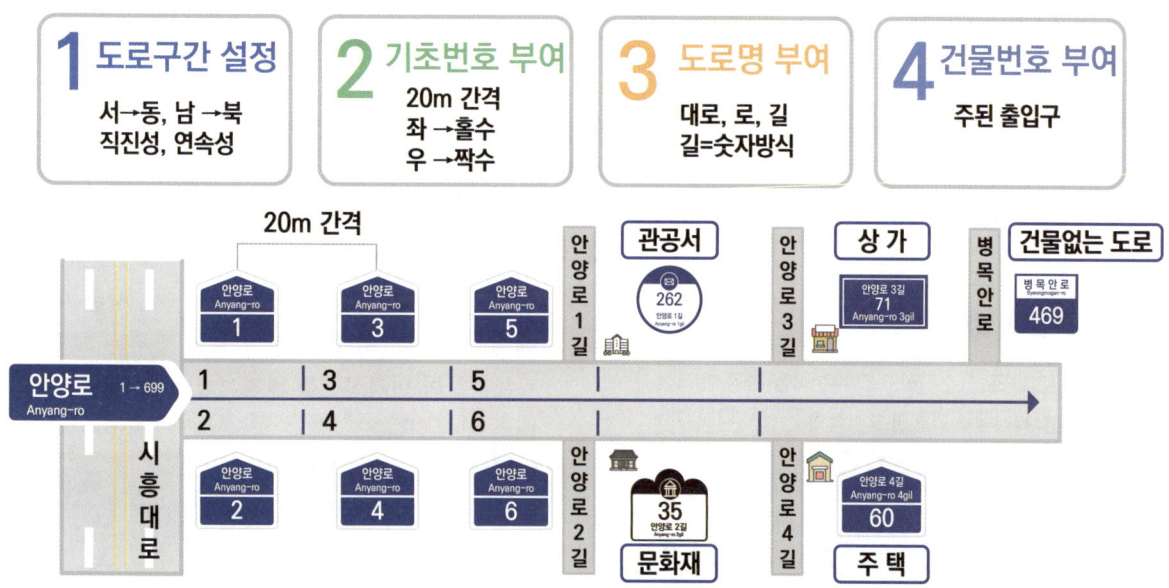

SECTION 02 건설기계관리법

01 건설기계관리법의 목적 및 용어

건설기계의 등록·검사·형식승인 및 건설기계사업과 건설기계 조종사 면허 등에 관한 사항을 정하여 건설기계를 효율적으로 관리하고 건설기계의 안전도를 확보하여 건설공사의 기계화를 촉진함을 목적으로 한다.

1 건설기계 정의

① 건설공사에 사용할 수 있는 기계로서 대통령령이 정하는 것을 말한다.
② 건설기계와 관련된 사업에는 대여업, 정비업, 매매업 그리고 폐기업 등이 있다.
③ 건설기계 사업을 영위하고자 하는 자는 시·도지사에게 등록하여야 한다.

2 건설기계 용어

용어	정의
건설기계 대여업	건설기계를 대여를 업으로 하는 것
건설기계 정비업	건설기계를 분해·조립, 수리하고 그 부분품을 가공, 제작, 교체하는 등 건설기계를 원활하게 사용하기 위한 모든 행위를 업으로 하는 것
건설기계 매매업	중고건설기계의 매매 또는 그 매매의 알선과 그에 따른 등록사항에 관한 변경신고의 대행을 업으로 하는 것
건설기계 해체 재활용업	폐기 요청된 건설기계의 인수(引受), 재사용 가능한 부품의 회수, 폐기 및 그 등록말소 신청의 대행을 업으로 하는 것
건설기계 형식	건설기계의 구조, 규격 및 성능 등에 관하여 일정하게 정하는 것

02 건설기계의 신규 등록

1 건설기계를 등록할 때 필요한 서류

① 건설기계의 출처를 증명하는 서류(건설기계 제작증, 수입면장, 매수증서)
② 건설기계의 소유자임을 증명하는 서류
③ 건설기계 제원표
④ 자동차손해배상보장법에 따른 보험 또는 공제의 가입을 증명하는 서류

2 건설기계 등록신청

건설기계를 취득한 날부터 2월(60일) 이내에 소유자의 주소지 또는 건설기계 사용본거지를 관할하는 시·도지사에게 하여야 한다. (상속의 경우 상속 개시일로부터 3개월, 전시, 사변 기타 이에 준하는 국가 비상사태에 있어서는 5일 이내)

3 등록사항 변경신고

① 기계 등록사항에 변경이 있을 때(전시, 사변 또는 이에 준하는 비상사태 및 상속 시의 경우는 제외)에는 등록사항의 변경신고를 변경이 있는 날부터 30일 이내로 해야 한다.
② 변경신고 시 제출 서류
 • 건설기계 등록 변경사항변경신고서
 • 건설기계등록증
 • 변경내용을 증명하는 서류
 • 건설기계 검사증

03 건설기계 등록말소 사유

시·도지사는 등록된 건설기계를 소유자의 신청을 직권으로 등록말소 할 수 있다

1 등록말소 사유

① 거짓이나 그 밖의 부정한 방법으로 등록을 한 경우
② 건설기계가 천재지변 또는 이에 준하는 사고 등으로 사용할 수 없게 되거나 멸실된 경우
③ 건설기계의 차대(車臺)가 등록 시의 차대와 다른 경우
④ 건설기계안전기준에 적합하지 아니하게 된 경우
⑤ 최고(催告)를 받고 지정된 기한까지 정기검사를 받지 아니한 경우
⑥ 건설기계를 수출하는 경우
⑦ 건설기계를 도난당한 경우
⑧ 건설기계를 폐기한 경우
⑨ 건설기계 해체 재활용 업을 등록한 자에게 폐기를 요청한 경우
⑩ 구조적 제작 결함 등으로 건설기계를 제작자 또는 판매자에게 반품한 경우
⑪ 건설기계를 교육·연구 목적으로 사용하는 경우
⑫ 대통령령으로 정하는 내구연한을 초과한 건설기계. 다만, 정밀진단을 받아 연장된 경우는 그 연장기간을 초과한 건설기계

2 말소 신청 및 직권 말소 기간

① 건설기계 도난: 2개월 이내
② 그 밖의 경우: 30일 이내

04 등록번호표

1 등록번호표에 표시되는 사항

건설기계 등록번호표에는 용도·기종 및 등록번호 등을 표시하여야 한다.

2 등록번호표의 재질 및 표시 방법

① 재질: 알루미늄판
② 번호표 색상 표시 방법
  가. 비사업용(관용 또는 자가용): 흰색 바탕에 검은색 문자
  나. 대여사업용: 주황색 바탕에 검은색 문자
  다. 임시운행 번호표: 흰색 페인트 판에 검은색 문자
  라. 특별표지판: 검은색 바탕, 흰색 문자 및 테두리

건설기계 등록번호
» 관용: 0001~0999
» 자가용: 1000~5999
» 대여사업용: 6000~9999

3 기종별 기호표시

구분	색상	구분	색상
01	불도저	06	덤프트럭
02	굴착기	07	기중기
03	로더	08	모터 그레이더
04	지게차	09	롤러
05	스크레이퍼	10	노상 안정기

4 등록번호표의 반납

① 등록된 건설기계의 소유자는 반납사유가 발생한 경우 10일 이내에 시·도지사에게 반납해야 한다.
② 반납사유
  • 건설기계의 등록이 말소된 경우
  • 건설기계 등록 사항 중 대통령령으로 정하는 사항이 변경된 경우
  • 등록번호표 또는 그 봉인이 떨어지거나 식별이 어려운 때 등록번호표의 부착 및 봉인을 신청한 경우

05 특별표지판 부착대상 건설기계

① 길이가 16.7m를 초과하는 경우
② 너비가 2.5m를 초과하는 경우
③ 최소회전반경이 12m를 초과하는 경우
④ 높이가 4.0m를 초과하는 경우
⑤ 총중량이 40톤을 초과하는 경우
⑥ 총중량에서 축하중이 10톤을 초과하는 경우

06 건설기계 임시운행 사유

① 등록신청을 하기 위하여 건설기계를 등록지로 운행하는 경우
② 신규 등록검사 및 확인검사를 받기 위하여 건설기계를 검사장소로 운행하는 경우
③ 수출을 하기 위하여 건설기계를 선적지로 운행하는 경우
④ 수출을 하기 위하여 등록말소 한 건설기계를 점검·정비의 목적으로 운행하는 경우
⑤ 신개발 건설기계를 시험·연구의 목적으로 운행하는 경우
⑥ 판매 또는 전시를 위하여 건설기계를 일시적으로 운행하는 경우
⑦ 임시운행기간은 15일 이내이며, 시험·연구목적인 경우는 3년 이내

07 건설기계 검사

우리나라에서 건설기계에 대한 정기검사를 실시하는 검사업무 대행기관은 대한건설기계 안전관리원이다.

1 건설기계 검사의 종류

신규등록검사	건설기계를 신규로 등록할 때 실시하는 검사
정기검사	건설공사용 건설기계로서 국토교통부령으로 정하는 검사유효기간이 끝난 후에 계속하여 운행하려는 경우에 실시하는 검사와 대기환경보전법 및 소음·진동관리법에 따른 운행자의 정기 검사
구조변경검사	건설기계의 주요구조를 변경 또는 개조한 때 실시하는 검사
수시검사	성능이 불량하거나 사고가 자주 발생하는 건설기계의 안전성 등을 점검하기 위하여 수시로 실시하는 검사와 건설기계 소유자의 신청을 받아 실시하는 검사

2 정기검사 신청기간 및 검사기간 산정

① 정기검사를 받고자하는 자는 검사유효기간 만료일 전후 각각 31일 이내에 신청
② 건설기계 정기검사 신청기간 내에 정기검사를 받은 경우, 다음 정기검사 유효기간의 산정은 종전 검사유효기간 만료일의 다음날부터 기산
③ 정기검사 유효기간을 1개월 경과한 후에 정기검사를 받은 경우, 다음 정기검사 유효기간 산정 기산일은 검사를 받은 날의 다음 날부터임

3 정기검사 대상 건설기계 및 유효기간

기종		연식	검사유효기간
굴착기	타이어식	-	1년
로더	타이어식	20년 이하	2년
		20년 초과	1년
지게차	1톤 이상	20년 이하	2년
		20년 초과	1년
덤프트럭	-	20년 이하	1년
		20년 초과	6개월
기중기	-	-	1년
모터그레이더	-	20년 이하	2년
		20년 초과	1년
콘크리트 믹서트럭	-	20년 이하	1년
		20년 초과	6개월
콘크리트펌프	트럭적재식	20년 이하	1년
		20년 초과	6개월
아스팔트살포기		-	1년
천공기		-	1년

4 검사소에서 검사를 받아야 하는 건설기계

덤프트럭, 콘크리트믹서트럭, 콘크리트펌프(트럭적재식), 아스팔트살포기, 트럭지게차(국토교통부장관이 정하는 특수건설기계인 트럭지게차를 말함)

5 당해 건설기계가 위치한 장소에서 검사하는(출장 검사) 경우

① 도서지역에 있는 경우
② 자체중량이 40t을 초과하거나 축하중이 10t을 초과하는 경우
③ 너비가 2.5m를 초과하는 경우
④ 최고속도가 시간당 35km 미만인 경우

6 정비명령

시·도지사는 검사에 불합격한 건설기계에 대해 31일 이내의 기간을 정하여 해당 건설기계의 소유자에게 검사를 완료한 날부터 10일 이내에 정비명령을 하여야 한다. 이때 검사대행자를 지정한 경우에는 검사대행자에게 그 사실을 통지하여야 한다.

7 정기검사의 일부 면제 및 연기

규정에 따라 정비업소에서 제동장치에 대해 정기 검사에 상당하는 분해정비를 받은 해당 건설기계의 소유자는 그 부분에 대하여 제동장치 정비 확인서를 건설기계정비사업자로부터 받아 시·도지사 또는 검사대행자에게 제출하여 정기검사를 면제를 받을 수 있다.

08 건설기계 사업

건설기계 사업을 하려는 자는 대통령령으로 정하는 바에 따라 사업의 종류별로 시장·군수 또는 구청장에게 등록하여야 한다.

• 건설기계 사업의 종류

건설기계대여업	건설기계 대여를 업으로 하는 것을 말한다.
건설기계정비업	건설기계를 분해, 조립, 수리하고 그 부품을 가공, 제작, 교체하는 등 건설기계를 원활하게 사용하기 위한 모든 행위를 업으로 하는 것을 말한다. ① 종합건설기계 정비업 ② 부분건설기계 정비업 ③ 전문건설기계 정비업
건설기계매매업	중고건설기계의 매매 또는 그 매매의 알선과 그에 따른 등록사항에 관한 변경신고의 대행을 업으로 하는 것을 말한다.
건설기계폐기업	국토교통부령으로 정하는 건설기계 장치를 그 성능을 유지할 수 없도록 해체하거나 압축, 파쇄, 절단 또는 용해를 업으로 하는 것

09 건설기계의 구조변경 및 사후관리

1 구조변경을 할 수 없는 경우

① 건설기계의 기종변경
② 육상작업용 건설기계의 규격을 증가시키기 위한 구조변경
③ 육상작업용 건설기계의 적재함 용량을 증가시키기 위한 구조변경

2 구조변경 절차

① 구조변경 작업의뢰
② 구조변경 완료 통보
③ 구조변경 검사 신청
④ 구조변경 내역, 기재 및 교부(등록증)
⑤ 구조변경 검사 결과 통보
⑥ 부적합 시 정비명령(6개월 이내)

3 건설기계 사후관리

① 건설기계를 판매한 날부터 12개월 동안 무상으로 건설기계의 정비 및 정비에 필요한 부품을 공급해야 한다.
② 12개월 이내에 건설기계의 주행거리가 20,000km(원동기 및 차동장치의 경우에는 40,000km)를 초과하거나 가동시간이 2,000시간을 초과한 때에는 12개월이 경과한 것으로 본다.

10 건설기계 조종사 면허

1 건설기계 조종사 면허 개요

건설기계 조종사 면허를 받으려는 사람은 국가기술자격법에 따른 해당 분야의 기술자격을 취득하고 국·공립병원, 시·도지사가 지정하는 의료기관의 적성검사에 합격하여야 한다.

2 건설기계 조종사 면허의 결격 사유

① 18세 미만인 사람
② 건설기계 조종 상의 위험과 장해를 일으킬 수 있는 정신질환자 또는 뇌전증 환자
③ 앞을 보지 못하는 사람, 듣지 못하는 사람
④ 마약, 대마, 향정신성 의약품 또는 알코올 중독자

3 건설기계 조종사 면허의 종류

면허 종류	조종할 수 있는 건설기계
3톤 미만 굴착기	3톤 미만의 굴착기
로더	로더
3톤 미만 로더	3톤 미만 로더
5톤 미만 로더	5톤 미만 로더
불도저	불도저
5톤 미만 불도저	5톤 미만 불도저
지게차	지게차
3톤 미만 지게차	3톤 미만 지게차
기중기	기중기
쇄석기	쇄석기, 아스팔트믹싱플랜트 콘크리트뱃칭플랜트
공기 압축기	공기 압축기
천공기	천공기, 항타 및 항발기
5톤 미만의 천공기	5톤 미만 천공기(트럭적재식 제외)
준설선	준설선 및 자갈채취기
타워크레인	타워크레인
3톤 미만 타워크레인	3톤 미만 타워크레인
롤러	롤러, 모터그레이더, 스크레이퍼, 아스팔트피니셔, 콘크리트피니셔, 콘크리트살포기 및 골재살포기

4 건설기계 조종사 면허를 반납하여야 하는 사유

① 건설기계 면허가 취소된 때
② 건설기계 면허의 효력이 정지된 때
③ 면허증의 재교부를 받은 후 잃어버린 면허증을 발견한 때

5 건설기계 면허 적성검사 기준

① 두 눈을 동시에 뜨고 잰 시력이 0.7 이상일 것(교정시력을 포함)
② 두 눈의 시력이 각각 0.3 이상일 것(교정시력을 포함)
③ 55데시벨(보청기를 사용하는 사람은 40데시벨)의 소리를 들을 수 있고, 언어 분별력이 80% 이상일 것
④ 시각은 150도 이상일 것
⑤ 마약, 알코올 중독의 사유에 해당되지 아니할 것

⑥ 건설기계조종사는 10년마다(65세 이상인 경우는 5년마다) 주소지를 관할하는 시장·군수 또는 구청장이 실시하는 정기적성검사를 받아야 한다.

11 조종사 면허의 취소·정지 사유

시장·군수 또는 구청장은 규정에 따라 건설기계조종사면허를 취소하거나 1년 이내의 기간을 정하여 건설기계조종사면허의 효력을 정지시킬 수 있다.

1 건설기계의 조종 중 고의 또는 과실로 중대한 사고를 일으킨 경우

위반행위	행정처분 기준
① 인명피해 ㉠ 고의로 인명피해(사망·중상·경상 등을 말한다)를 입힌 경우	면허취소
㉡ 그 밖의 인명피해를 입힌 경우 • 과실로 사망 1명마다 • 과실로 중상 1명마다 • 과실로 경상 1명마다	• 면허효력정지 45일 • 면허효력정지 15일 • 면허효력정지 5일
② 재산피해: 피해금액 50만 원마다	면허효력정지 1일 (90일을 넘지 못함)
③ 건설기계의 조종 중 고의 또는 과실로 「도시가스사업법」 제2조 제5호에 따른 가스공급시설을 손괴하거나 가스공급시설의 기능에 장애를 입혀 가스의 공급을 방해한 경우	면허효력정지 180일

2 술에 취한 상태에서 조종한 경우

위반행위	행정처분 기준
① 술에 취한 상태(혈중 알코올 농도 0.03% 이상 0.08% 미만을 말한다)에서 건설기계를 조종한 경우	면허효력정지 60일
② 술에 취한 상태에서 건설기계를 조종하다가 사고로 사람을 죽게 하거나 다치게 한 경우	면허취소
③ 술에 만취한 상태(혈중 알코올 농도 0.08% 이상을 말한다)에서 건설기계를 조종한 경우	면허취소
④ 2회 이상 술에 취한 상태에서 건설기계를 조종하여 면허효력정지를 받은 사실이 있는 사람이 다시 술에 취한 상태에서 건설기계를 조종한 경우	면허취소

3 기타

위반행위	행정처분 기준
거짓이나 그 밖의 부정한 방법으로 건설기계조종사 면허를 받은 경우	면허취소
건설기계조종사 면허의 효력정지, 면허취소 기간 중 건설기계를 조종한 경우	면허취소
정기적성검사를 받지 않고 1년이 지난 경우	면허취소
정기적성검사 또는 수시적성검사에서 불합격한 경우	면허취소

※ 참고: 「건설기계관리법 시행규칙」[별표 22]

4 면허증 반납

① 건설기계조종사면허를 받은 자가 다음의 사유에 해당하는 때에는 그 사유가 발생한 날부터 10일 이내에 주소지를 관할하는 시장·군수 또는 구청장에게 그 면허증을 반납해야 함
② 면허증의 반납 사유
  • 면허가 취소된 때   • 면허의 효력이 정지된 때
  • 면허증을 재교부 받은 후 잃어버린 면허증을 발견한 때

12 건설기계관리법(제40조 벌칙)

1 2년 이하의 징역 또는 2천만원 이하의 벌금

① 등록되지 아니한 건설기계를 사용하거나 운행한 자
② 등록이 말소된 건설기계를 사용하거나 운행한 자
③ 시·도지사의 지정을 받지 아니하고 등록번호표를 제작하거나 등록번호를 새긴 자

2 1년 이하의 징역 또는 1천만원 이하의 벌금

① 거짓이나 그 밖의 부정한 방법으로 등록을 한 자
② 등록번호를 지워 없애거나 그 식별을 곤란하게 한 자
③ 구조변경검사 또는 수시검사를 받지 아니한 자
④ 정비명령을 이행하지 아니한 자
⑤ 사용·운행 중지 명령을 위반하여 사용·운행한 자
⑥ 폐기요청을 받은 건설기계를 폐기하지 아니하거나 등록번호표를 폐기하지 아니한 자
⑦ 건설기계조종사면허를 받지 아니하고 건설기계를 조종한 자
⑧ 사후관리에 관한 명령을 이행하지 아니한 자
⑨ 건설기계조종사면허가 취소되거나 건설기계조종사면허의 효력정지처분을 받은 후에도 건설기계를 계속하여 조종한 자
⑩ 건설기계를 도로나 타인의 토지에 버려둔 자

13 제44조 과태료

1 300만원 이하의 과태료 부과

① 등록번호표를 부착하지 아니하거나 봉인하지 아니한 건설기계를 운행한 자
② 정기검사를 받지 아니한 자
③ 건설기계임대차 등에 관한 계약서를 작성하지 아니한 자
④ 정기적성검사 또는 수시적성검사를 받지 아니한 자
⑤ 시설 또는 업무에 관한 보고를 하지 아니하거나 거짓으로 보고한 자
⑥ 소속 공무원의 검사·질문을 거부·방해·기피한 자

2 100만원 이하의 과태료 부과

① 등록번호표를 부착·봉인하지 아니하거나 등록번호를 새기지 아니한 자
② 등록번호표를 가리거나 훼손하여 알아보기 곤란하게 한 자 또는 그러한 건설기계를 운행한 자
③ 건설기계안전기준에 적합하지 아니한 건설기계를 사용하거나 운행한 자 또는 사용하게 하거나 운행하게 한 자
④ 검사유효기간이 끝난 날부터 31일이 지난 건설기계를 사용하게 하거나 운행하게 한 자 또는 사용하거나 운행한 자
⑤ 특별한 사정 없이 건설기계임대차 등에 관한 계약과 관련된 자료를 제출하지 아니한 자
⑥ 수출의 이행 여부를 신고하지 아니하거나 폐기 또는 등록을 하지 아니한 자
⑦ 등록번호의 새김명령을 위반한 자
⑧ 조사 또는 자료제출 요구를 거부·방해·기피한 자
⑨ 건설기계사업자의 의무를 위반한 자
⑩ 안전교육등을 받지 아니하고 건설기계를 조종한 자

3 50만원 이하의 과태료 부과

① 임시번호표를 붙이지 아니하고 운행한 자
② 등록의 말소를 신청하지 아니한 자
③ 변경신고를 하지 아니하거나 거짓으로 변경신고한 자
④ 등록번호표를 반납하지 아니한 자
⑤ 건설기계의 소유자 또는 점유자가 규정에 정하는 범위를 위반하여 건설기계를 정비한 경우
⑥ 건설기계를 주택가 주변의 도로·공터 등에 세워두어 교통 소통을 방해한 자

SECTION 03 응급대처

01 고장 시 응급처치

1 제동 장치가 고장 났을 때
① 브레이크 오일에 공기가 혼입될 경우, 브레이크 오일 부족 및 오일 파이프 파열, 마스트 실린더 내의 체결 밸브 불량 등이 발생할 수 있다. 이러한 경우 조치 방법으로 공기 빼기를 실시
② 브레이크 라인이 마멸된 경우 정비공장에 의뢰하여 수리하거나 교환
③ 브레이크 파이프에서 오일이 누유 될 경우 정비공장에 의뢰하여 수리하거나 교환
④ 마스트 실린더 및 휠 실린더 불량일 경우 정비공장에 의뢰하여 수리하거나 교환
⑤ 베이퍼록 현상 발생 시 엔진 브레이크 사용
⑥ 페이드 현상 발생 시 엔진 브레이크를 병용

2 타이어 펑크 및 주행 장치가 고장 났을 때
① 타이어 펑크가 났을 때에는 안전 주차하고 후면 안전거리에 고장표시판을 설치 후 정비사에게 지원을 요청
② 주행 장치(동력전달장치, 조향장치 등)가 고장 났을 때에는 안전 주차하고 후면 안전거리에 고장표시판을 설치 후 견인 조치

3 전·후진 장치 고장 시 응급조치
① 전·후진 주행 장치 고장 시에는 안전 주차하고 후면 안전거리에 고장표시판을 설치 후 견인 조치
② 변속기가 불량인 경우 정비공장에 의뢰하여 수리하거나 교환
③ 앞구동축이 불량인 경우 정비공장에 의뢰하여 수리하거나 교환
④ 액슬장치가 불량인 경우 정비공장에 의뢰하여 수리하거나 교환
⑤ 조향장치가 불량인 경우 정비공장에 의뢰하여 수리하거나 교환

4 마스트 유압라인이 고장 났을 때
① 마스트의 전경각 및 후경각은 다음 각 호의 기준에 맞아야 한다. 다만, 철판 코일을 들어 올릴 수 있는 특수한 구조인 경우 또는 안전에 지장이 없도록 안전경보장치 등을 설치한 경우에는 그러하지 아니함
  • 카운터밸런스 지게차의 전경각은 6° 이하, 후경각은 12° 이하일 것
  • 사이드 시프트 포크형 지게차의 전경각 및 후경각은 각각 5° 이하일 것
② 안전주차 후 뒷면에 고장표시판 설치 후 포크를 마스트에 고정
③ 주차 브레이크 풀기
④ 브레이크 페달 놓기
⑤ 시동스위치 끄기
⑥ 전·후진레버 중립에 위치
⑦ 지게차에 견인 봉 연결
⑧ 지게차 서서히 견인
⑨ 주행속도는 2km/h 이하로 유지

> » 마스트의 전경각: 지게차의 기준 무부하 상태에서 지게차의 마스트를 쇠스랑(포크) 쪽으로 가장 기울인 경우 마스트가 수직면에 대하여 이루는 기울기
> » 마스트의 후경각: 지게차의 기준 무부하 상태에서 지게차의 마스트를 조종실 쪽으로 가장 기울인 경우 마스트가 수직면에 대하여 이루는 기울기

5 지게차 응급 견인방법
① 견인은 짧은 거리 이동을 위한 비상응급 견인이며 장거리를 이동할 때에는 항상 수송트럭으로 운반해야 한다.
② 견인되는 지게차에는 운전자가 조향핸들과 제동장치를 조작할 수 없으며 탑승자를 허용해서는 안 된다.
③ 견인하는 지게차는 고장 난 지게차보다 커야 한다.
④ 고장 난 지게차를 경사로 아래로 이동할 때는 충분한 조정과 제동을 얻기 위해 더 큰 견인 지게차로 견인 또는 몇 대의 지게차를 뒤에 연결하여 예기치 못한 구름을 방지한다.

02 교통사고 발생 시 대처

① 차로 사람을 사상(死傷)하거나 물건을 손괴한 경우에는 운전자나 그 밖의 승무원은 즉시 정차하여 사상자를 구호하는 등 필요한 조치를 해야 한다.
② 운전자는 경찰 공무원이 현장에 있을 때에는 그 경찰 공무원에게, 경찰 공무원이 현장에 없을 때에는 가장 가까운 국가경찰관서(지구대, 파출소 및 출장소 등)에 다음 각 호의 사항을 지체 없이 신고해야 하며, 다만, 운행 중인 차의 손괴가 있고, 도로의 위험 방지와 소통을 위하여 필요한 조치를 한 경우에는 그러하지 아니한다.
- 사고가 일어난 곳
- 손괴한 물건 및 손괴 정도
- 사상자 수 및 부상 정도
- 그 밖의 조치사항 등

③ 신고를 받은 경찰 공무원은 부상자의 구호와 그 밖의 교통위험 방지가 필요하면 경찰 공무원(자치 경찰 공무원은 제외)이 현장에 도착할 때까지 신고한 운전자 등에게 현장에서 대기할 것을 명할 수 있다.
④ 경찰 공무원은 교통사고를 낸 운전자를 그 현장에서 부상자의 구호와 교통안전을 위하여 필요한 지시를 명할 수 있다.
⑤ 긴급 자동차, 부상자를 운반 중인 차 및 우편물 자동차 등의 운전자는 긴급한 경우에는 동승자로 하여금 제1항에 따른 조치나 제2항에 따른 신고를 하도록 하고 운전을 계속할 수 있다.
⑥ 경찰 공무원(자치 경찰 공무원은 제외)은 교통사고가 발생한 경우에는 대통령령으로 정하는 바에 따라 필요한 조사를 해야 한다.

03 교통사고 발생 시 2차 사고 예방

1 차량의 응급상황을 알리는 삼각대

① 도로 위에서 최우선으로 고려해야 할 사항은 운전자와 승객의 안전이다.
② 한국도로공사 통계에 의하면 2차사고 치사율은 60%로 일반 교통사고의 치사율보다 6배나 높으며, 고장으로 정차한 차량의 추돌사고가 전체 2차사고 발생률의 25%를 차지한다.
③ 야간 사고 발생률은 73% 정도이다.
④ 안전 삼각대는 2차 사고 예방을 위한 필수 물품이므로 반드시 구비해야 하며, 2005년 이후 생산된 모든 국산 차량에는 안전 삼각대가 기본 장비로 포함되어 있으므로 적재된 위치를 미리 파악해 두도록 하고, 구비되어 있지 않거나 파손된 경우에는 별도로 구입한다.

2 소화기 및 비상용 망치, 손전등

① 차량 화재, 또는 내부에 갇히게 될 경우에 대비해 소화기와 비상용 망치를 반드시 준비한다.
② 소화기의 경우, 휴대가 간편한 스프레이형 제품도 있으므로 안전을 위해 항상 실내에 구비하는 것이 좋다.
③ 차량에 고장이 발생하였을 때 하부나 엔진 룸 깊숙한 곳을 살피기 위해서는 주간에도 손전등이 필요하다.
④ 야간에는 응급 상황에 대처하는데도 도움이 되므로 준비하도록 한다.

3 사고 표시용 스프레이

① 교통사고 발생 시 현장 상황 보존은 매우 중요하며, 차량에 사고표시용 스프레이를 미리 준비해 두면 증거를 남길 수 있다.
② 휴대폰이나 카메라 등을 이용해 사고 상황을 촬영해 두어도 도움이 된다.

4 교통사고 대처

① 인명사고가 났을 때 긴급구호 요청방법을 파악
② 조치 순서대로 조치 후 긴급구조 요청

즉시 정차 → 사상자 구호 → 신고

CHAPTER 04 단원문제 도로주행

★ 개수는 빈출도와 중요도를 의미합니다.

도로교통법

01 ★★★ 도로교통법상 도로에 해당되지 <u>않는</u> 것은?

① 해상 도로법에 의한 항로
② 차마의 통행을 위한 도로
③ 유료도로법에 의한 유료도로
④ 도로법에 의한 도로

해설 도로교통법상의 도로
- 도로법에 따른 도로
- 유료도로법에 따른 유료도로
- 농어촌도로 정비 법에 따른 농어촌도로
- 그밖에 현실적으로 불특정 다수의 사람 또는 차마(車馬)가 통행할 수 있도록 공개된 장소로서 안전하고 원활한 교통을 확보할 필요가 있는 장소

02 ★★ 도로교통법의 제정목적을 바르게 나타낸 것은?

① 도로 운송사업의 발전과 운전자들의 권익 보호
② 도로상의 교통사고로 인한 신속한 피해 회복과 편익 증진
③ 건설기계의 제작, 등록, 판매, 관리 등의 안전 확보
④ 도로에서 일어나는 교통상의 모든 위험과 장애를 방지하고 제거하여 안전하고 원활한 교통을 확보

해설 도로교통법의 제정목적은 도로에서 일어나는 교통상의 모든 위험과 장애를 방지하고 제거하여 안전하고 원활한 교통 확보를 목적으로 한다.

03 ★★★ 도로교통법상 정차의 정의에 해당하는 것은?

① 차가 10분을 초과하여 정지
② 운전자가 5분을 초과하지 않고 차를 정지시키는 것으로 주차 외의 정지 상태
③ 차가 화물을 싣기 위하여 계속 정지
④ 운전자가 식사하기 위하여 차고에 세워둔 것

해설 정차란 운전자가 5분을 초과하지 아니하고 차를 정지시키는 것으로서 주차 외의 정지 상태이다.

04 ★★★ 도로교통법에서 안전지대의 정의에 관한 설명으로 옳은 것은?

① 버스정류장 표지가 있는 장소
② 자동차가 주차할 수 있도록 설치된 장소
③ 도로를 횡단하는 보행자나 통행하는 차마의 안전을 위하여 안전표지 등으로 표시된 도로의 부분
④ 사고가 잦은 장소에 보행자의 안전을 위하여 설치한 장소

해설 안전지대라 함은 도로를 횡단하는 보행자나 통행하는 차마의 안전을 위하여 안전표지 등으로 표시된 도로의 부분이다.

05 ★★★ 도로교통법상 건설기계를 운전하여 도로를 주행할 때 서행에 대한 정의로 옳은 것은?

① 매시 60km 미만의 속도로 주행하는 것을 말한다.
② 운전자가 차를 즉시 정지시킬 수 있는 느린 속도로 진행하는 것을 말한다.
③ 정지거리 10m 이내에서 정지할 수 있는 경우를 말한다.
④ 매시 20km 이내로 주행하는 것을 말 한다.

해설 서행이란 운전자가 위험을 느끼고 즉시 차를 정지할 수 있는 느린 속도로 진행하는 것을 말한다.

| 정답 | 01 ① 02 ④ 03 ② 04 ③ 05 ②

06 도로교통법상 앞 차와의 안전거리에 대한 설명으로 가장 적절한 것은?

① 일반적으로 5m 이상이다.
② 5~10m 정도이다.
③ 평균 30m 이상이다.
④ 앞 차가 갑자기 정지할 경우 충돌을 피할 수 있는 거리이다.

해설 안전거리란 앞 차가 갑자기 정지할 경우 충돌을 피할 수 있는 거리이다.

07 정지선이나 횡단보도 및 교차로 직전에서 정지하여야 할 신호로 옳은 것은?

① 녹색 및 황색등화
② 황색 등화의 점멸
③ 황색 및 적색 등화
④ 녹색 및 적색 등화

해설 정비선이나 횡단보도 및 교차로 직전에 정지해야 할 신호는 황색 및 적색 신호이다.

08 도로교통법령상 교통안전표지의 종류를 올바르게 나열한 것은?

① 교통안전표지는 주의, 규제, 지시, 안내, 교통표지로 되어있다.
② 교통안전표지는 주의, 규제, 지시, 보조, 노면표시로 되어있다.
③ 교통안전표지는 주의, 규제, 지시, 안내, 보조표지로 되어있다.
④ 교통안전표지는 주의, 규제, 안내, 보조, 통행표지로 되어있다.

해설 교통안전표지의 종류: 주의표지, 규제표지, 지시표지, 보조표지, 노면표시

09 그림과 같은 교통안전표지의 뜻은?

① 좌합류 도로표지
② 철길건널목표시
③ 회전형교차로표지
④ 좌로 계속 굽은 도로표지

10 그림의 교통안전표지의 뜻은?

① 우로 이중 굽은 도로
② 좌우로 이중 굽은 도로
③ 좌로 굽은 도로
④ 회전형 교차로

11 그림과 같은 교통안전표지의 뜻은?

① 좌합류 도로
② 좌로 굽은 도로
③ 우합류 도로
④ 철길건널목

12 그림의 교통안전표지의 뜻은?

① 좌, 우회전 표지
② 좌, 우회전 금지표지
③ 양측방향 일방 통행표지
④ 양측방향 통행 금지표지

| 정답 | 06 ④ 07 ③ 08 ② 09 ③ 10 ② 11 ③ 12 ① |

13 다음 교통안전표지에 대한 설명으로 옳은 것은?

① 최고중량 제한표시
② 차간거리 최저 30m 제한표지
③ 최고시속 30킬로미터 속도제한 표시
④ 최저시속 30킬로미터 속도제한 표시

14 다음의 교통안전표지가 의미하는 것은?

① 진입 금지 표지
② 일단 정지 표지
③ 차 적재량 제한 표지
④ 차 폭 제한 표지

15 그림의 교통안전표지가 의미하는 것은?

① 차간거리 최저 50m
② 차간거리 최고 50m
③ 최저속도 제한표지
④ 최고속도 제한표지

16 편도 1차로인 도로에서 중앙선이 황색 실선인 경우의 앞지르기 방법으로 옳은 것은?

① 절대로 안 된다.
② 아무데서나 할 수 있다.
③ 앞차가 있을 때만 할 수 있다.
④ 반대 차로에 차량통행이 없을 때 할 수 있다.

17 도로교통법령상 보도와 차도가 구분된 도로에 중앙선이 설치되어 있는 경우 차마의 통행방법으로 옳은 것은?(단, 도로의 파손 등 특별한 사유는 없다.)

① 중앙선 좌측
② 중앙선 우측
③ 보도의 좌측
④ 보도

해설 도로교통법령상 보도와 차도가 구분된 도로에 중앙선이 설치되어 있는 경우 차마는 중앙선 우측으로 통행하여야 한다.

18 도로교통관련법상 차마의 통행을 구분하기 위한 중앙선에 대한 설명으로 옳은 것은?

① 백색실선 또는 황색점선으로 되어있다.
② 백색실선 또는 백색점선으로 되어있다.
③ 황색실선 또는 황색점선으로 되어있다.
④ 황색실선 또는 백색점선으로 되어있다.

해설 노면 표시의 중앙선은 황색의 실선 및 점선으로 되어있다.

19 다음 중 통행의 우선순위가 옳게 나열된 것은?

① 긴급자동차 → 일반 자동차 → 원동기장치 자전거
② 긴급자동차 → 원동기장치 자전거 → 승용자동차
③ 건설기계 → 원동기장치 자전거 → 승합자동차
④ 승합자동차 → 원동기장치 자전거 → 긴급 자동차

해설 **통행의 우선순위**
긴급자동차 → 일반 자동차 → 원동기장치 자전거

| 정답 | 13 ④ 14 ① 15 ④ 16 ① 17 ② 18 ③ 19 ① |

20 도로주행의 일반적인 주의사항으로 옳지 않은 것은?

① 가시거리가 저하될 수 있으므로 터널 진입 전 헤드라이트를 켜고 주행한다.
② 고속주행 시 급 핸들조작, 급브레이크는 옆으로 미끄러지거나 전복될 수 있다.
③ 야간운전은 주간보다 주의력이 양호하며 속도감이 민감하여 과속 우려가 없다.
④ 비 오는 날 고속주행은 수막현상이 생겨 제동효과가 감소된다.

21 편도 4차로의 일반도로에서 건설기계는 어느 차로로 통행해야 하는가?

① 1차로   ② 2차로
③ 4차로   ④ 1차로 또는 2차로

22 편도 4차로 일반도로에서 4차로가 버스전용차로일 때, 건설기계는 어느 차로로 통행하여야 하는가?

① 2차로   ② 3차로
③ 4차로   ④ 한가한 차로

23 운전자가 진행방향을 변경하려고 할 때 신호를 하여야 할 시기로 옳은 것은? (단, 고속도로 제외)

① 변경하려고 하는 지점의 3m 전에서
② 변경하려고 하는 지점의 10m 전에서
③ 변경하려고 하는 지점의 30m 전에서
④ 특별히 정하여져 있지 않고, 운전자 임의대로

해설 진행방향을 변경하려고 할 때 신호를 하여야 할 시기는 변경하려고 하는 지점의 30m 전이다.

24 도로교통법상 교통안전시설이나 교통정리요원의 신호가 서로 다른 경우에 우선시 되어야 하는 신호는?

① 신호등의 신호
② 안전표시의 지시
③ 경찰공무원의 수신호
④ 경비업체 관계자의 수신호

해설 가장 우선하는 신호는 경찰공무원의 수신호이다.

25 도로교통법상 모든 차의 운전자가 반드시 서행하여야 하는 장소에 해당하지 않는 것은?

① 도로가 구부러진 부분
② 비탈길 고갯마루 부근
③ 편도 2차로 이상의 다리 위
④ 가파른 비탈길의 내리막

해설 서행해야 하는 장소
- 교통정리를 하고 있지 아니하는 교차로
- 도로가 구부러진 부근
- 비탈길의 고갯마루 부근
- 가파른 비탈길의 내리막
- 지방경찰청장이 안전표지로 지정한 곳

26 신호등이 없는 철길건널목 통과방법 중 옳은 것은?

① 차단기가 올라가 있으면 그대로 통과해도 된다.
② 반드시 일지정지를 한 후 안전을 확인하고 통과한다.
③ 신호등이 진행신호일 경우에도 반드시 일시정지를 하여야 한다.
④ 일시정지를 하지 않아도 좌우를 살피면서 서행으로 통과하면 된다.

해설 신호등이 없는 철길건널목을 통과할 때에는 반드시 일지정지를 한 후 안전을 확인하고 통과한다.

| 정답 | 20 ③ 21 ③ 22 ② 23 ③ 24 ③ 25 ③ 26 ② |

27 일시정지를 하지 않고도 철길건널목을 통과할 수 있는 경우는?

① 차단기가 내려져 있을 때
② 경보기가 울리지 않을 때
③ 앞차가 진행하고 있을 때
④ 신호등이 진행신호 표시일 때

> 해설 일시정지를 하지 않고도 철길건널목을 통과할 수 있는 경우는 신호등이 진행신호 표시이거나 신호수가 진행신호를 하고 있을 때이다.

28 철길건널목 안에서 차가 고장이 나서 운행할 수 없게 된 경우 운전자의 조치사항과 가장 거리가 먼 것은?

① 철도공무 중인 직원이나 경찰공무원에게 즉시 알려 차를 이동하기 위한 필요한 조치를 한다.
② 차를 즉시 건널목 밖으로 이동시킨다.
③ 승객을 하차시켜 즉시 대피시킨다.
④ 현장을 그대로 보존하고 경찰관서로 가서 고장신고를 한다.

29 도로교통법에서 안전운행을 위해 차속을 제한하고 있는데, 악천후 시 최고속도의 100분의 50으로 감속 운행하여야 할 경우가 아닌 것은?

① 노면이 얼어붙은 때
② 폭우, 폭설, 안개 등으로 가시거리가 100m 이내인 때
③ 비가 내려 노면이 젖어 있을 때
④ 눈이 20mm 이상 쌓인 때

> 해설 최고속도의 50%를 감속하여 운행하여야 하는 경우
> • 노면이 얼어붙은 때
> • 폭우·폭설·안개 등으로 가시거리가 100m 이내일 때
> • 눈이 20mm 이상 쌓인 때

30 승차 또는 적재의 방법과 제한에서 운행상의 안전기준을 넘어서 승차 및 적재가 가능한 경우는?

① 도착지를 관할하는 경찰서장의 허가를 받은 때
② 출발지를 관할하는 경찰서장의 허가를 받은 때
③ 관할 시·군수의 허가를 받은 때
④ 동·읍·면장의 허가를 받는 때

> 해설 승차인원·적재중량에 관하여 안전기준을 넘어서 운행하고자 하는 경우 출발지를 관할하는 경찰서장의 허가를 받아야 한다.

31 경찰청장이 최고속도를 따로 지정, 고시하지 않은 편도 2차로 이상 고속도로에서 건설기계 법정 최고속도는 매시 몇 km 인가?

① 100km/h   ② 110km/h
③ 80km/h   ④ 60km/h

> 해설 **고속도로에서의 건설기계 속도**
> • 모든 고속도로에서 건설기계의 최고속도는 80km/h, 최저속도는 50km/h이다.
> • 지정·고시한 노선 또는 구간의 고속도로에서 건설기계의 최고속도는 90km/h 이내, 최저속도는 50km/h이다.

32 도로교통법상 4차로 이상 고속도로에서 건설기계의 최저속도는?

① 30km/h   ② 40km/h
③ 50km/h   ④ 60km/h

| 정답 | 27 ④ 28 ④ 29 ③ 30 ② 31 ③ 32 ③ |

33 도로교통법에서는 교차로, 터널 안, 다리 위 등을 앞지르기 금지장소로 규정하고 있다. 그 외 앞지르기 금지 장소를 <보기>에서 모두 고르면?

> 보기
> A. 도로의 구부러진 곳
> B. 비탈길의 고갯마루 부근
> C. 가파른 비탈길의 내리막

① A
② A, B
③ B, C
④ A, B, C

해설 앞지르기 금지장소
- 교차로, 도로의 구부러진 곳
- 터널 내, 다리 위
- 경사로의 정상부근
- 급경사로의 내리막
- 앞지르기 금지표지 설치 장소

34 가장 안전한 앞지르기 방법은?

① 좌, 우측으로 앞지르기 하면 된다.
② 앞차의 속도와 관계 없이 앞지르기를 한다.
③ 반드시 경음기를 울려야 한다.
④ 반대 방향의 교통, 전방의 교통 및 후방에 주의를 하고 앞차의 속도에 따라 안전하게 한다.

35 도로교통법상 주차금지의 장소로 옳지 않은 것은?

① 터널 안 및 다리 위
② 안전지대로부터 20미터 이내인 곳
③ 소방용 기계, 기구가 설치된 5미터 이내인 곳
④ 소방용 방화물통이 있는 5미터 이내의 곳

해설 안전지대로부터 10m 이내의 지점

36 횡단보도로부터 몇 m 이내에 정차 및 주차를 해서는 안 되는가?

① 3m
② 5m
③ 8m
④ 10m

해설 횡단보도로부터 10m 이내에 정차 및 주차를 해서는 안 된다.

37 주차 및 정차금지 장소는 건널목 가장자리로부터 몇 m 이내인 곳인가?

① 5m
② 10m
③ 20m
④ 30m

해설 건널목 가장자리로부터 10m 이내 정차 및 주차를 해서는 안 된다.

38 도로교통법에 따라 소방용 기계기구가 설치된 곳, 소방용 방화물통, 소화전 또는 소화용 방화물통의 흡수구나 흡수관으로부터 (   ) 이내의 지점에 주차하여서는 아니 된다. 괄호 안에 들어갈 거리는?

① 10m
② 7m
③ 5m
④ 3m

해설 도로교통법에 따라 소방용 기계기구가 설치된 곳, 소방용 방화물통, 소화전 또는 소화용 방화물통의 흡수구나 흡수관으로부터 5m 이내의 지점에 주차하여서는 안 된다.

39 도로에서 정차를 하고자 할 때의 방법으로 옳은 것은?

① 차체의 전단부가 도로 중앙을 향하도록 비스듬히 정차한다.
② 진행방향의 반대방향으로 정차한다.
③ 차도의 우측 가장자리에 정차한다.
④ 일방통행로에서 좌측 가장자리에 정차한다.

| 정답 | 33 ④ 34 ④ 35 ② 36 ④ 37 ② 38 ③ 39 ③ |

40 도로교통법상 주차, 정차가 금지되어 있지 않은 장소는?

① 교차로 ② 건널목
③ 횡단보도 ④ 경사로의 정상부근

해설 경사로의 정상부근은 서행이나 일시정지를 해야 하는 장소이다.

41 도로교통법령에 따라 도로를 통행하는 자동차가 야간에 켜야 하는 등화의 구분 중 견인되는 차가 켜야 할 등화는?

① 전조등, 차폭등, 미등 ② 미등, 차폭등, 번호등
③ 전조등, 미등, 번호등 ④ 전조등, 미등

해설 야간에 견인되는 자동차가 켜야 할 등화는 차폭등, 미등, 번호 등이다.

42 야간에 차가 서로 마주보고 진행하는 경우의 등화조작 방법 중 옳은 것은?

① 전조등, 번호등, 실내 조명등을 조작한다.
② 전조등을 켜고 보조등을 끈다.
③ 전조등 불빛을 하향으로 한다.
④ 전조등 불빛을 상향으로 한다.

해설 야간에 차가 서로 마주보고 진행하는 경우에는 전조등을 하향하거나, 밝기를 줄이거나 끄도록 한다.

43 밤에 도로에서 차를 운행하는 경우 등화로 옳지 않은 것은?

① 견인되는 차: 미등, 차폭등 및 번호등
② 원동기장치 자전거: 전조등 및 미등
③ 자동차: 자동차안전기준에서 정하는 전조등, 차폭등, 미등
④ 자동차등 외의 모든 차: 지방경찰청장이 정하여 고시하는 등화

해설 자동차: 자동차안전기준에서 정하는 전조등, 차폭등, 미등, 번호등, 실내조명등(실내조명등은 승합자동차와 [여객자동차운수사업법]에 따른 여객자동차운송사업용 승용자동차만 해당한다.)

44 다음 중 도로교통법에 의거, 야간에 자동차를 도로에서 정차 또는 주차하는 경우에 반드시 켜야 하는 등화는?

① 방향지시등 ② 미등 및 차폭등
③ 전조등 ④ 실내등

해설 야간에 자동차를 도로에서 정차 또는 주차하는 경우에 반드시 미등 및 차폭등을 켜야 한다.

45 횡단보도에서의 보행자 보호의무 위반 시 받는 처분으로 옳은 것은?

① 면허취소 ② 즉심회부
③ 통고처분 ④ 형사입건

46 다음 중 도로교통법을 위반한 경우는?

① 밤에 교통이 빈번한 도로에서 전조등을 계속 하향했다.
② 낮에 어두운 터널 속을 통과할 때 전조등을 켰다.
③ 소방용 방화물통으로부터 10m 지점에 주차하였다.
④ 노면이 얼어붙은 곳에서 최고속도의 20/100을 줄인 속도로 운행하였다.

해설 노면이 얼어붙은 곳에서는 최고속도의 50/100을 줄인 속도로 운행하여야 한다.

47 도로교통법상 운전이 금지되는 술에 취한 상태의 기준으로 옳은 것은?

① 혈중 알코올 농도 0.03% 이상일 때
② 혈중 알코올 농도 0.02% 이상일 때
③ 혈중 알코올 농도 0.1% 이상일 때
④ 혈중 알코올 농도 0.2% 이상일 때

해설 도로교통법령상 술에 취한 상태의 기준은 혈중 알코올 농도가 0.03% 이상인 경우이다.

| 정답 | 40 ④　41 ②　42 ③　43 ③　44 ②　45 ③　46 ④　47 ① |

48 도로교통법에 따르면 운전자는 자동차 등의 운전 중에는 휴대용 전화를 원칙적으로 사용할 수 없다. 예외적으로 휴대용 전화사용이 가능한 경우로 옳지 않은 것은?

① 자동차 등이 정지하고 있는 경우
② 저속 건설기계를 운전하는 경우
③ 긴급 자동차를 운전하는 경우
④ 각종 범죄 및 재해 신고 등 긴급한 필요가 있는 경우

> 해설 운전 중 휴대전화 사용이 가능한 경우
> • 자동차 등이 정지해 있는 경우
> • 긴급자동차를 운전하는 경우
> • 각종 범죄 및 재해신고 등 긴급을 요하는 경우
> • 안전운전에 지장을 주지 않는 장치로 대통령령이 정하는 장치를 이용하는 경우

도로명 주소

49 차량이 남쪽에서 북쪽으로 진행 중일 때, 그림에 대한 설명으로 틀린 것은?

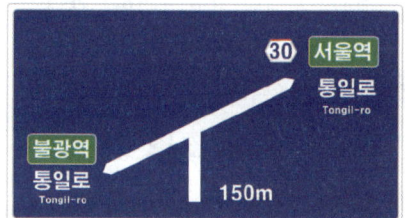

① 차량을 우회전하는 경우 서울역 쪽 '통일로'로 진입할 수 있다.
② 차량을 좌회전하는 경우 불광역 쪽 '통일로'로 진입할 수 있다.
③ 차량을 좌회전하는 경우 불광역 쪽 '통일로'로 건물번호가 커진다.
④ 차량을 좌회전하는 경우 불광역 쪽 '통일로'의 건물번호가 작아진다.

> 해설 남쪽에서 북쪽으로 진행하고 있으면 좌측(불광역)이 서쪽이고, 우측(서울역)이 동쪽이 된다. 도로 구간의 시작점과 끝지점은 '서 → 동', '남 → 북'쪽 방향으로 건물번호 순서를 정하고 있기 때문에 불광역 쪽에서 서울역 쪽으로 가면서 건물번호가 커진다. 이에 차량을 좌회전 하는 경우 불광역 쪽 '통일로'의 건물번호가 점차적으로 작아지게 됨을 알 수 있다.

50 차량이 남쪽에서 북쪽으로 진행 중일 때, 그림에 대한 설명으로 틀린 것은?

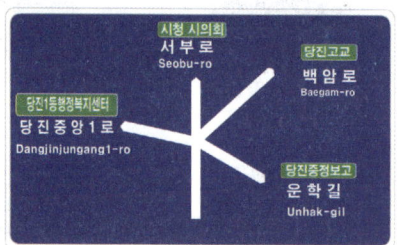

① 차량을 좌회전하면 '당진중앙1로' 시작점과 만날 수 있다.
② 차량을 우회전하는 '운학길' 또는 '백암로'로 진입할 수 있다.
③ 차량을 직진하면 '서부로' 방향으로 갈 수 있다.
④ 차량을 좌회전하면 '당진1동행정복지센터' 방향으로 갈 수 있다.

> 해설 도로 구간의 시작점과 끝 지점은 '서 → 동', '남 → 북' 쪽 방향으로 설정되어 있기 때문에 차량을 좌회전하면 '단진중앙1로' 시작점이 아닌 끝점과 만나게 된다.

51 차량이 남쪽에서 북쪽으로 진행 중일 때 그림에 대한 설명으로 옳지 않은 것은?

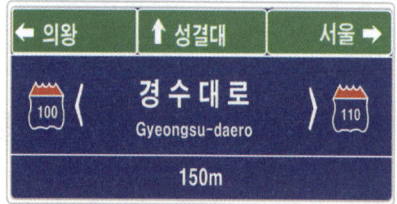

① 150m 전방에서 직진하면 '성결대' 방향으로 갈 수 있다.
② 150m 전방에서 좌회전하면 경수대로 도로 구간의 끝 지점과 만날 수 있다.
③ 150m 전방에서 우회전하면 경수대로 도로 구간의 시작점과 만날 수 있다.
④ 150m 전방에서 우회전하면 '의왕' 방향으로 갈 수 있다.

> 해설 150m 전방에서 우회전하면 '서울' 방향으로 갈 수 있다.

| 정답 | 48 ② 49 ③ 50 ① 51 ④ |

52 다음 중 관공서용 건물번호판에 해당하는 것은?

① ② ③ ④

해설 ① 문화재 건물 표지 ② 관공서 건물 표지
③ 주택 건물 표지 ④ 상가 건물번호판 표지

53 다음 도로명판에 대한 설명으로 옳지 않은 것은?

① '강남대로'는 도로명이다.
② '1→'의 위치는 도로의 마지막 지점이다.
③ 강남대로는 6.99km 이다.
④ 도로명판은 한쪽 진행 방향이다.

해설 '1→'은 도로의 시작 지점을 의미한다.

54 다음 기초번호판에 대한 설명으로 틀린 것은?

① 건물이 없는 도로에 설치되는 기초번호판이다.
② 도로의 시작점에서 끝 지점 방향으로 기초번호를 부여한다.
③ 표지판이 설치된 곳은 '병목안로'이다.
④ 도로명과 건물번호를 지시하는 기초번호판이다.

해설 기초번호판은 도로명과 기초번호를 부여한 건물이 없는 도로에 설치되는 도로명판이다.

55 다음 도로명판에 대한 설명으로 옳지 않은 것은?

① 양 방향 교차로 앞이다.
② 왼쪽으로 92번 이하의 건물이 위치한다.
③ 오른쪽으로 96번 이상 건물이 위치한다.
④ 왼쪽으로 92번 이상의 건물이 위치한다.

해설 왼쪽으로 92번 이하의 건물이 위치한다.

56 다음 도로명판에 대한 설명으로 틀린 것은?

① '90↑'는 안양로의 시작지점을 의미한다.
② 안양로의 전체 도로구간의 길이는 약 2.5km이다.
③ 명판이 설치된 위치는 안양로 시작점에서 약 900m 지점이다.
④ 안양로의 중간지점을 의미한다.

해설 '90↑'는 안양로 시작점에서 900m(90×10m) 부근에 도로명판이 있다는 의미이다.

건설기계 관리법

57 건설기계관리법의 입법목적에 해당되지 않는 것은?

① 건설기계의 효율적인 관리를 하기 위함
② 건설기계 안전도 확보를 위함
③ 건설기계의 규제 및 통제를 하기 위함
④ 건설공사의 기계화를 촉진하기 위함

해설 건설기계관리법의 목적은 건설기계의 등록·검사·형식승인 및 건설기계사업과 건설기계조종사면허 등에 관한 사항을 정하여 건설기계를 효율적으로 관리하고 건설기계의 안전도를 확보하여 건설공사의 기계화를 촉진함을 목적으로 한다.

| 정답 | 52 ② 53 ② 54 ④ 55 ④ 56 ① 57 ③

58 건설기계의 범위에 속하지 않는 것은?

① 공기토출량이 매분 당 2.83m³ 이상의 이동식인 공기압축기
② 노상안정장치를 가진 자주식인 노상안정기
③ 정지장치를 가진 자주식인 모터그레이더
④ 전동식 솔리드타이어를 부착한 것 중 도로가 아닌 장소에서만 운행하는 지게차

해설 지게차의 건설기계 범위는 타이어식으로 들어 올림 장치를 가진 것이다. 다만, 전동식으로 솔리드타이어를 부착한 것 중 도로(「도로교통법」에 따른 도로)가 아닌 장소에서만 운행하는 것은 제외한다.

59 건설기계관련법상 건설기계의 정의가 가장 옳은 것은?

① 건설공사에 사용할 수 있는 기계로서 대통령령이 정하는 것을 말한다.
② 건설현장에서 운행하는 장비로서 대통령령이 정하는 것을 말한다.
③ 건설공사에 사용할 수 있는 기계로서 국토교통부령이 정하는 것을 말한다.
④ 건설현장에서 운행하는 장비로서 국토교통부령이 정하는 것을 말한다.

해설 건설기계라 함은 건설공사에 사용할 수 있는 기계로서 대통령령으로 정한 것이다.

60 건설기계를 조종할 때 적용받는 법령에 대한 설명으로 가장 적절한 것은?

① 건설기계관리법 및 자동차관리법의 전체적용을 받는다.
② 건설기계관리법에 대한 적용만 받는다.
③ 도로교통법에 대한 적용만 받는다.
④ 건설기계관리법 외에 도로상을 운행할 때는 도로교통법 중 일부를 적용받는다.

해설 건설기계를 조종할 때에는 건설기계관리법 외에 도로상을 운행할 때에는 도로교통법 중 일부를 적용 받는다.

61 건설기계 등록신청에 대한 설명으로 옳은 것은? (단, 전시, 사변 등 국가비상사태 하의 경우 제외)

① 시·군·구청장에게 취득한 날로부터 10일 이내 등록신청을 한다.
② 시·도지사에게 취득한 날로부터 15일 이내 등록신청을 한다.
③ 시·군·구청장에게 취득한 날로부터 1개월 이내 등록신청을 한다.
④ 시·도지사에게 취득한 날로부터 2개월 이내 등록신청을 한다.

해설 건설기계 등록신청은 취득한 날로부터 2개월 이내 소유자의 주소지 또는 건설기계 사용본거지를 관할하는 시·도지사에게 한다.

62 건설기계 등록신청 시 첨부하지 않아도 되는 서류는?

① 호적등본
② 건설기계 소유자임을 증명하는 서류
③ 건설기계제작증
④ 건설기계제원표

해설 건설기계를 등록할 때 필요한 서류
- 건설기계제작증(국내에서 제작한 건설기계의 경우)
- 수입면장 기타 수입 사실을 증명하는 서류(수입한 건설기계의 경우)
- 매수증서(관청으로부터 매수한 건설기계의 경우)
- 건설기계의 소유자임을 증명하는 서류
- 건설기계제원표
- 자동차손해배상보장법에 따른 보험 또는 공제의 가입을 증명하는 서류

63 건설기계 등록사항의 변경신고는 변경이 있는 날로부터 며칠 이내에 하여야 하는가? (단, 국가비상사태일 경우를 제외한다.)

① 20일 이내 ② 30일 이내
③ 15일 이내 ④ 10일 이내

해설 건설기계의 등록사항 중 변경이 있을 시, 30일 이내에 시·도지사에게 신고해야 한다.

| 정답 | 58 ④ 59 ① 60 ④ 61 ④ 62 ① 63 ② |

64 건설기계 등록사항 변경이 있을 때, 소유자는 건설기계등록사항 변경신고서를 누구에게 제출하여야 하는가?

① 관할검사소장 ② 고용노동부장관
③ 행정안전부장관 ④ 시·도지사

해설 건설기계의 소유자는 건설기계등록사항에 변경이 있는 때에는 그 변경이 있은 날부터 30일 이내에 등록을 한 시·도지사에게 제출하여야 한다.

65 건설기계 등록사항의 변경 또는 등록이전 신고 대상이 아닌 것은?

① 소유자 변경
② 소유자의 주소지 변경
③ 건설기계 소재지 변동
④ 건설기계의 사용본거지 변경

해설 등록사항의 변경 또는 등록이전신고 대상
 • 소유자 변경
 • 소유자의 주소지 변경
 • 건설기계의 사용본거지 변경

66 건설기계등록의 말소 사유에 해당하지 않는 것은?

① 건설기계의 구조변경
② 건설기계의 폐기
③ 건설기계의 멸실
④ 건설기계의 차대가 등록 시의 차대와 다른 경우

해설 건설기계의 구조 변경 시, 구조변경 검사를 받아야 하며, 이는 건설기계등록의 말소 사유에 해당하지 않는다.

67 건설기계의 등록원부는 등록을 말소한 후 얼마의 기한 동안 보존하여야 하는가?

① 10년 ② 5년
③ 15년 ④ 20년

해설 건설기계 등록원부는 등록말소 후 10년간 보존하여야 한다.

68 건설기계의 소유자는 건설기계의 등록이 말소되거나 등록번호의 변경 및 등록번호의 식별이 어려운 경우 며칠 이내에 등록번호표의 봉인을 떼어낸 후 시·도지사에게 반납하여야 하는가?

① 3일 ② 5일
③ 10일 ④ 15일

해설 건설기계 소유자는 건설기계의 등록말소, 번호변경 및 식별이 곤란한 경우 10일 이내에 시·도지사에게 등록번호표를 반납해야 한다.(건설기계관리법 제9조 등록번호표의 반납)

69 건설기계 등록번호표 중 영업용에 해당하는 것은?

① 6000~9999 ③ 0001~0999
② 9001~9999 ④ 1000~5999

해설
 • 관용: 0001~0999
 • 자가용: 1000~5999
 • 대여사업용: 6000~9999
한글과 용도별 숫자를 조합하되, 오름차순으로 부여한다. (관용 예시: "가0001~가0999" 부여 후 "나0001~나0999" 순으로 부여)

70 건설기계 기종별 기호 표시로 옳지 않은 것은?

① 03: 로더 ② 06: 덤프트럭
③ 08: 모터그레이더 ④ 09: 기중기

해설
 • 01: 불도저
 • 07: 기중기
 • 09: 롤러

| 정답 | 64 ④ 65 ③ 66 ① 67 ① 68 ③ 69 ① 70 ④

71 다음 중 영업용 지게차를 나타내는 등록 번호표는?

① 서울 04-6091
② 인천 01-9589
③ 세종 07-2536
④ 부산 07-5895

> 해설
> • 지게차 04
> • 굴삭기 02
> • 기중기 07

72 건설기계등록번호표의 색칠 기준으로 옳지 않은 것은?

① 자가용: 흰색 판에 검은색 문자
② 영업용: 주황색 판에 검은색 문자
③ 관용: 흰색 판에 검은색 문자
④ 수입용: 적색 판에 흰색문자

> 해설 건설기계 관리법 시행규칙 <개정 2022.5.25.> 번호표의 색상
> 가. 비사업용(관용 또는 자가용): 흰색 바탕에 검은색 문자
> 나. 대여사업용: 주황색 바탕에 검은색 문자
> 다. 임시운행 번호표: 흰색 페인트 판에 검은색 문자

73 특별표지판을 부착해야 하는 건설기계범위에 해당하지 않는 것은?

① 길이가 16m인 건설기계
② 총중량이 50t인 건설기계
③ 높이가 5m인 건설기계
④ 최소 회전반경이 13m인 건설기계

> 해설 길이가 16.7m를 초과하는 경우는 특별표지판을 부착해야 하는 건설기계의 범위 해당한다.

74 건설기계 등록번호표에 표시하지 않는 것은?

① 기종
② 등록관청
③ 용도
④ 연식

> 해설 건설기계 등록번호표에는 용도, 기종, 및 등록번호, 등록관청 등이 표시되어야 한다. 연식은 건설기계 등록증에 표시된다.

75 건설기계 소유자가 관련법에 의하여 등록번호표를 반납하고자 하는 때에는 누구에게 반납해야 하는가?

① 국토교통부장관
② 구청장
③ 동장
④ 시·도지사

> 해설 반납사유 발생일로부터 10일 이내에 시·도지사에게 반납한다.

76 신개발 시험, 연구목적 운행을 제외한 건설기계의 임시 운행기간은 며칠 이내인가?

① 5일
② 10일
③ 15일
④ 20일

> 해설 임시운행기간은 15일이며, 신개발 시험·연구목적 운행은 3년이다.

| 정답 | 71 ① 72 ④ 73 ① 74 ④ 75 ④ 76 ③ |

77 임시운행 사유에 해당하지 않는 것은?

① 신개발 건설기계를 시험 운행하고자 할 때
② 수출을 하기 위해 건설기계를 선적지로 운행할 때
③ 등록신청 전에 건설기계 공사를 하기 위하여 임시로 사용하고자 할 때
④ 등록신청을 하기 위하여 건설기계를 등록지로 운행하고자 할 때

> 해설 임시운행사유
> • 판매 및 전시를 위한 일시적인 운행
> • 신개발 건설기계의 시험목적 운행
> • 수출을 위한 등록말소 한 건설기계를 정비, 점검하기 위한 운행
> • 수출목적으로 선적지 운행
> • 신규 등록검사 및 확인 검사를 위해 검사장소로 운행
> • 등록신청을 위해 등록지로 운행

78 건설기계관리법령상 건설기계 검사의 종류가 아닌 것은?

① 구조변경검사　② 임시검사
③ 수시검사　　　④ 신규등록검사

> 해설 건설기계 검사의 종류: 신규등록검사, 정기검사, 구조변경검사, 수시검사

79 건설기계등록을 말소한 때에는 등록번호표를 며칠 이내에 시·도지사에게 반납하여야 하는가?

① 10일　② 15일
③ 20일　④ 30일

> 해설 건설기계 등록번호표는 10일 이내에 시·도지사에게 반납하여야 한다.

80 건설기계관리법령상 건설기계를 검사유효기간이 끝난 후에 계속 운행하고자 할 때 받아야 하는 검사에 해당하는 것은?

① 계속검사　　② 신규등록검사
③ 수시검사　　④ 정기검사

> 해설 정기검사: 건설공사용 건설기계로서 3년의 범위에서 국토교통부령으로 정하는 검사유효기간이 끝난 후에 계속하여 운행하려는 경우에 실시하는 검사와 대기환경보전법 및 소음·진동관리법에 따른 운행차의 정기검사

81 건설기계의 수시검사 대상이 아닌 것은?

① 소유자가 수시검사를 신청한 건설기계
② 사고가 자주 발생하는 건설기계
③ 성능이 불량한 건설기계
④ 구조를 변경한 건설기계

> 해설 수시검사는 성능이 불량하거나, 사고가 자주 발생하거나, 건설기계 소유자의 요청으로 실시하는 검사이다.

82 성능이 불량하거나 사고가 자주 발생하는 건설기계의 안전성 등을 점검하기 위하여 실시하는 검사와 건설기계 소유자의 신청을 받아 실시하는 검사는?

① 예비검사　　② 구조변경검사
③ 수시검사　　④ 정기검사

> 해설 수시검사: 성능이 불량하거나 사고가 자주 발생하는 건설기계의 안전성 등을 점검하기 위하여 수시로 실시하는 검사와 건설기계 소유자의 신청을 받아 실시하는 검사

| 정답 | 77 ③　78 ②　79 ①　80 ④　81 ④　82 ③ |

83 검사소 이외의 장소에서 출장검사를 받을 수 있는 건설기계에 해당하는 것은?

① 덤프트럭
② 콘크리트믹서트럭
③ 아스팔트살포기
④ 지게차

해설 건설기계검사소에서 검사를 받아야 하는 건설기계: 덤프트럭, 콘크리트믹서트럭, 트럭적재식 콘크리트펌프, 아스팔트살포기

84 건설기계의 출장검사가 허용되는 경우가 아닌 것은?

① 도서지역에 있는 건설기계
② 너비가 2.0m를 초과하는 건설기계
③ 자체중량이 40t을 초과하거나 축중이 10t을 초과하는 건설기계
④ 최고속도가 시간당 35km 미만인 건설기계

해설 출장검사를 받을 수 있는 경우
- 도서지역에 있는 경우
- 자체중량이 40ton 이상 또는 축중이 10ton 이상인 경우
- 너비가 2.5m 이상인 경우
- 최고속도가 시간당 35km 미만인 경우

85 건설기계 정기검사를 연기하는 경우 그 연장기간은 몇 월 이내로 하여야 하는가?

① 1월   ② 2월
③ 3월   ④ 6월

해설 정기검사를 연기하는 경우 그 연장기간은 6월 이내로 한다.

86 정기검사에 불합격한 건설기계의 정비명령 기간으로 옳은 것은?

① 60일 이내   ② 10일 이내
③ 20일 이내   ④ 31일 이내

해설 검사에 불합격된 건설기계에 대해서 정비명령 기간은 31일 이내이다.

87 건설기계관리법상의 건설기계사업에 해당하지 않는 것은?

① 건설기계매매업   ② 건설기계폐기업
③ 건설기계정비업   ④ 건설기계제작업

해설 건설기계사업의 종류에는 매매업, 대여업, 폐기업, 정비업이 있다.

88 건설기계 사업을 하고자 하는 자는 누구에게 신고하여야 하는가?

① 건설기계 폐기업자
② 전문건설기계정비업자
③ 시장·군수 또는 구청장
④ 건설교통부 장관

해설 건설기계관리법의 대부분의 권리자는 시장·군수·구청장등에게 있다.

| 정답 | 83 ④ 84 ② 85 ④ 86 ④ 87 ④ 88 ③

89 건설기계 매매업의 등록을 하고자 하는 자의 구비서류로 맞는 것은?

① 건설기계 매매업 등록필증
② 건설기계보험증서
③ 건설기계등록증
④ 5천만 원 이상의 하자보증금예치증서 또는 보증보험증서

해설 **매매업의 등록을 하고자 하는 자의 구비서류**
- 사무실의 소유권 또는 사용권이 있음을 증명하는 서류
- 주기장소재지를 관할하는 시장·군수·구청장이 발급한 주기장시설보유 확인서
- 5천만 원 이상의 하자보증금예치증서 또는 보증보험증서

90 건설기계관리법령상 <보기>의 설명에 해당하는 건설기계사업은?

보기
건설기계를 분해·조립 또는 수리하고 그 부분품을 가공, 제작, 교체하는 등 건설기계를 원활하게 사용하기 위한 모든 행위를 업으로 하는 것

① 건설기계정비업   ② 건설기계제작업
③ 건설기계매매업   ④ 건설기계폐기업

91 건설기계 정비업의 사업범위에서 유압장치를 정비할 수 없는 정비업은?

① 종합 건설기계 정비업
② 부분건설기계 정비업
③ 유압정비업
④ 원동기 정비업

해설 원동기정비업체는 기관의 해체, 정비, 수리 등을 할 수 있다.

92 건설기계관리법상 건설기계의 구조를 변경할 수 있는 범위에 해당되는 것은?

① 육상작업용 건설기계의 규격을 증가시키기 위한 구조변경
② 육상작업용 건설기계의 적재함 용량을 증가시키기 위한 구조변경
③ 원동기의 형식변경
④ 건설기계의 기종변경

해설 **건설기계의 구조변경을 할 수 없는 경우**
- 건설기계의 기종변경
- 육상작업용 건설기계의 규격을 증가시키기 위한 구조변경
- 육상작업용 건설기계의 적재함 용량을 증가시키기 위한 구조변경

93 건설기계 구조 변경 검사신청은 변경한 날로부터 며칠 이내에 하여야 하는가?

① 30일   ② 20일
③ 10일   ④ 7일

94 건설기계조종사의 면허 적성검사 기준으로 옳지 않은 것은?

① 두 눈의 시력이 각각 0.3 이상
② 두 눈을 동시에 뜨고 측정한 시력이 0.7 이상
③ 시각은 150도 이상
④ 청력은 10데시벨의 소리를 들을 수 있을 것

해설 **건설기계조종사의 면허 적성검사기준**
- 두 눈을 동시에 뜨고 잰 시력이 0.7 이상이고 두 눈의 시력이 각각 0.3 이상일 것(교정시력을 포함)
- 55데시벨(보청기를 사용하는 사람은 40데시벨)의 소리를 들을 수 있을 것
- 언어분별력이 80퍼센트 이상일 것
- 시각은 150도 이상일 것

| 정답 | 89 ④ 90 ① 91 ④ 92 ③ 93 ② 94 ④

95 건설기계관리법상 소형건설기계에 포함되지 <u>않는</u> 것은?

① 3톤 미만의 굴착기
② 5톤 미만의 불도저
③ 5톤 이상의 기중기
④ 공기압축기

해설 소형건설기계의 종류: 3톤 미만의 굴착기, 3톤 미만의 로더, 3톤 미만의 지게차, 5톤 미만의 로더, 5톤 미만의 불도저, 콘크리트펌프(이동식으로 한정.) 5톤 미만의 천공기(트럭적재식은 제외), 공기압축기, 쇄석기 및 준설선, 3톤 미만의 타워크레인

96 3톤 미만 지게차의 소형건설기계 조종 교육시간은?

① 이론 6시간, 실습 6시간
② 이론 4시간, 실습 8시간
③ 이론 12시간, 실습 12시간
④ 이론 10시간, 실습 14시간

해설 3톤 미만 굴착기, 지게차, 로더의 교육시간은 이론 6시간, 조종실습 6시간이다.

97 도로교통법에 의한 제1종 대형자동차 면허로 조종할 수 없는 건설기계는?

① 콘크리트 펌프
② 노상안정기
③ 아스팔트 살포기
④ 타이어식 기중기

해설 제1종 대형 운전면허로 조종할 수 있는 건설기계: 덤프트럭, 아스팔트 살포기, 노상 안정기, 콘크리트 믹서트럭, 콘크리트 펌프, 트럭적재식 천공기

98 건설기계관리법상 건설기계조종사는 성명·주민등록번호 및 국적의 변경이 있는 경우, 그 사실이 발생한 날부터 며칠 이내에 기재사항변경신고서를 제출하여야 하는가?

① 15일
② 20일
③ 25일
④ 30일

해설 건설기계조종사는 성명, 주민등록번호 및 국적의 변경이 있는 경우에는 그 사실이 발생한 날부터 30일 이내 주소지를 관할하는 시·도지사에게 제출하여야 한다.

99 건설기계조종사 면허증의 반납사유에 해당하지 <u>않는</u> 것은?

① 면허가 취소된 때
② 면허의 효력이 정지된 때
③ 건설기계조종을 하지 않을 때
④ 면허증의 재교부를 받은 후 잃어버린 면허증을 발견한 때

해설 면허증의 반납사유
• 면허가 취소된 때
• 면허의 효력이 정지된 때
• 면허증의 재교부를 받은 후 잃어버린 면허증을 발견한 때

100 건설기계조종사 면허가 취소되었을 경우 그 사유가 발생한 날부터 며칠 이내에 면허증을 반납하여야 하는가?

① 7일 이내
② 10일 이내
③ 14일 이내
④ 30일 이내

해설 건설기계조종사면허가 취소되었을 경우 그 사유가 발생한 날로부터 10일 이내에 면허증을 반납해야 한다.

| 정답 | 95 ③ 96 ① 97 ④ 98 ④ 99 ③ 100 ②

101 건설기계소유자가 정비 업소에 건설기계 정비를 의뢰한 후 정비업자로부터 정비 완료 통보를 받고 며칠이내에 찾아가지 않을 때 보관, 관리 비용을 지불하는가?

① 5일
② 10일
③ 15일
④ 20일

> **해설** 건설기계소유자가 정비 업소에 건설기계 정비를 의뢰한 후 정비업자로부터 정비완료 통보를 받고 5일 이내에 찾아가지 않을 때 보관·관리 비용을 지불하여야 한다.

102 건설기계 폐기 인수증명서는 누가 교부하는가?

① 시 · 도지사
② 국토교통부장관
③ 시장 · 군수
④ 건설기계 폐기업자

> **해설** 건설기계 폐기 인수증명서는 건설기계 폐기업자가 교부한다.

103 건설기계관리법령상 건설기계조종사면허의 취소처분 기준에 해당하지 않는 것은?

① 건설기계조종사면허증을 다른 사람에게 빌려 준 경우
② 술에 취한 상태(혈중 알코올농도 0.03% 이상 0.08% 미만)에서 건설기계를 조종하다가 사고로 사람을 죽게 하거나 다치게 한 경우
③ 과실로 2명을 사망하게 한 경우
④ 술에 만취한 상태(혈중 알코올농도 0.08% 이상)에서 건설기계를 조종한 경우

104 건설기계관리법상 건설기계 운전자의 과실로 경상 6명의 인명피해를 입혔을 때 처분기준은?

① 면허효력정지 10일
② 면허효력정지 20일
③ 면허효력정지 30일
④ 면허효력정지 60일

> **해설** 경상 1명마다 면허효력정지 5일이므로 6명×5=30일

105 건설기계의 조종 중에 과실로 사망 1명의 인명피해를 입힌 때 조종사면허 처분기준은?

① 면허취소
② 면허효력정지 60일
③ 면허효력정지 45일
④ 면허효력정지 30일

> **해설** 인명 피해에 따른 면허정지 기간
> • 사망 1명마다: 면허효력정지 45일
> • 중상 1명마다: 면허효력정지 15일
> • 경상 1명마다: 면허효력정지 5일

106 건설기계의 조종 중에 고의 또는 과실로 가스공급시설을 손괴할 경우 조종사면허의 처분기준은?

① 면허효력정지 10일
② 면허효력정지 15일
③ 면허효력정지 25일
④ 면허효력정지 180일

> **해설** 건설기계를 조종 중에 고의 또는 과실로 가스공급시설을 손괴한 경우 면허효력정지 180일이다.

| 정답 | 101 ① 102 ④ 103 ③ 104 ③ 105 ③ 106 ④ |

107 건설기계 운전자가 조종 중 고의로 인명피해를 입히는 사고를 일으켰을 때 면허의 처분기준은?

① 면허취소
② 면허효력정지 30일
③ 면허효력정지 20일
④ 면허효력정지 10일

> **해설** 건설기계를 조종 중 고의로 인명피해를 입힐 경우에는 피해의 정도와 관계없이 면허가 취소된다.

108 건설기계조종사면허를 받지 아니하고 건설기계를 조종한 자에 대한 벌칙 기준은?

① 2년 이하의 징역 또는 1천만원 이하의 벌금
② 1년 이하의 징역 또는 1천만원 이하의 벌금
③ 200만원 이하의 벌금
④ 100만원 이하의 벌금

> **해설** 건설기계조종사면허를 받지 아니하고 건설기계를 조종한 자는 1년 이하의 징역 또는 1,000만원 이하의 벌금에 처한다.

109 건설기계 조종사 면허의 취소·정지 처분 기준 중 '경상'의 인명 피해를 구분하는 판단 기준으로 가장 옳은 것은?

① 경상: 1주 미만의 치료를 요하는 진단이 있을 때
② 경상: 2주 이하의 치료를 요하는 진단이 있을 때
③ 경상: 3주 미만의 치료를 요하는 진단이 있을 때
④ 경상: 4주 이하의 치료를 요하는 진단이 있을 때

> **해설** 경상은 3주 미만의 치료를 요하는 진단이 있을 때이다.

110 건설기계관리법령상 건설기계의 소유자가 건설기계를 도로나 타인의 토지에 계속 버려두어 방치한 자에 대해 적용하는 벌칙은?

① 100만원 이하의 벌금
② 200만원 이하의 벌금
③ 1년 이하의 징역 또는 1천만원 이하의 벌금
④ 2년 이하의 징역 또는 2천만원 이하의 벌금

> **해설** 건설기계의 소유자가 건설기계를 도로나 타인의 토지에 계속 버려두어 방치한 경우 1년 이하의 징역 또는 1천만 원 이하의 벌금에 처한다.

111 건설기계를 주택가 주변에 세워 두어 교통 소통을 방해하거나 소음 등으로 주민의 생활환경을 침해한 자에 대한 벌칙은?

① 200만원 이하의 벌금
② 100만원 이하의 벌금
③ 100만원 이하의 과태료
④ 50만원 이하의 과태료

> **해설** 건설기계를 주택가 주변에 세워 두어 교통소통을 방해하거나 소음 등으로 주민의 생활환경을 침해한 자에 대한 벌칙은 50만원 이하의 과태료를 부과한다.

112 건설기계의 정비명령을 이행하지 아니한 자에 대한 벌칙은?

① 2년 이하의 징역 또는 2000만원 이하의 벌금
② 1년 이하의 징역 또는 1000만원 이하의 벌금
③ 150만원 이하의 벌금
④ 30만원 이하의 벌금

> **해설** 정비명령을 이행하지 아니한 자의 벌칙은 1년 이하의 징역 또는 1000만원 이하의 벌금에 처한다.

| 정답 | 107 ① 108 ② 109 ③ 110 ③ 111 ④ 112 ② |

응급대처

113 제동장치가 고장 났을 때 응급처치로 옳지 <u>않은</u> 것은?

① 브레이크 오일에 공기가 혼입될 경우, 브레이크 오일을 더 주유한다.
② 브레이크 라인이 마멸된 경우에는 수리하거나 교환한다.
③ 페이드 현상이 발생했을 때에는 엔진 브레이크를 병용한다.
④ 실린더가 불량일 경우에는 정비공장에 의뢰한다.

해설 브레이크 오일에 공기가 혼입될 경우에는 다양한 불량 현상이 발생할 수 있으므로 공기 빼기를 실시한다.

114 주행 장치가 고장 났을 때 응급처치로 옳지 <u>않은</u> 것은?

① 타이어 펑크 시 안전 주차를 해야 한다.
② 후면 안전거리에 고장표시판을 설치한다.
③ 주행 장치가 고장 났을 경우에는 견인 조치할 수도 있다.
④ 정비사가 도착 후 고장표시판을 설치한다.

해설 주행 장치 고장 시에는 안전 주차 후, 후면 안전거리에 고장표시판을 설치해야 한다.

115 전·후진 장치 고장 시 발생할 수 있는 불량 요소가 <u>아닌</u> 것은?

① 변속기 불량　　② 앞 구동축 불량
③ 조향 장치 불량　④ 마스트 불량

해설 마스트는 전·후진 장치에 해당하지 않는다.

116 지게차의 응급견인 사항으로 옳지 <u>않은</u> 것은?

① 견인하는 지게차는 고장난 지게차보다 커야 한다.
② 견인은 단거리 이동방법이며, 장거리이동 시는 수송트럭으로 운반하여야 한다.
③ 견인되는 지게차에는 운전자를 탑승시켜 핸들 조작 및 브레이크 조작을 하도록 한다.
④ 경사로 아래로 견인할 때는 몇 대의 지게차를 뒤에 연결하여 예기치 못한 구름을 방지한다.

해설 견인되는 지게차에는 운전자가 핸들과 제동 장치를 조작할 수 없으며, 탑승자를 허용해서는 안 된다.

117 마스트 유압라인의 고장으로 견인하려고 할 때, 조치사항으로 옳지 <u>않은</u> 것은?

① 포크를 마스트에 고정하고 주차브레이크를 푼다.
② 시동은 켠 상태로 상용브레이크의 페달을 놓는다.
③ 안전주차 후 후면 안전거리에 고장표시판을 설치한다.
④ 지게차에 견인봉을 연결하고 속도는 2km/h 이하로 운행한다.

해설 마스트 유압라인 고장 시 시동스위치는 off로 한다.

| 정답 | 113 ①　114 ④　115 ④　116 ③　117 ② |

CHAPTER 05

엔진구조

SECTION 01 　엔진 주요부
SECTION 02 　윤활장치
SECTION 03 　냉각장치 및 흡·배기장치

단원별 기출 분석

✓ 학습 분량과 난이도에 비해 출제 비율은 높지 않은 단원입니다.
✓ 기출문제 위주로 개념을 정리하시고 시간을 효율적으로 안배하며 문제를 푸는 것이 중요한 단원입니다.

SECTION 01 엔진 주요부

01 기관

열에너지를 기계적 에너지로 바꾸는 장치를 기관(Engine)이라 한다.

1 기관의 분류

① 내연기관: 기관의 내부에서 연소물질을 연소시켜 직접 동력을 얻는 기관(가솔린, 디젤, 제트기관 등)
② 외연기관: 기관의 외부에서 연소물질을 연소시켜 발생한 증기의 힘으로 간접 동력을 얻는 기관(증기기관 등)

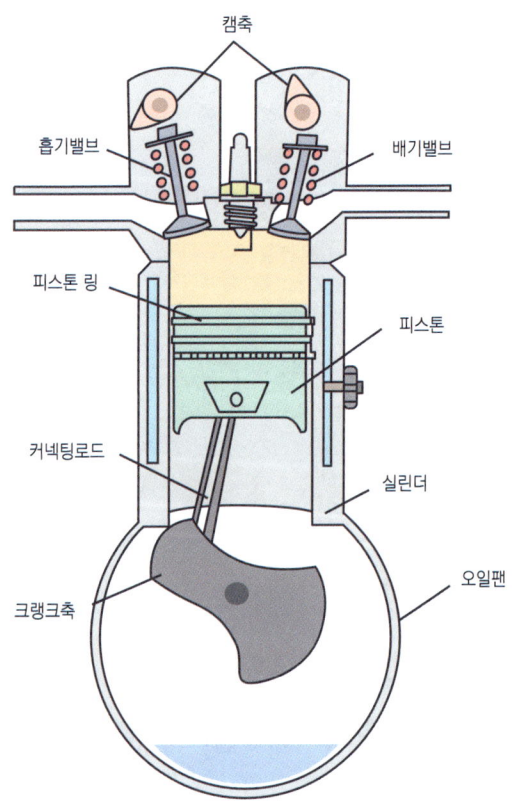

2 용어 정리

① 블로다운: 배기행정 초기에 배기가스의 잔압을 이용하여 배기가스가 배출되는 현상
② 블로바이 가스: 피스톤과 실린더 사이로 미연소가스가 새는 현상
③ 상사점(TDC: Top Dead Center): 피스톤의 위치가 맨 윗부분에 위치한 상태
④ 하사점(BDC: Bottom Dead Center): 피스톤의 위치가 맨 아랫부분에 위치한 상태
⑤ 행정(Stroke): 상사점과 하사점의 거리
⑥ 밸브 오버 랩(Valve Over Lap): 흡배기밸브가 동시에 열려 있는 구간이며, 흡배기 효율을 높여 엔진의 출력을 증가시키는 장치

02 기계학적 사이클에 따른 분류

1 4행정 사이클

'흡입 → 압축 → 폭발 → 배기' 순서로 크랭크축 2회전에 1사이클을 완성하는 기관이다.

흡입행정	흡기 밸브가 열리고 배기 밸브는 닫힌 상태이며, 피스톤이 상사점에서 하사점으로 하강 시 디젤기관은 공기만을 흡입하는 행정
압축행정	흡배기 밸브가 모두 닫힌 상태이며, 피스톤이 하사점에서 상사점으로 상승 시 공기를 압축하여 가열하는 행정
폭발행정 (동력행정)	흡배기 밸브가 모두 닫힌 상태이며, 디젤 기관은 연료를 분사하여 압축 착화 연소로 동력을 발생시키는 행정
배기행정	흡기 밸브는 닫혀 있고 배기 밸브가 열린 상태이며, 피스톤이 하사점에서 상사점으로 상승하면서 배기가스를 밀어내는 행정

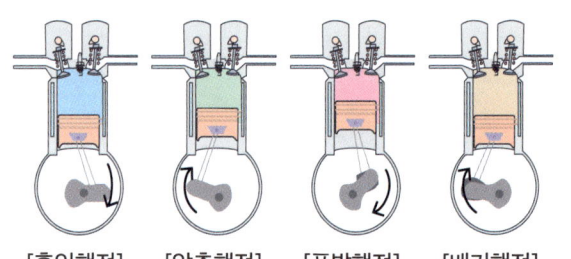

[흡입행정] [압축행정] [폭발행정] [배기행정]

2 2행정 사이클

'흡입 → 압축 → 폭발 → 배기' 순서로 크랭크축 1회전에 1사이클을 완성하는 기관이다.

① 피스톤 상승행정: 혼합기의 압축으로 새로운 공기를 유입하는 행정
② 피스톤 하강행정: 폭발 및 소기, 연소실로 새로운 공기를 흡입하는 행정

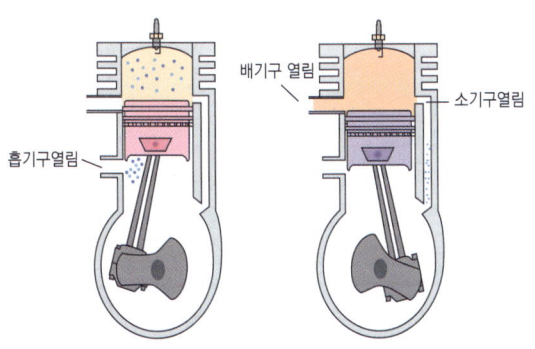

소기
» 잔류 배기가스를 내보내고 새로운 공기를 실린더에 공급하는 과정
» 단류식 및 횡단식, 루프식 등이 있음

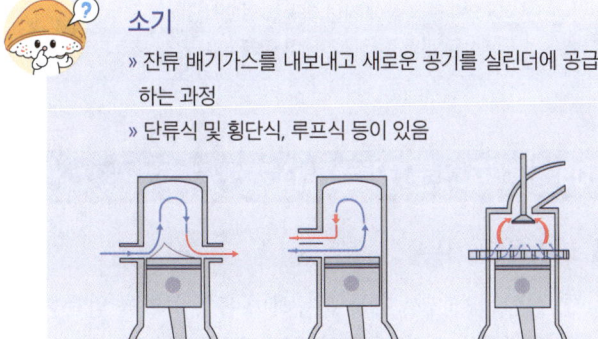

[횡단식] [루프식] [단류식]

03 실린더 헤드

1 실린더 헤드 특징

① 주철과 알루미늄 합금으로 제작되며, 기관에서 가장 위쪽에 위치
② 흡입 밸브와 배기 밸브가 장착되어 있고, 이 두 밸브를 구동하기 위해 캠축, 캠, 로커암 등이 설치되어 있음

2 실린더 헤드 탈부착 시 주의사항

① 실린더 헤드 볼트를 풀 때: 바깥쪽에서 안쪽으로 대각선 방향으로 풀기
② 실린더 헤드 볼트를 조일 때: 안쪽에서 바깥쪽으로 대각선 방향으로 조이기
③ 마지막 조임 시에는 볼트의 규정토크로 조이기 위해 토크렌치를 사용하여 조이기

3 실린더 헤드의 변형 원인 및 점검 방법

① 변형 원인: 엔진과열, 냉각수동결, 실린더 헤드 볼트의 조임 불량 및 개스킷 불량 등
② 변형 점검 방법: 직각자와 간극 게이지를 사용하여 평면 검사 실시

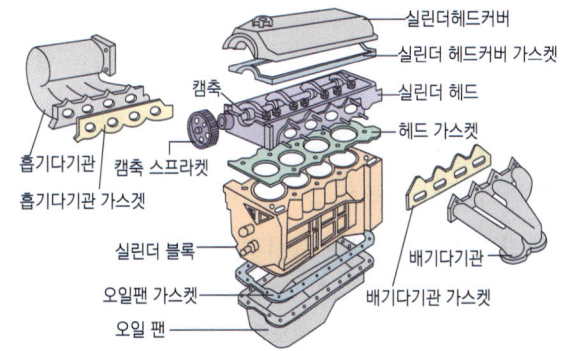

4 실린더 헤드 개스킷(Cylinder Head Gasket)

실린더 헤드와 실린더 블록 사이에서 압축가스와 냉각수, 오일 등이 새지 않도록 밀봉하는 장치이다.

04 실린더 블록(Cylinder Block)

1 정의
① 실린더 블록은 기관의 기초 구조이다.
② 위쪽은 실린더 헤드, 가운데는 실린더와 냉각수 및 오일 통로와 부속품이 부착되어 있으며, 아래쪽은 오일 팬이 설치되어 있다.

2 실린더의 종류
① 일체식: 실린더 블록과 일체로 만든 형식
② 삽입식: 실린더 라이너를 삽입하는 형식이며, 건식과 습식이 있다.
- 건식: 냉각수와 직접 접촉하지 않는 형식
- 습식: 냉각수와 직접 접촉하는 형식으로, 상·하에 냉각수 누출 방지를 위해 고무 실링이 부착되어 있다.

실린더 라이너
실린더라이너는 엔진의 재생성을 높이는 아주 중요한 부분이며 실린더와는 별개로 사용할 수 있는 구조이며 재질은 강재 또는 보통주철이나 특수 주철이 사용된다.

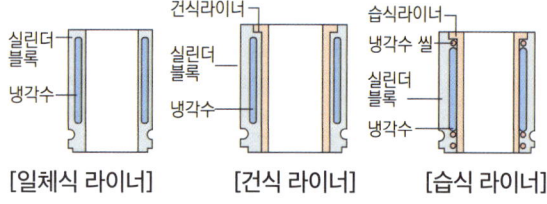
[일체식 라이너]   [건식 라이너]   [습식 라이너]

3 실린더 행정 내경 비
① 단행정 기관(오버 스퀘어 기관): 실린더 내경이 행정 길이보다 긴 기관으로, 피스톤 평균 속도를 올리지 않더라도 기관 회전 속도를 높일 수 있지만 피스톤이 쉽게 과열됨
② 정방형 기관(스퀘어 기관): 실린더 내경과 행정 길이가 같은 기관
③ 장행정 기관(언더 스퀘어 엔진): 실린더 내경보다 행정 길이가 긴 기관으로, 회전력이 크며 측압을 감소시킬 수 있음

4 실린더 마모의 원인
① 흡입 공기에 이물질이나 먼지의 혼입
② 연소 생성물(카본)에 의한 마모
③ 실린더 벽과 피스톤 링과의 마찰

5 실린더 마모 시 발생하는 현상
① 출력 저하
② 윤활유 오염 및 소비 증가
③ 압축 효율 저하

연소실
연소실은 실린더 헤드에 설치되어 있으며, 혼합 가스를 압축 후 연소가 시작되는 공간을 의미

연소실 구비조건
» 엔진 출력과 효율을 높이는 구조
» 노킹이 없고, 평균유효압력이 높을 것
» 배기가스가 적으며, 표면적이 작을 것
» 압축행정 끝에 강한 와류를 일으킬 것
» 화염 점화 거리를 최대한 짧게 하여 연소 시간 단축

05 피스톤(Piston)

1 피스톤의 기능
① 실린더 내에서 왕복 운동하며 흡입 공기를 압축한다.
② 폭발행정 압력으로 발생한 동력을 크랭크축에 전달하여 크랭크축을 회전 운동시킨다.

2 피스톤의 구비 조건
① 고온 고압에 잘 견딜 것
② 열전도가 좋을 것
③ 열팽창률이 적을 것
④ 무게가 가벼울 것
⑤ 가스와 오일 누출이 없을 것

3 피스톤 재질
주철이나 알루미늄 합금 등으로 제작되며, 주로 열전도성이 좋은 알루미늄 합금이 사용된다.

4 피스톤 간극

간극을 두는 이유: 피스톤의 윤활과 열팽창 고려

간극이 클 때 발생하는 현상	간극이 작을 때 발생하는 현상
• 피스톤 슬랩 현상 • 블로바이 현상 • 압축압력 및 기관 출력 저하 • 오일 소비 증가	• 마찰열 증가 • 소결(눌러 붙음) • 마모 증대

» 피스톤 슬랩(Piston Slap): 피스톤의 간극으로 인하여 상하 운동 시 피스톤이 실린더 벽에 충격을 주는 현상
» 블로바이 현상: 피스톤과 실린더 사이 간극이 클 때 미연소가스가 크랭크 케이스에 누출되는 현상

06 피스톤 링(Piston Ring)

① 피스톤 링 홈에 끼워져 피스톤과 함께 왕복 운동하며, 실린더 벽에 링의 탄성으로 면압을 주며 접촉
② 피스톤 링은 압축 링과 오일 링 사용을 사용한다.

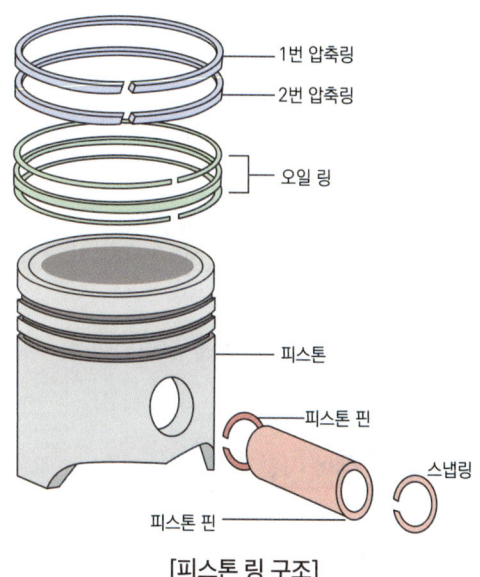

[피스톤 링 구조]

1 피스톤 링의 재질

특수 주철이나 크롬(Cr) 도금 링을 사용한다.

2 피스톤 링의 작용

밀봉 작용	실린더 벽과 윤활유를 사이에 두고 압축압력이 새지 않도록 방지
오일제어 작용	피스톤 상승 시 링으로 실린더 벽에 윤활하고, 하강 시 오일을 긁어내림
열전도(냉각) 작용	피스톤 헤드부의 열을 실린더 벽으로 전달하여 냉각시킴

커넥팅 로드
» 피스톤에서 받은 압력을 크랭크축에 전달한다.
» 충분한 강성과 내마멸성을 가지고 있어야 하며, 가벼워야 한다.
» 탄소강이나 니켈강 등의 특수강으로 제작한다.

07 크랭크축

피스톤의 왕복운동을 회전운동으로 변환시켜 주는 축을 말한다.

1 크랭크축의 구성

크랭크 암(Crank Arm), 크랭크 핀(Crank Pin), 저널(Journal), 평형추(밸런스 웨이트) 등이 있다.

① 크랭크 암: 메인저널과 핀저널을 연결하는 막대
② 평형추: 고속 회전하는 크랭크축이 동적 평형을 이루기 위한 장치

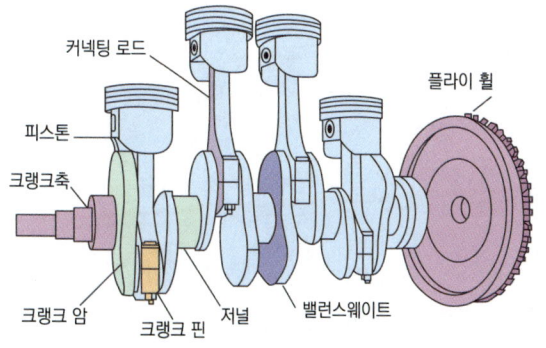

[크랭크 축 구조]

2 점화 순서와 행정 관계

① 점화 시 고려사항
- 등간격으로 폭발이 일어나야 함
- 이웃하는 실린더에 연이은 폭발이 일어나지 않도록 함
- 크랭크 축이 비틀리거나 진동하지 않도록 함

② 점화 순서
- 4기통: 1-3-4-2(우수식), 1-2-4-3(좌수식)
- 6기통: 1-5-3-6-2-4(우수식), 1-4-2-6-3-5(좌수식)

3 크랭크 축의 베어링

피스톤에 의해 직선운동 하는 커넥터 로드와 회전운동 하는 크랭크 축 사이의 마찰을 줄이기 위해 사용된다.

① 오일 간극: 저널의 직경과 베어링 안지름 사이의 공간을 의미하며, 오일 간극이 작으면 소결 현상이 발생하고 오일 간극이 크면 진동과 소음 오일 압력 저하 현상이 발생한다.
② 베어링의 필요조건: 하중 부담 및 내피로성, 내마멸성, 내식성 등이 좋아야 한다.

4 플라이 휠(Fly wheel)

① 피스톤의 동력을 저장하여 엔진이 회전을 유지하도록 하는 회전 관성기능 역할을 한다.
② 클러치 압력판과 디스크, 커버 등이 부착되는 마찰면이 있으며, 기동전동기 구동을 위한 링기어로 구성되어 있다.

08 캠축 및 밸브

1 캠축

캠은 밸브 리프터를 밀어주며, 실린더의 흡·배기 밸브를 작동시킨다. 보통 캠축과 밸브 리프터는 하나의 장치를 이룬다.

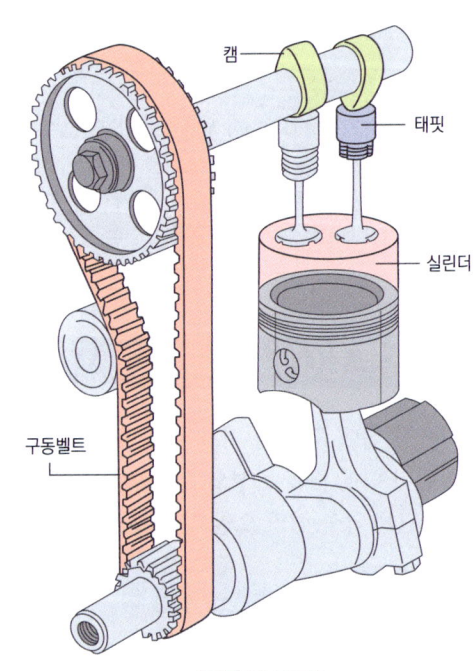

[캠축의 구조]

2 밸브 간극

① 밸브 간극은 밸브스템엔드와 로커암 사이의 간극을 뜻함
② 정상온도 운전 시, 열팽창을 고려하여 흡·배기 밸브에 간극을 둔 것

밸브 간극에 따른 영향	
밸브 간극이 클 때	• 흡·배기 밸브가 완전히 열리지 못하여 엔진 출력이 감소 • 배기가스 배출이 증가 • 밸브에 충격과 소음이 발생
밸브간극이 작을 때	• 흡·배기 밸브가 확실히 닫히지 못하여 엔진 출력이 감소 • 역화나 후화 등의 이상연소 발생

3 기계식 리프터와 유압식 밸브 리프터(Valve lifter)

기계식 리프트 방식은 밸브의 간극을 조정해야 하지만, 유압식 리프트 방식은 밸브간극을 조정할 필요가 없으므로 유압식은 밸브간극이 0이 된다.

09 디젤기관(연료장치)

1 디젤기관의 특징

① 디젤기관은 연료 압축착화 방식의 기관으로, 공기를 실린더로 흡입하여 압축한 다음 압축열에 연료를 분사시켜 자연 착화시킴
② 점화플러그, 배전기 등의 점화 장치가 없음
③ 연료로 경유를 사용하며, 압축비가 가솔린 기관보다 높아 출력 효율이 좋음

2 디젤기관의 장점 및 단점

디젤기관의 장점	디젤기관의 단점
• 연료소비율이 적음 • 인화점이 높아 화재 위험이 적음 • 전기점화장치가 없어 고장이 적음 • 유해 배기가스 배출량이 적음	• 압축압력, 폭발압력이 커서 무거움 • 소음 및 진동이 큼 • 제작비가 비쌈 • 압축착화방식을 이용하기 때문에 겨울철에는 시동보조 장치인 예열플러그가 필요함

10 디젤기관의 연료 성질

1 디젤 연료의 구비 조건

① 착화성이 좋고, 인화점이 높아야 함
② 연소 후 카본 생성이 적어야 함
③ 연료의 발화점 및 착화점이 적당하여야 함
④ 세탄가가 적당하고 불순물이 적어야 함

2 연료의 물리적 성질

① 인화점: 연료에 불을 가까이하였을 때 연료가 연소되는 최저 온도
② 발화점: 불꽃이 없는 상태에서 주변의 온도에 의해 연소가 시작되는 최저 온도
③ 발열량: 연료를 연소시켰을 때 발생하는 열량을 발열량이라고 하고, 발열량은 고위 발열량과 저위 발열량이 있으며 일반적으로 저위 발열량으로 표기

3 디젤기관의 연소 과정

① 디젤기관은 순수 공기만을 흡연소실과 실린더로 흡입하고, 고압으로 압축하여 발생한 450℃~600℃ 고열에 연료를 안개처럼(무화) 분사하여 뜨거운 공기 표면에 착화시키는 자기착화방식으로 동력을 얻는 기관
② 공기를 압축할 때는 완전 연소를 위해 공기의 와류 작용이 일어나야 효율적이다.

11 디젤기관의 연소실

연료가 공기의 산소와 만나 착화하여 팽창압력이 발생하는 곳으로, 단실식과 복실식이 있다.

1 단실식(직접 분사식)

실린더 헤드와 피스톤 헤드로 만들어진 단일 연소실 내에 연료를 직접 분사하는 방식

① 간단한 구조
② 연료 소비율이 적으며, 열 효율이 높은 편
③ 연소실의 체적이 작아 냉각으로 생기는 열 손실이 적음

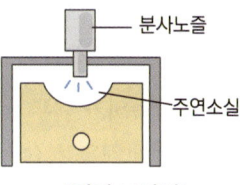

[직접 분사식]

2 복실식

예연소실식, 와류실식, 공기실식 등이 있다.

(1) 예연소실식

① 피스톤과 실린더 헤드 사이에 주연소실과 예연소실을 갖추고 있다.
② 분사 개시 압력이 낮고, 시동 보조장치인 예열 플러그가 필요하다.
③ 연료 소비율이 많은 편이고, 연소실 표면이 커서 냉각 손실이 많다.

(2) 와류실식

① 압축행정 시 강한 와류가 발생하기 때문에 평균 유효 압력이 높다.
② 분사 개시 압력이 낮고, 연료 소비율이 적다.
③ 엔진의 회전속도 범위가 넓어서 고속운전이 가능하다.
④ 구조가 복잡하며 연소실 표면이 커서 열효율이 낮다.

(3) 공기실식

① 주연소실에 연료가 분사
② 연료 소비율이 크다.

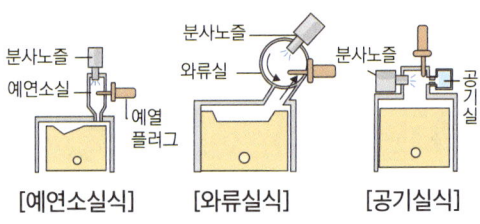

[예연소실식] [와류실식] [공기실식]

12 디젤 노킹

분사된 연료가 불완전 연소 후 폭발하여 심한 진동과 소음이 발생하는 현상이다.

1 노킹 발생의 원인

① 압축비가 너무 낮은 경우
② 착화 지연 기간이 길거나 착화 온도가 너무 높을 경우
③ 실린더 벽 온도나 흡입공기 온도가 낮은 경우
④ 엔진 회전속도가 너무 느린 경우
⑤ 연료의 분사량이 많거나 분사 시기가 너무 늦은 경우

 **디젤 연료가 원인인 경우**
세탄가가 낮은 연료를 사용한 경우

2 노킹이 디젤기관에 미치는 영향

① 노킹 음과 진동이 발생하고, 배기가스가 황색이나 흑색이 된다.
② 배기가스의 온도가 떨어진다.
③ 엔진의 출력이 저하되고, 엔진 과열로 피스톤과 실린더가 손상된다.
④ 밸브 및 베어링의 고착 현상으로 엔진 부품들이 손상된다.

13 디젤기관의 연료 공급 및 구성 요소

1 연료 공급 순서

연료탱크 → 공급펌프 → 연료필터(연료 여과기) → 분사펌프 → 분사노즐

2 디젤기관의 구성 요소

① 공급펌프(Fuel Feed Pump): 분사펌프의 캠에 의해 구동되는 플런저 펌프이며, 연료탱크의 연료를 흡입하여 분사펌프까지 공급한다.
② 연료 여과기(Fuel Filter): 연료 내의 먼지나 수분을 제거한다.
③ 분사펌프(Fuel Injection Pump): 공급된 연료를 가압하여 분사노즐에 공급하며, 분사펌프 내에 캠축에 의해 구동된다.

조속기 (Governor)	연료 분사량을 조절하며, 기관의 회전속도를 제어
타이머(Timer)	기관의 회전 속도에 따라 분사시기를 제어
딜리버리 밸브 (Delivery Valve)	연료를 한쪽으로 흐르게 하는 밸브이며, 역류와 후적 방지 및 잔압 유지 기능을 함

④ 분사노즐(Nozzle): 분사펌프에서 고압의 연료를 받아 실린더 내에 고압으로 분사하는 장치이다.

노즐의 분사조건	무화, 관통, 분포가 양호하여야 하며 후적 발생이 없어야 한다.
개방형 노즐	구조가 간단하지만 연료의 무화가 나쁘고 후적이 많다.
밀폐형 노즐	연료의 무화가 좋고 후적도 없어서 디젤기관에서 많이 사용되지만, 구조가 복잡하고 가공이 어렵다.

14. CRDI 디젤기관

기관에 따라서 연료분사 압력과 분사 시기, 분사 순서를 제어를 위한 각종 센서와 액추에이터 등을 갖춘 전자화 형식의 디젤기관이다.

1 CRDI 디젤 기관의 구성

① 저압 펌프: 흡입된 연료의 양과 압력이 조절되어 압송
② 커먼레일(Common Rail): 고압펌프로부터 공급받은 고압 연료를 저장하고 인젝터에 분배
③ 연료압력 센서(Fuel Pressure Sensor): 커먼레일에 장착되어 있으며 연료압력을 감지하여 연료 분사량과 분사 시기를 제어
④ 연료온도 센서: 연료의 온도에 따라 연료량을 증감시키는 보정 신호로 사용
⑤ 압력제어 밸브: 커먼레일에 공급되는 유량으로 압력을 제어하며, 고압펌프에 장착
⑥ 인젝터(Injector): 고압의 연료를 연소실에 분사

SECTION 02 윤활장치

01 윤활장치의 개요

엔진 내에서 마찰 및 마모 방지와 윤활유를 공급하기 위해 필요한 장치이다.

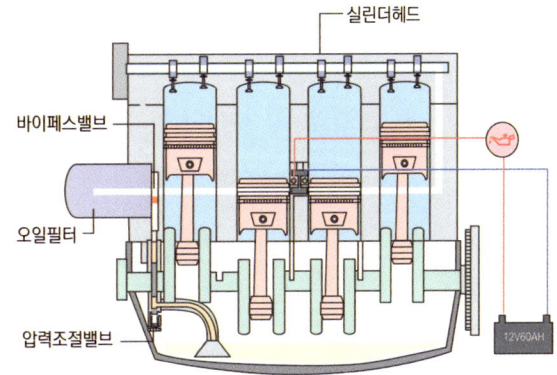

[윤활장치의 윤활 경로]

02 윤활방식의 종류와 윤활장치 구성

1 윤활방식의 종류

① 비산식: 커넥팅로드 또는 크랭크 축의 주걱으로 오일 팬의 오일을 비산시켜 윤활하는 방식이다.
② 압송식: 오일펌프로 오일팬의 오일을 흡입하고 압축하여 윤활하는 방식이다.
③ 비산 압송식: 비산식과 압송식을 혼용한 윤활 방식이다.

2 윤활장치의 구성과 기능

① 오일팬(Oil Pan): 엔진오일의 저장용기이며, 오일의 방열 작용을 수행함
② 섬프(Sump): 차량이 기울어져도 오일이 고여 있도록 만든 깊은 홈
③ 배플(Baffle): 차량의 급정거하거나 언덕길 주행 시 항상 충분한 오일이 고여 있도록 설치한 칸막이
④ 오일 스트레이너(Oil Strainer): 오일펌프로 오일을 유도하고 불순물을 1차로 걸러주는 장치
⑤ 오일 펌프(Oil Pump): 오일 통로에 오일을 공급하는 장치
⑥ 오일압력조절기(Oil Pressure Regulator): 오일의 압력이 항상 특정 압력을 유지하도록 하는 장치
⑦ 오일 압력 스위치: 엔진 정지 시 압력 스위치는 On으로 표시되고, 시동 시 오일 압력이 형성되어 압력 스위치는 Off로 표시
⑧ 오일필터(Oil Filter): 2차적으로 오일 속의 불순물을 걸러주는 장치이며, 전류식과 분류식, 샨트식이 있다.

전류식	오일펌프에서 나온 오일 전부를 여과기로 여과한 후 작동부로 보냄
분류식	오일펌프에서 나온 흡입된 오일 일부는 작동부로 직접 공급하고, 일부는 여과기로 여과한 후 오일 팬으로 공급
샨트식	전류식과 분류식을 합친 여과 방식으로, 흡입된 오일 일부는 여과하여 공급하고, 일부는 여과하지 않은 채로 공급

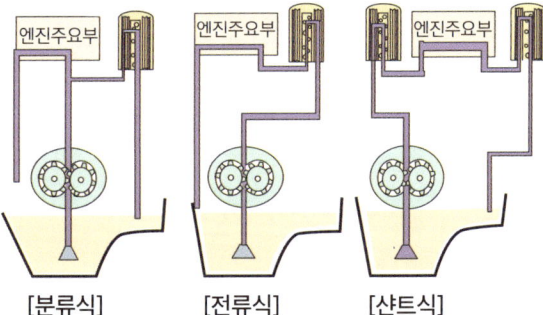

[분류식]　[전류식]　[샨트식]

오일 점검 방법

» 차량을 수평 상태로 두고, 시동을 끈 상태에서 오일 레벨 게이지가 Full 선에 있는지 확인
» 오일 부족 시 오일을 보충하고, 오일의 점도 및 오염도를 점검

03 윤활유

1 윤활유의 기능

① 감마 작용(마찰 및 마모방지): 실린더와 피스톤 사이의 마찰 및 마모를 방지
② 밀봉(기밀) 작용: 유막을 형성하여 실린더와 피스톤 사이의 기밀을 유지
③ 냉각 작용: 각 기관의 작동부에서 발생한 마찰열을 오일이 순환하면서 냉각시키는 작용을 함
④ 세척 작용: 기관 내부에서 발생한 연소생성물(카본)을 흡수하여 여과기로 보내는 작용을 함
⑤ 방청 작용: 기관의 금속의 산화 및 부식을 방지하는 기능을 함
⑥ 응력 분산 작용: 기관의 국부적인 압력을 오일이 분산시키는 작용을 함

2 윤활유의 구비조건

① 적당한 점도를 가질 것
② 청정성이 양호할 것
③ 적당한 비중을 가질 것
④ 인화점 및 발화점이 높을 것
⑤ 기포 발생이 적을 것
⑥ 카본 생성이 적을 것

3 윤활유 첨가제의 종류

① 산화첨가제
② 점도지수 향상제
③ 유동점 강하제
④ 청정 분산제
⑤ 부식 방지제
⑥ 극압제
⑦ 유성 향상제
⑧ 기포 방지제

4 윤활유의 점도 지수 및 점도에 따른 분류

① 점도지수: 온도에 따라 오일 점도가 변하는 정도를 나타낸 지수이며, 점도지수가 높을수록 온도 변화에 따른 점도 변화가 작음
② 점도: 오일의 끈적끈적한 정도를 나타낸 것

계절	겨울	봄·가을	여름
SAE 번호	10~20	30	40~50

04 유압

1 유압이 높아지는 원인

① 윤활유의 점도가 높은 경우
② 윤활 회로가 막힌 경우
③ 유압조절밸브의 스프링 장력이 클 경우
④ 오일의 점도가 높은 경우

2 유압이 낮아지는 원인

① 베어링의 오일 간극이 클 경우
② 오일펌프가 마모 또는 오일이 누출될 경우
③ 오일의 양이 적을 경우
④ 유압조절밸브 스프링의 장력이 작거나 절손될 경우
⑤ 윤활유의 점도가 낮을 경우

SECTION 03 냉각장치 및 흡·배기장치

01 냉각장치

① 엔진이 정상적으로 작동할 수 있는 온도인 80~90℃가 유지될 수 있도록 과냉 및 과열을 방지하는 장치
② 냉각 방식에 따라 공랭식과 수냉식이 있음

1 공랭식 냉각장치

실린더 벽 바깥 부분에 냉각 팬을 설치하여 공기 접촉 면적을 크게 해서 냉각하는 방식으로, 자연 통풍식과 강제 통풍식이 등이 있다.

2 수냉식 냉각장치

오일이나 냉각수로 냉각하는 방식으로, 자연 순환식과 강제 순환식 및 압력 순환식, 밀봉 압력식 등이 있다.

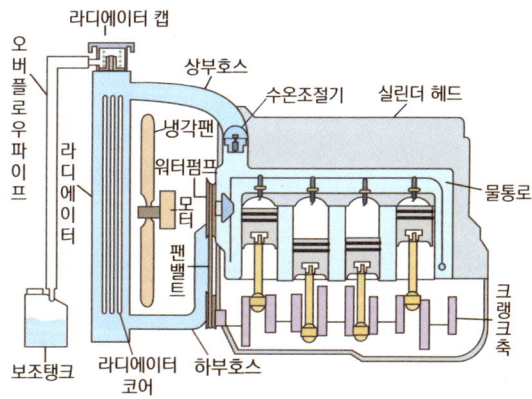

[냉각장치 구조]

02 수냉식 냉각장치의 구성

1 수온조절기(Thermostat)

엔진 냉각수의 온도를 항상 일정하게 유지하기 위해 실린더 헤드와 라디에이터 사이에 설치되어 물의 흐름을 제어하는 장치이다.
① 펠릿형: 내부에 왁스와 고무가 봉입된 형태
② 벨로즈형: 내부에 에테르나 알코올이 봉입된 형태

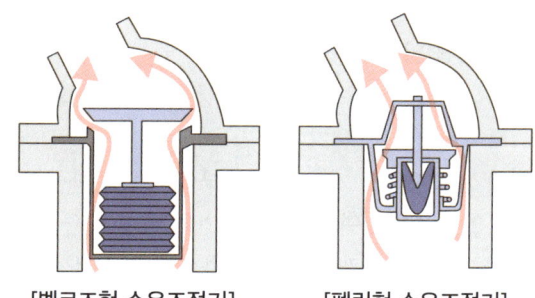

[벨로즈형 수온조절기]   [펠릿형 수온조절기]

2 압력식 캡(라디에이터 캡)

냉각 계통의 압력을 일정하게 유지하여 비등점을 112℃로 상승시켜 냉각 효율을 높이는 장치이다. 압력 밸브 및 압력스프링, 진공 밸브로 구성되어 있다.

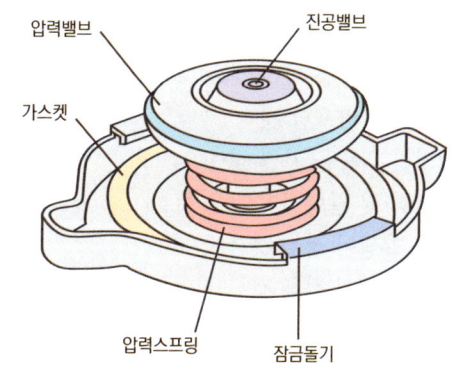

[압력식 캡 구조]

3 라디에이터

뜨거워진 냉각수가 라디에이터로 유입되어 수관으로 흐르는 동안, 자동차의 주행속도와 냉각팬에 의하여 유입되는 대기와의 열 교환이 냉각핀에서 이루어져 냉각된다.

4 냉각 팬

뜨거운 냉각수를 냉각하기 위해 외부 공기를 끌어들이는 장치
① 전동식: 냉각 수온이 85~90℃으로 감지되면 냉각팬이 작동되어 모터가 직접 구동
② 유체 커플링식: 냉각수 온도에 따라 작동

5 워터 펌프

원심식 펌프를 사용하여 냉각수를 강제 순환시키는 장치이다.

03 냉각장치 점검

1 과열로 인한 결과
① 윤활유 부족 현상
② 연료 소비율 증가
③ 금속 산화 가속
④ 점도 저하로 유막 파괴
⑤ 조기 점화나 노킹으로 출력 저하
⑥ 부품 변형
⑦ 유해 가스 증가

2 과열의 원인
① 냉각수 부족
② 라디에이터 압력 캡의 스프링 장력 약화
③ 냉각팬 모터 또는 스위치 및 릴레이 고장
④ 물펌프 불량, 팬벨트의 장력 부족 및 파손
⑤ 라디에이터의 코어 막힘 또는 파손
⑥ 수온조절기 고장

» 냉각수: 냉각수로 증류수, 수돗물, 빗물 등이 사용됨
» 부동액: 겨울철 빙결과 여름철 과열을 예방하기 위한 혼합액으로 메탄올(metanol), 에틸렌글리콜(ethylene glycol), 글리세린(glycerine) 등이 있음

3 과냉의 원인 및 결과
① 원인
  • 수온조절기가 열린 채 고장난 경우
  • 낮은 대기온도 유입
  • 팬 벨트의 장력 과대
② 결과
  • 피스톤 및 실린더 마모 증가
  • 유해가스 증가
  • 연료 소비율 증가

04 흡기장치

1 공기청정기
① 연소에 필요한 공기를 실린더로 흡입할 때, 먼지 등의 불순물을 여과하여 피스톤 등의 마모를 방지하는 장치
② 흡입공기 중 먼지 등의 여과와 흡입공기의 소음을 감소시킴
③ 통기저항이 크면 엔진의 출력이 저하되고, 연료소비에 영향을 줌
④ 공기청정기가 막히면 실린더 내로의 공기공급 부족으로 불완전 연소가 일어나 실린더 마멸을 촉진

2 공기청정기의 종류
① 건식 공기청정기: 여과망으로 여과지 또는 여과포를 사용하여 작은 이물질과 입자도 여과 가능
② 원심식 공기청정기: 흡입 공기의 원심력으로 먼지를 분리하고, 정제된 공기를 건식 공기청정기에 공급
③ 습식 공기청정기: 케이스 밑에 오일이 들어있기 때문에 공기가 오일에 접촉하면서 먼지 또는 오물이 여과

05 배기장치(배기관 및 소음기)

① 배기가스가 배출될 때 발생하는 소음을 줄이고 유해 물질을 정화
② 소음기에 카본 퇴적으로 엔진이 과열될 경우 출력이 떨어짐
③ 소음기가 손상되어 구멍이 생기면 배기음이 커짐

배기가스가 흑색인 경우
» 원인: 공기청정기의 막힘, 분사노즐 불량, 낮은 압축 압력
» 불완전 연소로 탄소입자가 검은색을 띠며, 배기가스가 흑색이 됨

06 과급장치

1 과급기(터보차저, turbo charger)

기관의 흡입공기량을 증가사키기 위한 장치이다.
① 흡기관과 배기관 사이에 설치되어 엔진의 실린더 내에 공기를 압축하여 공급
② 과급기를 설치하면 엔진의 중량은 10~15% 정도 증가되고, 출력은 35~45% 정도 증가
③ 구조가 간단하고 설치가 간단
④ 연소상태가 양호하기 때문에 비교적 질이 낮은 연료를 사용할 수 있음
⑤ 연소상태가 좋아지므로 압축온도 상승에 따라 착화지연기간이 짧아짐
⑥ 동일 배기량에서 출력이 증가하고, 연료소비율이 감소
⑦ 냉각손실이 적으며, 높은 지대에서도 엔진의 출력 변화가 적음

2 주요 구성

펌프	원식식 펌프를 이용함
디퓨저	과급기 케이스 내부에 설치되어 있으며, 공기의 속도에너지를 압력에너지로 전환하는 장치
블로어	과급기에 설치되어 있으며, 실린더에 공기를 불어넣는 송풍기
인터쿨러	공기를 압축하는 과정에서 열이 발생하여 공기 밀도가 낮아지는데, 이 뜨거운 공기를 냉각시켜 공기 밀도를 높인 후 연소실로 공급하는 장치
배기터빈	배기터빈 과급기를 윤활하기 위해 엔진오일이 공급됨

MEMO

CHAPTER 05 엔진구조

★ 개수는 빈출도와 중요도를 의미합니다.

엔진주요부

01 열기관이란 어떤 에너지를 어떤 에너지로 바꾸어 유효한 일을 할 수 있도록 한 기계인가?

① 열에너지를 기계적 에너지로
② 전기적 에너지를 기계적 에너지로
③ 위치 에너지를 기계적 에너지로
④ 기계적 에너지를 열에너지로

> 해설   열기관(엔진)이란 열에너지(연료의 연소)를 기계적 에너지(크랭크축의 회전)로 변환시켜주는 장치이다.

02 기관에서 피스톤 행정이란 무엇인가?

① 피스톤의 길이
② 실린더 벽의 상하길이
③ 상사점과 하사점과의 총 면적
④ 상사점과 하사점과의 거리

> 해설   피스톤 행정(stroke)이란 상사점과 하사점과의 거리를 말한다.

03 4행정 사이클 기관에서 1사이클을 완료할 때 크랭크축은 몇 회전하는가?

① 1회전　　　　② 2회전
③ 3회전　　　　④ 4회전

> 해설   4행정 사이클 기관은 크랭크축이 2회전하고, 피스톤은 '흡입 → 압축 → 폭발(동력) → 배기'의 4행정을 하여 1사이클을 완성한다.

04 4행정 사이클 기관의 행정순서로 옳은 것은?

① 압축 → 동력 → 흡입 → 배기
② 흡입 → 동력 → 압축 → 배기
③ 압축 → 흡입 → 동력 → 배기
④ 흡입 → 압축 → 동력 → 배기

> 해설   4행정 사이클 기관의 행정순서는 '흡입 → 압축 → 동력(폭발) → 배기'이다.

05 기관에서 폭발행정 말기에 배기가스가 실린더 내의 압력에 의해 배기밸브를 통해 배출되는 현상을 무엇이라고 하는가?

① 블로바이(blow by)
② 블로 백(block back)
③ 블로다운(blow down)
④ 블로 업(blow up)

> 해설   블로다운이란 폭발행정 끝 부분, 즉 배기행정 초기에 실린더 내의 압력에 의해서 배기가스가 배기밸브를 통해 스스로 배출되는 현상이다.

06 4행정 사이클 디젤엔진에서 흡입행정 시 실린더 내에 흡입되는 것은?

① 연료　　　　② 혼합기
③ 공기　　　　④ 스파크

> 해설   디젤기관은 흡입행정을 할 때 공기만 흡입한다.

| 정답 | 01 ①   02 ④   03 ②   04 ④   05 ③   06 ③

07 4행정 사이클 디젤기관이 작동 중 흡입밸브와 배기밸브가 동시에 닫혀있는 행정은?

① 배기행정　　　② 소기행정
③ 흡입행정　　　④ 동력행정

해설　4행정 사이클 기관이 작동할 때 흡입밸브와 배기밸브는 압축행정과 동력(폭발)행정에서 동시에 닫혀있다.

08 2행정 사이클 기관에만 해당되는 과정(행정)은?

① 흡입　　　② 압축
③ 동력　　　④ 소기

해설　소기행정이란 잔류 배기가스를 내보내고 새로운 공기를 실린더 내에 공급하는 것이며, 2행정 사이클 기관에만 해당되는 과정(행정)이다.

09 디젤기관의 연소방식으로 옳은 것은?

① 전기적 연소방식
② 불꽃점화방식
③ 자기방전식
④ 자기착화방식

해설　디젤기관은 압축된 공기에 연료의 착화점을 이용하여 폭발되는 자기착화방식으로 연소된다.

10 실린더 헤드와 블록 사이에 삽입하여 압축과 폭발가스의 기밀을 유지하고 냉각수와 엔진오일이 누출되는 것을 방지하는 역할을 하는 것은?

① 헤드 워터재킷　　　② 헤드 오일통로
③ 헤드 개스킷　　　　④ 헤드볼트

해설　헤드 개스킷은 실린더 헤드와 블록사이에 삽입하여 압축과 폭발가스의 기밀을 유지하고 냉각수와 엔진오일이 누출되는 것을 방지한다.

11 디젤기관의 연소실 중 연료소비율이 낮으며 연소압력이 가장 높은 연소실 형식은?

① 예연소실식　　　② 와류실식
③ 직접분사실식　　④ 공기실식

해설　직접분사실식은 디젤기관의 연소실 중 연료소비율이 낮으며 연소압력이 가장 높다.

12 기관 연소실이 갖추어야 할 구비조건으로 가장 거리가 먼 것은?

① 압축 끝에서 혼합기의 와류를 형성하는 구조이어야 한다.
② 연소실 내의 표면적은 최대가 되도록 한다.
③ 화염전파 거리가 짧아야 한다.
④ 돌출부가 없어야 한다.

해설　연소실 내의 표면적을 최소화시켜야 한다.

13 실린더 헤드의 변형 원인으로 옳지 않은 것은?

① 기관의 과열
② 실린더 헤드볼트 조임 불량
③ 실린더 헤드커버 개스킷 불량
④ 제작 시 열처리 불량

해설　실린더 헤드가 변형되는 원인은 기관이 과열된 경우, 실린더 헤드볼트 조임 불량, 제작할 때 열처리 불량 등이다.

| 정답 | 07 ④　08 ④　09 ④　10 ③　11 ③　12 ②　13 ③

14 실린더 헤드 개스킷이 손상되었을 때 일어나는 현상으로 가장 옳은 것은?

① 엔진오일의 압력이 높아진다.
② 피스톤 링의 작동이 느려진다.
③ 압축압력과 폭발압력이 낮아진다.
④ 피스톤이 가벼워진다.

해설 헤드 개스킷이 손상되면 압축가스가 누출되므로 압축압력과 폭발압력이 낮아진다.

15 실린더 헤드 개스킷에 대한 구비조건으로 옳지 않은 것은?

① 기밀유지가 좋을 것
② 내열성과 내압성이 있을 것
③ 복원성이 적을 것
④ 강도가 적당할 것

해설 헤드 개스킷의 구비조건
• 기밀유지 성능이 클 것
• 냉각수 및 기관오일이 새지 않을 것
• 내열성과 내압성이 클 것
• 복원성이 있고, 강도가 적당할 것

16 라이너 형식 실린더에 비교한 일체식 실린더의 특징으로 옳지 않은 것은?

① 부품수가 적고 중량이 가볍다.
② 라이너 형식보다 내마모성이 높다.
③ 강성 및 강도가 크다
④ 냉각수 누출우려가 적다

해설 일체식 실린더는 강성 및 강도가 크고 냉각수 누출우려가 적으며, 부품수가 적고 중량이 가볍다.

17 실린더 라이너(cylinder liner)에 대한 설명으로 옳지 않은 것은?

① 종류는 습식과 건식이 있다.
② 슬리브(sleeve)라고도 한다.
③ 냉각효과는 습식보다 건식이 더 좋다.
④ 습식은 냉각수가 실린더 안으로 들어갈 염려가 있다.

해설 습식 라이너는 냉각수가 라이너 바깥둘레에 직접 접촉하는 형식이며, 정비작업을 할 때 라이너 교환이 쉽고 냉각효과는 좋으나, 크랭크 케이스로 냉각수가 들어갈 우려가 있다.

18 실린더의 내경이 행정보다 작은 기관을 무엇이라고 하는가?

① 스퀘어 기관   ② 단 행정기관
③ 장 행정기관   ④ 정방행정 기관

해설 장 행정기관: 실린더 내경(D)이 피스톤 행정(L)보다 작은 형식이다.

19 기관에서 실린더 마모가 가장 큰 부분은?

① 실린더 아랫부분
② 실린더 윗부분
③ 실린더 중간부분
④ 실린더 연소실 부분

해설 실린더 벽의 마멸은 윗부분(상사점 부근)이 가장 크다.

| 정답 | 14 ③ 15 ③ 16 ② 17 ③ 18 ③ 19 ② |

20 <보기>에서 피스톤과 실린더 벽 사이의 간극이 클 때 미치는 영향을 모두 나타낸 것은?

> 보기
> ⓐ 마찰열에 의해 소결되기 쉽다.
> ⓑ 블로바이에 의해 압축압력이 낮아진다.
> ⓒ 피스톤 링의 기능저하로 인하여 오일이 연소실에 유입되어 오일소비가 많아진다.
> ⓓ 피스톤 슬랩 현상이 발생되며, 기관출력이 저하된다.

① ⓐ, ⓑ, ⓒ
② ⓒ, ⓓ
③ ⓑ, ⓒ, ⓓ
④ ⓐ, ⓑ, ⓒ, ⓓ

해설 피스톤과 실린더 벽 사이의 간극이 작으면 마찰열에 의해 소결되기 쉽다.

21 피스톤 링의 구비조건으로 옳지 않은 것은?

① 열팽창률이 적을 것
② 고온에서도 탄성을 유지할 것
③ 링 이음부의 압력을 크게 할 것
④ 피스톤 링이나 실린더 마모가 적을 것

해설 피스톤 링 이음부의 압력이 크면 링 이음부가 파손되기 쉽다.

22 디젤엔진에서 피스톤 링의 3대 작용과 거리가 먼 것은?

① 응력분산 작용
② 기밀 작용
③ 오일제어 작용
④ 열전도 작용

해설 피스톤 링의 작용: 기밀작용(밀봉작용), 오일제어 작용, 열전도 작용(냉각작용)

23 엔진오일이 연소실로 올라오는 주된 이유는?

① 피스톤 링 마모
② 피스톤 핀 마모
③ 커넥팅로드 마모
④ 크랭크축 마모

해설 피스톤 링이 마모되거나 실린더 간극이 커지면 기관오일이 연소실로 올라와 연소하므로 오일의 소모가 증대되며 이때 배기가스 색이 회백색이 된다.

24 건설기계 기관에서 크랭크축(crank shaft)의 구성품이 아닌 것은?

① 크랭크 암(crank arm)
② 크랭크 핀(crank pin)
③ 저널(journal)
④ 플라이휠(fly wheel)

해설 크랭크축은 저널, 크랭크 핀, 크랭크 암, 평형추(밸런스 웨이트)로 구성되어 있다.

25 기관에서 크랭크축의 역할은?

① 원활한 직선운동을 하는 장치이다.
② 기관의 진동을 줄이는 장치이다.
③ 직선운동을 회전운동으로 변환시키는 장치이다.
④ 상하운동을 좌우운동으로 변환시키는 장치이다.

해설 크랭크축은 피스톤의 직선운동을 회전운동으로 변환시키는 장치이다.

26 기관에서 크랭크축의 회전과 관계 없이 작동되는 기구는?

① 발전기
② 캠 샤프트
③ 워터펌프
④ 스타트 모터

해설 스타트 모터(기동전동기)는 축전지의 전류로 작동된다.

| 정답 | 20 ③ 21 ③ 22 ① 23 ① 24 ④ 25 ③ 26 ④ |

27 크랭크축 베어링의 바깥둘레와 하우징 둘레와의 차이인 크러시를 두는 이유는?

① 안쪽으로 찌그러지는 것을 방지하기 위해서
② 조립할 때 캡에 베어링이 끼워져 있도록 하기 위해서
③ 조립할 때 베어링이 제자리에 밀착되도록 하기 위해서
④ 볼트로 압착시켜 베어링 면의 열전도율을 높이기 위해서

해설 크러시를 두는 이유는 베어링 바깥둘레를 하우징 둘레보다 조금 크게 하고, 볼트로 압착시켜 베어링 면의 열전도율 높이기 위함이다.

28 기관의 동력을 전달하는 계통의 순서를 바르게 나타낸 것은?

① 피스톤 → 커넥팅로드 → 클러치 → 크랭크축
② 피스톤 → 클러치 → 크랭크축 → 커넥팅로드
③ 피스톤 → 크랭크축 → 커넥팅로드 → 클러치
④ 피스톤 → 커넥팅로드 → 크랭크축 → 클러치

해설 실린더 내에서 폭발이 일어나면 피스톤 → 커넥팅로드 → 크랭크축 → 플라이휠(클러치)순서로 전달된다.

29 기관의 맥동적인 회전 관성력을 원활한 회전으로 바꾸어주는 역할을 하는 것은?

① 크랭크축 ② 피스톤
③ 플라이휠 ④ 커넥팅로드

해설 플라이휠(fly wheel)은 기관의 맥동적인 회전을 관성력을 이용하여 원활한 회전으로 바꾸어주는 역할을 한다.

30 기관에서 밸브의 개폐를 돕는 부품은?

① 너클 암 ② 스티어링 암
③ 로커 암 ④ 피트먼 암

해설 기관에서 밸브의 개폐를 돕는 부품은 로커 암이다.

31 유압식 밸브 리프터의 장점이 아닌 것은?

① 밸브간극 조정은 자동으로 조절된다.
② 밸브 개폐 시기가 정확하다.
③ 밸브구조가 간단하다.
④ 밸브기구의 내구성이 좋다.

해설 유압식 밸브 리프터는 밸브기구의 구조가 복잡하다.

32 기관의 밸브간극이 너무 클 때 발생하는 현상에 관한 설명으로 옳은 것은?

① 정상온도에서 밸브가 확실하게 닫히지 않는다.
② 밸브 스프링의 장력이 약해진다.
③ 푸시로드가 변형된다.
④ 정상온도에서 밸브가 완전히 개방되지 않는다.

해설 밸브간극이 너무 크면 소음이 발생하며, 정상온도에서 밸브가 완전히 개방되지 않는다.

33 기관의 밸브 오버랩을 두는 이유로 옳은 것은?

① 밸브 개폐를 쉽게 하기 위해
② 압축 압력을 높이기 위해
③ 흡입 효율 증대를 위해
④ 연료 소모를 줄이기 위해

해설 밸브 오버랩은 흡입밸브와 배기밸브가 모두 열려 있는 시기를 말하여 흡입 효율을 증가시켜 엔진의 출력을 증대시킬 목적이 있다.

34 디젤기관의 특성으로 가장 거리가 먼 것은?

① 연료소비율이 적고 열효율이 높다.
② 예열플러그가 필요 없다.
③ 연료의 인화점이 높아서 화재의 위험성이 적다.
④ 전기점화장치가 없어 고장률이 적다.

해설 디젤기관은 시동 보조장치인 예열플러그가 필요하다.

| 정답 | 27 ④ 28 ④ 29 ③ 30 ③ 31 ③ 32 ④ 33 ③ 34 ②

35 디젤기관의 점화(착화)방법으로 옳은 것은?

① 전기점화 ② 자기착화점화
③ 전기착화 ④ 마그넷점화

> 해설 디젤기관은 흡입행정에서 공기만을 실린더 내로 흡입하여 고압축비로 압축한 후 압축열에 연료를 분사하는 압축착화 기관이다.

36 디젤기관이 가솔린 기관보다 압축비가 높은 이유는?

① 연료의 무화를 양호하게 하기 위해
② 공기의 압축열로 착화시키기 위해
③ 기관과열과 진동을 적게 하기 위해
④ 연료의 분사를 높게 하기 위해

> 해설 디젤기관의 압축비가 높은 이유는 공기의 압축열로 착화시키기 위해서이다.

37 디젤기관에 사용되는 연료의 구비조건으로 옳은 것은?

① 점도가 높고 약간의 수분이 섞여있을 것
② 유황의 함유량이 클 것
③ 착화점이 높을 것
④ 발열량이 클 것

> 해설 **디젤기관 연료(경유)의 구비조건**
> • 점도가 적당하고 수분이 섞여 있지 않을 것
> • 유황의 함유량이 적을 것
> • 착화점이 낮을 것
> • 발열량이 클 것

38 <보기>에 나타낸 것은 기관에서 어느 구성품을 형태에 따라 구분한 것인가?

― 보기 ―
직접분사식, 예연소실식, 와류실식, 공기실식

① 연료분사장치 ② 연소실
③ 점화장치 ④ 동력전달장치

> 해설 디젤기관 연소실은 단실식인 직접분사식과 복실식인 예연소실식, 와류실식, 공기실식 등으로 나누어진다.

39 디젤기관에서 직접분사실식 장점이 아닌 것은?

① 연료소비량이 적다.
② 냉각손실이 적다.
③ 연료계통의 연료누출 염려가 적다.
④ 구조가 간단하여 열효율이 높다.

> 해설 **직접분사식의 장점**
> • 실린 헤드(연소실)의 구조가 간단하다.
> • 열효율이 높고, 연료소비율이 작다.
> • 연소실 체적에 대한 표면적 비율이 작아 냉각손실이 작다.
> • 기관 시동이 쉽다.

40 예연소실식 연소실에 대한 설명으로 가장 거리가 먼 것은?

① 사용연료의 변화에 민감하다.
② 예열플러그가 필요하다.
③ 예연소실은 주연소실보다 작다.
④ 분사압력이 낮다.

> 해설 예연소실식 연소실은 사용연료의 변화에 둔감하다.

41 연료의 세탄가와 가장 밀접한 관련이 있는 것은?

① 열효율 ② 폭발압력
③ 착화성 ④ 인화성

> 해설 연료의 세탄가란 안티노크성을 표시하는 것으로 디젤연료의 착화성을 표시하는 수치이다.

| 정답 | 35 ② 36 ② 37 ④ 38 ② 39 ③ 40 ① 41 ③

42 디젤기관에서 노킹을 일으키는 원인으로 옳은 것은?

① 흡입공기의 온도가 높을 때
② 착화 지연기간이 짧을 때
③ 연료 공기가 혼입되었을 때
④ 연소실에 누적된 연료가 많아 일시에 연소할 때

> 해설 디젤기관에서 노킹은 연소 초기에 연소실에 누적된 연료가 많아 일시에 연소할 때 발생한다.

43 디젤기관 연소과정에서 연소 4단계와 거리가 먼 것은?

① 전기연소기간(전 연소시간)
② 화염전파기간(폭발연소시간)
③ 직접연소기간(제어연소시간)
④ 후기연소기간(후 연소시간)

> 해설 디젤기관의 연소 4단계 과정
> 착화지연기간 → 화염전파기간(폭발연소시간) → 직접연소기간(제어연소시간) → 후기연소기간(후 연소시간)

44 디젤기관의 노크방지 방법으로 옳지 않은 것은?

① 세탄가가 높은 연료를 사용한다.
② 압축비를 높게 한다.
③ 흡기압력을 높게 한다.
④ 실린더 벽의 온도를 낮춘다.

> 해설 디젤기관의 노크방지 방법
> • 연료의 착화점이 낮은 것(착화성이 좋은)을 사용할 것
> • 세탄가가 높은 연료를 사용할 것
> • 실린더(연소실) 벽의 온도를 높일 것
> • 압축비 및 압축압력과 온도를 높일 것
> • 착화지연 기간을 짧게 할 것
> • 흡기압력과 온도를 높일 것

45 디젤엔진의 연료탱크에서 분사노즐까지 연료의 순환 순서로 옳은 것은?

① 연료탱크 → 연료공급펌프 → 연료필터 → 분사펌프 → 분사노즐
② 연료탱크 → 연료필터 → 분사펌프 → 연료공급펌프 → 분사노즐
③ 연료탱크 → 연료공급펌프 → 분사펌프 → 연료필터 → 분사노즐
④ 연료탱크 → 분사펌프 → 연료필터 → 연료공급펌프 → 분사노즐

> 해설 연료공급순서는 '연료탱크 → 연료공급펌프 → 연료필터 → 분사펌프 → 분사노즐' 순서이다.

46 디젤기관 연료여과기의 기능으로 가장 옳은 것은?

① 연료분사량을 증가시켜 준다.
② 연료파이프 내 압력을 높여준다.
③ 엔진오일의 먼지나 이물질을 걸러낸다.
④ 연료 속의 이물질이나 수분을 제거, 분리한다.

> 해설 연료필터(연료 여과기)는 연료 속의 이물질, 수분 등을 여과하며, 오버플로 밸브가 장착되어 있다.

47 디젤기관에서 연료장치의 구성요소가 아닌 것은?

① 분사노즐   ② 연료필터
③ 분사펌프   ④ 예열플러그

> 해설 디젤기관의 연료장치는 연료탱크, 연료파이프, 연료여과기, 연료공급펌프, 분사펌프, 고압파이프, 분사노즐로 구성되어 있다.

48 프라이밍 펌프를 이용하여 디젤기관 연료장치 내에 있는 공기를 배출하기 어려운 곳은?

① 연료필터   ② 연료공급펌프
③ 분사펌프   ④ 분사노즐

> 해설 프라이밍 펌프로는 연료공급펌프, 연료필터, 분사펌프 내의 공기를 빼낼 수 있다.

| 정답 | 42 ④ 43 ① 44 ④ 45 ① 46 ④ 47 ④ 48 ④ |

49 디젤기관 연료라인에 공기빼기를 하여야 하는 경우가 아닌 것은?

① 예열이 안 되어 예열플러그를 교환한 경우
② 연료호스나 파이프 등을 교환한 경우
③ 연료탱크 내의 연료가 결핍되어 보충한 경우
④ 연료필터의 교환, 분사펌프를 탈·부착한 경우

해설 연료라인의 공기빼기 작업은 연료탱크 내의 연료가 결핍되어 보충한 경우, 연료호스나 파이프 등을 교환한 경우, 연료필터의 교환, 분사펌프를 탈·부착한 경우에 한다.

50 엔진의 부하에 따라 연료분사량을 가감하여 기관의 최고 회전속도를 제어하는 장치는?

① 플런저와 노즐펌프
② 토크컨버터
③ 래크와 피니언
④ 거버너

해설 거버너(조속기)는 분사펌프에 설치되어 있으며, 기관의 부하에 따라 자동적으로 연료분사량을 조정하여 최고 회전속도를 제어하는 기능을 한다.

51 디젤기관에서 회전속도에 따라 연료의 분사시기를 조절하는 장치는?

① 과급기　　② 기화기
③ 타이머　　④ 조속기

해설 타이머(timer): 기관의 회전속도에 따라 자동적으로 분사시기를 조정하여 운전을 안정되게 하는 기능을 한다.

52 디젤기관에 사용하는 분사노즐의 종류에 속하지 않는 것은?

① 핀틀(pintle)형
② 스로틀(throttle)형
③ 홀(hole)형
④ 싱글 포인트(single point)형

해설 분사노즐은 개방형과 밀폐형으로 나뉘며, 밀폐형은 구멍형, 핀틀형, 스로틀형 등으로 구분한다.

53 디젤기관 노즐(nozzle)의 연료분사 3대 요건이 아닌 것은?

① 무화　　② 관통력
③ 착화　　④ 분포

해설 연료분사의 3대 요소는 무화(안개모양), 분포(분산), 관통력이다.

54 디젤엔진의 시동을 위한 직접적인 장치가 아닌 것은?

① 예열플러그　　② 터보차저
③ 기동전동기　　④ 감압밸브

55 건설기계로 현장에서 작업 중 각종계기는 정상인데 엔진부조가 발생한다면 우선 점검해 볼 계통은?

① 연료계통　　② 충전계통
③ 윤활계통　　④ 냉각계통

해설 각종 계기는 정상인데 엔진부조가 발생하면 연료의 분사가 불균형하게 공급되거나 부족한 상황이므로 연료계통을 점검하여야 한다.

| 정답 | 49 ① 50 ④ 51 ③ 52 ④ 53 ③ 54 ② 55 ① |

56 디젤기관의 출력을 저하시키는 원인으로 옳지 <u>않은</u> 것은?

① 흡기계통이 막혔을 때
② 노킹이 일어날 때
③ 연료분사량이 적을 때
④ 흡입공기 압력이 높을 때

해설 기관의 출력이 저하되는 원인
- 실린더와 피스톤 링이 마멸되었을 때
- 연료분사량이 적을 때
- 피스톤 링 절개구가 일직선으로 조립되었을 때
- 분사시기가 늦을 때
- 실린더 내 압축압력이 낮을 때
- 흡·배기계통이 막혔을 때
- 노킹이 일어날 때
- 연료분사펌프의 기능이 불량할 때

57 디젤기관을 정지시키는 방법으로 가장 적절한 것은?

① 연료공급을 차단한다.
② 초크밸브를 닫는다.
③ 기어를 넣어 기관을 정지한다.
④ 축전지를 분리시킨다.

해설 디젤기관을 정지시킬 때에는 연료공급을 차단함으로써 기관의 시동을 멈추게 한다.

58 기관을 점검하는 요소 중 디젤기관과 관계가 <u>없는</u> 것은?

① 예열   ② 점화
③ 연료   ④ 연소

해설 점화장치는 인화점을 이용하는 가솔린기관에만 있는 장치이다.

59 커먼레일 디젤기관의 흡기온도센서(ATS)에 대한 설명으로 옳지 <u>않은</u> 것은?

① 주로 냉각팬 제어신호로 사용된다.
② 연료량 제어보정 신호로 사용된다.
③ 분사시기 제어보정 신호로 사용된다.
④ 부특성 서미스터이다.

해설 흡기온도센서는 부특성 서미스터를 이용하며, 분사시기와 연료분사량 제어보정 신호로 사용된다.

60 전자제어 디젤엔진의 회전속도를 검출하여 분사순서와 분사시기를 결정하는 센서는?

① 가속페달센서   ② 냉각수 온도센서
③ 오일 온도센서   ④ 크랭크축 위치센서

해설 크랭크축 위치센서는 회전 속도를 감지하여 연료분사 시기와 분사 순서를 결정한다.

61 다음 중 커먼레일 디젤엔진의 연료장치 구성품이 <u>아닌</u> 것은?

① 고압연료펌프   ② 커먼레일
③ 연료공급펌프   ④ 인젝터

해설 커먼레일 디젤기관의 연료장치는 저압연료펌프, 연료탱크, 연료여과기, 고압연료펌프, 커먼레일, 인젝터로 구성되어 있다.

62 다음 중 커먼레일 연료분사장치의 저압계통이 <u>아닌</u> 것은?

① 커먼레일
② 1차 연료공급펌프
③ 연료필터
④ 연료 스트레이너

해설 커먼레일은 고압연료펌프에서 보내온 고압을 연료를 저장하는 파이프이다.

| 정답 | 56 ④ 57 ① 58 ② 59 ① 60 ④ 61 ③ 62 ① |

63 커먼레일 디젤기관의 연료장치에서 출력 요소는?

① 공기유량센서 ② 인젝터
③ 엔진 ECU ④ 브레이크 스위치

해설 ECU의 신호에 의해 연료를 분사하는 출력요소는 인젝터이다.

64 커먼레일 디젤기관의 가속페달 포지션 센서에 대한 설명으로 옳지 <u>않은</u> 것은?

① 가속페달 포지션 센서는 운전자의 의지를 전달하는 센서이다.
② 가속페달 포지션 센서 2는 센서 1을 감시하는 센서이다.
③ 가속페달 포지션 센서 3은 연료온도에 따른 연료량 보정신호를 한다.
④ 가속페달 포지션 센서 1은 연료량과 분사시기를 결정한다.

해설 가속페달 포지션센서는 운전자의 발 조작상태를 컴퓨터로 전달하는 센서이며, 센서 1에 의해 연료분사량과 분사시기가 결정되며, 센서 2는 센서 1을 감시하는 기능으로 차량의 급출발을 방지하기 위한 신호로 활용된다.

65 커먼레일 디젤기관에서 크랭킹은 되는데 기관이 시동되지 않을 때, 점검부위로 옳지 <u>않은</u> 것은?

① 인젝터
② 커먼레일 압력
③ 연료탱크 유량
④ 분사펌프 딜리버리 밸브

해설 분사펌프 딜리버리 밸브는 기계제어 방식에서 사용한다.

66 디젤기관 예열장치에서 코일형 예열플러그와 비교한 실드형 예열플러그의 설명으로 옳지 <u>않은</u> 것은?

① 발열량이 크고 열용량도 크다.
② 예열플러그들 사이의 회로는 병렬로 결선되어 있다.
③ 기계적 강도 및 가스에 의한 부식에 약하다.
④ 예열플러그 하나가 단선되어도 나머지는 작동된다.

해설 실드형 예열플러그
- 히트코일이 가는 열선으로 되어 있어 예열플러그 자체의 저항이 크다.
- 보호금속 튜브에 히트코일이 밀봉되어 있으며, 병렬로 연결되어 있다.
- 발열량과 열용량이 크다.
- 예열플러그 하나가 단선되어도 나머지는 작동된다.

67 다음 중 예열장치의 설치목적으로 옳은 것은?

① 연료를 압축하여 분무성능을 향상시키기 위해
② 냉간시동 시 시동을 원활히 하기 위해
③ 연료분사량을 조절하기 위해
④ 냉각수의 온도를 조절하기 위해

해설 예열장치는 겨울철 기관을 시동할 때 시동이 원활히 걸릴 수 있도록 한다.

윤활장치

68 기관에 사용되는 윤활유의 성질 중 가장 중요한 것은?

① 온도 ② 점도
③ 습도 ④ 건도

해설 점도는 점석의 정도를 나타내는 척도이며, 엔진에 사용되는 윤활유의 성질 중 가장 중요한 성질이다.

| 정답 | 63 ② 64 ③ 65 ④ 66 ③ 67 ② 68 ②

69 기관 윤활유의 구비조건이 아닌 것은?

① 점도가 적당할 것
② 청정력이 클 것
③ 비중이 적당할 것
④ 응고점이 높을 것

> 해설 윤활유의 구비조건: 점도가 적당할 것, 청정력이 클 것, 비중이 적당할 것, 응고점이 낮을 것, 인화점 및 자연발화점이 높을 것 등

70 온도에 따르는 점도변화 정도를 표시하는 것은?

① 점도지수
② 점화지수
③ 점도분포
④ 윤활성

> 해설 점도지수란 온도에 따르는 점도변화 정도를 표시하는 것이다.

71 엔진 윤활유의 기능이 아닌 것은?

① 윤활작용
② 연소작용
③ 냉각작용
④ 방청작용

> 해설 윤활유의 주요기능: 마찰 및 마멸방지작용(윤활작용), 기밀작용(밀봉작용), 방청작용(부식방지작용), 냉각작용, 응력분산작용, 세척작용 등

72 엔진오일의 점도지수가 작은 경우 온도 변화에 따른 점도변화는?

① 온도에 따른 점도변화가 작다.
② 온도에 따른 점도변화가 크다.
③ 점도가 수시로 변화한다.
④ 온도와 점도는 무관하다.

> 해설 점도지수가 작으면 온도에 따른 점도변화가 크다는 의미를 갖는다.

73 기관의 윤활유 사용방법에 대한 설명으로 옳은 것은?

① 계절과 윤활유 SAE 번호는 관계가 없다.
② 겨울은 여름보다 SAE 번호가 큰 윤활유를 사용한다.
③ 계절과 관계없이 사용하는 윤활유의 SAE 번호는 일정하다.
④ 여름용은 겨울용보다 SAE 번호가 큰 윤활유를 사용한다.

> 해설 여름에는 SAE 번호가 큰 윤활유(점도가 높은)를 사용하고, 겨울에는 점도가 낮은(SAE 번호가 작은)오일을 사용한다.

74 엔진 윤활에 필요한 엔진오일이 저장되어 있는 곳으로 옳은 것은?

① 스트레이너
② 오일펌프
③ 오일 팬
④ 오일필터

> 해설 오일 팬은 엔진오일을 저장하는 곳이다.

75 오일 스트레이너(oil strainer)에 대한 설명으로 바르지 못한 것은?

① 오일필터에 있는 오일을 여과하여 각 윤활부로 보낸다.
② 보통 철망으로 만들어져 있으며 비교적 큰 입자의 불순물을 여과한다.
③ 고정식과 부동식이 있으며 일반적으로 고정식이 많이 사용되고 있다.
④ 불순물로 인하여 여과망이 막힐 때에는 오일이 통할 수 있도록 바이패스 밸브(by pass valve)가 설치된 것도 있다.

> 해설 오일 스트레이너는 오일펌프로 들어가는 오일을 1차로 여과하는 부품이며, 일반적으로 철망으로 제작하여 비교적 큰 입자의 불순물을 여과하는 기능을 하며 그보다 더 작은 불순물은 오일필터에서 여과를 한다.

| 정답 | 69 ④ 70 ① 71 ② 72 ② 73 ④ 74 ③ 75 ① |

76 다음 중 일반적으로 기관에 많이 사용되는 윤활방법은?

① 수 급유식
② 적하 급유식
③ 비산압송 급유식
④ 분무 급유식

해설 기관에서는 오일펌프로 흡입 가압하여 윤활부분으로 공급하는 비산압송식을 많이 사용한다.

77 기관의 윤활유 압력이 높아지는 이유는?

① 윤활유의 점도가 높을 때
② 윤활유량이 부족할 때
③ 기관 각부의 마모가 심할 때
④ 윤활유 펌프의 내부 마모가 심할 때

해설 유압이 높아지는 원인
- 기관오일의 점도가 높을 때
- 윤활회로의 일부가 막혔을 때
- 유압조절밸브(릴리프 밸브) 스프링의 장력이 과다할 때
- 유압조절밸브가 닫힌 상태로 고장 났을 때

78 엔진의 윤활유 소비량이 과대해지는 가장 큰 원인은?

① 기관의 과냉
② 피스톤 링 마멸
③ 오일여과기 불량
④ 냉각수 펌프 손상

해설 엔진오일이 많이 소비되는 원인
- 피스톤 및 피스톤 링의 마모가 심할 때
- 실린더의 마모가 심할 때
- 크랭크축 오일 실이 마모되었거나 파손되었을 때
- 밸브 스템(valve stem)과 가이드(guide)사이의 간극이 클 때
- 밸브 가이드의 오일 실이 불량할 때

79 운전석 계기판에 아래 그림과 같은 경고등과 가장 관련이 있는 경고등은?

① 엔진오일 압력 경고등
② 엔진오일 온도 경고등
③ 냉각수 배출 경고등
④ 냉각수 온도 경고등

해설 위 그림에 해당하는 경고등은 엔진오일 압력 경고등이다.

80 엔진 오일이 우유색을 띠고 있을 때의 주된 원인은?

① 가솔린이 유입되었다.
② 연소가스가 섞여 있다.
③ 경유가 유입되었다.
④ 냉각수가 유입되었다.

해설 엔진 오일의 색깔이 우유색을 띠고 있으면, 엔진오일에 냉각수가 섞여 있음을 나타낸다.

냉각장치 및 흡·배기장치

81 건설기계용 디젤기관의 냉각장치 방식에 속하지 않는 것은?

① 자연 순환식
② 강제 순환식
③ 압력 순환식
④ 진공 순환식

해설 냉각장치 방식: 자연 순환방식, 강제 순환방식, 압력 순환방식, 밀봉 압력방식

| 정답 | 76 ③ 77 ① 78 ② 79 ① 80 ④ 81 ④ |

82 다음 중 수냉식 기관의 정상 운전 중 냉각수 온도로 옳은 것은?

① 75~95℃   ② 55~60℃
③ 40~60℃   ④ 20~30℃

해설 기관의 냉각수 온도는 75~95℃ 정도면 정상이다.

85 엔진과열 시 일어나는 현상이 아닌 것은?

① 각 작동부분이 열팽창으로 고착될 수 있다.
② 윤활유 점도 저하로 유막이 파괴될 수 있다.
③ 금속이 빨리 산화되고 변형되기 쉽다.
④ 연료소비율이 줄고, 효율이 향상된다.

해설 엔진이 과열하면 금속이 빨리 산화되고 변형되기 쉽고, 윤활유 점도 저하로 유막이 파괴될 수 있으며, 각 작동부분이 열팽창으로 고착될 우려가 있다.

83 기관 온도계가 표시하는 온도는 무엇인가?

① 연소실 내의 온도
② 작동유 온도
③ 기관오일 온도
④ 냉각수 온도

해설 기관의 온도는 실린더 헤드 물재킷 부분의 냉각수 온도로 나타낸다.

86 기관의 온도를 일정하게 유지하기 위해 설치된 물 통로에 해당되는 것은?

① 오일 팬
② 밸브
③ 워터재킷
④ 실린더 헤드

해설 워터재킷(water jacket)은 기관의 온도를 일정하게 유지하기 위해 실린더 헤드와 실린더 블록에 설치된 물 통로이다.

84 기관의 냉각장치에 해당하지 않는 부품은?

① 수온조절기
② 방열기
③ 릴리프밸브
④ 냉각팬 및 벨트

해설 릴리프밸브는 윤활장치나 유압장치에서 유압을 규정 값으로 제어한다.

87 디젤기관 냉각장치에서 냉각수의 비등점을 높여주기 위해 설치된 부품으로 알맞은 것은?

① 코어
② 냉각핀
③ 보조탱크
④ 압력식 캡

해설 압력식 캡은 냉각장치 내의 비등점(비점)을 높이고, 냉각범위를 넓히기 위하여 사용한다.

| 정답 | 82 ① 83 ④ 84 ③ 85 ④ 86 ③ 87 ④

88 압력식 라디에이터 캡에 대한 설명으로 옳은 것은?

① 냉각장치 내부압력이 규정보다 낮을 때 공기밸브는 열린다.
② 냉각장치 내부압력이 규정보다 높을 때 진공밸브는 열린다.
③ 냉각장치 내부압력이 부압이 되면 진공밸브는 열린다.
④ 냉각장치 내부압력이 부압이 되면 공기밸브는 열린다.

해설 압력식 라디에이터 캡의 작동
- 냉각장치 내부압력이 부압이 되면(내부압력이 규정보다 낮을 때) 진공밸브가 열린다.
- 냉각장치 내부압력이 규정보다 높을 때 압력밸브가 열린다.

89 압력식 라디에이터 캡에 있는 밸브는?

① 입력밸브와 진공밸브
② 압력밸브와 진공밸브
③ 입구밸브와 출구밸브
④ 압력밸브와 메인밸브

해설 라디에이터 캡에는 압력밸브와 진공밸브가 설치되어 있다.

90 왁스 실에 왁스를 넣어 온도가 높아지면 팽창 축을 올려 열리는 온도조절기는?

① 벨로즈형 ② 펠릿형
③ 바이패스형 ④ 바이메탈형

해설 펠릿형은 왁스 실에 왁스를 넣어 온도가 높아지면 팽창 축을 올려 열리는 온도조절기이다.

91 냉각수에 엔진오일이 혼합되는 원인으로 가장 적절한 것은?

① 물 펌프 마모
② 수온조절기 파손
③ 방열기 코어 파손
④ 헤드개스킷 파손

해설 헤드개스킷이 파손되거나 실린더 헤드에 균열이 발생하면 냉각수에 엔진오일이 혼합된다.

92 건설기계 운전 시 계기판에서 냉각수량 경고등이 점등되었다. 그 원인으로 가장 거리가 먼 것은?

① 냉각수량이 부족할 때
② 냉각계통의 물 호스가 파손되었을 때
③ 라디에이터 캡이 열린 채 운행하였을 때
④ 냉각수 통로에 스케일(물때)이 많이 퇴적되었을 내

해설 냉각수 경고등은 라디에이터 내에 냉각수가 부족할 때 점등되며, 냉각수 통로에 스케일(물때)이 많이 퇴적되면 기관이 과열한다.

93 건설기계 기관에서 부동액으로 사용할 수 없는 것은?

① 메탄
② 알코올
③ 에틸렌글리콜
④ 글리세린

해설 부동액의 종류에는 알코올(메탄올), 글리세린, 에틸렌글리콜이 있다.

| 정답 | 88 ③ 89 ② 90 ② 91 ④ 92 ④ 93 ① |

94 엔진에서 방열기 캡을 열어 냉각수를 점검하였더니 엔진오일이 떠 있다면 그 원인은?

① 피스톤 링과 실린더 마모
② 밸브간극 과다
③ 압축압력이 높아 역화현상 발생
④ 실린더 헤드개스킷 파손

> **해설** 방열기 내에 기름이 떠 있는 원인
> - 실린더 헤드개스킷이 파손되었을 때
> - 헤드볼트가 풀렸거나 파손되었을 때
> - 수랭식 오일쿨러에서 냉각수가 누출될 때

95 팬벨트에 대한 점검과정이다. 가장 적절하지 않은 것은?

① 팬벨트는 약 10kgf의 힘으로 눌렀을 때 처짐이 13~20mm 정도로 한다.
② 팬벨트는 풀리의 밑 부분에 접촉되어야 한다.
③ 팬벨트 조정은 발전기를 움직이면서 조정한다.
④ 팬벨트가 너무 헐거우면 기관 과열의 원인이 된다.

> **해설** 팬벨트가 풀리의 홈이 아니라 밑 부분에 접촉하게 되면 미끄러지기 쉬우므로 접촉을 삼가야 한다.(V벨트인 경우)

96 디젤기관에서 사용되는 공기청정기에 관한 설명으로 옳지 않은 것은?

① 공기청정기는 실린더 마멸과 관계없다.
② 공기청정기가 막히면 배기색은 흑색이 된다.
③ 공기청정기가 막히면 출력이 감소한다.
④ 공기청정기가 막히면 연소가 나빠진다.

> **해설** 공기청정기가 막히면 실린더 내로의 공기공급 부족으로 불완전 연소가 일어나 실린더 마멸이 촉진된다..

97 다음 중 흡기장치의 요구조건으로 옳지 않은 것은?

① 전체 회전영역에 걸쳐서 흡입 효율이 좋아야 한다.
② 균일한 분배성능을 가져야 한다.
③ 흡입부에 와류가 발생할 수 있는 돌출부를 설치해야 한다.
④ 연소속도를 빠르게 해야 한다.

> **해설** 흡기장치의 요구조건
> - 흡입부분에 돌출부가 없을 것
> - 전체 회전영역에 걸쳐서 흡입효율이 좋을 것
> - 각 실린더에 공기가 균일하게 분배되도록 할 것
> - 연소속도를 빠르게 할 것

98 습식 공기청정기에 대한 설명이 아닌 것은?

① 청정효율은 공기량이 증가할수록 높아지며, 회전속도가 빠르면 효율이 좋아진다.
② 흡입공기는 오일로 적셔진 여과망을 통과시켜 여과시킨다.
③ 공기청정기 케이스 밑에는 일정한 양의 오일이 들어있다.
④ 공기청정기는 일정시간 사용 후 무조건 신품으로 교환해야 한다.

> **해설** 습식 공기청정기의 엘리먼트는 스틸 울이므로 세척하여 다시 사용한다.

99 건식 공기청정기의 장점이 아닌 것은?

① 설치 또는 분해조립이 간단하다.
② 작은 입자의 먼지나 오물을 여과할 수 있다.
③ 구조가 간단하고 여과망을 세척하여 사용할 수 있다.
④ 기관 회전속도의 변동에도 안정된 공기청정 효율을 얻을 수 있다.

> **해설** 건식 공기청정기는 비교적 구조가 간단하며, 여과망은 압축공기로 청소하여 사용할 수 있다.

| 정답 | 94 ④ 95 ② 96 ① 97 ③ 98 ④ 99 ③ |

100 기관에서 공기청정기의 설치목적으로 옳은 것은?

① 연료의 여과와 가압작용
② 공기의 가압작용
③ 공기의 여과와 소음방지
④ 연료의 여과와 소음방지

> 해설 공기청정기는 흡입공기의 먼지 등을 여과하는 작용 이외에 흡기소음을 감소시킨다.

101 <보기>에서 머플러(소음기)와 관련된 옳은 설명을 모두 고르면?

보기
ⓐ 카본이 많이 끼면 엔진이 과열되는 원인이 될 수 있다. ⓑ 머플러가 손상되어 구멍이 나면 배기 소음이 커진다. ⓒ 카본이 쌓이면 엔진출력이 떨어진다. ⓓ 배기가스의 압력을 높여서 열효율을 증가시킨다.

① ⓐ, ⓑ, ⓓ
② ⓑ, ⓒ, ⓓ
③ ⓐ, ⓒ, ⓓ
④ ⓐ, ⓑ, ⓒ

> 해설 머플러에 카본이 많이 끼면 엔진이 과열하며, 카본이 쌓이면 엔진출력이 떨어지고, 구멍이 나면 배기소음이 커진다.

102 디젤기관 운전 중 흑색의 배기가스를 배출하는 원인으로 옳지 않은 것은?

① 공기청정기 막힘
② 압축불량
③ 분사노즐 불량
④ 오일 팬 내 유량과다

> 해설 오일 팬 내 유량이 과다하면 연소실에 기관오일이 상승하여 연소되므로 회백색 배기가스를 배출한다.

103 터보차저를 구동하는 것으로 가장 적절한 것은?

① 엔진의 열
② 엔진의 흡입가스
③ 엔진의 배기가스
④ 엔진의 여유동력

> 해설 터보차저는 엔진의 배기가스에 의해 구동된다.

104 기관에서 흡입효율을 높이는 장치는?

① 기화기
② 소음기
③ 과급기
④ 압축기

> 해설 과급기(터보차저)는 흡기관과 배기관 사이에 설치되며, 배기가스로 구동된다. 기능은 배기량이 일정한 상태에서 연소실에 강압적으로 많은 공기를 공급하여 흡입효율을 높이고 기관의 출력과 토크를 증대시키기 위한 장치이다.

105 디젤기관에서 과급기를 사용하는 이유로 옳지 않은 것은?

① 체적효율 증대
② 냉각효율 증대
③ 출력증대
④ 회전력 증대

> 해설 과급기를 사용하는 목적은 체적효율 증대, 출력 증대, 회전력 증대 등이다.

| 정답 | 100 ③ 101 ④ 102 ④ 103 ③ 104 ③ 105 ② |

106 기관에서 터보차저에 대한 설명 중 옳지 않은 것은?

① 흡기관과 배기관 사이에 설치된다.
② 과급기라고도 한다.
③ 배기가스 배출을 위한 일종의 블로워 (blower)이다.
④ 기관출력을 증가시킨다.

> **해설** 터보차저는 과급기라고도 하며, 흡입공기량을 증가시켜 출력 증대를 목적으로 한다.

107 건식 공기 청정기의 효율저하를 방지하기 위한 방법으로 가장 적절한 것은?

① 기름으로 닦는다.
② 마른걸레로 닦아야 한다.
③ 압축공기로 먼지 등을 털어 낸다.
④ 물로 깨끗이 세척한다.

108 에어클리너가 막혔을 때 발생되는 현상으로 가장 적절한 것은?

① 배기색은 무색이며, 출력은 정상이다.
② 배기색은 흰색이며, 출력은 증가한다.
③ 배기색은 검은색이며, 출력은 저하된다.
④ 배기색은 흰색이며, 출력은 저하된다.

| 정답 | 106 ③ 107 ③ 108 ③ |

CHAPTER 06

전기장치

SECTION 01	전기와 축전지(배터리)
SECTION 02	시동장치
SECTION 03	충전장치와 등화장치

단원별 기출 분석

✓ 학습 분량과 난이도에 비해 출제 비율이 높지 않은 단원입니다.
✓ 전략적으로 시간을 안배하여, 기출문제 위주로 학습하시기 바랍니다.

SECTION 01 전기와 축전지(배터리)

01 전기의 구성

1 전류

① 전자 이동으로 도체에 전류가 흐르는 것
② 전류 단위: 암페어(Ampere), [A]로 표시
③ 전류의 3대 작용
- 발열작용: 전기 히터, 전구, 예열 플러그 등
- 자기작용: 전동기, 발전기 등
- 화학작용: 축전지, 전기도금 등

2 저항

① 전류의 흐름을 방해하는 요소
② 저항 단위: 옴(Ohm), [Ω]로 표시

3 전압

① 도체에 전류가 흐르게 하는 압력
② 전압 단위: 볼트(Voltage), [V]로 표시

4 옴(Ohm)의 법칙

도체에 흐르는 전류는 전압에 비례하고, 저항에는 반비례한다는 법칙이다.

- 전압(V) = 전류(I) × 저항(R)
- 저항(R) = $\dfrac{\text{전압}(V)}{\text{전류}(I)}$

02 전기의 법칙

1 직렬접속

여러 저항을 직렬로 접속하면 합성저항은 각 저항의 합과 같다.

$R = R_1 + R_2 + R_3 \cdots + R_n$

2 병렬접속

저항 R_1, R_2, R_3, R_n을 병렬로 접속하면 합성저항은 다음과 같다.

$\dfrac{1}{R} = \dfrac{1}{R_1} + \dfrac{1}{R_2} + \dfrac{1}{R_3} + \cdots + \dfrac{1}{R_n}$

3 전력과 전력량

전기가 하는 일을 전력이라고 하며, 단위시간당 한 일을 전력량이라 한다. 단위는 W(와트)이며, 기호로는 [P]로 표시

전력의 다양한 표현
» 전력(P) = 전압(V) × 전류(I)
» 전력(P) = 전류(I)² × 저항(R)
» 전력(P) = $\dfrac{\text{전압}(V)^2}{\text{저항}(R)}$

4 플레밍의 법칙

구분	정의	적용
플레밍의 왼손 법칙	도선이 받는 힘의 방향을 정하는 규칙	전동기의 원리 (전기에너지 → 운동에너지)
플레밍의 오른손 법칙	유도 기전력 또는 유도 전류의 방향을 정하는 규칙	발전기의 원리 (운동에너지 → 전기에너지)

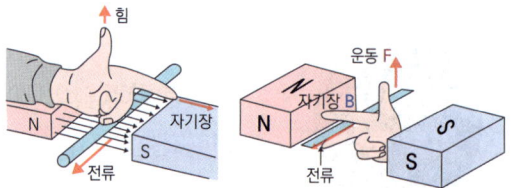

[플레밍의 왼손 법칙]   [플레밍의 오른손 법칙]

03 축전지

1 축전지의 기능
축전지는 기동 전동기의 전기적 부하와 점등장치, 그밖에 다른 장치 등에 전원을 공급해주기 위해 사용된다.

2 축전지의 종류
① 1차 전지: 화학적 에너지를 전기적 에너지로만 변환하는 전지(1회용 전지)
② 2차 전지: 화학적 에너지를 전기적 에너지로 변환하기도 하고, 전기적 에너지를 화학적 에너지로도 변환이 가능한 전지(충전이 가능한 전지)

3 축전지의 구조
① 극판: 과산화납으로 된 양(+)극판, 해면상납으로 된 음(-)극판이 있음.
② 격리판: 극판 사이에서 단락을 방지하기 위한 장치
③ 터미널: 연결 단자
④ 셀 커넥터: 축전지 내의 각각 단전지를 직렬로 접속하기 위한 장치
⑤ 전해액: 양(+)극판 및 음(-)극판의 작용 물질과 화학작용을 일으키는 물질로, 묽은 황산을 사용하며, 전해액 비중에 따라 완전충전 상태와 반충전 상태로 나뉨.

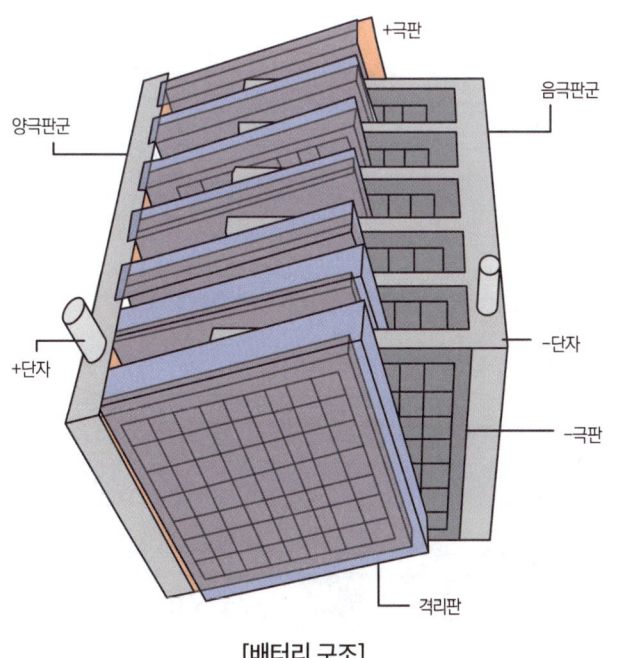

[배터리 구조]

04 납산 축전지 용량

완전히 충전된 축전지를 일정한 전류로 방전시켰을 때, 방전 종지 전압까지 사용할 수 있는 전기량을 나타낸 것이다.

1 방전 종지 전압
① 배터리가 일정한 전압 이하로 방전되면 방전이 멈추는데, 이때 방전이 멈추는 전압을 나타낸 것
② 셀당 방전 종지 전압은 약 1.7~1.8V

2 축전지의 용량
① 용량 표시: A(방전 전류) × h(방전 시간) = Ah
② 용량 결정: 극판 수와 극판 크기 및 전해액의 비중으로 결정

3 충전 및 방전 시 화학반응식

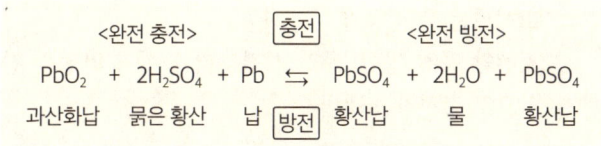

05 축전지 자기방전

배터리를 사용하지 않아도 스스로 방전되는 것을 말하며, 온도와 비중에 비례해서 자기방전율이 높아진다.

1 자기방전의 원인
① 전해액에 포함된 불순물이 국부 전지를 형성
② 탈락한 극판 작용 물질이 축전지 내부에 축적되어 먼지 등에 의해 (+)극판과 (-)극판에 전기 회로를 형성하기 때문에 발생

2 축전지의 자기 방전량이 증가하는 원인
① 전해액의 온도가 증가할수록 증가
② 충전 후 시간의 경과에 따라 증가
③ 전해액의 비중이 증가할수록 증가

3 자기방전 축전지 관리

납산 축전지는 자기방전으로 축전지 극판에 있는 영구황산납이 변화할 수 있는데, 이를 방지하기 위해 약 15~30일마다 정기적으로 충전해야 축전지의 수명을 유지할 수 있다.

영구황산납
방전 후 황산납으로 변화한 극판은 충전 과정에서 (+)극판은 과산화납, (-)극판을 해면상납으로 복원되어야 하는데, 충전을 하여도 화학반응이 발생되지 않아 황산납으로 남게 되어 충전되지 않는 상태를 말함

06 축전지의 충전

1 충전 종류

① 정전류 충전 방법: 충전 시작부터 끝까지 일정한 전류로 충전하는 방법
② 단계 전류 충전 방법: 충전 중 전류를 단계적으로 감소시키는 충전 방법
③ 정전압 충전 방법: 충전 시작부터 끝까지 일정한 전압으로 충전하는 방법

급속충전법
» 축전지 용량의 약 50%의 전류로 충전하는 방법
» 1시간 이내로 충전
» 환기가 잘 되는 곳에서 충전을 해야 폭발의 위험을 피할 수 있다.
» 충전 시 온도가 45℃ 이상 올라가지 않도록 주의한다.

2 충전 시 주의사항

① 접속 시 순서

$$(+)단자 \rightarrow (-)단자$$

② 탈거 시 순서

$$(-)단자 \rightarrow (+)단자$$

③ 과충전 및 급속 충전을 피함
④ 충전 시 가스가 발생하므로 화기에 주의
⑤ 충전 시 전해액 온도는 45℃ 이하로 유지
⑥ 완전 방전 상태로 방치하지 않고, 25% 정도 방전되었을 때 충전

MEMO

SECTION 02 시동장치

01 기동전동기 개요

① 내연기관은 스스로 움직일 수 없기 때문에 외력으로 크랭크축을 회전시켜야 한다.
② 구동 초기에 크랭크축을 회전시키는 것을 기동전동기라 하며, 이를 기동장치가 담당한다.

기동전동기의 원리
전기에너지를 운동에너지로 변화시키는 플레밍의 왼손 법칙을 이용한 것이다.

02 기동전동기 종류

직권식 전동기	• 계자 코일과 전기자 코일이 직렬로 접속된 형식 • 기동력이 크지만 회전속도의 변화가 심한 것이 단점
분권식 전동기	• 계자 코일과 전기자 코일이 병렬로 접속된 형식 • 회전속도는 일정하지만 회전력이 약한 것이 단점
복권식 전동기	• 계자 코일과 전기자 코일이 직렬과 병렬의 혼합으로 접속된 형식 • 회전속도가 일정하고 회전력이 크지만 구조가 복잡하다는 단점이 있음

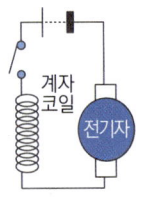
[직권식]

[분권식]
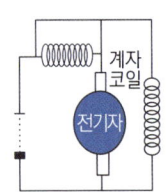
[복권식]

03 동력 전달 방식에 따른 분류

① 벤딕스 형식: 피니언 기어의 관성을 이용한 형식
② 전기자 섭동 형식: 전기자 및 피니언 기어가 동력을 직접 전달하는 형식
③ 피니언 섭동 형식: 전자석 스위치로 피니언 기어를 섭동시키는 형식

04 전동기 구조

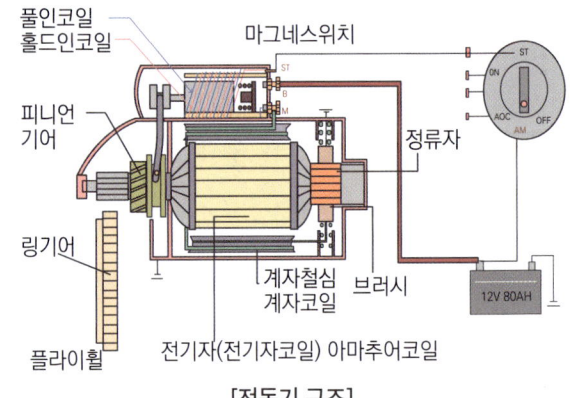
[전동기 구조]

1 전기자(Armature)

회전하는 부분으로 전기자코일, 전기자 철심, 정류자 및 회전축 등으로 구성되어 있다.

2 전기자 철심(Armature Core)

전기자 코일을 지지하고, 맴돌이 전류를 감소시켜 자력선이 잘 통하도록 한다.

3 정류자(Commutator)

브러시로부터 공급된 전류를 코일에 일정한 방향으로 흐르게 한다.

4 계철

고정되는 부분으로, 계자 코일과 계자 철심, 원통으로 구성된다.

① 계자 코일: 브러시로부터 전류를 공급 받는 코일
② 계자 철심: 계자 코일로 감싸진 부분으로, 계자 코일에 전류가 흘러 자석이 되는 부분
③ 원통: 기동전동기의 기초 구조물로, 계자 코일과 철심을 지지

5 전자석 스위치

전기자 피니언 기어를 플라이휠 링 기어에 섭동시키는 장치로, 전기자 및 계자 코일에 큰 전류를 전달한다. 풀인 코일과 홀드인 코일 등이 있으며 솔레노이드 스위치라고도 한다.
① 풀인 코일: ST단자에서 M단자로 접속하는 코일
② 홀드인 코일: ST단자에서 몸체에 접속하는 코일

6 오버러닝 클러치

시동 후, 피니언 기어와 링 기어가 맞물리지 않도록 하여 피니언 기어의 파손을 방지하는 장치이다.

05 기동전동기 진단

1 기동전동기의 회전이 느린 원인

① 축전지 불량
② 축전지 케이블의 접속 불량
③ 브러시의 마모 및 접촉 불량
④ 전기자 코일의 접지 불량

2 기동전동기가 회전하지 못하는 원인

① 축전지의 완전 방전
② 솔레노이드 스위치 불량
③ 전기자 코일 및 계자코일의 단선
④ 브러시와 정류자의 접촉 불량

SECTION 03 충전장치와 등화장치

01 충전장치 개요

① 자동차 시동 시 방전된 배터리 충전
② 주행 시 자동차에 필요한 전력 공급
③ 발전기와 레귤레이터 등으로 구성
④ 발전기는 플레밍의 오른손 법칙 및 렌츠의 법칙 원리를 따름

02 발전기 원리

1 직류발전기

자계가 고정되고, 도체가 회전하는 방식이며, 플레밍의 오른손 법칙 원리를 따른다.

2 교류발전기

(1) 교류 발전기 개요

도체가 고정되고, 자계가 회전하는 방식이다. 렌츠의 법칙 원리를 따른다.

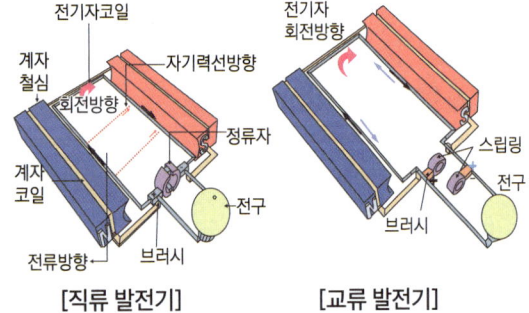

[직류 발전기]   [교류 발전기]

» 플레밍의 오른손 법칙: 자계에서 도체를 운동시키면 도체에서 유도기전력이 발생하는 법칙
» 렌츠의 법칙: 코일 내에서 유도기전력은 자속 변화를 방해하는 방향으로 유도기전력이 발생하는 법칙

(2) 교류발전기의 구조

① 로터: 양 철심 안쪽에 코일이 감겨 있고, 풀리에 의해 회전하는 부분이며, 슬립링으로 공급된 전류로 코일이 자기장을 형성할 때 전자석이 된다.
② 스테이터: 3개 코일이 철심에 고정되는 부분이며, 3개의 코일인 스테이터 코일이 로터 철심의 자기장을 자르며 교류가 발생한다.

스테이터의 결선 방식

» Y 결선 방식: 선간전압 = $\sqrt{3}$상전압 (Y결선은 선간 전압이 상전압 보다 $\sqrt{3}$배 많이 출력되는 발전기)
» Δ결선 방식: 선간전류 = $\sqrt{3}$상전류(Δ결선은 선간전류가 상전류 보다 $\sqrt{3}$배 많이 출력되는 발전기)

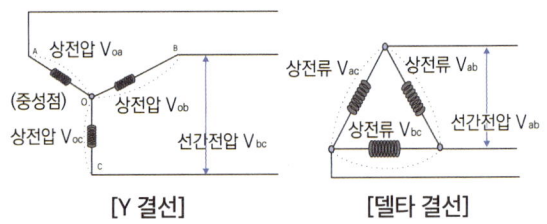

[Y 결선]   [델타 결선]

③ 정류 다이오드: 스테이터 코일에 발생된 교류 전기를 정류하여 직류로 변환시키는 장치이다. 또한, 발전기로 전류가 역류하는 것을 방지한다.
④ 슬립링: 브러시와 접촉하여 회전하는 로터코일에 전류를 공급하는 접촉 링을 말한다.
⑤ 브러시: 슬립링에 접촉하여 로터코일에 전류를 공급하는 기능을 수행한다.
⑥ 전압조정기: 로터코일에 공급되는 전류를 제어하여, 엔진의 회전수에 관계없이 발전기의 출력 전압이 13.5V~14.5V으로 일정하게 유지되도록 하는 전자회로
⑦ 히트 싱크(Heat Sink): 실리콘 다이오드가 정류 작용 시 발생되는 열을 외부로 방출하기 위한 방열판으로, 방열판에 다이오드가 붙어 있다.

03 직류·교류발전기의 장단점 비교

구분	직류(DC)발전기	교류(AC) 발전기
여자 방식	자여자방식	타여자방식
조정기	전압조정기, 전류조정기, 컷아웃릴레이(역류방지기)	전압조정기만 필요
공전 시 충전 능력	공전 시 발전이 어려움	공전 시 발전이 가능
교류가 발생하는 곳	전기자 코일	스테이터 코일
교류를 직류로 정류	정류자	다이오드
회전체	전기자	로터
전자석	계자철심	로터

발전기가 충전되지 않는 원인
» 다이오드의 단선 및 단락
» 전압 조정기의 불량
» 스테이터 코일 또는 로터 코일의 단선
» 발전기가 충전되지 않으면 계기판의 충전 경고등이 점등

04 등화장치

1 등화장치의 의미
자동차 주행에 필요한 전조등, 미등, 안개등, 후진등, 실내등 및 각종 외부 표시를 하는 차폭등, 번호등 등을 말한다.

2 등화장치의 종류

(1) **전조등**

① 전조등의 3대 구성 부품: 렌즈, 반사경, 필라멘트로 구성되어 있으며 양쪽 전조등은 병렬로 연결된 복선식으로 구성된다.

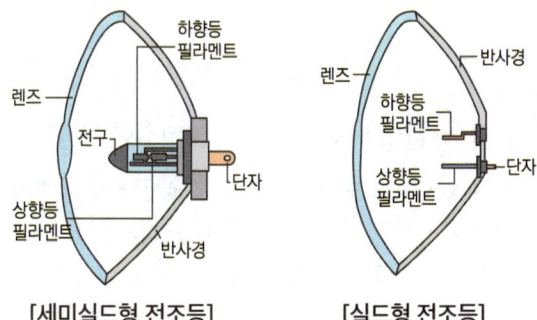

[세미실드형 전조등] [실드형 전조등]

② 전조등의 종류

세미 실드식 (Semi-Sealed type)	• 렌즈와 반사경은 일체형 • 전구만 분리 가능 • 반사경이 흐려져 빛이 어두워지는 단점이 있음
실드식 (Sealed Type)	• 렌즈, 반사경, 필라멘트가 모두 일체형 • 내부는 진공으로 알곤, 질소 등의 불활성 가스를 넣어 밝음 • 반사경이 어두워지는 것을 방지할 수 있음 • 필라멘트가 단선되면 전구 전체를 교환해야 하는 단점이 있음

(2) **방향 지시등**

방향 지시등은 차량의 진행 방향을 바꿀 때 사용하며, 점멸 횟수는 1분에 60~120회의 일정한 속도로 점멸해야 하므로 플래셔 유닛(Flasher Unit)을 이용하고 있다.

좌우 점멸 횟수가 다르거나 한쪽이 작동되지 않는 경우
» 좌·우 전구의 용량이 다른 경우
» 접지 불량인 경우
» 한쪽 전구의 단선인 경우

05 계기판 경고등의 종류

① 오일 경고등: 엔진오일 압력이 낮을 때 점등
② 전류계
  • 엔진 회전 시, 발전기가 정상적으로 축전지를 충전할 때는 전류계의 지침이 (+) 방향을 가리키고, 정상적으로 충전이 되지 않을 때는 지침이 (-) 방향을 가리킴
  • 엔진 정지된 상태에서 전류를 소모하지 않으면 지침은 (+), 소모되면 (-) 방향을 가리킴
③ 충전경고등: 발전기가 충전되지 않을 경우에 점등
④ 변속기 오일 온도 경고등: 변속기 오일의 온도가 높은 경우에 점등
⑤ 엔진경고등: 엔진의 각종 센서 및 액추에이터에 이상이 있는 경우에 점등
⑥ 안전벨트 경고등: 안전벨트를 착용하지 않은 경우에 점등
⑦ 냉각수 온도 경고등: 냉각수 온도가 높은 경우에 경고등이 점등

CHAPTER 06 전기장치
단원문제

★ 개수는 빈출도와 중요도를 의미합니다.

전기와 축전지(배터리)

01 전류에 관한 설명으로 옳지 <u>않은</u> 것은?

① 전류는 전압크기에 비례한다.
② 전류는 저항크기에 반비례한다.
③ E=IR(E: 전압, I: 전류, R: 저항)이다.
④ 전류는 전력크기에 반비례한다.

해설 전류는 전압에 비례하고 저항에 반비례한다.

02 전류의 3대 작용이 <u>아닌</u> 것은?

① 발열작용　② 자기작용
③ 원심작용　④ 화학작용

해설 전류의 3대작용: 발열작용, 화학작용, 자기작용

03 도체 내의 전류의 흐름을 방해하는 성질은?

① 전류　② 전하
③ 전압　④ 저항

04 전기단위 환산으로 옳은 것은?

① 1kV=1000V　② 1A=10mA
③ 1kV=100V　④ 1A=100mA

해설 1kV=1000V, 1A=1000mA

05 전류의 크기를 측정하는 단위로 옳은 것은?

① V　② A
③ R　④ K

해설
- 전압: 볼트(V)
- 전류: 암페어(A)
- 저항: 옴(Ω)

06 회로 중의 어느 한 점에 흘러 들어오는 전류의 총합과 흘러 나가는 전류의 총합은 서로 같다는 법칙은 무엇인가?

① 렌츠의 법칙
② 줄의 법칙
③ 키르히호프 제1법칙
④ 플레밍의 왼손법칙

해설 키르히호프 제1법칙: '회로 내의 어떤 한 점에 유입된 전류의 총합과 유출한 전류의 총합은 같다'라는 법칙이다.

07 전압(voltage)에 대한 설명으로 적절한 것은?

① 자유전자가 도선을 통하여 흐르는 것을 말한다.
② 전기적인 높이, 즉 전기적인 압력을 말한다.
③ 물질에 전류가 흐를 수 있는 정도를 나타낸다.
④ 도체의 저항에 의해 발생되는 열을 나타낸다.

| 정답 | 01 ④　02 ③　03 ④　04 ①　05 ②　06 ③　07 ② |

08 전선의 저항에 대한 설명 중 옳은 것은?

① 전선이 길어지면 저항이 감소한다.
② 전선의 지름이 커지면 저항이 감소한다.
③ 모든 전선의 저항은 같다.
④ 전선의 저항은 전선의 단면적과 관계없다.

해설 전선의 지름과 저항은 반비례하고, 길이와 저항은 비례한다.

09 건설기계에서 사용되는 전기장치에서 과전류에 의한 화재를 예방하기 위해 사용하는 부품으로 가장 적절한 것은?

① 콘덴서   ② 퓨즈
③ 저항기   ④ 전파방지기

해설 퓨즈는 회로에 직렬로 설치되어 과전류에 의한 화재예방을 위해 사용하는 부품이다.

10 축전지의 역할을 설명한 것으로 옳지 않은 것은?

① 기동장치의 전기적 부하를 담당한다.
② 발전기 출력과 부하와의 언밸런스를 조정한다.
③ 기관시동 시 전기적 에너지를 화학적 에너지로 바꾼다.
④ 발전기 고장 시 주행을 확보하기 위한 전원으로 작동한다.

해설 **축전지의 역할**
- 발전기가 고장 났을 때 주행을 확보하기 위한 전원으로 작동한다.
- 기동장치의 전기적 부하를 담당한다.
- 기관을 시동할 때 화학적 에너지를 전기적 에너지로 바꾼다.
- 발전기 출력과 부하와의 언밸런스를 조정한다.

11 축전지 내부의 전류 작용으로 가장 알맞은 것은?

① 화학작용   ② 탄성작용
③ 물리작용   ④ 기계작용

해설 축전지는 화학작용을 이용한 것이다.

12 건설기계 기관에 사용되는 축전지의 가장 중요한 역할은?

① 주행 중 점화장치에 전류를 공급한다.
② 주행 중 등화장치에 전류를 공급한다.
③ 주행 중 발생하는 전기부하를 담당한다.
④ 기동장치에 전기적 부하를 담당한다.

해설 축전지는 기관의 시동과 작동을 주 목적으로 하며, 전원 공급과 전기적 부하를 담당하는 기능을 한다.

13 축전지의 전해액으로 알맞은 것은?

① 순수한 물   ② 과산화납
③ 해면상납   ④ 묽은 황산

해설 전해액은 증류수에 황산을 혼합한 묽은 황산이다.

14 납산 축전지의 전해액을 만들 때 황산과 증류수의 혼합방법에 대한 설명으로 옳지 않은 것은?

① 조금씩 혼합하며, 잘 저어서 냉각시킨다.
② 증류수에 황산을 부어 혼합한다.
③ 전기가 잘 통하는 금속제 용기를 사용하여 혼합한다.
④ 추운 지방인 경우 비중이 1.280이 되게 측정하면서 작업을 끝낸다.

해설 전해액을 만들 때에는 유리그릇 또는 질그릇 등의 절연체 용기를 준비하여 증류수에 황산을 조금씩 넣으면서 혼합한다.

| 정답 | 08 ② 09 ② 10 ③ 11 ① 12 ④ 13 ④ 14 ③

15 건설기계에 사용되는 12V 납산 축전지의 구성은?

① 셀(cell) 3개를 병렬로 접속
② 셀(cell) 3개를 직렬로 접속
③ 셀(cell) 6개를 병렬로 접속
④ 셀(cell) 6개를 직렬로 접속

해설 12V 축전지는 2.1V의 셀(cell) 6개가 직렬로 연결되어 있다.

16 축전지 전해액에 관한 내용으로 옳지 않은 것은?

① 전해액의 온도가 1℃ 변화함에 따라 비중은 0.0007씩 변한다.
② 온도가 올라가면 비중은 올라가고 온도가 내려가면 비중이 내려간다.
③ 전해액은 증류수에 황산을 혼합하여 희석시킨 묽은 황산이다.
④ 축전지 전해액 점검은 비중계로 한다.

해설 축전지 전해액은 온도가 상승하면 비중은 내려가고, 온도가 내려가면 비중은 올라간다.

17 축전지 격리판의 구비조건으로 옳지 않은 것은?

① 기계적 강도가 있을 것
② 다공성이고 전해액에 부식되지 않을 것
③ 극판에 좋지 않은 물질을 내뿜지 않을 것
④ 전도성이 좋으며 전해액의 확산이 잘 될 것

해설 **격리판의 구비조건**
• 기계적 강도가 있고, 비전도성일 것
• 다공성이어서 전해액의 확산이 잘 될 것
• 전해액에 부식되지 않을 것
• 극판에 좋지 못한 물질을 내뿜지 않을 것

18 건설기계에 사용되는 납산 축전지에 대한 내용 중 옳지 않은 것은?

① 음(-)극판이 양(+)극판보다 1장 더 많다.
② 격리판은 비전도성이며 다공성이어야 한다.
③ 축전지 케이스 하단에 엘리먼트 레스트 공간을 두어 단락을 방지한다.
④ (+)단자기둥은 (-)단자기둥보다 가늘고 회색이다.

해설 (+)단자기둥이 (-)단자기둥보다 굵어 단자의 구별이 가능하다.

19 납산 축전지의 충전상태를 판단할 수 있는 계기로 옳은 것은?

① 온도계   ② 습도계
③ 점도계   ④ 비중계

해설 축전지의 충전상태를 알 수 있는 게이지가 비중계이다.

20 축전지를 교환 및 장착할 때 연결순서로 옳은 것은?

① (+)나 (-)선 중 편리한 것부터 연결하면 된다.
② 축전지의 (-)선을 먼저 부착하고, (+)선을 나중에 부착한다.
③ 축전지의 (+), (-)선을 동시에 부착한다.
④ 축전지의 (+)선을 먼저 부착하고, (-)선을 나중에 부착한다.

해설 축전지를 장착할 때에는 (+)케이블을 먼저 부착하고, (-)케이블을 나중에 부착하는 순서를 꼭 지켜야 안전하다.

21 납산 축전지 전해액이 자연 감소되었을 때 보충에 가장 적합한 것은?

① 증류수   ② 황산
③ 수돗물   ④ 경수

해설 전해액이 자연 감소되었을 경우에는 증류수를 보충한다.

| 정답 | 15 ④ 16 ② 17 ④ 18 ④ 19 ④ 20 ④ 21 ①

22 건설기계의 축전지 케이블 탈거에 대한 설명으로 옳은 것은?

① 절연되어 있는 케이블을 먼저 탈거한다.
② 아무 케이블이나 먼저 탈거한다.
③ "+" 케이블을 먼저 탈거한다.
④ 접지되어 있는 케이블을 먼저 탈거한다.

> 해설 축전지에서 케이블을 탈거할 시에는 먼저 접지케이블을 탈거하고 절연케이블을 나중에 탈거하는 순서를 지켜야 안전하다.

23 일반적인 축전지 터미널의 식별방법으로 적절하지 않은 것은?

① (+), (-)의 표시로 구분한다.
② 터미널의 요철로 구분한다.
③ 굵고 가는 것으로 구분한다.
④ 적색과 흑색 등 색깔로 구분한다.

> 해설 축전지 단자(터미널) 식별방법
> - 양극 단자는 굵고 음극단자는 가는 것으로 표시
> - 양극 단자는 (+), 음극단자는 (-)의 부호로 표시
> - 양극 단자는 P(positive), 음극단자는 N(negative)의 문자로 표시
> - 양극 단자는 적색, 음극단자는 흑색으로 표시

24 축전지의 케이스와 커버를 청소할 때 사용하는 용액으로 가장 옳은 것은?

① 비누와 물 ② 소금과 물
③ 소다와 물 ④ 오일과 가솔린

> 해설 축전지 커버나 케이스의 청소는 소다와 물 또는 암모니아수를 사용하여 청결을 유지한다.

25 다음 중 축전지의 용량 표시방법이 아닌 것은?

① 25시간율 ② 25암페어율
③ 20시간율 ④ 냉간율

> 해설 축전지의 용량표시 방법: 20시간율, 25암페어율, 냉간율

26 납산 축전지의 충·방전 상태를 나타낸 것이 아닌 것은?

① 축전지가 방전되면 양극판은 과산화납이 황산납으로 된다.
② 축전지가 방전되면 전해액은 묽은 황산이 물로 변하여 비중이 낮아진다.
③ 축전지가 충전되면 음극판은 황산납이 해면상납으로 된다.
④ 축전지가 충전되면 양극판에서 수소를, 음극판에서 산소를 발생시킨다.

> 해설 충전 시 양극판에서 산소를, 음극판에서 수소를 발생시킨다.

27 납산 축전지를 오랫동안 방전상태로 방치해 두면 사용하지 못하게 되는 원인은?

① 극판이 영구황산납이 되기 때문이다.
② 극판에 산화납이 형성되기 때문이다.
③ 극판에 수소가 형성되기 때문이다.
④ 극판에 녹이 슬기 때문이다.

> 해설 납산 축전지를 오랫동안 방전상태로 두면 극판이 영구 황산납으로 변화된다.

28 축전지 용량의 단위는?

① W   ② AV
③ V   ④ AH

> 해설 축전지 용량 단위로는 암페어시(Ah)를 사용한다.

| 정답 | 22 ④ 23 ② 24 ③ 25 ① 26 ④ 27 ① 28 ④ |

29 축전지가 방전될 때 일어나는 현상이 아닌 것은?

① 양극판은 과산화납이므로 황산납으로 변한다.
② 전해액은 황산이 물로 변한다.
③ 음극판은 황산납이 해면상납으로 변한다.
④ 전압과 비중은 점차 낮아진다.

해설 납산 축전지 방전 중의 화학작용
- 양극판의 과산화납은 황산납으로 변한다.
- 음극판의 해면상납은 황산납으로 변한다.
- 전해액은 묽은 황산이 물로 변하여 비중이 낮아진다.

30 축전지의 용량을 결정짓는 인자가 아닌 것은?

① 셀 당 극판 수　② 극판의 크기
③ 단자의 크기　④ 전해액의 양

해설 축전지의 용량을 결정짓는 인자는 셀 당 극판 수, 극판의 크기, 전해액의 양이다.

31 건설기계에 사용되는 12볼트(V) 80암페어(A) 축전지 2개를 직렬연결하면 전압과 전류는?

① 24볼트(V) 160암페어(A)가 된다.
② 12볼트(V) 160암페어(A)가 된다.
③ 24볼트(V) 80암페어(A)가 된다.
④ 12볼트(V) 80암페어(A)가 된다.

해설 12V-80A 축전지 2개를 직렬로 연결 시 전압은 증가하고 용량은 변화가 없는 24V-80A가 된다.

32 축전지의 방전종지전압에 대한 설명으로 잘못된 것은?

① 축전지의 방전 끝(한계) 전압이다.
② 한 셀 당 1.7~1.8V 이하로 방전되는 현상이다.
③ 방전종지 전압 이하로 방전시키면 축전지의 성능이 저하된다.
④ 20시간율 전류로 방전하였을 경우 방전종지 전압은 한 셀 당 2.1V이다.

해설 방전종지전압은 1셀 당 1.7~1.8V 이하이다.

33 12V 동일한 용량의 축전지 2개를 직렬로 접속하면?

① 전류가 증가한다.
② 전압이 높아진다.
③ 저항이 감소한다.
④ 용량이 감소한다.

34 12V용 납산 축전지의 1일 방전량은 실용량의 몇 %인가?

① 0.1~0.3%　② 0.3~1.5%
③ 1.5~2.0%　④ 2.0~2.5%

해설 축전지 1셀 당 방전량은 0.3~1.5%이다.

35 충전된 축전지라도 방치해두면 사용하지 않아도 조금씩 자연 방전하여 용량이 감소하는 현상은?

① 급속방전　② 자기방전
③ 화학방전　④ 강제방전

해설 자기방전이란 배터리를 사용하지 않아도 조금씩 자연 방전하여 용량이 감소하는 현상을 말한다.

| 정답 | 29 ③　30 ③　31 ③　32 ④　33 ②　34 ②　35 ② |

36 MF(Maintenance Free) 축전지에 대한 설명으로 적절하지 않은 것은?

① 격자의 재질은 납과 칼슘합금이다.
② 무보수용 축전지이다.
③ 밀봉촉매 마개를 사용한다.
④ 증류수는 매 15일마다 보충한다.

> 해설 MF(Maintenance Free) 축전지는 보수가 필요 없는 배터리이다.

37 납산 축전지에 대한 설명으로 옳은 것은?

① 전해액이 자연 감소된 축전지의 경우 증류수를 보충하면 된다.
② 축전지의 방전이 계속되면 전압은 낮아지고, 전해액의 비중은 높아지게 된다.
③ 축전지의 용량을 크게 하려면 별도의 축전지를 직렬로 연결하면 된다.
④ 축전지를 보관할 때에는 되도록 방전시키는 것이 좋다.

> 해설 ② 축전지 방전이 되면 전압은 낮아지고, 전해액의 비중도 낮아지게 된다.
> ③ 축전지의 용량을 크게 하기 위해서는 별도의 축전지를 병렬로 연결해야 한다.
> ④ 축전지를 보관 시에는 충전시키는 것이 좋다.

38 배터리의 자기방전의 원인으로 옳지 않은 것은?

① 전해액 중에 불순물이 혼입되어 있을 때
② 배터리 케이스의 표면에 전기누설이 없을 때
③ 이탈된 작용물질이 극판의 아랫부분에 퇴적되어 있을 때
④ 배터리의 구조상 부득이할 때

> 해설 배터리 케이스의 표면의 이물질 등이 전기누설의 원인이 되어 배터리 자기방전의 원인이 된다.

39 축전지의 자기방전량 설명으로 적절하지 않은 것은?

① 전해액의 온도가 높을수록 자기 방전량은 작아진다.
② 전해액의 비중이 높을수록 자기 방전량은 크다.
③ 날짜가 경과할수록 자기 방전량은 많아진다.
④ 충전 후 시간의 경과에 따라 자기 방전량의 비율은 점차 낮아진다.

> 해설 자기방전량은 전해액의 온도와 비례하여 발생한다.

시동장치

40 건설기계에 사용되는 전기장치 중 플레밍의 왼손법칙이 적용된 부품은?

① 발전기   ② 점화코일
③ 릴레이   ④ 기동전동기

> 해설 기동전동기의 원리는 플레밍의 왼손법칙이 적용된다.

41 직류직권식 전동기에 대한 설명 중 옳지 않은 것은?

① 기동 회전력이 분권전동기에 비해 크다.
② 부하에 따른 회전속도의 변화가 크다.
③ 부하를 크게 하면 회전속도는 낮아진다.
④ 부하에 관계 없이 회전속도가 일정하다.

> 해설 직류직권 전동기는 기동 회전력이 크고, 부하 증가 시 회전속도는 낮으나 회전력이 큰 장점이 있으나 회전속도의 변화가 큰 점이 단점이다.

42 전기자 코일, 정류자, 계자코일, 브러시 등으로 구성되어 기관을 가동시킬 때 사용되는 것으로 옳은 것은?

① 발전기   ② 기동전동기
③ 오일펌프   ④ 액추에이터

> 해설 기동전동기의 구조는 전기자 코일 및 철심, 정류자, 계자코일 및 계자철심, 브러시와 홀더, 피니언, 오버러닝 클러치, 솔레노이드 스위치 등으로 구성되어 있다.

| 정답 | 36 ④ 37 ① 38 ② 39 ① 40 ④ 41 ④ 42 ② |

43 기관시동 시 전류의 흐름으로 옳은 것은?

① 축전지 → 전기자 코일 → 정류자 → 브러시 → 계자코일
② 축전지 → 계자코일 → 브러시 → 정류자 → 전기자 코일
③ 축전지 → 전기자 코일 → 브러시 → 정류자 → 계자코일
④ 축전지 → 계자코일 → 정류자 → 브러시 → 전기자 코일

해설 기동전동기의 전류 흐름 순서는 '축전지 → 계자코일 → 브러시 → 정류자 → 전기자 코일'이다.

44 건설기계에 주로 사용되는 기동전동기로 옳은 것은?

① 직류분권 전동기
② 직류직권 전동기
③ 직류복권 전동기
④ 교류 전동기

해설 엔진의 시동 전동기는 직류직권 전동기이다.

45 기동전동기 전기자 코일에 항상 일정한 방향으로 전류가 흐르도록 하기 위해 설치한 것은?

① 슬립링   ② 로터
③ 정류자   ④ 다이오드

해설 기동전동기의 정류자는 전기자 코일에 항상 일정한 방향으로 전류가 흐르도록 하는 작용을 한다. 따라서 정류자의 마모는 기동전동기의 회전력이 낮아지는 원인이다.

46 건설기계의 시동장치 취급 시 주의사항으로 옳지 않은 것은?

① 기동전동기의 연속사용 시간은 3분 정도로 한다.
② 기관이 시동된 상태에서 시동스위치를 켜서는 안 된다.
③ 기동전동기의 회전속도가 규정이하이면 오랜 시간 연속 회전시켜도 시동이 되지 않으므로 회전속도에 주의한다.
④ 전선 굵기는 규정이하의 것을 사용하면 안 된다.

해설 기동전동기의 연속사용 시간은 10~15초 정도로 한다. 최대 30초이다.

47 엔진이 시동된 다음에는 기동전동기 피니언이 공회전하여 플라이휠 링 기어에 의해 엔진의 회전력이 기동전동기에 전달되지 않도록 하는 장치는?

① 피니언   ② 전기자
③ 정류자   ④ 오버러닝 클러치

해설 오버러닝 클러치는 엔진이 시동된 다음에 기동전동기 피니언이 공회전하여 플라이휠 링 기어에 의해 엔진의 회전력이 기동전동기에 전달되지 않도록 하여 피니언기어의 파손을 방지하는 기능을 한다.

48 기동전동기의 동력전달 기구를 동력전달 방식으로 구분한 것이 아닌 것은?

① 벤딕스 방식
② 피니언 섭동방식
③ 계자 섭동방식
④ 전기자 섭동방식

해설 기동전동기의 피니언을 엔진의 플라이휠 링 기어에 물리는 방식에는 벤딕스 방식, 피니언 섭동방식, 전기자 섭동방식 등을 사용하며 가장 많이 사용하고 있는 것은 전기자 섭동방식이다.

| 정답 | 43 ② 44 ② 45 ③ 46 ① 47 ④ 48 ③

49 엔진이 시동되었는데도 시동스위치를 계속 ON 위치로 할 때 미치는 영향으로 옳은 것은?

① 크랭크축 저널이 마멸된다.
② 클러치 디스크가 마멸된다.
③ 기동전동기의 수명이 단축된다.
④ 엔진의 수명이 단축된다.

해설 엔진이 기동되었을 때 시동스위치를 계속 ON 위치로 하면 기동전동기 피니언이 플라이휠의 링기어에 맞물려 소음, 진동, 기어의 파손을 발생시켜 전동기의 수명이 단축된다.

충전장치와 등화장치

50 건설기계에 사용되는 전기장치 중 플레밍의 오른손 법칙이 적용되어 사용되는 부품은?

① 발전기 ② 기동전동기
③ 릴레이 ④ 점화코일

해설 발전기의 원리는 플레밍의 오른손 법칙이다.

51 교류 발전기의 설명으로 옳지 않은 것은?

① 타려자 방식의 발전기다.
② 고정된 스테이터에서 전류가 생성된다.
③ 정류자와 브러시가 정류작용을 한다.
④ 발전기 조정기는 전압조정기만 필요하다.

해설 AC발전기는 실리콘 다이오드가 정류작용을 한다.

52 충전장치에서 발전기는 어떤 축과 연동되어 구동되는가?

① 크랭크축 ② 캠축
③ 추진축 ④ 변속기 입력축

해설 발전기는 기관의 크랭크축과 구동벨트에 연결되어 구동된다.

53 교류(AC) 발전기의 장점이 아닌 것은?

① 소형 경량이다.
② 저속 시 충전특성이 양호하다.
③ 정류자를 두지 않아 풀리의 지름비를 작게 할 수 있다.
④ 반도체 정류기를 사용하므로 전기적 용량이 크다.

해설 AC발전기는 회전부분에 정류자를 두지 않아 회전속도 허용한계가 높기 때문에 벨트나 베어링이 허용하는 범위 내에서 풀리비를 크게 할 수 있는 장점이 있다.

54 충전장치의 역할로 옳지 않은 것은?

① 각종 램프에 전력을 공급한다.
② 에어컨 장치에 전력을 공급한다.
③ 축전지에 전력을 공급한다.
④ 기동장치에 전력을 공급한다.

해설 충전장치는 축전지, 각종 램프, 각종 전장부품에 전력을 공급하는 기능을 한다.

55 건설기계의 충전장치에서 가장 많이 사용하고 있는 발전기는 무엇인가?

① 단상 교류발전기
② 3상 교류발전기
③ 와전류 발전기
④ 직류발전기

해설 건설기계의 충전장치에서 가장 많이 사용하고 있는 발전기는 3상 교류발전기이다.

| 정답 | 49 ③ 50 ① 51 ③ 52 ① 53 ② 54 ④ 55 ②

56 교류(AC) 발전기의 특성이 아닌 것은?

① 저속에서도 충전성능이 우수하다.
② 소형 경량이고 출력도 크다.
③ 소모 부품이 적고 내구성이 우수하며 고속회전에 견딘다.
④ 전압조정기, 전류조정기, 컷 아웃 릴레이로 구성된다.

해설 교류발전기는 다이오드에 의해 교류를 직류로 정류하고 역전류를 차단하기 때문에 전압조정기만 필요하다.

57 교류발전기에서 마모성 부품은 무엇인가?

① 스테이터　　② 슬립링
③ 다이오드　　④ 엔드 프레임

해설 슬립링은 브러시와 접촉되어 회전하므로 마모성이 있다.

58 건설기계의 발전기가 충전작용을 하지 못하는 경우에 점검사항이 아닌 것은?

① 레귤레이터
② 솔레노이드 스위치
③ 발전기 구동벨트
④ 충전회로

해설 솔레노이드 스위치는 기동전동기의 전자석 스위치이며 발전기의 구조가 아니다.

59 교류발전기의 부품이 아닌 것은?

① 다이오드　　② 슬립링
③ 전류조정기　　④ 스테이터 코일

해설 AC 발전기는 스테이터(stator), 다이오드, 로터(rotor), 슬립링, 브러시, 엔드 프레임, 전압조정기 등으로 구성됨

60 교류발전기의 다이오드가 하는 역할은?

① 전류를 조정하고, 교류를 정류한다.
② 전압을 조정하고, 교류를 정류한다.
③ 교류를 정류하고, 역류를 방지한다.
④ 여자전류를 조정하고, 역류를 방지한다.

해설 AC발전기 다이오드의 역할은 교류를 정류하고, 역류를 방지하는 기능을 한다.

61 교류발전기에서 회전체에 해당하는 것은?

① 스테이터　　② 브러시
③ 엔드프레임　　④ 로터

해설 교류발전기의 회전체는 전류가 흐를 때 전자석이 되는 로터이다.

62 AC발전기에서 전류가 흐를 때 전자석이 되는 것은?

① 계자철심　　② 로터
③ 아마추어　　④ 스테이터 철심

63 교류 발전기의 유도전류는 어디에서 발생하는가?

① 계자코일　　② 전기
③ 스테이터 코일　　④ 로터

해설 AC 발전기 스테이터(stator)에서 유도전류가 발생한다.

| 정답 | 56 ④　57 ②　58 ②　59 ③　60 ③　61 ④　62 ②　63 ③ |

64 충전장치에서 축전지 전압이 낮을 때의 원인으로 옳지 않은 것은?

① 조정 전압이 낮을 때
② 다이오드가 단락되었을 때
③ 축전지 케이블 접속이 불량할 때
④ 충전회로의 부하가 적을 때

해설 충전회로의 부하가 클 때 축전지 전압이 낮아진다.

65 교류발전기에 사용되는 반도체인 다이오드를 냉각하기 위한 것은?

① 엔드 프레임에 설치된 오일장치
② 히트싱크
③ 냉각튜브
④ 유체클러치

해설 다이오드는 열에 약한 반도체이므로 항상 열을 방열해 주어야 하는데 발전기 뒷면의 히트싱크에서 다이오드의 정류작용 시 다이오드를 냉각시켜주는 작용을 한다.

66 전기회로에 대한 설명 중 옳지 않은 것은?

① 노출된 전선이 다른 전선과 접촉하는 것을 단락이라 한다.
② 회로가 절단되거나 커넥터의 결합이 해제되어 회로가 끊어진 상태를 단선이라 한다.
③ 접촉 불량은 스위치의 접점이 녹거나 단자에 녹이 발생하여 저항 값이 증가하는 것을 말한다.
④ 절연불량은 절연물의 균열, 물, 오물 등에 의해 절연이 파괴되는 현상을 말하며, 이때 전류가 차단된다.

해설 절연불량은 절연물의 균열, 물, 오물 등에 의해 절연이 파괴되는 현상을 말하며 이러한 원인으로 전류가 누전된다.

67 건설기계의 전조등 성능을 유지하기 위하여 가장 좋은 방법은?

① 단선으로 한다.
② 복선식으로 한다.
③ 축전지와 직결시킨다.
④ 굵은 선으로 갈아 끼운다.

해설 복선식은 접지 쪽에도 전선을 사용하는 것으로 주로 전조등과 같이 큰 전류가 흐르는 회로에서 사용된다.

68 배선 회로도에서 표시된 0.85RW의 "R"은 무엇을 나타내는가?

① 단면적   ② 바탕색
③ 줄 색   ④ 전선의 재료

해설 0.85RW: 0.85는 전선의 단면적, R은 바탕색, W는 줄 무늬색을 나타낸다.

69 다음 중 광속의 단위는 무엇인가?

① 칸델라   ② 럭스
③ 루멘   ④ 와트

해설
• 칸델라: 광도의 단위
• 럭스(룩스): 조도의 단위
• 루멘: 광속의 단위

70 전조등의 구성품으로 옳지 않은 것은?

① 전구   ② 반사경
③ 렌즈   ④ 플래셔 유닛

해설 플래셔 유닛은 방향지시등 스위치를 조작하였을 때 방향지시등을 점멸시키는 전자IC회로를 갖는 릴레이다.

| 정답 | 64 ④ 65 ② 66 ④ 67 ② 68 ② 69 ③ 70 ④ |

71. 전조등 형식 중 내부에 불활성 가스가 들어 있으며, 광도의 변화가 적은 것은?

① 로우 빔 방식
② 하이 빔 방식
③ 실드 빔 방식
④ 세미실드 빔 방식

해설 실드 빔 형식 전조등내부에는 불활성 가스를 넣어 그 자체가 1개의 전구가 되도록 한 것이다.

72. 헤드라이트에서 세미실드 빔 형에 대한 설명으로 옳은 것은?

① 렌즈, 반사경 및 전구를 분리하여 교환이 가능한 것
② 렌즈, 반사경 및 전구가 일체인 것
③ 렌즈와 반사경은 일체이고, 전구는 교환이 가능한 것
④ 렌즈와 반사경을 분리하여 제작한 것

해설 세미실드 빔 형은 렌즈와 반사경은 일체이나, 전구는 교환이 가능한 형식이다.

73. 좌·우측 전조등 회로의 연결 방법으로 옳은 것은?

① 직렬 연결
② 단식 배선
③ 병렬 연결
④ 직·병렬 연결

해설 전조등 회로는 병렬회로이다.

74. 건설기계의 등화장치 종류 중에서 조명용 등화가 아닌 것은?

① 전조등
② 안개등
③ 번호등
④ 후진등

해설 번호등은 외부 표시등화 장치이다.

75. 방향지시등의 한쪽 등 점멸이 빠르게 작동하고 있을 때, 운전자가 가장 먼저 점검하여야 할 곳은?

① 전구
② 플래셔 유닛
③ 콤비네이션스위치
④ 배터리

76. 방향지시등이나 제동등의 작동 확인은 언제해야 하는가?

① 운행 전
② 운행 중
③ 운행 후
④ 일몰직전

77. 방향지시등 스위치 작동 시 한쪽은 정상이고, 다른 한쪽은 점멸작용이 정상과 다르게(빠르게, 느리게, 작동불량) 작용할 때, 고장 원인으로 가장 거리가 먼 것은?

① 플래셔 유닛이 고장났을 때
② 한쪽 전구소켓에 녹이 발생하여 전압강하가 있을 때
③ 전구 1개가 단선되었을 때
④ 한쪽 램프 교체 시 규정 용량의 전구를 사용하지 않았을 때

해설 플래셔 유닛이 고장나면 모든 방향지시등이 작동되지 않는다.

78. 한쪽의 방향지시등만 점멸속도가 빠른 원인으로 옳은 것은?

① 전조등 배선접촉 불량
② 플래셔 유닛 고장
③ 한쪽 램프의 단선
④ 비상등 스위치 고장

해설 한쪽 램프(전구)가 단선되면 회로의 전체 저항이 증가하여 한쪽의 방향지시등만 점멸속도가 빨라진다.

| 정답 | 71 ③ 72 ③ 73 ③ 74 ③ 75 ① 76 ① 77 ① 78 ③ |

CHAPTER 07

전 · 후진 주행장치

SECTION	01	동력전달장치
SECTION	02	조향장치
SECTION	03	제동장치

단원별 기출 분석

✓ 학습 분량 난이도에 비해 출제 비율이 높지 않은 단원입니다.
✓ 기출문제 위주로 개념을 정리하시고, 시간을 효율적으로 안배하며 문제를 푸시기 바랍니다.

SECTION 01 동력전달장치

01 동력전달장치

1 정의
주행을 위해 기관에서 발생된 동력을 구동 바퀴에 전달하는 모든 장치를 뜻한다.

2 동력전달 순서

피스톤 → 토크 컨버터 또는 클러치 → 변속기 → 드라이브 라인 → 종감속 장치 및 차동장치 → 액슬축 → 바퀴

02 클러치

기관의 동력을 변속기에 전달 및 차단하는 장치이다.

1 클러치 필요성
① 엔진 시동 시 무부하 상태를 위해 동력 차단
② 변속 시 기관 동력 차단
③ 관성운전을 가능하게 함

2 클러치의 종류
① 마찰클러치
② 유체클러치
③ 전자클러치

3 마찰클러치 구조
① 클러치판: 압력판과 플라이 휠 사이에 설치되어 있고, 기관의 동력을 변속기 입력축으로 회전력을 전달시킬 수 있는 마찰판

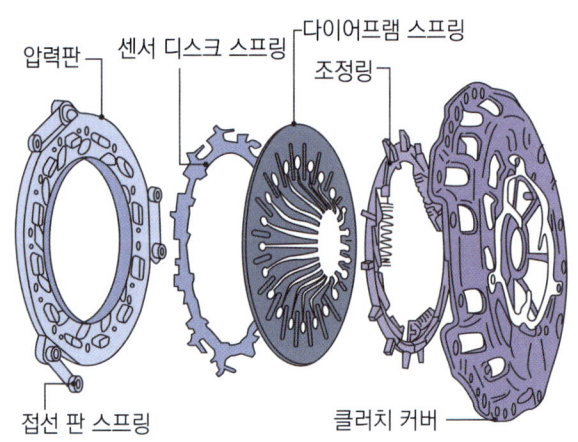

[마찰클러치 구조]

> **클러치판의 구성 요소**
> » 쿠션스프링: 직선 충격을 흡수
> » 댐퍼스프링(토션스프링): 클러치판의 비틀림 충격을 흡수

② 압력판: 클러치 스프링 장력으로 클러치판을 밀어서 플라이 휠에 압착시키는 장치이며, 플라이 휠과 항상 같이 회전
③ 릴리스 실린더: 유압에너지를 기계적 에너지로 변환하여 릴리스 포크를 작동시키는 장치
④ 릴리스 포크: 릴리스 베어링에 끼워져 릴리스 베어링을 작동시키는 장치
⑤ 릴리스 레버: 릴리스 베어링에 의해 한쪽이 눌리면 지렛대 원리로 클러치판을 누르고 있는 압력판을 분리시키는 장치
⑥ 릴리스 베어링: 릴리스 포크에 의해 클러치 축 방향으로 움직여 회전 중인 릴리스 레버를 눌러 동력을 차단하는 장치

4 클러치의 자유 간극
클러치 페달을 밟았을 때 릴리스 베어링이 릴리스 레버에 닿을 때까지 페달이 움직인 거리를 말하며, 클러치의 미끄러짐을 방지하고 원활하게 동력을 차단하여 기어의 물림을 좋게 한다.

5 클러치가 미끄러지는 원인

① 클러치의 자유간극이 작은 경우(자유간극이 크면 클러치의 차단 불량)
② 클러치판에 오일이 부착된 경우
③ 클러치판이나 압력판의 마멸
④ 클러치 압력판의 스프링 장력이 약화된 경우

03 수동변속기

1 수동변속기의 필요성

① 기관의 회전력을 증가시키기 위해
② 기관을 무부하 상태로 만들기 위해
③ 후진하기 위해

2 수동변속기의 용어 정리

① 록킹볼(Locking Ball): 기어변속 후 기어가 빠지는 것을 방지하는 기능
② 인터록(Inter Lock): 이중 기어가 물리는 것을 방지
③ 싱크로나이즈 링(Synchronaise ring): 기어를 넣을 때 허브기어와 단기어의 속도를 일치시키며 고장 시 기어가 들어가지 않고 소음과 진동이 발생

3 수동변속기 소음의 원인

① 변속기의 오일 부족
② 클러치의 유격이 너무 클 때
③ 변속기의 기어, 변속기 베어링 등의 마모
④ 기어의 백래시 과다

4 수동변속기의 기어가 빠지는 원인

① 변속기 기어의 마모가 심한 경우
② 기어의 물림이 불량한 경우
③ 변속기의 록킹볼이 불량한 경우

04 자동변속기

1 자동변속기의 장점

① 클러치 조작 없이 자동 출발이 가능
② 기관에 전달되는 충격이 적어 기관 수명이 길어짐
③ 저속 구동력이 좋음
④ 조종자의 기어 변속 없이 자동으로 변속이 가능

2 자동변속기의 유성기어

자동변속기는 기어의 구조가 매우 간결한 유성기어로 동력 차단 없이 변속이 가능하다.

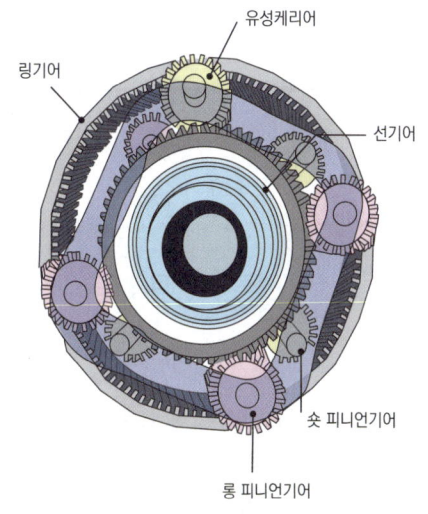

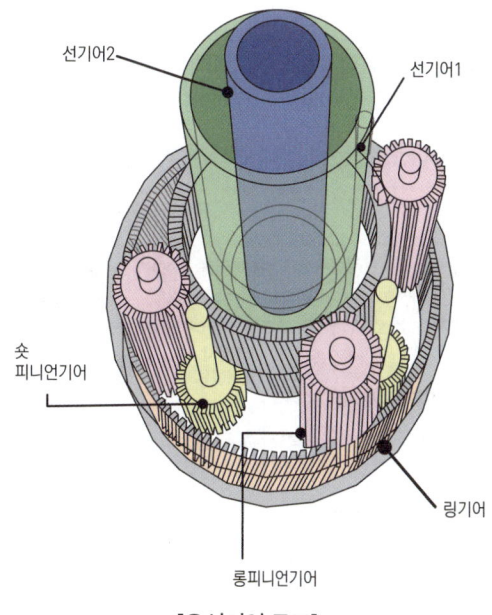

[유성기어 구조]

05 토크 컨버터(Torque Converter)

1 토크 컨버터

① 기관의 동력을 유체에너지로 변환하고, 이 유체에너지를 다시 회전력으로 전환시키는 장치
② 펌프, 스테이터, 터빈, 가이드링 등으로 구성됨

펌프	크랭크축에 연결되어 회전
스테이터	오일이 흐르는 방향을 바꾸어 회전력을 증가시킴
터빈	변속기 입력축의 스플라인에 결합
가이드링	유체 클러치의 와류를 감소시킴

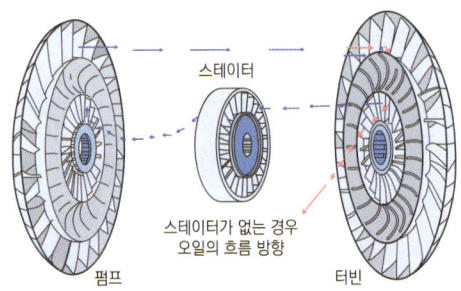

[토크 컨버터 구조]

2 유체 클러치

① 오일을 이용하여 엔진의 회전력을 변속기에 전달하는 클러치
② 펌프, 터빈, 가이드 링 등으로 구성되어 있음

06 드라이브 라인(Drive Line)

변속기에서 나오는 동력을 바퀴까지 전달하는 추진축이다.

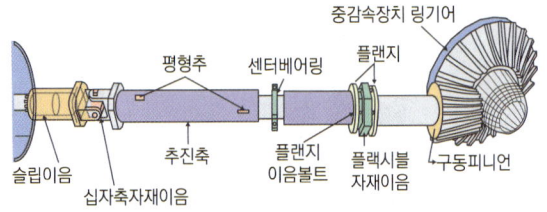

[추진축 구조]

1 프로펠라 샤프트

변속기로부터 구동축에 동력을 전달하는 추진축이다.

2 자재 이음

두 개의 축 각도에 유연성을 주는 장치이며, 축이 특정 각도로 교차할 때 자유롭게 동력을 전달하기 위한 이음매이다.

3 슬립 이음

차량의 하중이 증가할 때 변속기 중심과 후차축 중심 길이가 변하는 것을 신축시켜 추진축 길이의 변동을 흡수하는 장치이다.

07 종감속 장치 및 차동장치

1 종감속 기어

① 기관 동력을 구동력으로 증가시키는 장치
② 추진축에서 받은 동력을 직각으로 바꾸어 뒷바퀴에 전달하고, 알맞은 감속비로 감속하여 회전력을 높임

 종감속비
» 종감속비는 나누어서 떨어지지 않는 값으로 함
» 종감속비 = $\dfrac{링기어 잇수}{구동피니언 잇수}$

2 하이포이드 기어

링 기어 중심선 아래쪽에 구동피니언 기어의 중심이 오도록 설계한 기어이다.

① 추진축의 높이를 낮춰 차고가 낮아짐
② 기어의 강도가 증가
③ 특수 기어 오일을 사용해야 함
④ 기어의 물림률이 크기 때문에 회전이 정숙

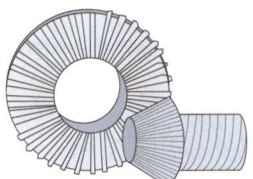

[하이포이드 기어]

08 차동기어

커브를 돌 때 선회를 원활하게 해주는 장치이다.
① 험로 주행이나 선회 시에 좌우 구동바퀴의 회전속도를 달리하여 무리한 동력전달을 방지
② 보통 차동기어장치는 노면의 저항을 작게 받는 쪽의 바퀴 회전속도가 빠름
③ 선회 시 바깥쪽 바퀴의 회전속도를 증대시킴
④ 빙판이나 수렁을 지날 때 구동력이 한쪽 바퀴에만 전달되며 진행을 방해할 수 있기 때문에 4륜 구동 형식을 채택하거나 차동제한 장치를 두기도 함

09 타이어

노면으로부터의 충격 등을 흡수하여 제동력과 구동력 및 견인력을 확보하는 장치이다.

1 타이어의 구조

① 트레드(Tread): 노면과 접촉하는 두꺼운 고무층으로, 마모에 잘 견디고 미끄럼 방지 및 열 발산 기능을 함
② 브레이커(Breaker): 트레드와 카커스 사이에 있으며, 여러 겹의 코드 층을 고무로 감싼 구조
③ 카커스(Carcass): 타이어의 골격을 형성하는 부분으로, 강도가 강한 합성섬유에 고무를 입힌 층이다. 골격과 공기압을 유지시켜주는 역할을 함
④ 사이드월(Side Wall): 카커스를 보호하고 승차감을 좋게 한다. 타이어의 사이즈와 생산년도, 규정공기압, 하중 등의 정보가 표기되어 있음
⑤ 비드(Bead): 휠림과 접촉하는 부분으로, 타이어를 림에 고정시키는 기능이 있으며 공기가 새는 경우를 방지하는 기능을 함
⑥ 튜브리스 타이어: 타이어 내부에 튜브 대신 이너 라이너라는 고무 층을 둔다. 펑크 발생 시, 급격한 공기 누설이 없기 때문에 안정성이 좋고, 방열이 좋으며 수리가 간편함

2 트레드의 패턴

① 타이어의 마찰력을 증가시켜 미끄럼을 방지한다.
② 구동력, 조향성, 안정성 및 견인력 등을 향상시킨다.
③ 타이어 내부의 열을 발산한다.
④ 리브형, 러그형, 블록형, 오프더로드형 등이 있다.

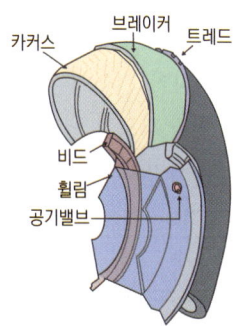

[타이어의 구조]

3 타이어의 분류

① 고압 타이어: $4.2kgf/cm^2$ 공기압을 사용하는 타이어로, 대형 트럭이나 버스 등에 사용한다.
② 저압 타이어: $1.4~2.8kgf/cm^2$ 공기압을 사용하는 타이어로, 승용차에 사용한다.
③ 초저압 타이어: $1.4~1.7kgf/cm^2$ 공기압을 사용하는 타이어로, 폭이 넓고 공기량이 많다.
④ 튜브리스 타이어: 타이어 내부에 튜브가 없어 방열이 좋고 수리가 간단하며, 못이 막혀도 공기가 쉽게 새어나가지 않고 고속주행에 의한 발열이 적다.

4 타이어의 표기 호칭 순서

① 저압 타이어: 타이어폭(Inch)-타이너 내경(Inch)-플라이 수
② 고압 타이어: 타이어폭(Inch) × 타이어 내경(Inch)-플라이 수

SECTION 02 조향장치

01 조향장치

1 조향 원리
① 조향장치는 운전자가 건설기계 주행 중 선회하려는 방향으로 조향 휠과 각도를 변화시키는 장치
② 조향의 원리는 애커먼장토식의 원리를 이용

2 조향장치 구비 조건
① 주행 중 발생되는 충격에 조향 조작이 영향을 받으면 안 됨
② 조작하기 쉽고 최소 회전 반경이 적어야 함
③ 정비가 편리해야 하고 수명이 길어야 함
④ 조향 휠의 회전과 바퀴 회전수 차이가 크지 않아야 함
⑤ 방향 전환이 쉽게 진행되어야 함

3 조향장치의 구성 부품
① 핸들 및 조향축: 바퀴의 조향을 하는 핸들과 회전력을 전달하는 연결 부위인 조향 축을 말한다.
② 조향기어 박스
  • 렉기어와 피니언 기어의 조향 기어로 구성되며, 감속비로 조작력을 증가시킨다.
  • 조향기어의 종류에는 웜 섹터형, 볼 너트형, 래크오 피니언형 등이 있다.
③ 피트먼 암: 조향 기어의 섹터에 고정되어 조향 휠의 움직임을 드래그에 전달한다.
④ 드래그 링크: 피트먼 암과 너클암을 연결하는 연결 부위
⑤ 타이로드
  • 너클암의 회전운동을 바퀴 좌우 조향 너클에 전달하여 바퀴를 조향
  • 타이로드와 타이로드 엔드는 너트형태로 조립되어 있어서 타이로드 길이를 조정하여 휠얼라인먼트의 토우 조정이 가능
⑥ 타이로드 엔드: 타이로드 끝부분에 연결되어 너클암과 연결된 부분을 말한다.

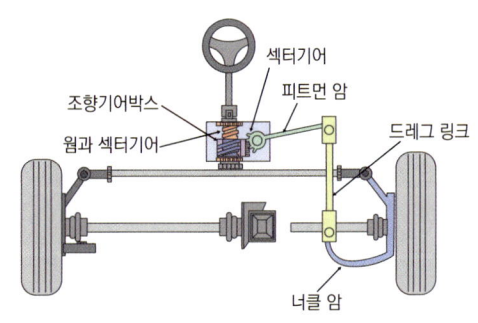

[조향장치의 구성]

4 조향핸들이 무거워지는 원인
① 타이어의 마모가 심한 경우
② 오일펌프의 작동이 불량한 경우
③ 타이어 공기압이 낮은 경우
④ 조향기어 박스에 기어오일이 부족한 경우
⑤ 바퀴 정렬이 불량한 경우

5 조향핸들의 유격이 커지는 원인
① 피트먼 암이 헐거운 경우
② 조향바퀴 허브베어링의 베어링 마모가 심한 경우
③ 타이로드 엔드 볼 조인트의 마모가 심한 경우
④ 조향기어, 링키지의 조정이 불량한 경우

6 조향핸들이 한쪽으로 쏠리는 원인
① 한쪽 타이어의 공기압이 낮은 경우
② 바퀴 정렬이 불량한 경우
③ 허브 베어링의 마모가 심한 경우

02 동력식 조향장치

1 동력 조향장치의 장점
① 작은 조작력으로 조향 조작이 가능하다.
② 제작 시 조향 기어비를 조작력에 관계없이 설정할 수 있다.
③ 굴곡진 노면으로부터 발생한 충격을 흡수하여 조향 핸들에 충격이 전달되는 것을 방지한다.

2 유압식 동력 조향장치
유압 에너지를 이용하여 조향 조작력을 가볍게 하는 장치
① 동력부는 기관 동력으로 펌프를 구동한다.
② 제어부는 오일의 흐름을 제어한다.
③ 작동부는 실린더 내의 피스톤에 유압을 보내어 작동하게 한다.
④ 유압식 동력 조향장치는 저속과 고속에서 모두 조향력이 가벼워 고속 시 주행 안전성이 떨어질 수 있다.

03 조향바퀴 정렬

각 바퀴가 차체나 노면에 일정한 방향이나 각도에 맞춰 정렬한다.

1 캠버(Camber)
① 자동차를 앞에서 보았을 때 노면 수직선과 바퀴의 중심선이 이루는 각도
② 앞바퀴가 하중에 의해 아래로 벌어지는 것을 방지한다.
③ 조향 휠의 조작력을 가볍게 한다.

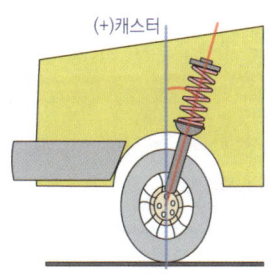
[캠버]

2 캐스터(Caster)
① 자동차를 옆에서 보았을 때 노면 수직선과 킹핀 중심선(조향축)이 이루는 각
② 바퀴의 직진 안정성을 높임
③ 조향 후 바퀴를 직진 방향으로 돌아오게 하는 복원력을 높임

[캐스터]

3 토(Toe)
바퀴를 위에서 보았을 때 좌우 바퀴의 간격이 뒤쪽보다 앞쪽이 좁은 경우(토 인) 또는 큰 경우(토 아웃)를 말한다.
① 조향을 가볍게 하고 직진성을 좋게 함
② 옆 방향으로 미끄러지지 않도록 함
③ 바퀴를 평행하게 회전하도록 함
④ 토가 잘못되면 타이어 트레드에 마모가 발생할 수 있음

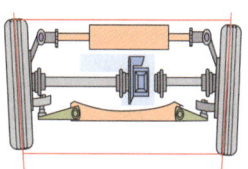 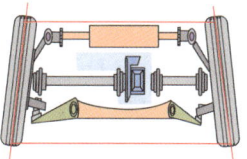

[토인]   [토 아웃]

4 킹핀 경사각(King Pin Inclination Angle)
① 자동차를 앞에서 보았을 때 노면 수직선과 킹핀 중심선(조향축)이 이루는 각도
② 바퀴의 방향 안정성과 복원성을 높임
③ 핸들의 조작력을 줄임
④ 바퀴의 시미현상을 방지

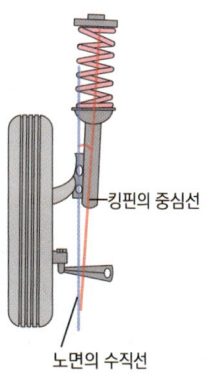

[킹핀 경사각]

시미현상(Shimmy)
» 바퀴가 옆으로 흔들리는 현상
» 타이어의 동적평형이 잡혀있지 않으면 시미 현상이 발생

SECTION 03 제동장치

01 제동장치

① 주행 중인 건설기계를 정지 또는 감속시키거나 주차 상태를 유지하는 장치
② 제동장치는 '밀폐 용기 내에서 액체를 채우고 그 용기에 힘을 가하면 유체 속에서 발생하는 압력은 용기 내의 모든 면에 같은 압력이 작용한다.'라는 파스칼의 원리를 이용

02 유압식 제동장치

1 유압식 제동장치의 특징

① 파스칼의 원리 이용
② 작동 장치의 원격 제어 가능
③ 모든 바퀴에 균일한 압력 전달 가능
④ 작동 시 마찰 손실이 작음
⑤ 유압 계통이 파손되면 제동력이 상실되며, 유압라인 내에 공기가 차거나 베이퍼록 현상이 발생할 수 있음
⑥ 드럼식과 디스크식이 있음

2 유압식 제동장치 구성품

① 마스터 실린더: 브레이크 페달을 밟아서 유압을 발생시키는 부분이다. 안정성 확보를 위해 2개의 유압회로를 구성하고 있는 탠덤마스터 실린더가 주로 사용되고 있음
② 브레이크 페달: 지렛대의 원리를 이용하여 밟는 힘보다 더 큰 힘을 마스터 실린더에 가함
③ 체크밸브: 브레이크 파이프 내의 잔압을 형성하여 베이퍼록을 방지하고 재제동성을 높임

» 베이퍼록 현상: 유압 라인 내에 마찰열이나 압력 변화로 오일에서 기포가 발생하고, 그 기포가 오일 흐름을 방해하여 제동력이 떨어지는 현상
» 페이드 현상: 브레이크 드럼과 라이닝 사이에 마찰열로 마찰계수가 작아져 브레이크가 밀리는 현상

3 유압식 브레이크의 종류

① 드럼식 브레이크
  - 브레이크 드럼 안쪽으로 라이닝을 부착한 브레이크슈를 압착하는 방식으로 제동한다.
  - 휠 실린더, 브레이크슈 및 브레이크 드럼, 백 플레이트 등으로 이루어져 있다.
② 디스크 브레이크
  - 바퀴에 디스크가 붙어 있어서 브레이크 패드가 디스크에 마찰을 주는 방식으로 제동한다.
  - 패드의 마찰 면적이 작기 때문에 제동 배력 장치가 필요하다.
  - 패드는 높은 강도의 재질로 구성되어야 한다.

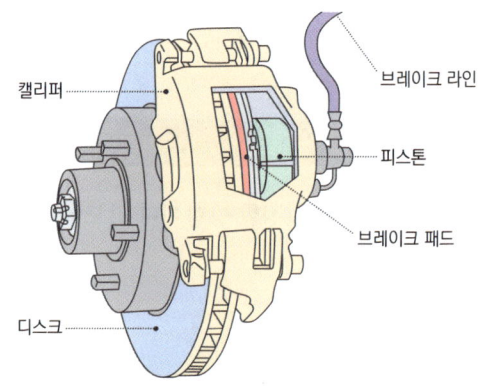

[디스크 브레이크]

공기 브레이크
» 압축 공기로 제동력을 얻는 장치
» 큰 제동력이 가능하므로 건설기계 또는 대형 차량에 사용 가능

03 인칭페달 및 링크

인칭페달의 초기행정(Stroke)에서는 트랜스 액슬 제어밸브 인칭스풀의 작동으로 유압 클러치가 중립이 되어 구동력을 차단, 페달을 더욱 깊게 밟으면 브레이크가 작동한다.

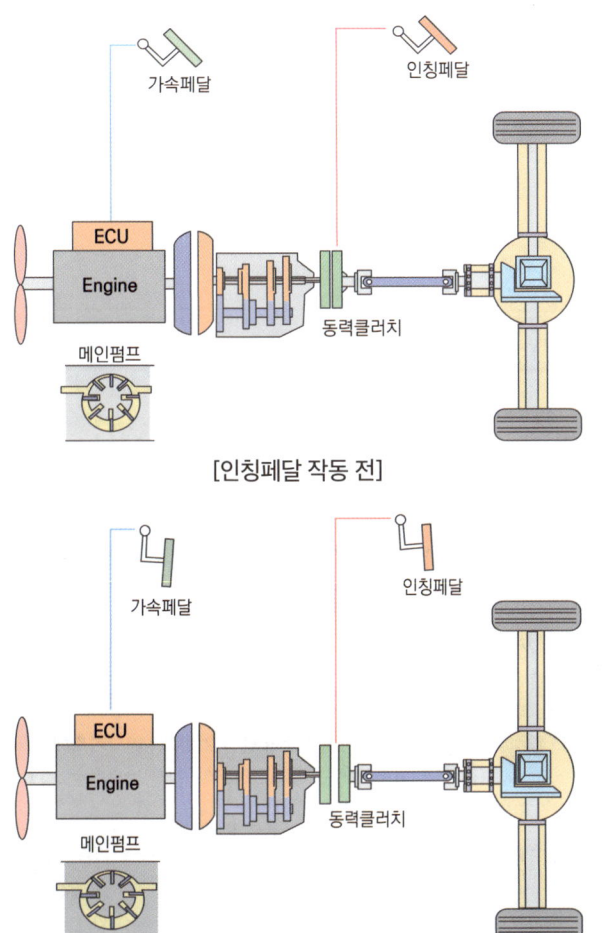

[인칭페달 작동 전]

[인칭페달 작동 후]

CHAPTER 07 전·후진 주행장치

단원문제

★ 개수는 빈출도와 중요도를 의미합니다.

동력전달장치

01 동력을 전달하는 계통의 순서를 바르게 나타낸 것은?

① 피스톤 → 커넥팅로드 → 클러치 → 크랭크축
② 피스톤 → 클러치 → 크랭크축 → 커넥팅로드
③ 피스톤 → 크랭크축 → 커넥팅로드 → 클러치
④ 피스톤 → 커넥팅로드 → 크랭크축 → 클러치

02 기계식 변속기가 장착된 건설기계에서 클러치 스프링의 장력이 약하면 발생하는 현상은?

① 주 속도가 빨라진다.
② 기관의 회전속도가 빨라진다.
③ 기관이 정지된다.
④ 클러치가 미끄러진다.

해설 클러치 스프링의 장력이 약하면 클러치를 지지하기가 어려워지므로, 클러치가 미끄러진다.

03 기관의 플라이휠과 항상 같이 회전하는 부품은?

① 압력판
② 릴리스 베어링
③ 클러치 축
④ 디스크

04 클러치의 필요성으로 옳지 않은 것은?

① 전·후진을 위해
② 관성운동을 하기 위해
③ 기어 변속 시 기관의 동력을 차단하기 위해
④ 기관 시동 시 기관을 무부하 상태로 하기 위해

05 클러치에 대한 설명으로 옳지 않은 것은?

① 클러치는 수동식 변속기에 사용된다.
② 클러치 용량이 너무 크면 엔진이 정지하거나 동력 전달 시 충격이 일어나기 쉽다.
③ 엔진 회전력보다 클러치의 용량이 적어야 한다.
④ 클러치 용량이 너무 작으면 클러치가 미끄러진다.

해설 클러치의 용량은, 클러치가 엔진으로부터 변속기축에 전달할 수 있는 회전력의 크기를 의미하며, 엔진 회전력보다 약 2~3배 정도 커야 한다.

06 클러치 차단이 불량한 원인이 아닌 것은?

① 릴리스 레버의 마멸
② 페달 유격의 과대
③ 클러치판의 흔들림
④ 토션 스프링의 약화

해설 토션 스프링은 클러치 디스크가 플라이휠과 접속할 때 회전충격을 흡수하는 역할을 하는 것으로 클러치 차단 불량의 원인이 아니다.

| 정답 | 01 ④ 02 ④ 03 ① 04 ① 05 ③ 06 ④

07 수동식 변속기가 장착된 장비에서 클러치 페달에 유격을 두는 이유는?

① 클러치 용량을 크게 하기 위해
② 클러치의 미끄럼을 방지하기 위해
③ 엔진 출력을 증가시키기 위해
④ 제동 성능을 증가시키기 위해

해설 클러치 유격은 릴리스 베어링이 릴리스 레버에 접촉할 때 까지 페달이 움직인 거리를 말하는데 클러치의 미끄러짐을 방지하기 위해 클러치 페달에 적당한 유격을 두게 된다.

08 수동변속기가 설치된 건설기계에서 클러치가 미끄러지는 원인으로 가장 거리가 먼 것은?

① 클러치 페달의 자유간극 과소
② 압력판의 마멸
③ 클러치판에 오일부착
④ 클러치판의 런아웃 과다

해설 클러치판의 런아웃(Run out)은 클러치판이 떨리는 현상을 말한다.

09 수동식 변속기 건설기계를 운행 중 급가속 시켰더니 기관의 회전은 상승하는데 차속이 증속되지 않았다. 그 원인에 해당하는 것은?

① 클러치 파일럿 베어링의 파손
② 릴리스 포크의 마모
③ 클러치 페달의 유격 과대
④ 클러치 디스크 과대 마모

해설 클러치가 마모되면 클러치가 미끄러지기 때문에 급가속을 하여도 차속이 증속되지 않는 증상이 발생한다.

10 토크 컨버터에서 오일 흐름 방향을 바꾸어 주는 것은?

① 펌프
② 변속기축
③ 터빈
④ 스테이터

11 토크 컨버터에 대한 설명으로 옳은 것은?

① 구성품 중 펌프(임펠러)는 변속기 입력축과 기계적으로 연결되어 있다.
② 펌프, 터빈, 스테이터 등이 상호 운동하여 회전력을 변환시킨다.
③ 엔진 회전속도가 일정한 상태에서 건설기계의 속도가 줄어들면 토크는 감소한다.
④ 구성품 중 터빈은 기관의 크랭크축과 기계적으로 연결되어 구동된다.

해설 토크 컨버터는 펌프(임펠러), 터빈(러너), 스테이터 등이 상호 운동하여 회전력을 변환시키는 장치이다.

12 유체 클러치(Fluid coupling)에서 가이드 링의 역할은?

① 와류를 감소시킨다.
② 터빈(Turbine)의 손상을 줄이는 역할을 한다.
③ 마찰을 증대시킨다.
④ 플라이휠(fly wheel)의 마모를 감소시킨다.

해설 유체 클러치에서 가이드 링은 유체의 와류(소용돌이)를 감소시켜 동력의 전달효율을 증대시킨다.

| 정답 | 07 ② 08 ④ 09 ④ 10 ④ 11 ② 12 ① |

13 유성기어 장치의 주요 부품은?

① 유성기어, 베벨기어, 선기어
② 선기어, 클러치기어, 헬릴컬기어
③ 유성기어, 베벨기어, 클러치기어
④ 선기어, 유성기어, 링기어, 유성캐리어

> **해설** 유성기어 장치는 중심에 선기어가 고정되어 있고 가장 바깥쪽에 커다란 링기어가 있으며, 선기어와 링기어 중간에 유성기어가 설치되고 유성기어를 동일한 간격으로 지지하는 유성기어 캐리어로 구성된다.

14 동력전달장치에서 토크 컨버터에 대한 설명으로 옳지 <u>않은</u> 것은?

① 기계적인 충격을 흡수하여 엔진의 수명을 연장한다.
② 조작이 용이하고 엔진에 무리가 없다.
③ 부하에 따라 자동적으로 변속한다.
④ 일정 이상의 과부하가 걸리면 엔진이 정지한다.

> **해설** 토크컨버터는 일정 이상의 과부하가 걸려도 엔진 가동이 정지하지 않는다.

15 토크 컨버터의 3대 구성요소가 <u>아닌</u> 것은?

① 터빈
② 스테이터
③ 펌프
④ 오버러닝 클러치

> **해설** 토크 컨버터는 터빈, 스테이터, 펌프 임펠러로 구성된다.

16 변속레버를 중립에 위치하였는데도 불구하고 전진 또는 후진으로 움직이고 있을 때 고장으로 판단되는 곳은?

① 컨트롤 밸브
② 유압펌프
③ 토크컨버터
④ 트랜스퍼케이스

> **해설** 컨트롤 밸브가 고장나면 변속레버를 중립에 위치하였는데도 불구하고 전진 또는 후진으로 움직인다.

17 자동변속기가 장착된 지게차의 모든 변속단에서 출력이 떨어질 경우 점검해야 할 항목과 거리가 <u>먼</u> 것은?

① 토크컨버터 고장
② 오일의 부족
③ 엔진고장으로 출력 부족
④ 추진축 휨

18 토크변환기에 사용되는 오일의 구비조건으로 옳은 것은?

① 착화점이 낮을 것
② 비중이 작을 것
③ 비점이 낮을 것
④ 점도가 낮을 것

> **해설** 토크 컨버터 오일의 구비조건: 점도가 낮고, 착화점이 높을 것, 빙점이 낮고, 비점이 높을 것, 비중이 크고, 유성이 좋을 것, 윤활성과 내산성이 클 것

| 정답 | 13 ④ 14 ④ 15 ④ 16 ① 17 ④ 18 ④ |

19 자동변속기의 과열원인이 <u>아닌</u> 것은?

① 메인압력이 높다.
② 과부하 운전을 계속하였다.
③ 오일이 규정량보다 많다.
④ 변속기 오일쿨러가 막혔다.

해설 자동변속기가 과열하는 원인
• 오일이 부족할 때
• 메인압력(유압)이 높을 때
• 과부하 운전을 계속하였을 때
• 오일쿨러가 막혔을 때

20 건설기계에서 변속기의 구비조건으로 가장 적절한 것은?

① 대형이고, 고장이 없어야 한다.
② 조작이 쉬우므로 신속할 필요는 없다.
③ 연속적 변속에는 단계가 있어야 한다.
④ 전달효율이 좋아야 한다.

해설 변속기는 소형, 경량이고 고장이 없으며, 조작이 쉽고 신속, 정확하게 변속되어야 한다. 또한 단계 없이 연속적인 변속 조작이 가능하고, 전달 효율이 좋아야 한다.

21 수동변속기가 장착된 건설기계에서 기어의 이중 물림을 방지하는 장치는?

① 인젝션 장치
② 인터록 장치
③ 인터클러치 장치
④ 인터널 기어 장치

해설 변속기 기어가 이중으로 물리는 것을 방지하는 장치는 인터록 장치이다.

22 운행 중 변속레버가 빠지는 원인에 해당되는 것은?

① 기어가 충분히 물리지 않았을 때
② 클러치 조정이 불량할 때
③ 릴리스 베어링이 파손되었을 때
④ 클러치 연결이 분리되었을 때

해설 변속레버는 기어가 제대로 물리지 않거나, 변속기 록 장치가 불량하거나, 록스프링의 장력이 약할 경우 빠지게 된다

23 수동식 변속기가 장착된 건설기계에서 기어의 이상음이 발생하는 이유가 <u>아닌</u> 것은?

① 기어 백래시 과다
② 변속기의 오일부족
③ 변속기 베어링의 마모
④ 웜과 웜기어의 마모

해설 웜과 웜기어는 나사모양의 휠이 직각방향으로 웜기어에 연결되어 회전력을 전달하는데 사용된다. 웜과 웜기어는 조향기어의 종류이므로 수동변속기와는 관계가 없다.

24 추진축의 각도변화를 가능하게 하는 이음은?

① 등속이음
② 자재이음
③ 플랜지 이음
④ 슬립이음

해설 자재이음(유니버설 조인트)은 추진축의 각도변화를 가능하게 하는 부품이다.

| 정답 | 19 ③　20 ④　21 ②　22 ①　23 ④　24 ②

25 슬립이음과 자재이음을 설치하는 곳은?

① 드라이브 라인
② 종 감속기어
③ 차동기어
④ 유성기어

해설 추진축의 길이변화를 가능하게 해주는 슬립이음과 추진축의 각도변화를 가능하게 해주는 자재이음은 드라이브 라인에 설치된다.

26 타이어식 건설기계의 동력전달장치에서 추진축의 밸런스 웨이트에 대한 설명으로 옳은 것은?

① 추진축의 비틀림을 방지한다.
② 추진축의 회전수를 높인다.
③ 변속조작 시 변속을 용이하게 한다.
④ 추진축의 회전 시 진동을 방지한다.

해설 밸런스 웨이트(평형추)는 추진축이 회전할 때 진동을 방지한다.

27 십자축 자재이음을 추진축 앞뒤에 둔 이유를 가장 적절하게 설명한 것은?

① 추진축의 진동을 방지하기 위해
② 회전 각속도 변화를 상쇄하기 위해
③ 추진축의 굽음을 방지하기 위해
④ 길이의 변화를 가능하게 하기 위해

해설 십자축 자재이음을 추진축 앞뒤에 둔 이유는 회전 각속도의 변화를 상쇄하기 위함이다.

28 엔진에서 발생한 회전동력을 바퀴까지 전달할 때 마지막으로 감속작용을 하는 것은?

① 클러치
② 트랜스미션
③ 프로펠러 샤프트
④ 파이널 드라이브 기어(종감속기어)

해설 파이널 드라이브 기어(종감속 기어)는 엔진의 동력을 바퀴까지 전달할 때 마지막으로 감속하여 전달한다.

29 타이어식 건설기계의 추진축 구성품이 아닌 것은?

① 실린더
② 요크
③ 평형추
④ 센터베어링

해설 추진축은 요크, 평형추, 센터베어링으로 구성되어 있다.

30 종감속비에 대한 설명으로 옳지 않은 것은?

① 종감속비는 링기어 잇수를 구동피니언 잇수로 나눈 값이다.
② 종감속비가 크면 가속성능이 향상된다.
③ 종감속비가 적으면 등판능력이 향상된다.
④ 종감속비는 나누어서 떨어지지 않는 값으로 한다.

해설 종감속비를 크게 하면 가속성능과 등판능력은 향상되나 고속성능이 저하한다.

| 정답 | 25 ① 26 ④ 27 ② 28 ④ 29 ① 30 ③ |

31 ★★ 동력전달장치에 사용되는 차동기어장치에 대한 설명으로 옳지 않은 것은?

① 선회할 때 좌·우 구동바퀴의 회전속도를 다르게 한다.
② 선회할 때 바깥쪽 바퀴의 회전속도를 증대시킨다.
③ 보통 차동기어장치는 노면의 저항을 작게 받는 구동바퀴가 더 많이 회전하도록 한다.
④ 기관의 회전력을 크게 하여 구동바퀴에 전달한다.

해설 기관의 회전력을 크게 하여 구동바퀴에 전달하는 것은 종감속기어이다.

32 ★★★ 차축의 스플라인 부는 차동장치 어느 기어와 결합되어 있는가?

① 링 기어
② 차동사이드 기어
③ 차동피니언
④ 구동피니언

해설 차축의 스플라인 부는 차동장치의 차동사이드 기어와 결합되어 있다.

33 ★★★ 엔진에서 발생한 회전동력을 바퀴까지 전달할 때 마지막으로 감속작용을 하는 것은?

① 클러치
② 프로펠러샤프트
③ 트랜스미션
④ 파이널 드라이버 기어

해설 종감속기어(파이널 드라이버 기어, 최종 감속기어)는 추진축의 회전력을 직각이나 직각에 가까운 각도로 바꾸어서 뒤차축에 전달하고, 최종적인 감속을 통해 회전력을 증대시키기 위해 설치하는 장치이다.

34 ★★★ 하부 추진체가 휠로 되어 있는 건설기계 장비로 커브를 돌 때 선회를 원활하게 해주는 장치는?

① 변속기
② 차동장치
③ 최종 구동장치
④ 트랜스퍼케이스

해설 차동장치란 하부 추진체가 휠로 되어 있는 건설기계장비로 커브를 돌 때 쪽 바퀴의 회전수를 다르게 하여 원활한 주행을 가능하게 하는 장치이다.

35 ★★★ 사용압력에 따른 타이어의 분류에 속하지 않는 것은?

① 고압타이어
② 초고압타이어
③ 저압타이어
④ 초저압타이어

해설 사용압력에 따른 타이어의 분류에는 고압타이어, 저압타이어, 초저압타이어가 있다.

36 ★★★ 타이어에서 고무로 피복된 코드를 여러 겹으로 겹친 층에 해당되며 타이어 골격을 이루는 부분은?

① 카커스(carcass)부분
② 트레드(tread)부분
③ 숄더(should)부분
④ 비드(bead)부분

해설 카커스 부분은 고무로 피복된 코드를 여러겹 겹친 층에 해당되며, 타이어 골격을 이루는 부분이다.

| 정답 | 31 ④ 32 ② 33 ④ 34 ② 35 ② 36 ①

37 타이어식 건설기계 주행 중 발생할 수도 있는 히트 세퍼레이션 현상에 대한 설명으로 옳은 것은?

① 물에 젖은 노면을 고속으로 달리면 타이어와 노면 사이에 수막이 생기는 현상
② 고속으로 주행 중 타이어가 터져버리는 현상
③ 고속 주행 시 차체가 좌·우로 밀리는 현상
④ 고속 주행할 때 타이어 공기압이 낮아져 타이어가 찌그러지는 현상

해설 히트 세퍼레이션(heat separation)이란 고속으로 주행할 때 열에 의해 타이어의 고무나 코드가 용해 및 분리되어 터지는 현상이다.

38 타이어의 트레드에 대한 설명으로 옳지 않은 것은?

① 트레드가 마모되면 구동력과 선회능력이 저하된다.
② 트레드가 마모되면 지면과 접촉 면적이 크게 됨으로써 마찰력이 증대되어 제동 성능은 좋아진다.
③ 타이어의 공기압이 높으면 트레드의 양단부보다 중앙부의 마모가 크다.
④ 트레드가 마모되면 열의 발산이 불량하게 된다.

해설 타이어의 트레드는 타이어에서 노면과 직접 접촉되어 마모에 견디며, 적은 슬립으로 견인력을 증대시키는 부분으로, 만약에 트레드가 마모된다면 노면과의 접촉 마찰력이 감소하게 되어 잘 미끄러진다.

39 타이어에서 트레드 패턴과 관련이 없는 것은?

① 제동력
② 편평율
③ 구동력 및 견인력
④ 타이어의 배수효과

해설 트레드 패턴은 트레드에 새겨진 홈의 모양을 말하며 제동력 향상, 구동력, 견인력 등의 성능 향상, 타이어의 배수효과 향상 등의 기능을 담당한다. 편평율은 타원체의 편평한 정도를 의미하여, 이는 트레드 패턴과는 상관이 없다.

40 튜브리스타이어의 장점이 아닌 것은?

① 펑크 수리가 간단하다.
② 못이 박혀도 공기가 잘 새지 않는다.
③ 고속 주행하여도 발열이 적다
④ 타이어 수명이 길다

해설 튜브리스(tubeless)타이어란 튜브가 없고 대신에 공기가 누설되지 않는 고무막을 타이어 내부에 설치하는 방식의 타이어로 최근에 많이 사용하며, 타이어의 수명은 운전 조건에 따른 트레드의 마모 상태로 판단하는 것이므로 튜브리스타이어라고 해서 수명이 길다고 할 수 없다.

조향장치

41 다음 중 지게차의 조향방법으로 옳은 것은?

① 전륜 조향
② 후륜 조향
③ 전자 조향
④ 배력 조향

해설 지게차의 조향방식은 후륜(뒷바퀴) 조향이다.

42 지게차에서 조향장치가 하는 역할은?

① 제동을 쉽게 하는 장치이다.
② 분사압력 증대장치이다.
③ 분사시기를 조절하는 장치이다.
④ 건설기계의 진행방향을 바꾸는 장치이다.

해설 조향장치는 건설기계의 진행방향을 바꾸는 장치이다.

| 정답 | 37 ② 38 ② 39 ② 40 ④ 41 ② 42 ④ |

43 지게차를 운전 중 좁은 장소에서 방향을 전환시킬 때 가장 주의할 점으로 옳은 것은?

① 포크 높이를 높게 하고 방향을 전환한다.
② 앞바퀴 회전에 주의하여 방향을 전환한다.
③ 뒷바퀴 회전에 주의하여 방향을 전환한다.
④ 포크가 땅에 닿게 내리고 방향을 전환한다.

> 해설 지게차 운전 중 좁은 장소에서 방향을 전환할 때에는 뒷바퀴 회전에 주의해서 운전해야 한다.

44 동력조향장치의 장점으로 적절하지 않은 것은?

① 작은 조작력으로 조향조작을 할 수 있다.
② 조향기어 비율을 조작력에 관계없이 선정할 수 있다.
③ 굴곡노면에서의 충격을 흡수하여 조향핸들에 전달되는 것을 방지한다.
④ 조작이 미숙하면 엔진이 자동으로 정지된다.

> 해설 **동력조향장치의 장점**
> • 조향기어 비율을 조작력에 관계없이 선정할 수 있다.
> • 작은 조작력으로 조향조작을 할 수 있다.
> • 굴곡노면에서의 충격을 흡수하여 조향핸들에 전달되는 것을 방지한다.
> • 조향핸들의 시미현상을 줄일 수 있다.

45 조향 핸들의 유격이 커지는 원인과 관계가 없는 것은?

① 피트먼 암의 헐거움
② 타이어 공기압 과대
③ 조향기어, 링키지 조정불량
④ 앞바퀴 베어링 과대 마모

46 타이어형 건설기계에서 동력조향장치 구성을 열거한 것으로 적절하지 않은 것은?

① 유압펌프
② 복동 유압실린더
③ 제어밸브
④ 하이포이드 피니언

> 해설 동력조향장치는 작동장치(유압실린더), 유압발생장치(유압펌프), 유압제어장치(제어밸브)로 구성되어 있다.

47 지게차의 조향바퀴 정렬의 역할과 거리가 먼 것은?

① 방향 안정성을 준다.
② 타이어 마모를 최소로 한다.
③ 브레이크의 수명을 길게 한다.
④ 조향핸들의 조작을 작은 힘으로 쉽게 할 수 있다.

> 해설 **조향바퀴 정렬의 역할**
> • 조향핸들에 복원성을 부여한다.
> • 조향핸들의 조작력을 가볍게 한다.
> • 조향핸들의 조작을 확실하게 하고 안전성을 준다.
> • 타이어 마멸을 최소로 한다.

48 지게차의 조향 장치 원리는 어떤 형식인가?

① 애커먼 장토식
② 포토래스 형
③ 전부동식
④ 빌드업형

> 해설 동력조향장치의 원리로는 애커먼 장토식을 이용하고 있다.

| 정답 | 43 ③　44 ④　45 ②　46 ④　47 ③　48 ① |

49 조향기어의 백래시가 클 경우 발생할 수 있는 현상은?

① 핸들의 유격이 커진다.
② 조향핸들의 축방향 유격이 커진다.
③ 조향각도가 커진다.
④ 핸들이 한쪽으로 쏠린다.

> 해설 백래시란 한 쌍의 기어가 맞물렸을 때, 치면 사이에 생기는 틈새를 말한다. 조향기어의 백래시가 작으면 핸들이 무거워지고, 백래시가 커지면 핸들의 유격이 커지게 된다.

50 유압식 조향장치의 핸들의 조작력이 무거운 원인과 가장 거리가 먼 것은?

① 유압이 낮다.
② 오일이 부족하다.
③ 유압 계통 내에 공기가 혼입되었다.
④ 펌프의 회당 회전수가 빠르다.

> 해설 타이어의 공기압이 낮을 때, 오일펌프의 회전이 느릴 때, 오일이 부족할 때 등의 이유로 유압 조향장치의 핸들 조작은 무거워진다.

51 타이어식 건설기계에서 조향바퀴의 토인을 조정하는 것은?

① 조향핸들
② 타이로드
③ 웜 기어
④ 드래그 링크

> 해설 토인은 타이로드에서 조정할 수 있다.

52 건설기계 조향바퀴 정렬의 요소가 아닌 것은?

① 캐스터(caster)
② 부스터(booster)
③ 캠버(camber)
④ 토인(toe-in)

> 해설 조향바퀴 얼라인먼트의 요소에는 캠버, 캐스터, 토인, 킹핀 경사각 등이 있다.

53 앞바퀴 정렬 요소 중 캠버의 필요성에 대한 설명으로 옳지 않은 것은?

① 앞차축의 휨을 적게 한다.
② 조향 휠의 조작을 가볍게 한다.
③ 조향 시 바퀴의 복원력이 발생한다.
④ 토(Toe)와 관련성이 있다.

> 해설 캠버의 필요성: 앞차축의 휨을 적게 하고 조향 휠(핸들)의 조작을 가볍게 하며, 토(Toe)와 토인 토아웃의 상태에 따라 정의 캠버와 부의 캠버를 두고 있다.

54 타이어식 건설기계의 휠 얼라인먼트에서 토인의 필요성이 아닌 것은?

① 조향바퀴의 방향성을 준다.
② 타이어 이상마멸을 방지한다.
③ 조향바퀴를 평행하게 회전시킨다.
④ 바퀴가 옆 방향으로 미끄러지는 것을 방지한다.

> 해설 **토인의 필요성**
> • 조향바퀴를 평행하게 회전시킨다.
> • 조향바퀴가 옆 방향으로 미끄러지는 것을 방지한다.
> • 타이어 이상 마멸을 방지한다.
> • 조향 링키지 마멸에 따라 토 아웃(toe-out)이 되는 것을 방지한다.

| 정답 | 49 ① 50 ④ 51 ② 52 ② 53 ③ 54 ① |

55 타이어식 건설기계에서 앞바퀴 정렬의 역할과 거리가 먼 것은?

① 브레이크의 수명을 길게 한다.
② 타이어 마모를 최소로 한다.
③ 방향 안정성을 준다.
④ 조향핸들의 조작을 작은 힘으로 쉽게 할 수 있다.

해설 앞바퀴 정렬이란 차량의 바퀴 위치 방향 및 다른 부품들과의 밸런스 등을 올바르게 유지하는 정렬상태로 휠 얼라인먼트(wheel alignment)라고도 하며 브레이크 수명과는 관계가 없다.

제동장치

56 제동장치의 구비 조건 중 옳지 않은 것은?

① 점검 및 조정이 용이해야 한다.
② 작동이 확실하고 잘되어야 한다.
③ 마찰력이 작아야 한다.
④ 신뢰성과 내구성이 뛰어나야 한다.

해설 제동장치란 주행 중인 차량을 감속 또는 정지시키거나 정지된 차량이 더 이상 움직이지 않도록 하기 위한 장치로 마찰력이 커야 한다.

57 제동장치의 기능을 설명한 것으로 옳지 않은 것은?

① 주행속도를 감속시키거나 정지시키기 위한 장치이다.
② 독립적으로 작동시킬 수 있는 2계통의 제동장치가 있다.
③ 급제동 시 노면으로부터 발생되는 충격을 흡수하는 장치이다.
④ 경사로에서 정지된 상태를 유지할 수 있는 구조이다.

58 유압 브레이크에서 잔압을 유지시키는 것은?

① 부스터
② 체크밸브
③ 실린더
④ 피스톤 스프링

해설 유압 브레이크에서 잔압을 유지시키는 것은 체크밸브이다.

59 긴 내리막길을 내려갈 때 베이퍼록을 방지하려고 하는 좋은 운전방법은?

① 변속레버를 중립으로 놓고 브레이크 페달을 밟고 내려간다.
② 엔진시동을 끄고 브레이크 페달을 밟고 내려간다.
③ 엔진 브레이크를 사용한다.
④ 클러치를 끊고 브레이크 페달을 계속 밟고 속도를 조정하면서 내려간다.

해설 경사진 내리막길을 내려갈 때 베이퍼록을 방지하려면 엔진 브레이크를 사용한다.

60 타이어식 건설기계에서 브레이크 장치의 유압회로에 베이퍼록이 생기는 원인이 아닌 것은?

① 마스터 실린더 내의 잔압 저하
② 비점이 높은 브레이크 오일 사용
③ 브레이크 드럼과 라이닝의 끌림에 의한 가열
④ 긴 내리막길에서 과도한 브레이크 사용

해설 베이퍼록(vapor lock)이 발생하는 원인
• 긴 내리막길에서 과도한 브레이크 사용
• 브레이크 회로 내의 잔압 저하
• 라이닝과 드럼의 간극과소로 끌림에 의한 가열
• 브레이크 오일의 변질에 의한 비등점 저하
• 불량한 브레이크 오일사용

| 정답 | 55 ① 56 ③ 57 ③ 58 ② 59 ③ 60 ②

61 제동장치의 페이드 현상 방지책으로 옳지 않은 것은?

① 브레이크 드럼의 냉각성능을 크게 한다.
② 브레이크 드럼은 열팽창률이 적은 재질을 사용한다.
③ 온도상승에 따른 마찰계수 변화가 큰 라이닝을 사용한다.
④ 브레이크 드럼은 열팽창률이 적은 형상으로 한다.

> **해설** 페이드 현상을 방지하려면 온도상승에 따른 마찰계수 변화가 작은 라이닝을 사용하여야 한다.

62 진공제동 배력 장치의 설명 중에서 옳은 것은?

① 진공밸브가 새면 브레이크가 전혀 작동되지 않는다.
② 릴레이 밸브의 다이어프램이 파손되면 브레이크가 작동되지 않는다.
③ 릴레이 밸브 피스톤 컵이 파손되어도 브레이크는 작동된다.
④ 하이드로릭 피스톤의 체크 볼이 밀착 불량이면 브레이크가 작동되지 않는다.

> **해설** ① 진공제동 배력 장치의 원리: 초기에는 배력장치의 피스톤 양쪽에 진공압력이 작동되어 있으며 브레이크 작동시 배력장치 내의 릴레이밸브 피스톤이 브레이크 유압에 의해 밀려 공기밸브를 열고, 대기압을 배력장치의 피스톤 한쪽에 공급되면 배력장치 피스톤 양쪽에 압력차가 발생되고 브레이크 제동력이 크게 배력되어 운전자는 브레이크 페달의 힘을 적게 하더라도 브레이크 작동이 원활하게 되는 원리이다.
> ② 릴레이 밸브 피스톤 컵 파손시 작동: 외부의 공기(대기압) 밸브를 열어 주는 기능을 하는 릴레이밸브 피스톤 컵의 파손으로 제동배력이 발생하지 않더라도 브레이크는 작동되지만 브레이크 페달에 전달되는 제동시 발 조작력에 매우 큰 힘을 요하게 된다.

63 지게차를 전·후진 방향으로 서서히 화물에 접근시키거나 빠른 유압작동으로 신속히 화물을 상승 또는 적재시킬 때 사용하는 것은?

① 액셀러레이터 페달
② 디셀러레이터 페달
③ 인칭조절 페달
④ 브레이크 페달

> **해설** 인칭조절페달(인칭페달)은 지게차를 전·후진 방향으로 서서히 화물에 접근시키거나 빠른 유압작동으로 신속히 화물을 상승 또는 적재시킬 때 사용한다.

64 지게차 인칭조절장치에 대한 설명으로 옳은 것은?

① 브레이크 드럼 내부에 있다.
② 트랜스미션 내부에 있다.
③ 디셀러레이터 페달에 있다.
④ 작업장치의 유압상승을 억제하는 장치이다.

> **해설** 인칭조절장치는 트랜스미션 내부에 설치되어 있으며, 화물에 접근시키거나 빠른 유압작동으로 신속히 화물을 상승 또는 적재 시 사용하는 장치이다.

| 정답 |　61 ③　62 ③　63 ③　64 ②

CHAPTER 08

유압장치

SECTION 01	유압일반 및 유압펌프와 실린더
SECTION 02	유압탱크와 유압기호 및 회로
SECTION 03	유압유·컨트롤 밸브 및 그 밖의 부속장치

단원별 기출 분석

✓ 학습 내용이 어려운 편이며, 출제 비율도 높은 단원입니다.
✓ 수험생들이 어려워하는 단원이기 때문에 이론과 기출문제 위주로 꼼꼼하게 학습해야 합니다.

SECTION 01 유압일반 및 유압펌프와 실린더

01 유압장치

유체에너지를 기계적 에너지로 바꾸는 장치이다.

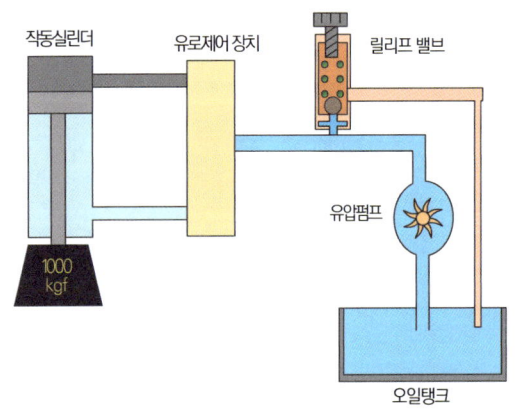

[유압장치 회로]

1 유압장치의 장점

① 작은 동력으로 큰 힘을 낼 수 있다.
② 과부하 방지가 간단하다.
③ 운동 방향을 쉽게 변경할 수 있다.
④ 정확한 위치제어가 가능하다.
⑤ 동력의 전달 및 증폭을 연속적으로 제어할 수 있다.
⑥ 무단변속이 가능하고 작동이 원활하다.
⑦ 원격 제어가 가능하고 속도 제어가 쉽다.
⑧ 윤활성, 내마멸성, 방청성이 좋다.
⑨ 에너지 축적이 가능하다.

2 유압장치의 단점

① 유압유의 온도에 따라서 점도 및 위치 제어가 어려워질 수 있다.
② 구조가 복잡하여 고장 원인을 파악하기 어렵다.
③ 회로 구성이 어렵고 관로 이음에서 누설이 발생할 수 있다.
④ 유압유는 가연성이 있어 화재에 위험하다.
⑤ 폐유에 의해 주변 환경이 오염될 수 있다.
⑥ 에너지의 손실이 크고, 유압오일의 누출 가능성이 있다.
⑦ 고압을 사용하기 때문에 위험성이 있다.

3 파스칼의 원리

① 밀폐용기 내의 한 부분에 가해진 압력은 액체 내의 전부분에 같은 압력으로 전달한다.
② 정지된 액체에 접하고 있는 면에 가해진 압력은 그 면에 수직으로 작용한다.
③ 정지된 액체의 한 점의 압력 크기는 전 방향으로 동일하다.

» 압력의 단위: psi, kgf/cm^2, kPa, mmHg, bar, atm
» 압력: 힘(kgf)/단면적(cm^2)

02 유압펌프

① 동력원으로부터 기계적 에너지를 유체에너지를 바꾸는 장치
② 동력원과 커플링으로 연결되어 동력원과 함께 회전하면서 오일탱크 내의 유압오일을 흡입하여 제어밸브로 보낸다.
③ 종류에는 기어 펌프, 베인 펌프, 플런저 펌프 등이 있다.

03 기어펌프(Gear pump)

기어펌프는 회전속도에 따라 흐름용량(유량)이 변화하는 정용량형이다.

(1) 기어펌프의 장·단점

장점	단점
• 소형이며 구조가 간단 • 고속회전 가능 • 저렴한 가격 • 우수한 흡입성능과 펌프 내 기포발생이 적음	• 수명이 짧음 • 소음과 진동이 큼 • 펌프효율이 낮음 • 초고압 펌프사용이 어려움

(2) 기어펌프의 종류

- 외접식, 내접식, 트로코이드식 등

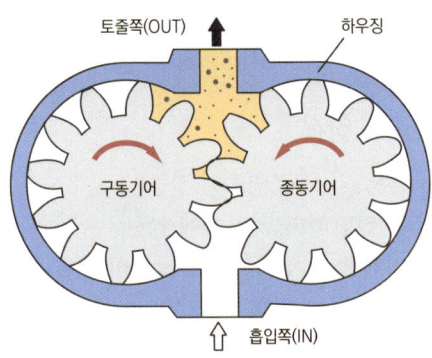

[외접식 기어펌프]

 기어 펌프의 폐입 현상
토출된 유압오일 일부가 입구 쪽으로 귀환하여 토출 유량 감소, 축동력 증가 및 케이싱 마모, 기포 발생 등을 유발하는 현상

04 베인펌프(Vane Pump)

1 베인펌프의 개요

① 베인 펌프는 캠링(케이스), 로터(회전자), 베인(날개)으로 구성
② 정용량형과 가변용량형이 있음

2 베인펌프의 장·단점

장점	단점
• 수명이 길고 구조가 간단 • 토출 압력의 맥동과 소음이 적음 • 수리와 관리가 쉬운 편	• 제작 시 높은 정밀도가 요구됨 • 유압유의 점도에 제한을 받음

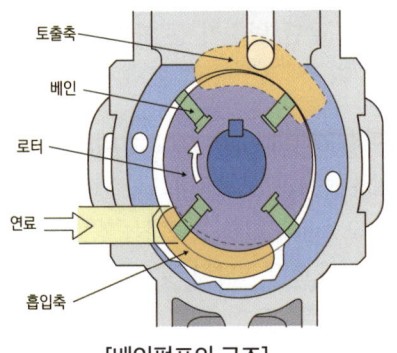

[베인펌프의 구조]

05 플런저 펌프(피스톤 펌프)

1 플런저 펌프의 특징

① 실린더에서 플런저(피스톤)이 왕복 운동을 하면서 유체 흡입 및 송출 등의 펌프 작용을 함
② 최고 압력 토출이 가능하고 높은 평균 효율로 고압 대출력에 사용 가능
③ 높은 압력에 잘 견디며 가변용량이 가능
④ 구조가 복잡하고 가격이 비싼 편
⑤ 오일 오염에 민감

2 플런저 펌프의 종류

① 액시얼 플런저 펌프
- 플런저가 유압펌프 축과 평행하게 설치되어 있다.
- 플런저(피스톤)가 경사판에 연결되어 회전한다.
- 경사판의 기능은 유압 펌프의 용량 조절이다.
- 유압 펌프 중에서 유압이 가장 높다.

② 레이디얼 플런저 펌프
- 플런저가 유압펌프 축에 직각인 평면에 방사상으로 배열되어 있다.
- 작동은 간단하지만 구조가 복잡하다.

06 유압펌프의 용량 표시방법

① 주어진 압력과 그 때의 토출유량으로 표시한다.
② 토출유량의 단위는 LPM(ℓ/min)이나 GPM(Gallon Per Minute)을 사용한다.

07 유압 실린더

1 유압실린더(hydraulic cylinder)의 정의
유압을 직선운동으로 전환하는 장치이다.

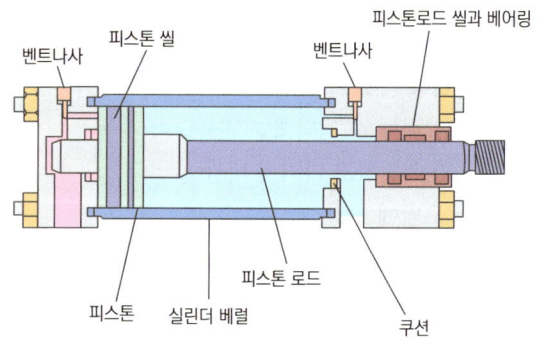

[유압 실린더의 구조]

2 유압 실린더의 종류
① 단동 실린더: 피스톤 한쪽에만 유압이 발생하고 제어되는 단방향 형식의 실린더
② 복동 실린더: 피스톤 양쪽에 유압이 발생하고 제어되는 교대 형식의 실린더
③ 다단 실린더: 실린더 내부에 실린더가 내장되어 있으며, 압착된 유체가 유입되면 실린더가 차례로 나오는 형식의 실린더

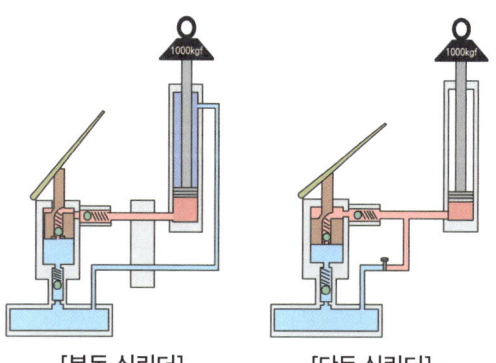

[복동 실린더]   [단동 실린더]

액추에이터(Actuator)
» 유압유의 압력 에너지(힘)를 기계적 에너지(일)로 변환시키는 작용을 하는 장치
» 유압펌프를 통해 송출된 유압 에너지를 직선운동(유압실린더)이나 회전운동(유압모터)을 통하여 기계적 일을 하는 장치

08 유압모터

유압모터는 유압 에너지에 의해 연속으로 회전운동을 하면서 기계적인 일을 하는 장치

1 유압모터의 장점
① 넓은 범위의 무단 변속이 가능
② 구조가 간단하며, 과부하에 안전
③ 자동원격 조작이 가능하고 작동이 정확
④ 속도나 방향 제어가 용이
⑤ 소형, 경량으로 큰 출력을 낼 수 있음
⑥ 관성이 작아 응답성이 빠름
⑦ 정·역회전 변화가 쉬움
⑧ 급속정지가 쉬움

2 유압모터의 단점
① 작동유에 먼지나 공기가 침입하지 않도록 특히 보수에 주의해야 함
② 작동유의 점도 변화에 따라 유압모터의 사용이 제약
③ 공기와 먼지 등이 혼입되면 성능에 영향을 줌
④ 유압유는 인화하기 쉬움

3 유압모터의 종류

(1) 기어 모터(Gear Motor)
① 토크의 크기가 일정하다.
② 베인모터나 플런저 모터보다 구조가 간단하며, 소형 경량형이다.
③ 모터 효율은 70% 정도이다.

(2) 베인 모터(Vane Motor)
① 토크의 크기가 일정하다.
② 역전 및 무단 변속기 등 가혹한 조건에서도 사용이 가능하다.

(3) 플런저 모터(Plunger Motor, 피스톤 모터)
① 구조가 복잡하고 대형이다.
② 고속 고압용 모터를 요구하는 장치에 적합하다.
③ 펌프의 최고 토출압력 및 평균 효율이 가장 높은 장점을 가진다.

MEMO

SECTION 02 유압탱크와 유압기호 및 회로

01 유압탱크의 기능

① 스트레이너가 설치되어 있어 유압장치 내로 불순물이 혼입되는 것을 방지한다.
② 유압탱크 외벽의 방열에 의해 적정온도를 유지할 수 있다.
③ 격리판(배플)을 설치하여 유압유의 출렁거림을 방지하고, 기포 발생을 방지하거나 제거한다.

02 유압탱크 구조

① 유압탱크는 주입구 캡, 유면계, 격리판(배플), 스트레이너, 드레인 플러그 등으로 구성되어 있으며, 유압유를 저장하는 장치
② 유압펌프 흡입관에는 스트레이너를 설치하며, 흡입관은 유압탱크 가장 밑면과 어느 정도 공간을 두고 설치해야 한다.
③ 유압펌프 흡입관과 복귀관 사이에는 격리판(배플)을 설치한다.
④ 유압펌프 흡입관은 복귀관으로부터 가능한 한 멀리 떨어진 위치에 설치한다.

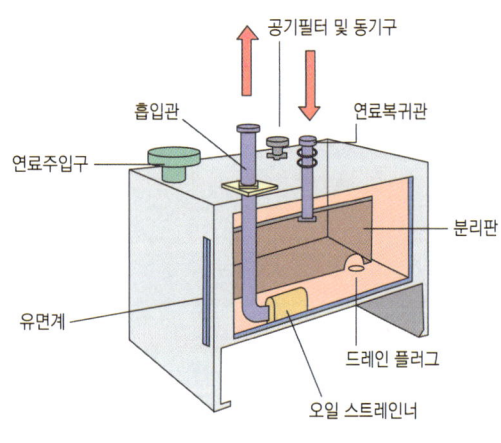

[유압탱크의 구조]

03 유압기호의 표시방법

① 기호에는 흐름의 방향을 표시한다.
② 각 기기의 기호는 정상상태 또는 중립상태를 표시한다.
③ 오해의 위험이 없는 경우에는 기호를 회전하거나 뒤집어도 된다.
④ 기호에는 각 기기의 구조나 작용압력을 표시하지 않는다.
⑤ 기호가 없어도 바르게 이해할 수 있는 경우에는 드레인 관로를 생략해도 된다.

04 빈출 유압기호

명칭	기호
정용량형 유압펌프	
가변용량형 유압펌프	
복동 실린더	
무부하 밸브	
어큐뮬레이터	
압력계	
유압동력원	
무부하 밸브	
직접 파일럿 조작방식	
기계 조작방식	
드레인 배출기	

압력 스위치	
단동 실린더	
릴리프 밸브	
체크밸브	
공기 유압변환기	
오일탱크	
오일여과기	
솔레노이드 조작방식	
레버 조작방식	
복동 실린더 양 로드형	
공기 탱크	

05 유압회로

유압의 기본회로에는 오픈(개방)회로, 클로즈(밀폐)회로, 병렬회로, 직렬회로, 탠덤회로 등이 있다.

1 언로드 회로(무부하 회로)

유압펌프의 유량이 필요하지 않을 때 유압유를 탱크에 귀환시킨다.

2 속도제어 회로

유압회로에서 유량 제어로 작업 속도를 조절하는 회로에는 미터인 회로, 미터 아웃 회로, 블리드 오프 회로, 카운터밸런스 회로 등이 있다

① 미터-인 회로(Meter-in Circuit): 액추에이터의 입구 쪽 관로에 직렬로 된 유량제어 밸브로, 유량으로 속도를 제어
② 미터-아웃 회로(Meter-out Circuit): 액추에이터의 출구 쪽 관로에 직렬로 된 유량제어 밸브로, 유량으로 속도를 제어
③ 블리드 오프 회로(Bleed off Circuit)
- 유량 제어밸브를 실린더와 병렬로 설치하여 유압펌프 토출량 중 일정한 양을 탱크로 되돌림
- 릴리프 밸브에서 과잉압력을 줄일 필요가 없는 장점이 있으나, 부하 변동이 심한 경우에는 정확한 유량 제어가 어려움

SECTION 03 유압유·컨트롤 밸브 및 그 밖의 부속장치

01 유압유

유압유는 펌프 형식, 사용 압력 및 온도 범위, 회로의 내화성과 저항 등 필요 여부에 따라 선정해야 한다.

1 유압유의 기능

① 윤활 및 냉각 작용
② 유압장치 내의 열 흡수
③ 압력에너지를 옮기며 동력 전달
④ 기계 요소의 마모 방지
⑤ 필요한 요소 사이 밀봉

2 유압유의 점도

점도는 점성의 정도를 나타내는 척도이다. 유압유의 점도는 온도가 상승하면 저하되고, 온도가 내려가면 높아진다.

3 유압유의 점도가 높을 때의 영향

① 유압이 높아지므로 유동저항이 커져 압력손실이 증가한다.
② 내부마찰이 증가하므로 동력손실이 증가한다.
③ 열 발생의 원인이 될 수 있다.

4 유압유의 점도가 낮을 때의 영향

① 유압장치(회로)내의 유압이 낮아진다.
② 유압펌프의 효율이 저하된다.
③ 유압 실린더와 유압모터의 작동속도가 늦어진다.
④ 유압 실린더 및 유압모터, 제어밸브에서 누출 현상이 발생한다.

5 유압유의 구비조건

① 내열성이 크고, 인화점 및 발화점이 높아야 한다.
② 점성과 적절한 유동성이 있어야 한다.
③ 기포분리 성능(소포성)이 커야 한다.
④ 압축성, 밀도, 열팽창 계수가 작아야 한다.
⑤ 화학적 안정성(산화 안정성)이 커야 한다.
⑥ 점도지수 및 체적탄성계수가 커야 한다.

체적탄성계수
» 물질이 압축에 저항하는 정도를 나타내는 값
» 체적탄성계수 값이 크면 압력을 가하여 물체 부피를 변화시키기가 어려움

6 유압유 첨가제

유압유 첨가제에는 산화방지제, 유성향상제, 마모방지제, 소포제(거품 방지제), 유동점 강하제, 점도지수 향상제 등이 있다.

7 유압유에 수분이 미치는 영향

① 유압유의 산화와 열화를 촉진시킨다.
② 유압장치의 내마모성을 저하시킨다.
③ 유압유의 윤활성 및 방청성을 저하시킨다.
④ 수분함유 여부는 가열한 철판 위에 유압유를 떨어뜨려 점검한다.

8 유압유 열화 판정방법

① 자극적인 악취 유무로 확인
② 수분이나 침전물의 유무로 확인
③ 점도 상태 및 색깔의 변화로 확인
④ 흔들었을 때 생기는 거품 발생 여부로 확인
⑤ 유압유 교환을 판단하는 조건은 점도의 변화, 색깔의 변화, 수분의 함유 여부로 확인

9 유압유의 온도

① 유압유의 정상작동 온도 범위는 40~80℃ 정도
② 난기운전 후 유압유의 온도 범위는 25~30℃ 정도
③ 최저허용 유압유의 온도 범위는 40℃ 정도
④ 최고허용 유압유의 온도 범위는 80℃ 정도
⑤ 열화가 발생하기 시작하는 유압유의 온도 범위는 100℃ 이상

02 유압장치의 정비

1 실린더의 자연하강(Cyliner Drift) 현상의 원인

① 릴리프 밸브가 불량한 경우
② 컨트롤 밸브 스풀에 마모가 발생한 경우
③ 실린더 내부의 마모가 심한 경우
④ 실린더 내의 피스톤 실(seal)의 마모

2 유압 실린더의 작동 속도가 느리거나 불규칙한 원인

① 오일량이 부족한 경우
② 피스톤 링의 마모가 심한 경우
③ 유압유의 점도가 높은 경우
④ 회로내 공기가 유입된 경우

3 유압펌프의 숨돌리기 현상의 원인

유압 회로에 공기의 유입으로 기계가 작동하다가 순간적으로 멈추고 다시 작동하는 현상을 말한다.
① 피스톤 링의 심한 마모
② 유압이 낮은 경우
③ 회로내의 공기가 유입된 경우
④ 유압유의 점도가 높은 경우

유압모터 작동 시 진동 및 소음 발생의 원인
» 회로 내에 공기가 유입된 경우
» 각종 작동부의 마모 또는 파손된 경우
» 오일의 누설
» 모터의 체결이 불량한 경우

03 컨트롤 밸브

유압유의 압력, 유량 또는 방향을 제어하는 밸브이다.

압력제어 밸브	유압으로 일의 크기를 제어
유량제어 밸브	유량으로 일의 속도를 제어
방향제어 밸브	유압의 방향을 제어하면서 일의 방향을 결정

04 압력 제어밸브

① 유압장치에서 유압을 일정하게 유지하거나 최고 압력을 제한하는 밸브
② 종류에는 릴리프 밸브, 리듀싱(감압) 밸브, 시퀀스 밸브, 무부하(언로드) 밸브, 카운터 밸런스 밸브 등이 있다.

1 릴리프 밸브(Relief Valve)

① 유압펌프와 방향 제어밸브 사이에 위치
② 유압회로 전체의 압력을 일정하게 유지
③ 과부하 방지와 유압기기의 보호를 위하여 최고압력을 제한
④ 유압 계통에서 릴리프 밸브의 스프링 장력이 약해지면 채터링 현상이 발생

» 채터링 현상: 릴리프 밸브에서 압력 차이로 볼이 밸브 시트를 때리는 현상
» 과부하(포트) 릴리프 밸브: 유압장치의 방향 전환밸브에서 실린더가 외력으로 충격을 받았을 때 발생되는 고압을 릴리프 시키는 밸브

2 리듀싱 밸브(Reducing Valve, 감압 밸브)

① 상시 개방 상태로 되어 있다가 2차측 압력이 감압밸브의 설정압력보다 높아지면 유압회로를 닫음
② 메인 유압보다 낮은 압력으로 유압 액추에이터를 동작시키고자 할 때 사용
③ 1차측에서 2차측의 감압 회로로 유압유가 흐름

3 시퀀스 밸브(Sequence Valve)

2개 이상의 분기회로에서 유압회로 압력으로 각 유압 실린더를 일정한 순서로 작동시킨다.

4 무부하 밸브(Unloader Valve, 언로드 밸브)

① 유압회로 내의 압력이 설정압력에 도달하면 유압펌프에서 토출된 유압유를 전부 오일탱크로 회송시켜 유압펌프를 무부하 상태로 만드는 데 사용된다.
② 고압소용량, 저압대용량 유압펌프를 조합 운전할 경우, 회로 내의 압력이 설정압력에 도달하면 저압대용량 유압펌프의 토출 유량을 오일탱크로 귀환시키는 작용을 한다.

③ 유압장치에서 2개의 유압펌프를 사용할 때 펌프 전체 송출량을 필요로 하지 않을 경우, 동력의 절감과 유온 상승을 방지한다.

5 카운터밸런스 밸브(Counter Balance Valve)

① 체크밸브가 내장된 밸브이며, 유압회로의 한 방향 흐름에 배압을 생기게 하고, 다른 한 방향 흐름은 자유롭게 흐르도록 한다.
② 중력 및 자체 중량에 의한 자유낙하 등을 방지하기 위하여 회로에 배압을 유지한다.

05 유량 제어 밸브

액추에이터의 운동속도를 제어하기 위하여 사용한다.
① 교축 밸브(Throttle Valve): 밸브의 통로 면적을 변경하여 유량을 제어
② 오리피스 밸브(Orifice Valve): 유압유가 통하는 작은 지름의 구멍으로, 소량의 유량 측정에 사용
③ 분류 밸브(Low Dividing Valve): 2개 이상의 액추에이터에 동일한 유량을 분배하는 데 사용
④ 니들 밸브(Needle Valve): 밸브가 바늘모양으로 되어 있으며, 노즐 또는 파이프 속의 유량을 제어
⑤ 속도 제어밸브(Speed Control Valve): 액추에이터의 작동 속도를 제어하기 위하여 사용

06 방향 제어밸브

유압유가 흐르는 방향을 제어하여 유압 실린더나 유압모터의 작동방향을 바꾸는 데 사용한다.
① 스풀 밸브(Spool Valve): 유압유가 흐르는 방향을 바꾸기 위해 사용하며, 원통형 슬리브 면에 내접하여 축 방향으로 이동하여 유압회로를 개폐하는 형식의 밸브
② 체크 밸브(Check Valve): 유압유의 흐름을 한쪽으로만 허용하고, 역방향 흐름을 제어하여 유압회로에서 역류를 방지하고 회로의 잔류압력을 유지
③ 셔틀 밸브(Shuttle Valve): 2개 이상의 입구와 1개의 출구가 설치되어 있으며, 출구가 최고 압력의 입구를 선택하는 기능을 가진 밸브

07 부속기기

1 어큐뮬레이터(Accumulator, 축압기)

① 유압의 압력 에너지를 저장
② 펌프의 맥동(충격)을 흡수하여 일정하게 유지시킴
③ 비상용 및 보조 유압원으로 사용
④ 스프링형, 기체 압축형(질소 사용), 기체와 기름 분리형(피스톤, 블래더, 다이어프램으로 구분)

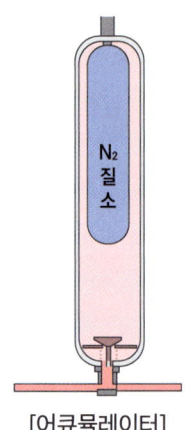

[어큐뮬레이터]

2 오일 여과기(Oil Filter)

① 오일여과기는 유압유 내에 금속의 마모된 찌꺼기나 카본 덩어리 등의 이물질을 제거하는 장치
② 종류에는 흡입 여과기, 고압 여과기, 저압 여과기 등이 있음
③ 스트레이너는 유압펌프의 흡입 쪽에 설치되어 여과 작용을 함
④ 여과입도가 너무 조밀하면 캐비테이션 현상이 발생
⑤ 유압장치의 수명 연장을 위해 가장 중요한 요소는 유압유 및 오일여과기의 점검과 교환

3 오일 냉각기(Oil Cooler)

① 공랭식과 수랭식으로 작동유를 냉각시키며, 작동유 온도를 알맞게 유지하기 위한 장치
② 유압유의 양은 정상인데 유압장치가 과열하면 가장 먼저 오일 냉각기를 점검해야 함

오일 냉각기의 구비조건
» 촉매작용이 없을 것
» 오일 흐름에 저항이 작을 것
» 온도 조정이 용이할 것
» 정비 및 청소 등이 편리할 것

4 배관

① 펌프 및 밸브, 실린더를 연결하여 유압을 전달
② 금속관: 움직이지 않는 부분에 사용하며, 가스관 및 강관, 구리관, 알루미늄관, 스테인리스관 등이 있다.
③ 비금속관(고무호스): 움직이는 부분에 사용하며, 직물 브레이드 및 단일 와이어 브레이드, 이중 와이어 브레이드, 나선 와이어 브레이드 등이 있다.
④ 이음: 관을 연결하는 부분으로, 진동이나 충격 등에 의한 오일 누출에 유의해야 한다. 플레어 이음 및 슬리브 이음이 있다.

5 오일 실(Oil seal)

① 유압유의 누출을 방지하며, 유압유가 누출되면 오일 실을 가장 먼저 점검해야 한다.
② 구비조건
- 탄성이 양호하고, 압축변형이 적을 것
- 정밀가공면을 손상시키지 않을 것
- 내압성과 내열성이 클 것
- 설치하기가 쉬울 것
- 피로 강도가 크고, 비중이 적을 것

CHAPTER 08 단원문제 유압장치

★ 개수는 빈출도와 중요도를 의미합니다.

유압일반

01 파스칼의 원리와 관련된 설명이 아닌 것은?
① 정지된 액체에 접하고 있는 면에 가해진 압력은 그 면에 수직으로 작용한다.
② 정지된 액체의 한 점에 있어서의 압력의 크기는 전방향에 대하여 동일하다.
③ 점성이 없는 비압축성 유체에서 압력에너지, 위치에너지, 운동에너지의 합은 같다.
④ 밀폐용기 내의 한 부분에 가해진 압력은 액체 내의 전부분에 같은 압력으로 전달된다.

해설 파스칼의 원리: 밀폐용기 내에 힘을 가하면 용기 내의 모든 면에 같은 압력이 작용한다.

02 유압장치의 특징 중 가장 거리가 먼 것은?
① 진동이 작고 작동이 원활하다.
② 고장원인 발견이 어렵고 구조가 복잡하다.
③ 에너지의 저장이 불가능하다.
④ 동력의 분배와 집중이 쉽다.

해설 유압장치는 진동이 적고 작동이 원활하며, 동력의 분배와 집중이 쉽고 에너지의 저장이 용이한 장점이 있으며, 고장원인 발견이 어렵고 구조가 복잡한 단점이 있다.

03 건설기계의 유압장치를 가장 적절히 표현한 것은?
① 오일을 이용하여 전기를 생산하는 것
② 기체를 액체로 전환시키기 위하여 압축하는 것
③ 오일의 연소 에너지를 통해 동력을 생산하는 것
④ 오일의 유체 에너지를 이용하여 기계적인 일을 하도록 하는 것

해설 유체의 압력 에너지를 이용하여 기계적인 일을 하도록 하는 것을 유압장치라 한다.

04 유압장치의 장점이 아닌 것은?
① 속도제어가 용이하다.
② 힘의 연속적 제어가 용이하다.
③ 온도의 영향을 많이 받는다.
④ 윤활성, 내마멸성, 방청성이 좋다.

해설 유압장치는 온도에 따른 오일의 점도 영향을 많이 받는 단점이 있다.

05 유압장치의 작동원리는 어느 이론에 바탕을 둔 것인가?
① 열역학 제1법칙 ② 보일의 법칙
③ 파스칼의 원리 ④ 가속도 법칙

해설 유압장치는 파스칼의 원리를 이용한다.

06 유압장치의 단점에 대한 설명 중 옳지 않은 것은?
① 관로를 연결하는 곳에서 작동유가 누출될 수 있다.
② 고압사용으로 인한 위험성이 존재한다.
③ 작동유 누유로 인해 환경오염을 유발할 수 있다.
④ 전기·전자의 조합으로 자동제어가 곤란하다.

해설 유압장치는 전기·전자의 조합으로 자동제어가 가능한 장점을 갖고 있다.

유압펌프

07 유압장치의 구성요소가 아닌 것은?
① 오일탱크 ② 유압제어밸브
③ 유압펌프 ④ 차동장치

해설 유압장치는 유압 실린더와 유압모터, 오일여과기, 유압펌프, 유압제어밸브, 배관, 오일탱크, 오일냉각기 등으로 구성되어 있다.

| 정답 | 01 ③ 02 ③ 03 ④ 04 ③ 05 ③ 06 ④ 07 ④ |

08 일반적으로 건설기계의 유압펌프는 무엇에 의해 구동되는가?

① 엔진의 플라이휠에 의해 구동된다.
② 엔진의 캠축에 의해 구동된다.
③ 전동기에 의해 구동된다.
④ 에어 컴프레서에 의해 구동된다.

해설 건설기계의 유압펌프는 엔진의 플라이휠에 의해 구동되는 시스템을 갖추고 있다.

09 유압펌프에서 사용되는 GPM의 의미는?

① 분당 토출하는 작동유의 양
② 복동 실린더의 치수
③ 계통 내에서 형성되는 압력의 크기
④ 흐름에 대한 저항

해설 GPM(Gallons per minute)은 유압계통 내에서 이동되는 유체(오일)의 양을 토출량의 단위로 활용하고 있다.

10 유압장치에 주로 사용하는 유압펌프 형식이 아닌 것은?

① 베인 펌프　② 플런저 펌프
③ 분사펌프　④ 기어펌프

해설 유압펌프는 베인 펌프, 기어펌프, 피스톤(플런저)펌프, 나사펌프, 트로코이드 펌프 등이 있다.

11 그림과 같이 2개의 기어와 케이싱으로 구성되어 오일을 토출하는 펌프는?

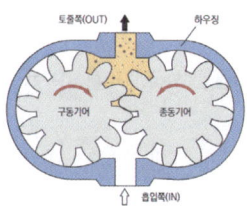

① 내접 기어펌프
② 외접 기어펌프
③ 스크루 기어펌프
④ 트로코이드 기어펌프

12 유압펌프에서 토출량에 대한 설명으로 옳은 것은?

① 유압펌프가 단위시간 당 토출하는 액체의 체적
② 유압펌프가 임의의 체적 당 토출하는 액체의 체적
③ 유압펌프가 임의의 체적 당 용기에 가하는 체적
④ 유압펌프 사용 최대시간 내에 토출하는 액체의 최대 체적

해설 유압펌프의 토출량이란 펌프가 단위시간 당 토출하는 액체의 체적을 말한다.

13 유압펌프의 기능을 설명한 것으로 가장 적절한 것은?

① 유압회로 내의 압력을 측정하는 기구이다.
② 어큐뮬레이터와 동일한 기능을 한다.
③ 유압에너지를 동력으로 변환한다.
④ 원동기의 기계적 에너지를 유압에너지로 변환한다.

해설 유압펌프는 원동기의 기계적 에너지를 유압에너지로 변환하는 장치를 말한다.

14 유압펌프의 토출량을 표시하는 단위로 옳은 것은?

① L/min　② kgf·m
③ kgf/cm²　④ kW 또는 PS

해설 유압펌프의 토출량의 단위는 ℓ/min(LPM)이나 GPM을 사용한다.

| 정답 | 08 ① 　09 ① 　10 ③ 　11 ② 　12 ① 　13 ④ 　14 ① |

15 기어형 유압펌프에 대한 설명으로 옳은 것은?

① 가변용량형 펌프이다.
② 날개로 펌핑작용을 한다.
③ 효율이 좋은 특징을 가진 펌프이다.
④ 정용량형 펌프이다.

> **해설** 기어펌프는 회전속도에 따라 용량이 변화하는 정용량형 펌프이다.

16 유압펌프의 최고토출 압력, 평균효율이 가장 높아, 고압 대출력에 사용하는 유압펌프로 가장 적절한 것은?

① 기어 펌프   ② 트로코이드 펌프
③ 베인 펌프   ④ 피스톤 펌프

> **해설** 피스톤 펌프는 최고토출 압력, 평균효율이 가장 높아서 고압 대출력 펌프로 사용된다.

17 기어펌프에 대한 설명으로 옳지 않은 것은?

① 플런저 펌프에 비해 효율이 낮다.
② 초고압에는 사용이 곤란하다.
③ 플런저 펌프에 비해 흡입력이 나쁘다.
④ 소형이며 구조가 간단하다.

> **해설** 기어펌프는 흡입저항이 작아 공동현상 발생이 적은 것이 특징이다.

18 유압펌프에서 회전수가 같을 때 토출량이 변하는 펌프는?

① 가변 용량형 피스톤 펌프
② 기어펌프
③ 프로펠러 펌프
④ 정용량형 베인 펌프

> **해설** 회전수가 같을 때 토출량이 변화하는 펌프를 가변 용량형 피스톤 펌프라 한다.

19 기어형 유압펌프에서 소음이 나는 원인으로 가장 거리가 먼 것은?

① 오일량의 과다
② 유압펌프의 베어링 마모
③ 흡입라인의 막힘
④ 오일의 과부족

20 베인 펌프의 일반적인 특징이 아닌 것은?

① 대용량, 고속 가변형에 적합하지만 수명이 짧다.
② 맥동과 소음이 적다.
③ 간단하고 성능이 좋다.
④ 소형, 경량이다.

> **해설** 베인 펌프는 소형, 경량이고, 수명이 길며, 구조가 간단하고 성능이 좋고, 맥동과 소음이 적으나 대용량, 고속 가변형으로는 부적합하다.

21 기어펌프에 비해 플런저 펌프의 특징이 아닌 것은?

① 효율이 높다.
② 최고 토출압력이 높다.
③ 구조가 복잡하다.
④ 수명이 짧다.

| 정답 | 15 ④ 16 ④ 17 ③ 18 ① 19 ① 20 ① 21 ④

22 날개로 펌핑 동작을 하며, 소음과 진동이 적은 유압펌프는?

① 기어 펌프 ② 플런저 펌프
③ 베인 펌프 ④ 나사펌프

> **해설** 베인 펌프는 로터에는 홈이 있고, 그 홈 속에 판 모양의 날개(vane)가 끼워져 자유롭게 작동유가 출입할 수 있도록 되어 있다.

23 유압펌프에서 경사판의 각을 조정하여 토출유량을 변환시키는 펌프는?

① 기어 펌프 ② 로터리 펌프
③ 베인 펌프 ④ 플런저 펌프

> **해설** 경사판의 각을 조정하여 토출유량을 변환하는 펌프는 액시얼형 플런저 펌프이다.

24 유압펌프 내의 내부누설은 무엇에 반비례하여 증가하는가?

① 작동유의 오염 ② 작동유의 점도
③ 작동유의 압력 ④ 작동유의 온도

> **해설** 유압펌프 내의 내부누설은 작동유의 점도에 반비례하여 증가하게 된다.

25 유압기기의 작동속도를 높이기 위해 무엇을 변화시켜야 하는가?

① 유압모터의 크기를 작게 한다.
② 유압펌프의 토출압력을 높인다.
③ 유압모터의 압력을 높인다.
④ 유압펌프의 토출유량을 증가시킨다.

> **해설** 유압기기의 작동속도를 높이려면 유압펌프의 토출유량이 증가되어야 한다.

26 유압펌프에서 토출압력이 가장 높은 것은?

① 베인 펌프 ② 기어펌프
③ 액시얼 플런저 펌프 ④ 레이디얼 플런저 펌프

> **해설** 유압펌프의 최고압력
> • 액시얼 플런저 펌프: 210~400 kgf/cm²
> • 베인 펌프: 35~140 kgf/cm²
> • 레이디얼 플런저 펌프: 140~250 kgf/cm²
> • 기어펌프: 10~250 kgf/cm²

27 유압펌프가 오일을 토출하지 <u>않는</u> 경우는?

① 유압펌프의 회전이 너무 빠를 때
② 유압유의 점도가 낮을 때
③ 흡입관으로부터 공기가 흡입되고 있을 때
④ 릴리프 밸브의 설정압력이 낮을 때

> **해설** 흡입관으로부터 공기의 흡입은 유압펌프가 오일을 토출하지 못하도록 한다.

28 유압펌프의 작동유 유출여부 점검방법에 해당하지 <u>않는</u> 것은?

① 정상작동 온도로 난기운전을 실시하여 점검하는 것이 좋다.
② 고정 볼트가 풀린 경우에는 추가 조임을 한다.
③ 작동유 유출점검은 운전자가 관심을 가지고 점검하여야 한다.
④ 하우징에 균열이 발생되면 패킹을 교환한다.

> **해설** 하우징에 균열이 발생되면 하우징을 수리하거나 교체한다.

| 정답 | 22 ③ 23 ④ 24 ② 25 ④ 26 ③ 27 ③ 28 ④ |

유압실린더

29 유압 실린더 중 피스톤의 양쪽에 유압유를 교대로 공급하여 양방향의 운동을 유압으로 작동시키는 형식은?

① 단동식　　　② 복동식
③ 다동식　　　④ 편동식

해설　① 단동식: 한쪽 방향으로만 동작하고, 복귀는 중력이나 복귀 스프링 등 외부의 힘에 의해 이루어진다.
② 복동식: 유압 실린더 피스톤의 양쪽에 유압유를 교대로 공급하여 양방향의 운동을 유압으로 작동시킨다.

30 유압장치에서 액추에이터의 종류에 속하지 않는 것은?

① 감압밸브　　　② 유압실린더
③ 유압모터　　　④ 플런저 모터

해설　유압에너지를 기계적 에너지로 변환하는 것을 액추에이터라고 하며, 감압밸브는 압력을 다운시키는 밸브이다.

31 유압 실린더의 지지방식이 아닌 것은?

① 유니언형　　　② 푸트형
③ 트러니언형　　　④ 플랜지형

해설　유압 실린더 지지방식: 플랜지형, 트러니언형, 클레비스형 푸트형이 있다.

32 유압 실린더의 주요 구성 품이 아닌 것은?

① 피스톤 로드　　　② 피스톤
③ 커넥팅 로드　　　④ 실린더

해설　유압실린더의 구조에는 실린더, 피스톤, 피스톤 로드 등이 있다.

33 유압모터와 유압실린더의 설명으로 옳은 것은?

① 둘 다 회전운동을 한다.
② 둘 다 왕복운동을 한다.
③ 유압모터는 직선운동, 유압실린더는 회전운동을 한다.
④ 유압모터는 회전운동, 유압실린더는 직선운동을 한다.

해설　유압모터는 회전운동을 하고, 유압실린더는 직선운동을 한다.

34 유압 실린더의 종류에 해당하지 않는 것은?

① 복동 실린더 더블로드형
② 복동 실린더 싱글로드형
③ 단동 실린더 램형
④ 단동 실린더 배플형

해설　**유압 실린더의 종류**
단동실린더, 복동 실린더(싱글로드형과 더블로드형), 다단 실린더, 램형 실린더 등

35 유압 액추에이터의 설명으로 옳은 것은?

① 유체에너지를 기계적인 일로 변환
② 유체에너지를 생성
③ 유체에너지를 축적
④ 기계적인 에너지를 유체에너지로 변환

해설　유압 액추에이터는 유압펌프에서 발생된 유압을 기계적 에너지(직선운동이나 회전운동)로 바꾸는 장치를 말한다.

| 정답 | 29 ②　30 ①　31 ①　32 ③　33 ④　34 ④　35 ① |

36 유압 복동 실린더에 대한 설명으로 옳지 않은 것은?

① 싱글 로드형이 있다.
② 더블 로드형이 있다.
③ 수축은 자중이나 스프링에 의해서 이루어진다.
④ 피스톤의 양방향으로 유압을 받아 늘어난다.

> 해설 단동 실린더는 자중이나 스프링에 의해서 수축이 이루어지는 방식이다.

37 유압 실린더에서 피스톤 행정이 끝날 때 발생하는 충격을 흡수하기 위해 설치하는 장치는?

① 쿠션기구 ② 압력보상장치
③ 서보밸브 ④ 스로틀 밸브

> 해설 쿠션기구는 유압실린더에서 피스톤 행정이 끝날 때 발생하는 충격을 흡수하는 기능을 한다.

38 유압 실린더를 교환하였을 경우 조치해야 할 작업으로 가장 거리가 먼 것은?

① 오일필터 교환
② 공기 빼기 작업
③ 누유 점검
④ 시운전하여 작동상태 점검

> 해설 액추에이터(작업 장치)를 교환하였을 경우에는 기관을 시동하여 공회전 시킨 후 작동상태 점검, 공기빼기 작업, 누유점검, 오일보충을 해야 한다.

39 <보기> 중 유압 실린더에서 발생되는 피스톤 자연하강 현상(cylinder drift)의 발생 원인으로 옳은 것을 모두 고르면?

― 보기 ―
㉠ 작동압력이 높은 때
㉡ 유압실린더 내부 마모
㉢ 컨트롤 밸브의 스풀 마모
㉣ 릴리프 밸브의 불량

① ㉠, ㉡, ㉢ ② ㉠, ㉡, ㉣
③ ㉡, ㉢, ㉣ ④ ㉠, ㉢, ㉣

40 유압모터를 선택할 때 고려사항과 가장 거리가 먼 것은?

① 동력 ② 부하
③ 효율 ④ 점도

> 해설 점도는 유압유 선택 시 고려 사항이다.

41 유압 실린더의 로드 쪽으로 오일이 누출되는 결함이 발생하는 원인이 아닌 것은?

① 실린더 로드 패킹 손상
② 실린더 헤드 더스트 실(seal) 손상
③ 실린더 로드의 손상
④ 실린더 피스톤 패킹 손상

> 해설 유압 실린더의 로드 쪽으로 오일이 누출되는 원인: 실린더 로드 패킹 손상, 실린더 헤드 더스트 실(seal) 손상, 실린더 로드의 손상

| 정답 | 36 ③ 37 ① 38 ① 39 ③ 40 ④ 41 ④

42 유압 실린더에서 숨 돌리기 현상이 생겼을 때 일어나는 현상이 아닌 것은?

① 작동지연 현상이 생긴다.
② 피스톤 동작이 정지된다.
③ 오일의 공급이 과대해진다.
④ 작동이 불안정하게 된다.

> **해설** 숨 돌리기 현상은 유압유의 공급이 부족한 경우에 발생한다.

43 유압 실린더의 작동속도가 정상보다 느릴 경우, 예상되는 원인으로 가장 적절한 것은?

① 유압계통 내의 흐름용량이 부족하다.
② 작동유의 점도가 약간 낮아짐을 알 수 있다.
③ 작동유의 점도지수가 높다.
④ 릴리프 밸브의 설정압력이 너무 높다.

> **해설** 유압 실린더의 작동속도가 정상보다 느린 원인은 유압계통 내의 흐름용량(유량)이 부족한 경우에 발생하게 된다.

44 유압모터에 대한 설명 중 옳은 것은?

① 유압발생장치에 속한다.
② 압력, 유량, 방향을 제어한다.
③ 직선운동을 하는 작동기(actuator)이다.
④ 유압에너지를 기계적 일로 변환한다.

> **해설** 유압모터는 유압 에너지에 의해 연속적으로 회전운동 함으로써 기계적인 일을 하는 것을 말한다.

45 기어모터의 장점에 해당하지 않는 것은?

① 구조가 간단하다.
② 토크변동이 크다.
③ 가혹한 운전조건에서 비교적 잘 견딘다.
④ 먼지나 이물질에 의한 고장발생률이 낮다.

> **해설** 기어모터의 장점
> • 가혹한 운전조건에서 비교적 잘 견딘다.
> • 구조가 간단하고 가격이 싸다.
> • 먼지나 이물질에 의한 고장발생률이 적다.
> • 먼지나 이물질이 많은 곳에서도 사용이 가능하다.

46 유압모터의 장점이 아닌 것은?

① 작동이 신속·정확하다.
② 관성력이 크며, 소음이 크다.
③ 전동모터에 비하여 급속정지가 쉽다.
④ 광범위한 무단변속을 얻을 수 있다.

> **해설** 유압모터는 광범위한 무단변속을 얻을 수 있고, 작동이 신속·정확하며, 전동모터에 비하여 급속정지가 쉽고, 관성력 및 소음이 작은 장점을 갖고 있다.

47 유압모터의 단점에 해당되지 않는 것은?

① 작동유에 먼지나 공기가 침입하지 않도록 특히 보수에 주의해야 한다.
② 작동유가 누출되면 작업 성능에 지장이 있다.
③ 작동유의 점도변화에 의하여 유압모터의 사용에 제약이 있다.
④ 릴리프 밸브를 부착하여 속도나 방향을 제어하기가 곤란하다.

| 정답 | 42 ③ 43 ① 44 ④ 45 ② 46 ② 47 ④ |

48 유압모터의 회전속도가 규정 속도보다 느릴 경우, 그 원인이 아닌 것은?

① 유압펌프의 유압유 토출량 과다
② 각 작동부의 마모 또는 파손
③ 유압유의 유입량 부족
④ 유압유의 내부누설

해설 유압모터의 회전속도 증가 현상은 유압펌프의 유압유 토출량 과다 시 발생한다.

49 유압모터의 종류에 해당하지 않는 것은?

① 기어 모터　　② 베인 모터
③ 플런저 모터　④ 직권형 모터

해설 유압모터의 종류에는 기어 모터, 베인 모터, 플런저 모터 등이 있다.

50 플런저가 구동축의 직각방향으로 설치되어 있는 유압모터는?

① 캠형 플런저 모터
② 액시얼형 플런저 모터
③ 블래더형 플런저 모터
④ 레이디얼형 플런저 모터

해설 레이디얼형 플런저 모터는 플런저가 구동축의 직각방향으로 설치되어 있는 구조이다.

51 유압모터의 일반적인 특징으로 가장 적절한 것은?

① 넓은 범위의 무단변속이 용이하다.
② 직선운동 시 속도조절이 용이하다.
③ 각도에 제한 없이 왕복 각운동을 한다.
④ 운동량을 자동으로 직선 조작할 수 있다.

52 유압모터의 회전력이 변화하는 것에 영향을 미치는 것은?

① 유압유 압력　　② 유량
③ 유압유 점도　　④ 유압유 온도

해설 유압유의 압력은 유압모터의 회전력 변화에 영향을 미치게 된다.

53 유압모터에서 소음과 진동이 발생할 때의 원인이 아닌 것은?

① 내부부품의 파손
② 작동유 속에 공기의 혼입
③ 체결 볼트의 이완
④ 유압펌프의 최고 회전속도 저하

54 유압모터와 연결된 감속기의 오일수준을 점검할 때의 유의사항으로 옳지 않은 것은?

① 오일이 정상 온도일 때 오일수준을 점검해야 한다.
② 오일량은 영하(-)의 온도상태에서 가득 채워야 한다.
③ 오일수준을 점검하기 전에 항상 오일 수준 게이지 주변을 깨끗하게 청소한다.
④ 오일량이 너무 적으면 모터 유닛이 올바르게 작동하지 않거나 손상될 수 있으므로 오일량은 항상 정량유지가 필요하다.

해설 유압모터의 감속기 오일양 뿐만 아니라 모든 유압유의 오일량은 정상작동 온도에서 Full 선 가까이 있어야 한다.

|정답| 48 ①　49 ④　50 ④　51 ①　52 ①　53 ④　54 ②

컨트롤 밸브의 구조

55 일반적으로 유압장치에서 릴리프 밸브가 설치되는 위치는?

① 유압펌프와 오일탱크 사이
② 오일여과기와 오일탱크 사이
③ 유압펌프와 제어밸브 사이
④ 유압실린더와 오일여과기 사이

해설 릴리프 밸브의 설치위치는 유압펌프 출구와 제어밸브 입구 사이에 설치되어 유압을 제어하게 된다.

56 유압회로에 사용되는 제어밸브의 역할과 종류의 연결사항으로 옳지 않은 것은?

① 일의 속도제어: 유량조절밸브
② 일의 시간제어: 속도제어밸브
③ 일의 방향제어: 방향전환밸브
④ 일의 크기제어: 압력제어밸브

해설 제어밸브의 기능
- 유량제어밸브: 일의 속도결정
- 압력제어밸브: 일의 크기결정
- 방향제어밸브: 일의 방향결정

57 릴리프 밸브에서 포핏 밸브를 밀어 올려 기름이 흐르기 시작할 때의 압력은?

① 설정압력 ② 크랭킹 압력
③ 허용압력 ④ 전량 압력

해설 크랭킹 압력이란 릴리프 밸브에서 포핏밸브를 밀어올려 오일이 흐르기 시작할 때의 기동 시 압력이다.

58 유압회로 내의 압력이 설정압력에 도달하면 유압펌프에서 토출된 오일의 일부 또는 전량을 직접 탱크로 돌려보내 회로의 압력을 설정 값으로 유지하는 밸브는?

① 시퀀스 밸브 ② 릴리프 밸브
③ 언로드 밸브 ④ 체크밸브

59 유체의 압력, 유량 또는 방향을 제어하는 밸브의 총칭은?

① 안전밸브 ② 제어밸브
③ 감압밸브 ④ 측압기

해설 제어밸브는 유체의 압력, 유량 또는 방향을 제어하는 밸브의 총칭을 말한다.

60 유압계통에서 릴리프 밸브의 스프링 장력이 약화될 때 발생될 수 있는 현상은?

① 채터링 현상 ② 노킹 현상
③ 블로바이 현상 ④ 트램핑 현상

해설 채터링이란 릴리프 밸브에서 스프링 장력이 약할 때 볼이 밸브의 시트를 때려 소음을 내는 밸브의 진동현상이다.

61 유압유의 압력을 제어하는 밸브가 아닌 것은?

① 릴리프 밸브 ② 체크밸브
③ 리듀싱 밸브 ④ 시퀀스 밸브

해설 압력을 제어하는 밸브의 종류에는 릴리프 밸브, 리듀싱(감압) 밸브, 시퀀스(순차) 밸브, 언로드(무부하) 밸브, 카운터밸런스 밸브 등이 있다.

| 정답 | 55 ③ 56 ② 57 ② 58 ② 59 ② 60 ① 61 ② |

62 유압회로에서 어떤 부분회로의 압력을 주회로의 압력보다 저압으로 해서 사용하고자 할 때 사용하는 밸브는?

① 릴리프 밸브　② 리듀싱 밸브
③ 카운터밸런스 밸브　④ 체크밸브

63 유압으로 작동되는 작업 장치에서 작업 중 힘이 떨어질 때의 원인과 가장 밀접한 밸브는?

① 메인 릴리프 밸브　② 체크(check)밸브
③ 방향전환밸브　④ 메이크업 밸브

해설 │ 유압장치에서 작업 중 힘이 떨어지면 유압의 최대 압력을 제어하는 메인 릴리프 밸브를 점검한다.

64 액추에이터를 순서에 맞추어 작동시키기 위하여 설치한 밸브는?

① 메이크업 밸브(make up valve)
② 리듀싱 밸브(reducing valve)
③ 시퀀스 밸브(sequence valve)
④ 언로드 밸브(unload valve)

65 유압회로 내의 압력이 설정압력에 도달하면 유압펌프에서 토출된 오일을 전부 탱크로 회송시켜 펌프를 무부하로 운전시키는데 사용하는 밸브는?

① 체크밸브(check valve)
② 시퀀스 밸브(sequence valve)
③ 언로드 밸브(unloader valve)
④ 카운터밸런스 밸브(count balance valve)

해설 │ 언로드(무부하)밸브는 유압회로 내의 압력이 설정압력에 도달하면 유압펌프에서 토출된 오일을 전부 탱크로 회송시켜 펌프를 무부하로 운전시키는 밸브이다.

66 유압장치에서 고압 소용량, 저압 대용량 유압펌프를 조합 운전할 때, 작동압력이 규정압력 이상으로 상승 시 동력절감을 하기 위해 사용하는 밸브는?

① 릴리프 밸브
② 감압밸브
③ 시퀀스 밸브
④ 무부하 밸브

67 유압 실린더 등이 중력에 의한 자유낙하를 방지하기 위해 배압을 유지하는 압력 제어밸브는?

① 감압밸브
② 시퀀스 밸브
③ 언로드 밸브
④ 카운터 밸런스 밸브

해설 │ 유압 실린더 등이 중력 및 자체중량에 의한 자유낙하를 방지하기 위해 배압을 유지하는 밸브를 카운터 밸런스 밸브라 한다.

68 유압장치에서 방향제어밸브 설명으로 옳지 않은 것은?

① 유체의 흐름방향을 변환한다.
② 액추에이터의 속도를 제어한다.
③ 유체의 흐름방향을 한쪽으로만 허용한다.
④ 유압실린더나 유압모터의 작동방향을 바꾸는데 사용된다.

해설 │ 액추에이터의 속도제어는 유량제어밸브로 할 수 있다.

| 정답 | 62 ② 63 ① 64 ③ 65 ③ 66 ④ 67 ④ 68 ② |

69 유압장치에서 유량제어밸브가 아닌 것은?

① 교축밸브　　② 니들밸브
③ 분류밸브　　④ 릴리프밸브

> 해설　유량제어밸브의 종류: 니들밸브, 급속배기밸브, 분류밸브, 속도제어밸브, 오리피스 밸브, 교축밸브(스로틀 밸브), 스톱밸브, 스로틀 체크밸브 등

70 유압장치에서 작동체의 속도를 바꿔주는 밸브는?

① 압력제어밸브　　② 유량제어밸브
③ 방향제어밸브　　④ 체크밸브

> 해설　유량제어밸브는 액추에이터의 운동속도를 조정하기 위하여 사용한다.

71 방향제어밸브에서 내부누유에 영향을 미치는 요소가 아닌 것은?

① 관로의 유량
② 밸브간극의 크기
③ 밸브 양단의 압력차이
④ 유압유 점도

> 해설　방향제어밸브에서 내부누유에 영향을 미치는 요소는 밸브간극의 크기, 밸브 양단의 압력차이, 유압유의 점도 등이 있다.

72 유압장치에서 방향제어밸브에 해당하는 것은?

① 셔틀밸브　　② 릴리프 밸브
③ 시퀀스 밸브　　④ 언로더 밸브

> 해설　방향제어밸브의 종류에는 셔틀밸브, 스풀밸브, 체크밸브, 등이 있다.

73 유압 컨트롤 밸브 내에 스풀형식의 밸브 기능은?

① 축압기의 압력을 바꾸기 위해
② 유압펌프의 회전방향을 바꾸기 위해
③ 유압유의 흐름방향을 바꾸기 위해
④ 유압계통 내의 압력을 상승시키기 위해

> 해설　스풀밸브는 원통형의 밸브로서 오일의 흐름 방향을 바꾸는 기능을 한다.

74 방향제어밸브를 동작시키는 방식이 아닌 것은?

① 수동방식　　② 스프링 방식
③ 전자방식　　④ 유압 파일럿 방식

> 해설　방향제어밸브를 동작시키는 방식에는 수동방식, 유압 파일럿 방식, 전자방식 등이 있다.

75 유압모터의 속도를 감속하는 데 사용하는 밸브는?

① 체크밸브
② 디셀러레이션 밸브
③ 변환밸브
④ 압력 스위치

> 해설　디셀러레이션 밸브는 캠(cam)으로 조작되는 유압밸브이며 리턴 유량을 제어함으로써 액추에이터의 속도를 서서히 감속시키는 밸브이다.

| 정답 | 69 ④　70 ②　71 ①　72 ①　73 ③　74 ②　75 ② |

76 유압 작동기의 방향을 전환시키는 밸브에 사용되는 형식 중 원통형 슬리브 면에 내접하여 축 방향으로 이동하면서 유로를 개폐하는 형식은?

① 스풀형식
② 포핏 형식
③ 베인 형식
④ 카운터밸런스 밸브 형식

> 해설 스풀밸브는 원통형 슬리브 면에 내접하여 축 방향으로 이동하여 유로를 개폐하여 오일의 흐름방향을 바꾸는 밸브이다.

77 일반적으로 캠(cam)으로 조작되는 유압 밸브로서 액추에이터의 속도를 서서히 감속시키는 밸브는?

① 디셀러레이션 밸브   ② 카운터밸런스 밸브
③ 방향 제어밸브   ④ 프레필 밸브

> 해설 디셀러레이션 밸브는 캠(cam)으로 조작되는 유압밸브이며 리턴 유량을 제어함으로써 액추에이터의 속도를 서서히 감속시키는 밸브이다.

유압탱크

78 유압유에 포함된 불순물을 제거하기 위해 유압펌프 흡입관에 설치하는 것은?

① 어큐뮬레이터   ② 스트레이너
③ 공기청정기   ④ 부스터

> 해설 스트레이너(strainer)는 유압펌프의 흡입관에 설치되어 1차로 불순물을 여과하는 여과기이다.

79 유압유 탱크의 기능이 아닌 것은?

① 유압회로에 필요한 압력설정
② 유압회로에 필요한 유량확보
③ 격판에 의한 기포분리 및 제거
④ 스트레이너 설치로 회로 내 불순물 혼입방지

> 해설 오일탱크의 기능: 유압회로에 필요한 유량확보, 격판에 의한 기포분리 및 제거, 스트레이너 설치로 회로 내 불순물의 혼입을 방지하는 기능을 한다.

80 오일탱크 내의 오일을 전부 배출시킬 때 사용하는 것은?

① 드레인 플러그   ② 배플
③ 어큐뮬레이터   ④ 리턴라인

> 해설 오일탱크 내의 오일 및 수분 배출 시 드레인 플러그를 풀어 배출하게 된다.

81 유압장치의 오일 유압펌프 흡입구의 설치에 대한 설명으로 옳지 않은 것은?

① 유압펌프 흡입구는 반드시 탱크 가장 밑면에 설치한다.
② 유압펌프 흡입구에는 스트레이너(오일여과기)를 설치한다.
③ 유압펌프 흡입구와 탱크로의 귀환구멍(복귀구멍) 사이에는 격리판(baffle plate)을 설치한다.
④ 유압펌프 흡입구는 탱크로의 귀환구멍(복귀구멍)로부터 될 수 있는 한 멀리 떨어진 위치에 설치한다.

> 해설 유압펌프 흡입구는 탱크 밑면과 어느 정도 공간을 두고 설치해야 이물질 흡입을 방지할 수 있다.

| 정답 | 76 ① 77 ① 78 ② 79 ① 80 ① 81 ① |

82 일반적인 오일탱크의 구성품이 아닌 것은?

① 유압 실린더 ② 스트레이너
③ 드레인 플러그 ④ 배플 플레이트

> 해설 오일탱크는 주입구, 스트레이너, 유면계, 배플 플레이트(격판) 드레인 플러그로 구성되어 있다.

유압유

83 <보기>에서 유압 작동유가 갖추어야 할 조건으로 옳은 것을 모두 고르면?

```
─────────── 보기 ───────────
㉠ 압력에 대해 비압축성일 것
㉡ 밀도가 작을 것
㉢ 열팽창계수가 작을 것
㉣ 체적탄성계수가 작을 것
㉤ 점도지수가 낮을 것
㉥ 발화점이 높을 것
```

① ㉠, ㉡, ㉢, ㉣ ② ㉡, ㉢, ㉤, ㉥
③ ㉡, ㉣, ㉤, ㉥ ④ ㉠, ㉡, ㉢, ㉥

> 해설 유압유의 구비조건: 압력에 대해 비압축성일 것, 밀도가 작을 것, 열팽창계수가 작을 것, 체적탄성계수가 클 것, 점도지수가 높을 것, 인화점 발화점이 높을 것, 내열성이 크고, 거품이 없을 것 등

84 유압유의 주요기능이 아닌 것은?

① 열을 흡수한다.
② 동력을 전달한다.
③ 필요한 요소 사이를 밀봉한다.
④ 움직이는 기계요소를 마모시킨다.

85 유압오일에서 온도에 따른 점도변화 정도를 표시하는 것은?

① 점도분포 ② 관성력
③ 점도지수 ④ 윤활성

> 해설 점도지수는 유압유가 온도에 따른 점도변화 정도를 표시하는 수치를 말한다.

86 유압유의 첨가제가 아닌 것은?

① 마모방지제 ② 유동점 강하제
③ 산화 방지제 ④ 점도지수 방지제

> 해설 유압유 첨가제에는 마모방지제, 점도지수 향상제, 산화방지제, 소포제(기포 방지제), 유동점 강하제 등을 사용하고 있다.

87 유압유의 압력이 낮아지는 원인과 가장 거리가 먼 것은?

① 유압펌프의 성능이 불량할 때
② 유압유의 점도가 높아졌을 때
③ 유압유의 점도가 낮아졌을 때
④ 유압계통 내에서 누설이 있을 때

> 해설 유압유의 압력이 낮아지는 원인: 유압유의 점도가 낮아졌을 때, 유압계통 내에서 누설이 있을 때, 유압펌프가 마모되었을 때, 유압펌프 성능이 노후 되었을 때, 유압펌프의 성능이 불량할 때

88 유압유의 점도가 지나치게 높았을 때 나타나는 현상이 아닌 것은?

① 오일누설이 증가한다.
② 유동저항이 커져 압력손실이 증가한다.
③ 동력손실이 증가하여 기계효율이 감소한다.
④ 내부마찰이 증가하고, 압력이 상승한다.

> 해설 유압유의 점도가 너무 높으면 유동저항이 커져 압력손실이 증가하고, 동력손실이 증가하여 기계효율이 감소하며, 내부마찰이 증가하고, 압력이 상승한다.

| 정답 | 82 ① 83 ④ 84 ④ 85 ③ 86 ④ 87 ② 88 ① |

89 유압장치에서 사용하는 작동유의 정상작동 온도범위로 가장 적절한 것은?

① 120~150℃ ② 40~80℃
③ 90~110℃ ④ 10~30℃

해설 작동유의 정상작동 온도범위는 40~80℃이다.

90 유압유(작동유)의 온도상승 원인에 해당하지 않는 것은?

① 작동유의 점도가 너무 높을 때
② 유압모터 내에서 내부마찰이 발생될 때
③ 유압회로 내의 작동압력이 너무 낮을 때
④ 유압회로 내에서 공동현상이 발생될 때

해설 유압유의 온도가 상승하는 원인: 유압유의 점도가 너무 높을 때, 유압장치 내에서 내부마찰이 발생될 때, 유압회로 내의 작동압력이 너무 높을 때, 유압회로 내에서 캐비테이션이 발생될 때

91 현장에서 오일의 오염도 판정방법 중 가열한 철판 위에 오일을 떨어뜨리는 방법은 오일의 무엇을 판정하기 위한 방법인가?

① 먼지나 이물질 함유
② 오일의 열화
③ 수분함유
④ 산성도

해설 오일의 수분함유 여부를 판정하기 위한 방법으로 가열한 철판 위에 오일을 떨어뜨려 수분의 증발 여부를 확인한다.

92 유압유 교환을 판단하는 조건이 아닌 것은?

① 점도의 변화 ② 색깔의 변화
③ 수분의 함량 ④ 유량의 감소

93 서로 다른 두 종류의 유압유를 혼합하였을 경우에 대한 설명으로 옳은 것은?

① 서로 보완 가능한 유압유의 혼합은 권장 사항이다.
② 열화현상을 촉진시킨다.
③ 유압유의 성능이 혼합으로 인해 월등해진다.
④ 점도가 달라지나 사용에는 전혀 지장이 없다.

해설 서로 다른 종류의 유압유를 혼합하면 열화현상을 촉진시키게 된다.

94 공동(Cavitation)현상이 발생하였을 때의 영향 중 가장 거리가 먼 것은?

① 체적효율이 감소한다.
② 고압부분의 기포가 과포화상태로 된다.
③ 최고압력이 발생하여 급격한 압력파가 일어난다.
④ 유압장치 내부에 국부적인 고압이 발생하여 소음과 진동이 발생된다.

해설 공동현상이 발생하면 유압장치 내부에 국부적인 고압이 발생하여 소음과 진동이 발생된다.

95 현장에서 오일의 열화를 찾아내는 방법이 아닌 것은?

① 색깔의 변화나 수분, 침전물의 유무 확인
② 흔들었을 때 생기는 거품이 없어지는 양상 확인
③ 자극적인 악취유무 확인
④ 오일을 가열하였을 때 냉각되는 시간 확인

해설 작동유의 열화를 판정하는 방법: 점도상태로 확인, 색깔의 변화나 수분, 침전물의 유무확인, 자극적인 악취 유무 확인(냄새로 확인), 흔들었을 때 생기는 거품이 없어지는 양상을 확인하여 열화의 판정을 할 수 있다.

| 정답 | 89 ② 90 ③ 91 ③ 92 ④ 93 ② 94 ② 95 ④

96 유압회로 내의 밸브를 갑자기 닫았을 때, 오일의 속도 에너지가 압력 에너지로 변하면서 일시적으로 큰 압력증가가 생기는 현상을 무엇이라 하는가?

① 캐비테이션(cavitation) 현상
② 서지(surge) 현상
③ 채터링(chattering) 현상
④ 에어레이션(aeration) 현상

> 해설 　서지현상은 유압회로 내의 밸브를 갑자기 닫았을 때, 오일의 속도에너지가 압력에너지로 변하면서 일시적으로 큰 압력 증가가 생기는 현상을 말하여 유압회로의 이상증상 중 하나이다.

97 현장에서 오일의 열화를 확인하는 인자가 아닌 것은?

① 오일의 점도　　② 오일의 냄새
③ 오일의 색깔　　④ 오일의 유동

> 해설 　오일의 열화를 확인하는 방법에는 오일의 점도, 오일의 냄새, 오일의 색깔 등으로 열화 상태를 확인할 수 있다.

98 건설기계에 사용하고 있는 필터의 종류가 아닌 것은?

① 배출필터　　② 흡입필터
③ 고압필터　　④ 저압필터

99 기체-오일방식 어큐뮬레이터에 가장 많이 사용되는 가스는?

① 산소　　　　② 질소
③ 아세틸렌　　④ 이산화탄소

> 해설 　가스형 어큐뮬레이터(축압기)에는 질소가스가 들어있다.

유압 기호 및 회로

100 유압회로에서 속도제어회로에 속하지 않는 것은?

① 시퀀스 회로
② 미터-인 회로
③ 블리드 오프 회로
④ 미터-아웃 회로

> 해설 　속도제어 회로의 종류에는 미터-인(meter in)회로, 미터-아웃(meter out)회로, 블리드 오프(bleed off)회로가 있다.

101 유압장치의 기호회로도에 사용되는 유압기호의 표시방법으로 적절하지 않은 것은?

① 기호에는 각 기기의 구조나 작용압력을 표시하지 않는다.
② 기호에는 흐름의 방향을 표시한다.
③ 각 기기의 기호는 정상상태 또는 중립상태를 표시한다.
④ 기호는 어떠한 경우에도 회전하여 표시하지 않는다.

> 해설 　기호 회로도에 사용되는 유압 기호는 오해의 위험이 없는 경우에는 기호를 회전하거나 뒤집어 사용해도 된다.

102 유량제어밸브를 실린더와 병렬로 연결하여 실린더의 속도를 제어하는 회로는?

① 미터-인 회로
② 미터-아웃 회로
③ 블리드 오프 회로
④ 블리드 온 회로

> 해설 　블리드 오프 회로는 유량제어밸브를 실린더와 병렬로 연결하여 실린더의 속도를 제어하는 기능을 한다.

| 정답 | 96 ② 　97 ④ 　98 ① 　99 ② 　100 ① 　101 ④ 　102 ③ |

103 유압장치에서 가장 많이 사용되는 유압 회로도는?

① 조합 회로도　② 그림 회로도
③ 단면 회로도　④ 기호 회로도

해설　일반적으로 많이 사용하는 유압회로도는 기호 회로도이다.

104 액추에이터의 입구 쪽 관로에 유량 제어 밸브를 직렬로 설치하여 작동유의 유량을 제어함으로써 액추에이터의 속도를 제어하는 회로는?

① 시스템 회로(system circuit)
② 블리드 오프 회로(bleed-off circuit)
③ 미터 인 회로(meter-in circuit)
④ 미터 아웃 회로(meter-out circuit)

해설　미터 인 회로
유압 액추에이터의 입구 쪽에 유량제어밸브를 직렬로 연결하여 액추에이터로 유입되는 유량을 제어하여 액추에이터의 속도를 제어한다.

105 그림과 같은 유압 기호에 해당하는 밸브는?

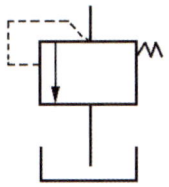

① 체크밸브
② 카운터밸런스 밸브
③ 릴리프 밸브
④ 무부하밸브

106 다음 유압 도면기호의 명칭은?

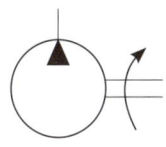

① 스트레이너
② 유압모터
③ 유압펌프
④ 압력계

107 그림의 유압기호가 나타내는 것은?

① 유압밸브
② 차단밸브
③ 오일탱크
④ 유압실린더

108 가변용량형 유압펌프의 기호 표시는?

① 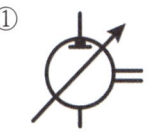　②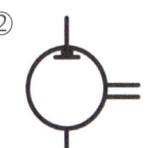

③ 　④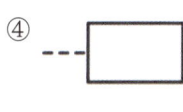

109 다음 유압기호가 나타내는 것은?

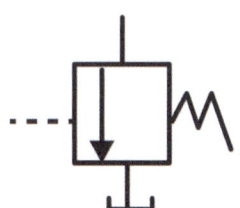

① 릴리프 밸브
② 감압밸브
③ 순차밸브
④ 무부하 밸브

110 그림의 유압 기호는 무엇을 표시하는가?

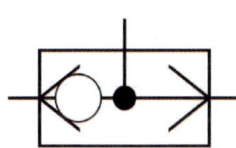

① 고압우선형 셔틀밸브
② 저압우선형 셔틀밸브
③ 급속배기 밸브
④ 급속흡기 밸브

| 정답 | 103 ④　104 ③　105 ③　106 ③　107 ③　108 ①　109 ④　110 ①

111 그림에서 체크밸브를 나타낸 것은?

①    ②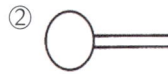

③ 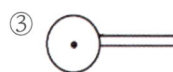   ④

112 복동 실린더 양 로드형을 나타내는 유압 기호는?

① 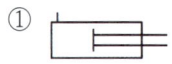   ②

③    ④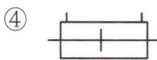

113 그림과 같은 실린더의 명칭은?

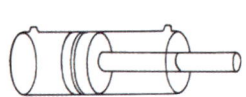

① 단동 실린더
② 단동 다단실린더
③ 복동 실린더
④ 복동 다단실린더

114 그림의 유압 기호는 무엇을 표시하는가?

① 유압실린더
② 어큐뮬레이터
③ 오일탱크
④ 유압실린더 로드

| 정답 | 111 ① 112 ④ 113 ③ 114 ②

CHAPTER 09

작업장치

SECTION 01 지게차의 구조 및 작업장치
SECTION 02 지게차의 제원과 관련 용어

단원별 기출 분석

✓ 지게차의 구조, 제원 및 작업 장치 등의 중요한 개념이 출제됩니다.
✓ 출제 비율도 높고, 실기 시험과 관련된 개념도 나오기 때문에 꼼꼼하게 학습해야 합니다.

SECTION 01 지게차의 구조 및 작업장치

01 지게차

1 정의

지게차는 100m 이내 공간에서 비교적 가벼운 화물을 적재하거나 운반, 하역하는 건설기계이다.

2 지게차의 구조

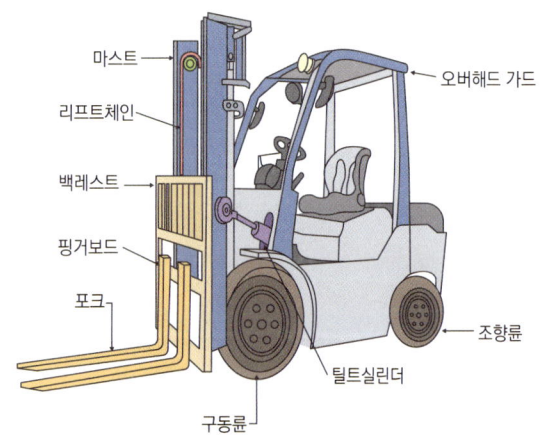

[지게차의 구조]

① 마스트(Mast): 백레스트와 포크가 가이드 롤러(또는 리프트 롤러)로 상하 미끄럼 운동을 할 수 있도록 설치된 레일
② 백레스트(Back Rest): 포크의 화물 뒤쪽을 받쳐주는 부분
③ 핑거보드(Finger Board): 포크가 설치되는 부분으로 백레스트에 지지되며, 리프트 체인의 한쪽 끝이 부착되어 있음
④ 리프트 체인(트랜스퍼 체인)
- 포크의 좌우수평 높이 조정 및 리프트 실린더와 함께 포크의 상하작용을 도움
- 양쪽 포크 높이 조정은 체인 길이로 조절되며, 윤활을 위해 엔진 오일을 도포
- 리프트 체인의 길이는 핑거보드 롤러의 위치로 조정할 수 있음

⑤ 포크(Fork)
- L자형의 2개로 되어 있으며, 핑거보드에 체결되어 화물을 받쳐 드는 부분
- 적재 화물 크기에 따라 간격을 조정할 수 있음
⑥ 틸트 실린더(Tilt Cylinder)
- 마스트를 전경 또는 후경으로 작동시킴
- 복동 실린더에 유압유가 공급되는 원리로 작동
⑦ 리프트 실린더
- 포크를 상승 또는 하강시킴
- 단동 실린더로 되어있으며, 포크를 상승시킬 때만 유압이 가해짐
⑧ 카운터 웨이트(평형추): 작업 시 안정성을 위해 균형을 잡아주는 평형추이며, 지게차 장비 뒤쪽에 설치되어 있음
⑨ 리프트 레버(Lift Lever)
- 리프트 실린더로 포크를 상승 및 하기시키는 데 사용
- 레버를 당기면 포크가 상승하고, 레버를 밀면 포크가 하강
⑩ 틸트 레버(Tilt Lever)
- 마스트를 앞뒤로 기울이는 데 사용
- 레버를 당기면 마스트는 뒤로 기울며, 레버를 밀면 마스트는 앞쪽으로 기욺

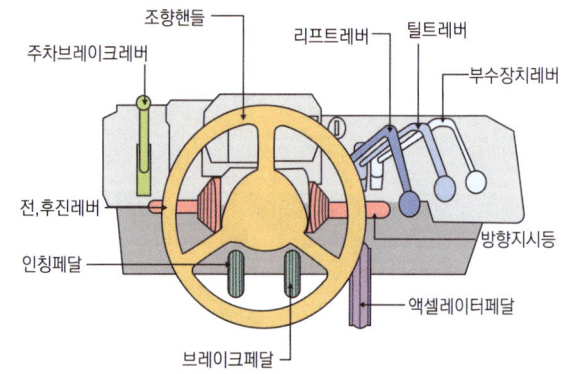

[지게차 조작 레버]

02 마스트의 구조와 기능

1 하이 마스트(High Mast, 2단 마스트)

하이 마스트는 가장 일반적인 지게차이며, 마스트가 2단으로 되어 있어 포크의 승강이 빨라 능률이 높은 표준형 마스트이다.

2 3단 마스트(Triple Stage Mast)

3단 마스트는 마스트가 3단으로 되어있어 높은 장소에서의 적재·적하 작업에 유리하다.

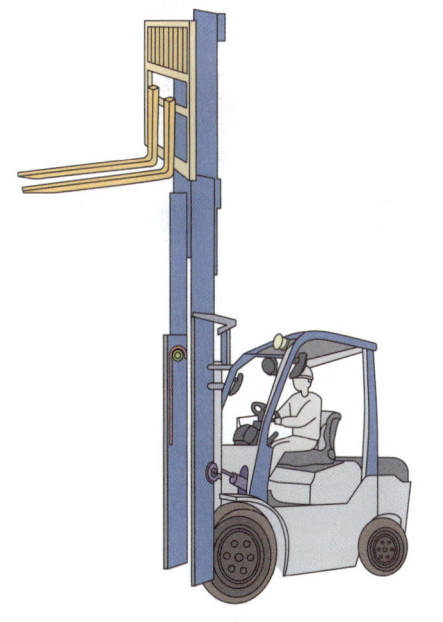

3 로드 스태빌라이저(Load Stabilizer)

로드 스태빌라이저는 고르지 못한 노면이나 경사지 등에서 깨지기 쉬운 화물이나 불안전한 화물의 낙하를 방지하기 위해 포크 상단에 상하 작동할 수 있는 압력판을 부착한 것이다.

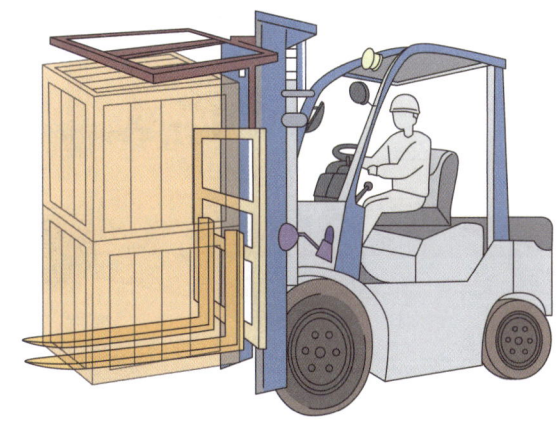

4 로테이팅 클램프(Rotating Clamp)

원추형 화물을 조이거나 회전시켜 운반 또는 적재하는데 적합하다.

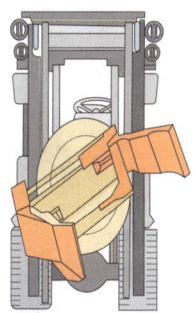

5 로테이팅 포크(Rotating Fork)

포크를 360° 회전시킬 수 있으며, 용기에 들어있는 액체 또는 제품을 운반하거나 붓는데 적합하다.

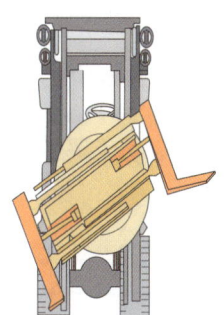

6 블록 클램프(Block Clamp)

블록 클램프는 집게작업을 할 수 있는 장치를 지닌 것이다.

7 힌지드 버킷(Hinged Bucket)

힌지드 버킷은 석탄, 소금, 비료, 모래 등 흘러내리기 쉬운 화물의 운반에 사용된다.

8 힌지드 포크(Hinged Fork)

포크의 힌지 부분이 상하로 움직이며, 원목, 파이프 등을 운반 및 적재하는 데 사용된다.

9 사이드 시프트 포크(Side Shift Fork)

지게차의 방향을 바꾸지 않고도 포크를 좌우로 움직여 적재 및 하역할 수 있다.

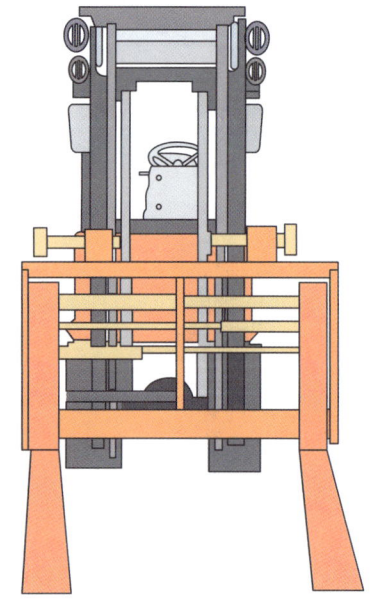

10 램(Ram)

원통형(코일 등)의 화물을 램에 끼워 운반할 때 사용되며, 화물을 램의 뒷부분까지 삽입한 후 주행해야 한다.

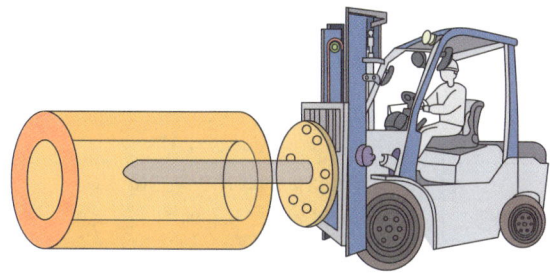

11 롤 클램프 암(Roll clamp arm)

종이 롤 등의 둥근 형태의 화물을 취급하는데 용이하다.

SECTION 02 지게차의 제원과 관련 용어

01 지게차의 제원

용어	정의
전장(길이)	• 포크의 앞부분 끝단부터 지게차 후단부의 끝단까지의 길이 • 고정 장치와 후경은 포함하지 않음
전고(높이)	• 마스트를 수직으로 하고 타이어의 공기압이 규정치인 상태에서 포크를 지면에 내려놓았을 때 지면으로부터 마스트 상단까지의 높이 • 오버헤드 가드가 마스트보다 높을 때에는 오버헤드 가드까지의 높이
전폭(너비)	지게차를 전면이나 후면에서 보았을 때 양쪽에 끝에 돌출된 부분 사이의 거리
축간거리	• 앞바퀴 중심에서 뒷바퀴의 중심 사이의 거리 • 축간거리가 커질수록 지게차의 안정도는 향상되지만 회전 반경이 커질 수 있음
윤거	지게차를 앞에서 보았을 때 양쪽 바퀴의 중심과 중심 사이의 거리
최저지상고	지면으로부터 포크와 타이어를 제외하고 지게차의 가장 낮은 부위까지의 거리
최대인상높이 (최대올림높이)	마스트가 수직인 상태에서 포크를 최대로 올렸을 때 지면에서 포크의 윗면까지의 높이
자유인상높이	포크를 들어 올렸을 때 내측 마스트가 돌출되는 지점에서 지면으로부터 포크 윗면까지의 높이

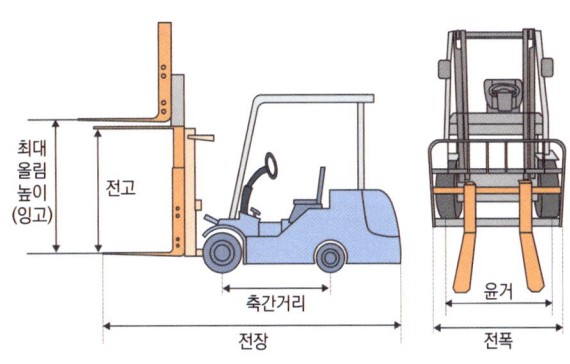

[지게차의 기본 제원]

02 하중(중량)의 제원

용어	정의
최대 하중	안전도를 확보한 상태에서 포크를 최대올림높이로 올렸을 때 기준하중의 중심에 최대로 적재할 수 있는 하중
하중 중심	포크의 수직면으로부터 포크 위에 놓인 화물의 무게 중심까지의 거리
기준 하중의 중심	포크 윗면에 최대하중이 고르게 가해지는 상태에서 하중의 중심
기준 무부하 상태	지면으로부터 높이가 300mm인 수평상태인 포크 윗면에 하중이 가해지지 않은 상태
기준 부하 상태	지면으로부터의 높이가 300mm인 수평상태(주행 시에는 마스트가 가장 안쪽으로 기운 상태)인 포크 윗면에 최대하중이 고르게 가해진 상태
자체중량 (장비중량)	연료 등을 가득 채우고 작업 용구를 실은 상태에서 즉시 작업할 수 있는 지게차의 중량(운전자, 예비 타이어 중량은 제외)
등판 능력	지게차가 경사지를 오를 수 있는 최대 각도로, 백분율(%)과 도(°) 등으로 표기
적재 능력	• 마스트를 90도로 세운 상태에서 포크로 들어 올릴 수 있는 화물의 최대 중량 • 표준 하중을 길이(mm), 중량(kg) 등으로 표시

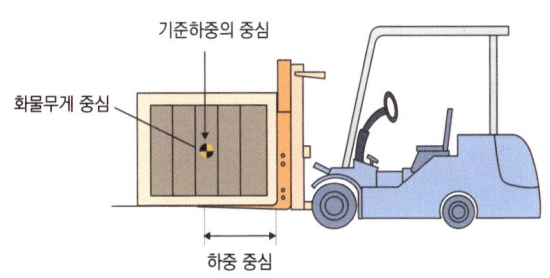

[기준 하중의 중심과 하중 중심]

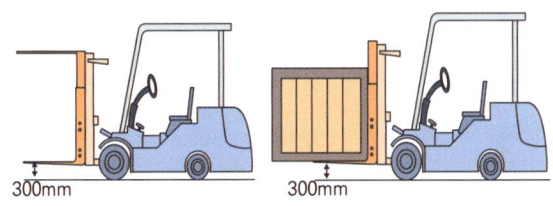

[기준 무부하 상태]   [기준 무부하 상태]

03 지게차 관련 용어

① 마스트 경사각: 기준 무부하 상태에서 마스트를 앞뒤로 기울였을 때, 마스트가 수직면과 이루는 각도

전경각	마스트를 포크 쪽으로 가장 기울인 최대경사각(약 5~6°)
후경각	마스트를 조종실 쪽으로 기울인 최대경사각(약 10~12°)

 포크의 인상 및 하강 속도: 포크의 상승 및 하강 속도이며, 부하와 무부하로 나누어 표기하고 단위는 mm/s로 표시

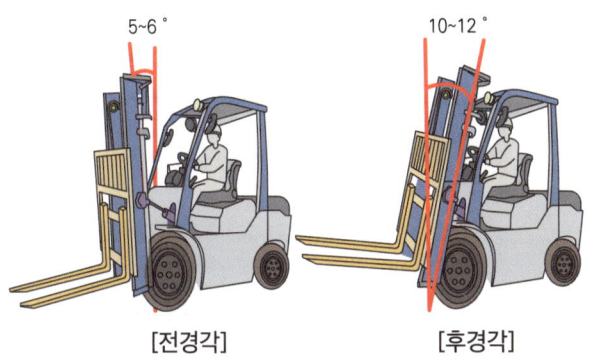

[전경각] [후경각]

② 최소 회전 반경: 무부하 상태에서 지게차가 회전할 때 바깥쪽 뒷바퀴의 중심이 그리는 원의 반지름을 의미

③ 최소 선회 반지름: 무부하 상태에서 지게차가 회전할 때 차체 바깥부분이 그리는 원의 반지름을 의미

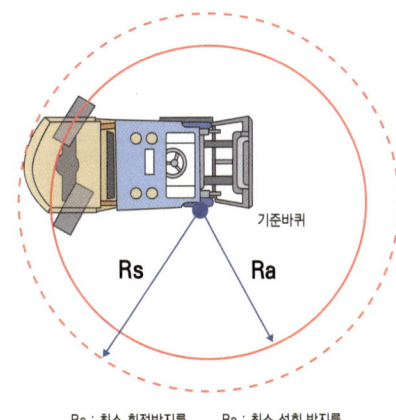

Rs : 최소 회전반지름   Ra : 최소 선회 반지름

[최소 선회 반지름]

④ 최소 직각 통로 폭: 직각 통로에서 지게차가 직각 회전을 할 수 있는 최소 통로 폭을 말하며, 지게차의 전폭이 작을수록 통로 폭도 작아짐

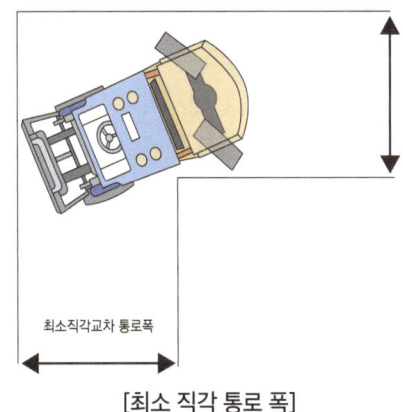

[최소 직각 통로 폭]

⑤ 최소 직각 적재 통로 폭: 화물을 적재한 지게차가 일정 각도로 회전하여 작업할 수 있는 직선 최소 통로 폭

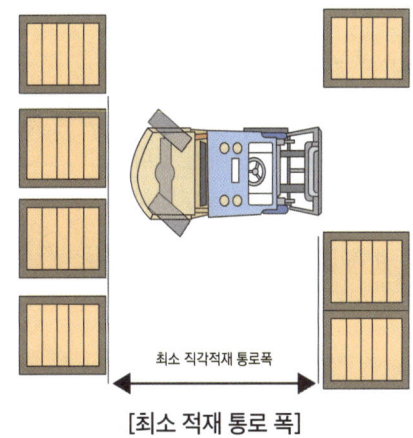

[최소 적재 통로 폭]

04 지게차의 안전장치

틸트록 장치	마스트를 기울일 때 갑작스런 시동 정지 시 틸트록 밸브가 작동하여 마스트의 기울기를 그대로 유지하는 장치
플로 레귤레이터 (슬로 리턴)	포크가 천천히 하강하도록 하는 장치
프로 프로텍터 (벨로시티 퓨즈)	컨트롤 밸브와 리프트 실린더 사이에서 배관 파손 시 적재물의 급하강을 방지하는 장치

CHAPTER 09 단원문제 작업장치

★ 개수는 빈출도와 중요도를 의미합니다.

지게차 작업장치

01 지게차의 작업 장치 중 깨지기 쉬운 화물이나 불안전한 화물의 낙하를 방지하기 위하여 포크 상단에 상하 작동할 수 있는 압력판을 부착한 형식은?

① 로드 스태빌라이저
② 힌지드 포크
③ 사이드 시프트 포크
④ 하이 마스트

해설 | 로드 스태빌라이저는 깨지기 쉬운 화물이나 불안전한 화물의 낙하를 방지하기 위하여 포크 상단에 상하 작동할 수 있는 압력판을 부착한 지게차를 말한다.

02 다음 중 지게차의 특징이 아닌 것은?

① 앞바퀴 조향방식이다.
② 완충장치가 없다.
③ 엔진은 뒤쪽에 설치되어 있다.
④ 틸트와 리프트 실린더가 있다.

해설 | 지게차는 뒷바퀴 조향방식이다.

03 지게차의 작업 장치의 구성품에 속하지 않는 것은?

① 파워 셔블
② 포크
③ 틸트 실린더
④ 마스트 장치

04 다음 중 지게차에 대한 설명으로 옳지 않은 것은?

① 지게차는 화물을 운반하거나 하역작업을 한다.
② 지게차는 뒷바퀴 구동방식을 주로 사용한다.
③ 조향은 뒷바퀴로 한다.
④ 디젤엔진을 주로 사용한다.

해설 | 지게차는 앞바퀴 구동, 뒷바퀴 조향방식이다.

05 다음 중 작업용도에 따른 지게차의 종류가 아닌 것은?

① 로테이팅 클램프(rotating clamp)
② 곡면 포크(curved fork)
③ 로드 스태빌라이저(load stabilizer)
④ 힌지드 버킷(hinged bucket)

해설 | 지게차 작업 장치의 종류: 하이 마스트, 3단 마스트, 사이드 시프트 마스트 포크, 로드 스태빌라이저, 로테이팅 클램프, 블록 클램프, 힌지드 버킷, 힌지드 포크 등

06 지게차를 작업용도에 따라 분류할 때 원추형 화물을 조이거나 회전시켜 운반 또는 적재하는 데 적합한 것은?

① 로드 스태빌라이저
② 로테이팅 클램프
③ 사이드 시프트 포크
④ 힌지드 버킷

해설 | 로테이팅 클램프는 원추형 화물을 조이거나 회전시켜 운반 또는 적재하는데 적합한 작업 장치이다.

07 다음 중 지게차의 구성품이 아닌 것은?

① 마스트
② 블레이드
③ 평형추
④ 틸트 실린더

해설 | 지게차는 마스트, 백레스트, 핑거보드, 리프트 체인, 포크, 리프트 실린더, 틸트 실린더, 평형추(밸런스 웨이트) 등으로 구성되어 있다.

| 정답 | 01 ① 02 ① 03 ① 04 ② 05 ② 06 ② 07 ②

08 지게차의 작업 장치 중 둥근 목재나 파이프 등을 작업하는데 적합한 것은?

① 힌지드 포크 ② 사이드 시프트
③ 하이 마스트 ④ 블록 클램프

해설 힌지드 포크는 둥근 목재, 파이프 등의 화물을 안전하게 적재하고 운반할 수 있도록 하는 지게차 작업 장치이다.

09 지게차의 작업 장치 중 석탄, 소금, 비료, 모래 등 비교적 흘러내리기 쉬운 화물 운반에 이용되는 작업 장치는?

① 블록 클램프
② 로테이팅 포크
③ 힌지드 버킷
④ 사이드 시프트 포크

해설 힌지드 버킷은 힌지드 포크에 끼워사용하는 작업장치로써 석탄, 소금, 비료, 모래 등 흘러내리기 쉬운 화물의 운반용이다.

10 지게차에서는 화물의 종류에 따라서 포크 대신 부속장치를 장착하여 사용할 수 있다. 이 부속장치에 속하지 않는 것은?

① 크레인 ② 버킷
③ 디퍼   ④ 램

11 토크컨버터를 장착한 지게차의 동력전달 순서로 옳은 것은?

① 기관 → 토크컨버터 → 변속기 → 앞 구동축 → 종 감속기어 및 차동장치 → 최종 감속기어 → 앞바퀴
② 기관 → 토크컨버터 → 변속기 → 종 감속기어 및 차동장치 → 앞 구동축 → 최종 감속기어 → 앞바퀴
③ 기관 → 변속기 → 토크컨버터 → 종 감속기어 및 차동장치 → 최종 감속기어 → 앞 구동축 → 앞바퀴
④ 기관 → 변속기 → 토크컨버터 → 종 감속기어 및 차동장치 → 앞 구동축 → 최종 감속기어 → 앞바퀴

해설 토크컨버터를 장착한(자동변속기) 지게차의 동력전달순서는 기관 → 토크컨버터 → 변속기 → 종 감속기어 및 차동장치 → 앞 구동축 → 최종 감속기어 → 앞바퀴

12 지게차 마스트 어셈블리의 구성품이 아닌 것은?

① 리프트 체인 ② 오일펌프
③ 포크   ④ 핑거보드

13 지게차의 앞바퀴는 어느 곳에 설치되는가?

① 너클 암에 설치된다.
② 등속 조인트에 설치된다.
③ 섀클 핀에 설치된다.
④ 직접 프레임에 설치된다.

해설 지게차의 앞바퀴는 직접 프레임에 설치되어 있다.

14 축전지와 전동기를 동력원으로 하는 지게차는?

① 전동 지게차 ② 유압 지게차
③ 엔진 지게차 ④ 수동 지게차

해설 축전지와 전동기를 동력원으로 하는 지게차는 전동 지게차이다.

| 정답 | 08 ① 09 ③ 10 ① 11 ② 12 ② 13 ④ 14 ① |

15 다음 중 지게차의 하중을 지지하는 것은?
① 구동차축 ② 마스터 실린더
③ 차동장치 ④ 최종구동 장치

> 해설 지게차의 하중을 지지하는 것은 앞차축인 구동차축이다.

16 지게차에서 사용하는 부속장치가 아닌 것은?
① 밸런스 웨이트 ② 백레스트
③ 현가 스프링 ④ 핑거보드

> 해설 지게차는 화물의 떨어짐을 방지하기 위한 현가 스프링을 사용하지 않는다.

17 전동 지게차의 동력전달 순서로 옳은 것은?
① 축전지 → 제어 기구 → 구동 모터 → 변속기 → 종감속 및 차동기어장치 → 뒷바퀴
② 축전지 → 구동 모터 → 제어 기구 → 변속기-종감속 및 차동기어장치 → 뒷바퀴
③ 축전지 → 제어 기구 → 구동 모터 → 변속기 → 종감속 및 차동기어장치 → 앞바퀴
④ 축전지 → 구동 모터 → 제어 기구 → 변속기 → 종감속 및 차동기어장치 → 앞바퀴

> 해설 동력전달 순서는 축전지 → 제어 기구 → 구동 모터 → 변속기 → 종감속 및 차동기어장치 → 앞바퀴

18 지게차 작업 장치에 부착된 것이 아닌 것은?
① 마스트(mast)
② 포크(fork)
③ 백 레스트(back rest)
④ 밸런스 웨이트(balance weight)

> 해설 지게차 작업 장치는 마스트, 백레스트, 핑거보드, 리프트 체인(트랜스퍼 체인), 포크로 구성되어 있다.

19 지게차는 자동차와 다르게 현가스프링을 사용하지 않는 이유를 설명한 것으로 옳은 것은?
① 롤링이 생기면 화물이 떨어질 수 있기 때문에
② 현가장치가 있으면 조향이 어렵기 때문에
③ 화물에 충격을 줄이기 위해
④ 앞차축이 구동축이기 때문에

> 해설 지게차에서 현가 스프링을 사용하지 않는 이유는 롤링(좌우진동)이 생기면 화물이 떨어질 수 있기 때문이다.

20 지게차의 작업 장치에 대한 설명으로 옳지 않은 것은?
① 마스트(mast): 상·하 미끄럼 운동을 할 수 있는 레일이다.
② 핑거보드(finger board): 포크가 설치되며, 백레스트에 지지되어 있다.
③ 백레스트(back last): 화물이 운전석 쪽으로 넘어지지 않도록 받쳐주는 부분이다.
④ 리프트 체인(lift chain): 포크의 상하운동을 도와주고 한쪽 끝은 백레스트에, 다른 한쪽은 마스트 스트랩에 고정된다.

> 해설 리프트 체인은 한쪽은 바깥쪽 마스터 스트랩에 고정되고 다른 한쪽은 로드의 상단 가로축의 스프로킷을 지나서 핑거보드에 고정된다.

21 지게차의 마스트(mast)에 설치되어 있지 않은 것은?
① 조정밸브
② 틸트 실린더
③ 포크
④ 리프트 실린더

| 정답 | 15 ① 16 ③ 17 ③ 18 ④ 19 ① 20 ④ 21 ① |

22 ★★★
지게차의 뒷부분에 설치되어 있으며 포크에 화물을 실었을 때 차체가 앞쪽으로 기울어지는 것을 방지하기 위하여 설치되어 있는 것은?

① 변속기 ② 평형추
③ 기관 ④ 클러치

> 해설 평형추(밸런스 웨이트)는 지게차의 뒷부분에 있으며 포크에 화물을 실었을 때 차체가 앞쪽으로 기울어지는 것을 방지하기 위하여 설치한다.

23 ★★★
지게차의 체인길이는 무엇으로 조정하는가?

① 핑거보드 이너 레일을 이용하여
② 틸트 실린더 조정로드를 이용하여
③ 핑거보드 롤러의 위치를 이용하여
④ 리프트 실린더 조정로드를 이용하여

> 해설 체인길이는 핑거보드 롤러의 위치를 이용하여 조절한다.

24 ★★★
지게차의 조종레버 명칭이 아닌 것은?

① 리프트 레버 ② 틸트 레버
③ 전·후진레버 ④ 밸브레버

> 해설 지게차의 조종레버에는 전·후진레버, 리프트 레버, 틸트 레버 등이 있다.

25 ★★
다음 중 지게차 리프트 실린더의 주된 역할은?

① 마스터를 틸트 시킨다.
② 마스터를 하강 이동시킨다.
③ 포크를 상승·하강시킨다.
④ 포크를 앞뒤로 기울게 한다.

> 해설 리프트 실린더(lift cylinder)는 포크를 상승, 하강시키는 기능을 한다.

26 ★★★
지게차 포크를 하강시키는 방법으로 가장 적절한 것은?

① 가속페달을 밟지 않고 리프트 레버를 뒤로 당긴다.
② 가속페달을 밟지 않고 리프트 레버를 앞으로 민다.
③ 가속페달을 밟고 리프트 레버를 앞으로 민다.
④ 가속페달을 밟고 리프트 레버를 뒤로 당긴다.

> 해설 리프트 실린더는 포크를 상승시킬 때만 유압이 작동하는 단동형이므로 포크를 하강시킬 때에는 가속페달을 밟지 않고 리프트 레버를 앞으로 밀어 작동시킨다.

27 ★★
지게차의 리프트 실린더에서 사용하는 유압 실린더의 형식으로 옳은 것은?

① 단동식 ② 복동식
③ 왕복식 ④ 틸트식

> 해설 리프트 실린더는 포크가 상승할 때에만 유압이 작용하는 단동식 실린더를 사용하고 있다.

28 ★★★
지게차에서 리프트 실린더의 상승력이 부족한 원인과 거리가 먼 것은?

① 리프트 실린더에서 유압유 누출
② 틸트 록 밸브의 밀착 불량
③ 오일필터의 막힘
④ 유압펌프의 불량

> 해설 리프트 실린더의 상승력 부족 원인: 오일필터의 막힘, 유압펌프의 불량, 리프트 실린더에서 유압유 누출 등

| 정답 | 22 ② 23 ③ 24 ④ 25 ③ 26 ② 27 ① 28 ② |

29 지게차에서 포크에 화물을 적재한 상태의 마스트 경사로 적합한 것은?

① 진행방향 왼쪽으로 기울어지도록 한다.
② 진행방향 오른쪽으로 기울어지도록 한다.
③ 진행방향 뒤쪽으로 기울어지도록 한다.
④ 진행방향 앞쪽으로 기울어지도록 한다.

> 해설 포크에 화물을 적재 상태에서 마스트는 진행방향 뒤쪽으로 기울여야 화물의 낙하를 방지하여 안전한 작업을 수행할 수 있다.

30 지게차의 틸트 레버를 운전석에서 운전자 몸 쪽으로 당기면 마스트는 어떻게 기울어지는가?

① 운전자의 몸 쪽에서 멀어지는 방향으로 기운다.
② 지면방향 아래쪽으로 내려온다.
③ 운전자의 몸 쪽 방향으로 기운다.
④ 지면에서 위쪽으로 올라간다.

> 해설 틸트 레버를 운전자 몸 쪽으로 당기면 마스트는 운전자의 몸 쪽 방향으로 기운다.

31 지게차 포크의 상승속도가 느린 원인이 아닌 것은?

① 유압유가 부족할 때
② 제어밸브가 손상되었거나 마모되었을 때
③ 피스톤의 마모가 심할 때
④ 포크가 약간 휘었을 때

32 다음 중 지게차에서 틸트 실린더의 역할은?

① 차체 수평유지
② 포크의 상하 이동
③ 마스트 앞·뒤 경사
④ 차체 좌우 회전

> 해설 틸트 실린더(tilt cylinder)는 마스트의 전경, 후경 시 작용을 한다.

33 지게차의 화물운반 작업 중 가장 적절한 것은?

① 마스트를 뒤로 6° 정도 경사시켜서 운반한다.
② 포크만 뒤로 6° 정도 경사시켜서 운반한다.
③ 댐퍼를 뒤로 3° 정도 경사시켜서 운반한다.
④ 바이브레이터를 뒤로 8° 정도 경사시켜서 운반한다.

> 해설 포크에 화물을 적재한 상태에서는 마스트는 뒤로 6° 정도 경사시켜서 운반하여야 안전하다.

34 지게차의 리프트 레버를 당겨 상승상태를 점검하였더니 2/3정도는 잘 상승하다가 그 후 상승이 잘 안 되는 경우 점검해야 하는 부분은?

① 엔진오일량
② 유압탱크의 오일량
③ 냉각수량
④ 틸트레버의 작동상태

> 해설 작동 중 상승이 잘 안 되는 경우에는 유압탱크 내의 오일량 부족일 수 있으므로 오일량을 점검한다.

35 지게차의 마스트를 기울일 때 갑자기 엔진의 시동이 정지되면 어떤 밸브가 작동하여 그 상태를 유지하는가?

① 틸트 밸브
② 스로틀 밸브
③ 리프트 밸브
④ 틸트 록 밸브

> 해설 틸트 록 밸브(tilt lock valve)는 마스트를 기울일 때 갑자기 엔진의 시동이 정지되면 작동하여 그 상태를 유지시키며, 이때 틸트레버를 조작하여도 마스트가 경사되지 않도록 하는 안전밸브이다.

| 정답 | 29 ③　30 ③　31 ④　32 ③　33 ①　34 ②　35 ④

CHAPTER 10

CBT 적중모의고사

1. CBT 적중모의고사 1회
2. CBT 적중모의고사 2회
3. CBT 적중모의고사 3회
4. CBT 적중모의고사 4회
5. CBT 적중모의고사 5회

1회 CBT 적중모의고사

최신 출제기준에 따라 출제 빈도가 높은 기출문제 엄선

01 다음 그림이 의미하는 것은?

① 탑승금지
② 보행금지
③ 차량통행금지
④ 출입금지

해설

01 ▶ 안전관리
해당 안전표지는 차량의 통행을 금지하는 표지이다.

02 먼지가 많은 장소에서 착용하여야 하는 마스크는?

① 산소 마스크
② 방독 마스크
③ 일반 마스크
④ 방진 마스크

02 ▶ 안전관리
먼지나 분진이 많은 장소에서는 방진 마스크를 착용해야 한다.

03 인력으로 운반 작업을 하는 경우에 관한 설명으로 잘못된 것은?

① 공동운반 시에는 서로 협조를 하여 작업한다.
② LPG 봄베는 굴려서 운반한다.
③ 긴 물건은 앞쪽을 위로 올려 운반한다.
④ 무리한 몸가짐으로 물건을 들지 않는다.

03 ▶ 안전관리
LPG 봄베는 폭발의 위험이 있기 때문에 굴려서 운반하지 않는다.

04 지게차 조종석 계기판에 없는 것은?

① 진공계
② 연료계
③ 냉각수 온도계
④ 오일압력계

04 ▶ 작업 전·후 점검
지게차 조종석 계기판에는 연료량 경고등, 연료계, 냉각수 온도계, 오일압력계 등이 표시되어 있으며 진공계는 표시되어 있지 않다.

05 타이어 트레드 패턴의 필요성과 관계가 없는 것은?

① 타이어에서 발생한 열을 발산한다.
② 트레드부에 생긴 절상의 확산을 방지한다.
③ 주행 중 진동을 흡수하고 소음을 방지한다.
④ 타이어가 옆 방향으로 미끄러지는 것을 방지한다.

05 ▶ 작업 전·후 점검
트레드 패턴의 기능
- 타이어 내부의 열 발산
- 구동력 향상
- 미끄러짐 방지
- 트레드부에 생긴 절상 확산 방지

06 기관에 장착된 상태의 팬벨트 장력 점검 방법으로 적당한 것은?

① 벨트길이 측정 게이지로 측정
② 벨트의 중심을 엄지손가락으로 눌러서 점검
③ 엔진을 가동하여 점검
④ 발전기의 고정 볼트를 느슨하게 하여 점검

06 ▶ 작업 전·후 점검
팬벨트 장력은 기관이 정지된 상태에서 엄지손가락으로 눌러 점검하며, 점검 시 팬벨트 중앙을 약 10kgf힘으로 눌렀을 때 처지는 양이 13~20mm이면 정상이다.

07 지게차 주차 시 취해야 할 안전조치로 틀린 것은?

① 포크를 지면에서 20cm 정도 높이에 고정시킨다.
② 엔진을 정지시키고 주차 브레이크를 잡아당겨 주차상태를 유지한다.
③ 포크의 선단이 지면에 닿도록 마스트의 전방을 약간 경사시킨다.
④ 시동 스위치의 키를 빼내어 보관한다.

07 ▶ 작업 전·후 점검
지게차 주차 시 포크는 지면에 완전히 닿도록 내린다.

08 화물을 적재하고 주행할 때 포크와 지면과의 간격으로 가장 적당한 것은?

① 지면에 밀착
② 80~85cm
③ 50~55cm
④ 20~30cm

08 ▶ 화물 적재·하역
지게차로 화물을 적재하여 주행 시 포크의 높이는 지면으로부터 20~30cm를 유지해야 한다.

09 지게차 운행 전 작업안전을 위한 점검사항으로 틀린 것은?

① 시동 전에 전·후진 레버를 중립에 놓는다.
② 화물 이동을 위해 마스트를 앞으로 기울인다.
③ 방향지시등과 같은 신호장치의 작동 상태를 점검한다.
④ 작업장의 노면 상태를 확인한다.

09 ▶ 화물 적재·하역
화물 이동을 위해서는 틸트 레버를 당겨 마스트를 뒤로 기울이고(4~6°) 주행한다.

10 지게차 작업 시 안전사항으로 옳지 않은 것은?

① 화물의 바로 앞에 도달하면 안전한 속도로 감속해야 한다.
② 포크의 간격은 팔레트 폭의 1/2 이상 3/4 이하 정도로 유지하여 적재해야 한다.
③ 포크 삽입 시에는 작업 속도를 높이기 위해 가속페달을 밟는다.
④ 화물이 불안정할 경우 슬링와이어나 로프 등을 사용하여 지게차와 결착한다.

10 ▶ 화물 적재·하역
포크 삽입 시에는 삽입할 위치를 확인한 후 정면으로 향하여 천천히 삽입해야 한다.

11 도로교통법상에서 정의된 긴급자동차가 아닌 것은?

① 응급 전신·전화 수리공사에 사용되는 자동차
② 긴급한 경찰업무수행에 사용되는 자동차
③ 위독한 환자의 수혈을 위한 혈액운송차량
④ 학생 운송 전용버스

11 ▶ 도로교통법
도로교통법 시행령 제2조(긴급자동차의 종류)에서 정의하는 긴급자동차에는 소방차, 구급차, 혈액공급차량, 그 밖에는 대통령령으로 정하는 자동차 등이 있다.

12 좌회전을 하기 위해 교차로에 진입되어 있을 때 황색등화로 바뀔 경우 행동으로 옳은 것은?

① 그 자리에 정지해야 한다.
② 정지하여 정지선으로 후진해야 한다.
③ 좌회전을 중단하고 횡단보도 앞 정지선까지 후진해야 한다.
④ 신속히 좌회전하여 교차로 밖으로 진행해야 한다.

12 ▶ 도로교통법
좌회전을 하기 위해 교차로에 진입되어 있을 때 황색등화로 바뀌면 신속하게 좌회전하여 교차로 밖으로 진행하여야 한다.

13 도로교통법상 앞지르기 당하는 차의 조치로 옳은 것은?

① 앞지르기 할 수 있도록 좌측 차로로 변경한다.
② 일시정지나 서행하여 앞지르기시킨다.
③ 속도를 높여 경쟁하거나 가로막는 등 방해한다.
④ 앞지르기를 하여도 좋다는 신호를 반드시 해야 한다.

13 ▶ 도로교통법
앞지르기 당하는 차는 도로의 우측 가장자리에 일시정지하거나 서행하여 앞지르기를 시킨다.

14 교통정리가 행하여지지 않는 교차로에서 통행의 우선권이 있는 차량은?

① 좌회전하려는 차량
② 우회전하려는 차량
③ 직진하려는 차량
④ 이미 교차로에 진입해 좌회전하고 있는 차량

14 ▶ 도로교통법
교통정리가 행해지지 않는 교차로에서 통행의 우선권이 있는 차량은 이미 교차로에 진입한 차량이다.

15 앞차와의 안전거리로 옳은 것은?

① 앞차 속도의 0.3배 거리
② 앞차와의 평균 8m 이상 거리
③ 앞차의 진행방향을 확인할 수 있는 거리
④ 앞차가 갑자기 정지하였을 때 충돌을 피할 수 있는 필요한 거리

15 ▶ 도로교통법
도로교통법상 안전거리는 앞차가 갑자기 정지하였을 때 충돌을 피할 수 있는 필요한 거리이다.

16 건설기계 등록번호의 색칠 기준으로 옳지 않은 것은?

① 관용 - 흰색 바탕에 검은색 문자
② 수입용 - 적색 바탕에 흰색 문자
③ 자가용 - 흰색 바탕에 검은색 문자
④ 영업용 - 주황색 바탕에 검은색 문자

16 ▶ 건설기계관리법
번호표에서 색칠 기준에 따르면 수입용은 별도로 지정되어 있지 않다.

17 건설기계관리법상 소형 건설기계에 포함되지 않는 것은?

① 3톤 미만 지게차
② 5톤 미만 불도저
③ 3톤 미만 굴착기
④ 덤프트럭

17 ▶ 건설기계관리법
덤프트럭은 일반 건설기계이다. ①, ②, ③ 이외에도 소형 건설기계는 3톤 미만 로더, 5톤 미만 천공기, 3톤 미만 타워크레인 등이 있다.

18 건설기계를 검사유효기간이 끝난 후에 계속 운행하고자 할 때 받아야 하는 검사는?

① 계속검사
② 신규등록검사
③ 수시검사
④ 정기검사

18 ▶ 건설기계관리법
건설기계의 검사유효기간이 끝난 후 계속 운행하려는 경우에는 정기검사를 받아야 한다.

19 정기검사 신청을 받은 경우 검사 대행자는 며칠 이내에 신청인에게 검사 일시와 장소를 통지하여야 하는가?

① 5일
② 7일
③ 10일
④ 20일

19 ▶ 건설기계관리법
검사신청을 받은 검사대행자는 신청을 받은 날로부터 5일 이내에 검사일시와 검사장소를 지정하여 신청인에게 통지하여야 한다.

20 시·도지사의 직권 또는 소유자의 신청에 의한 등록 말소 사유에 해당하지 않는 것은?

① 건설기계를 교육, 연구 목적으로 사용하는 경우
② 건설기계를 폐기하는 경우
③ 거짓 혹은 그 밖의 부정한 방법으로 등록을 한 경우
④ 건설기계를 장기간 사용하지 않는 경우

20 ▶ 건설기계관리법
건설기계를 장기간 사용하지 않는 경우는 등록 말소 사유에 해당하지 않는다.
①, ②, ③이외에도 등록 말소 사유에는 건설기계를 수출하는 경우, 건설기계를 도난 당한 경우 등이 있다.

21 에어클리너가 막혔을 경우 발생하는 현상으로 옳은 것은?

① 배기색은 검은색이며, 출력은 저하된다.
② 배기색은 흰색이며, 출력은 저하된다.
③ 배기색은 무색이며, 출력은 커진다.
④ 배기색은 흰색이며, 출력은 커진다.

21 ▶ 엔진구조
기관의 에어클리너(공기청정기)가 막히면 산소 공급 불량으로 인한 불완전 연소로 인해 배기색은 검은색이 되고, 출력은 저하된다.

22 윤활유에 첨가하는 첨가제의 사용 목적으로 틀린 것은?

① 점도지수를 향상시킨다.
② 응고점을 높게 해준다.
③ 산화를 방지한다.
④ 유성을 향상시킨다.

22 ▶ 엔진구조
윤활유의 첨가제로는 점도지수 향상제, 산화 방지제, 부식 방지제, 유성 향상제, 기포 방지제 등이 있다.

23 피스톤 링의 3대 작용이 아닌 것은?

① 열전도   ② 기밀 유지
③ 오일제어   ④ 응력분산

23 ▶ 엔진구조
응력 분산 작용은 엔진오일의 역할이다. ①, ②, ③ 피스톤 링의 3대 작용은 열전도(냉각) 작용, 밀봉(기밀 유지) 작용, 오일제어 작용이다.

24 엔진오일 여과기가 막히는 것을 대비해서 설치하는 것은?

① 체크 밸브   ② 릴리프 밸브
③ 바이패스 밸브 ④ 오일팬

24 ▶ 엔진구조
엔진오일 여과기가 막혔을 때 여과기를 거치지 않고 각 윤활부로 엔진오일이 공급될 수 있도록 바이패스 밸브를 설치한다.

25 다음 중 커먼레일 디젤기관의 연료장치 구성품이 아닌 것은?

① 분사펌프   ② 커먼레일
③ 고압펌프   ④ 인젝터

25 ▶ 엔진구조
분사펌프는 기계식 디젤기관의 연료장치 구성품이다.

26 엔진오일이 많이 소비되는 원인이 아닌 것은?

① 피스톤 링의 마모가 심할 때
② 실린더의 마모가 심할 때
③ 기관의 압축압력이 높을 때
④ 밸브가이드의 마모가 심할 때

26 ▶ 엔진구조
엔진오일이 많이 소비되는 원인은 연료의 연소와 누설 때문이다. 피스톤 링, 실린더, 밸브가이드가 마모되면 엔진오일이 연소실로 유입되어 연소가 발생하고 배기색은 흰색이 된다.

27 발전기는 어떤 축에 의해 구동되는가?

① 크랭크축　　　② 캠 축
③ 추진축　　　　④ 변속기 입력축

27 ▶ 엔진구조
발전기는 크랭크축에서 나오는 동력에 의해 구동되며, 벨트를 이용해 구동시킨다.

28 디젤기관의 연료계통에서 연료의 압력이 가장 높은 부분은?

① 인젝션 펌프와 노즐 사이
② 연료필터와 탱크 사이
③ 인젝션 펌프와 탱크 사이
④ 탱크와 공급펌프 사이

28 ▶ 엔진구조
인젝션 펌프는 기관에서 연료를 압축하여 분사 노즐로 압송하는 장치로, 인젝션 펌프와 노즐 사이의 압력이 가장 높다.

29 건식 공기청정기의 세척 방법으로 옳은 것은?

① 압축오일로 안에서 밖으로 불어낸다.
② 압축오일로 밖에서 안으로 불어낸다.
③ 압축공기로 안에서 밖으로 불어낸다.
④ 압축공기로 밖에서 안으로 불어낸다.

29 ▶ 엔진구조
건식 공기청정기는 압축공기(에어건)를 이용하여 안에서 밖으로 불어내는 방법으로 세척한다.

30 축전지 터미널의 부식을 방지하기 위한 조치방법으로 가장 옳은 것은?

① 헝겊으로 감아 놓는다.　　② 그리스를 발라 놓는다.
③ 전해액을 발라 놓는다.　　④ 비닐 테이프를 감아 놓는다.

30 ▶ 전기장치
축전지 터미널의 부식을 방지하기 위해서는 그리스를 칠한 후 보호 커버를 씌워야 한다.

31 교류(AC) 발전기 실리콘 다이오드의 냉각은 무엇으로 하는가?

① 히트싱크　　　② 냉각 튜브
③ 냉각팬　　　　④ 엔드 프레임에 설치된 오일장

31 ▶ 전기장치
교류발전기에서 실리콘 다이오드가 교류를 직류로 정류할 때 발생하는 열을 식히기 위해 히트싱크를 사용한다.

32 축전지의 전해액으로 적절한 것은?

① 순수한 물　　　② 과산화납
③ 해면상납　　　④ 묽은 황산

32 ▶ 전기장치
축전지의 전해액으로는 증류수(순수한 물)와 황산을 섞어 만든 묽은 황산을 사용한다.

33 12V 납산 축전지 셀의 구성으로 옳은 것은?

① 6V의 셀이 2개 있다.
② 3V의 셀이 4개 있다.
③ 2V의 셀이 6개 있다.
④ 4V의 셀이 3개 있다.

33 ▶ 전기장치
12V 납산 축전지는 2V의 셀 6개가 직렬로 연결되어 있다(셀당 기전력은 2.1V이나, 시험에서는 2V로 출제되는 경우도 있다)

34 배터리에 대한 설명으로 옳은 것은?

① 배터리 터미널 중 굵은 것이 "+"이다.
② 배터리 탈거 시 "+" 단자를 먼저 탈거한다.
③ 점프 시동할 경우 추가 배터리를 직렬로 연결한다.
④ 배터리는 운행 중 발전기 가동을 목적으로 장착된다.

34 ▶ 전기창치
배터리 터미널은 굵은 것이 "+"이다. 탈거 시에는 "-"단자를 먼저 탈거해야 하며, 점프 시동 시에는 병렬로 연결한다.

35 건설기계장비에서 주로 사용하는 발전기로 옳은 것은?

① 와전류 발전기
② 2상 교류발전기
③ 직류발전기
④ 3상 교류발전기

35 ▶ 전기장치
건설기계에 주로 사용하는 발전기는 3개의 스테이터 코일이 감겨 있는 3상 교류발전기이다.

36 변속기의 필요성과 관계가 없는 것은?

① 시동 시 장비를 무부하 상태로 한다.
② 기관의 회전력을 증대시킨다.
③ 장비의 후진 시 필요하다.
④ 환향을 빠르게 한다.

36 ▶ 전·후진 주행장치
변속기는 클러치와 추진축 또는 클러치와 종감속 기어 사이에 설치된다. 변속기는 후진, 회전력 증대, 시동 시 장비를 무부하 상태로 하기 위해 필요하다.

37 수동식 변속기가 장착된 건설기계에서 기어의 이상 음이 발생하는 이유가 아닌 것은?

① 기어 백래시의 과다
② 변속기의 오일 부족
③ 변속기 베어링의 마모
④ 웜과 웜기어의 마모

37 ▶ 전·후진 주행장치
웜과 웜기어는 조향기어의 종류로, 수동식 변속기가 장착된 건설기계와 관련이 없다.

38 타이어식 건설기계의 휠 얼라인먼트에서 토인의 필요성이 아닌 것은?

① 조향바퀴에 방향성을 준다.
② 타이어의 이상 마멸을 방지한다.
③ 조향바퀴를 평행하게 회전시킨다.
④ 바퀴가 옆방향으로 미끄러지는 것을 방지한다.

38 ▶ 전·후진 주행장치
조향바퀴에 방향성을 주는 휠 얼라인먼트(바퀴 정렬)의 요소는 캐스터이다.

39 타이어식 건설기계에서 전·후 주행이 되지 않을 때 점검하여야 할 곳으로 틀린 것은?

① 타이로드 엔드를 점검한다.
② 변속 장치를 점검한다.
③ 유니버설 조인트를 점검한다.
④ 주차 브레이크 잠김 여부를 점검한다.

39 ▶ 전·후진 주행장치
타이로드 엔드는 조향장치의 구성품으로 관련이 없다.

40 실린더 헤드 개스킷에 대한 구비 조건으로 틀린 것은?

① 강도가 적당할 것
② 복원성이 적을 것
③ 기밀 유지가 좋을 것
④ 내열성과 내압성이 있을 것

40 ▶ 엔진구조
실린더 헤드 개스킷의 구비조건
• 내열성, 내압성이 좋아야 한다.
• 강도가 적당해야 한다.
• 기밀유지가 좋아야 한다.

41 지게차 클러치판의 변형을 방지하는 것은?

① 토션 스프링
② 압력판
③ 쿠션 스프링
④ 릴리스레버 스프링

41 ▶ 전·후진 주행장치
쿠션 스프링은 동력의 전달 및 차단 시 충격을 흡수하여 클러치판의 변형을 방지한다.

42 일반적으로 건설기계의 유압펌프는 무엇에 의해 구동되는가?

① 엔진의 플라이휠에 의해 구동된다.
② 변속기 P.T.O 장치에 의해 구동된다.
③ 에어컨 컴프레셔에 의해 구동된다.
④ 캠축에 의해 구동된다.

42 ▶ 유압장치
건설기계의 유압펌프는 엔진의 플라이휠과 직결되어 있어 플라이휠에 의해 구동된다.

43 유압장치에서 유압을 제어하는 방법이 <u>아닌</u> 것은?

① 밀도 제어
② 압력 제어
③ 유량 제어
④ 방향 제어

43 ▶ 유압장치
유압의 제어 방법
• 압력제어: 일의 크기를 제어한다.
• 방향제어: 일의 방향을 제어한다.
• 유량제어: 일의 속도를 제어한다.

44 유압작동유의 구비조건에 해당하지 <u>않는</u> 것은?

① 적당한 점도가 있어야 한다.
② 응고점이 낮아야 한다.
③ 내열성이 높아야 한다.
④ 압축성이 높아야 한다.

44 ▶ 유압장치
유압작동유는 비압축성이어야 한다.

45 다음 유압기호가 나타내는 것은?

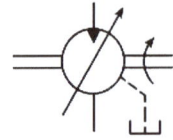

① 가변유압모터
② 유압펌프
③ 가변토출 밸브
④ 가변흡입 밸브

45 ▶ 유압장치
원 안의 화살표가 안쪽 방향이면 유압모터이고, 원을 가로지르는 화살표는 가변용량형을 의미한다. 따라서 제시된 유압기호는 가변유압모터이다.

46 유압모터의 종류가 <u>아닌</u> 것은?

① 베인모터
② 나사모터
③ 플런저모터
④ 기어모터

46 ▶ 유압장치
유압모터의 종류에는 베인모터, 플런저모터(피스톤모터), 기어모터가 있다.

47 유압회로 내의 유압이 상승하지 않을 때 점검사항으로 옳지 <u>않은</u> 것은?

① 오일탱크의 오일량 점검
② 펌프로부터 정상 유압이 발생하는지 점검
③ 자기 탐상법에 의한 작업장치의 균열 점검
④ 오일이 누출되는지 점검

47 ▶ 유압장치
자기 탐상법은 철강 제품의 겉이나 속에 생긴 미세한 균열을 자기력선 속의 변화를 이용하여 찾아내는 비파괴 검사법이다.

48 착화성이 가장 좋은 연료는?
① 가솔린 ② 중유
③ 경유 ④ 등유

48 ▶ 유압유
경유는 착화성이 가장 좋다. 착화성이란 고온의 압축공기에 연료를 분사하였을 때 불이 붙는 성질을 뜻한다.

49 어큐뮬레이터(축압기)의 용도로 적합하지 않은 것은?
① 압력 보상 ② 유압 에너지 축적
③ 충격 흡수 ④ 릴리프 밸브 제어

49 ▶ 유압장치
축압기(어큐뮬레이터)는 주로 질소 가스를 사용하는 기체 압축형을 사용하며, 유압 회로 내의 압력 보상, 유압에너지 축적, 맥동압력(충격압력) 흡수를 위해 사용한다.

50 유압회로 내의 유압유 점도가 너무 낮을 때 생기는 현상이 아닌 것은?
① 시동 저항이 커진다. ② 오일 누설에 영향이 크다.
③ 회로 압력이 떨어진다. ④ 펌프 효율이 떨어진다.

50 ▶ 유압장치
유압유의 점도가 낮을 경우 오일 누설이 많아지고, 회로 압력 및 펌프 효율이 떨어진다.

51 포크의 부착 간격은 어느 정도로 하는 것이 가장 적당한가?
① 팔레트 폭의 1/3~1/2 ② 팔레트 폭의 1/3~2/3
③ 팔레트 폭의 1/2~2/3 ④ 팔레트 폭의 1/2~3/4

51 ▶ 작업장치
일반적인 작업에서 포크의 폭은 팔레트 폭의 1/2~3/4 정도의 범위가 적당하다.

52 지게차에 사용되는 리프트 실린더 및 틸트 실린더의 형식은?
① 틸트 실린더는 복동 방식이고, 리프트 실린더는 단동 방식이다.
② 틸트 실린더는 단동 방식이고, 리프트 실린더는 복동 방식이다.
③ 틸트 실린더와 리프트 실린더 모두 복동 방식이다.
④ 틸트 실린더와 리프트 실린더 모두 단동 방식이다.

52 ▶ 작업장치
지게차의 틸트 실린더는 복동 싱글로드 형식이고, 리프트 실린더는 단동 램형이다.

53 지게차에 대한 설명 중 틀린 것은?
① 지게차의 등판능력은 경사지를 오를 수 있는 최대 각도로, %(백분율)과 °(도) 로 표시한다.
② 최대인상높이는 마스트가 수직인 상태에서의 최대 높이로, 지면으로부터 포크 윗면까지의 높이를 말한다.
③ 지게차의 전폭이 짧을수록 최소직각통로의 폭이 넓어진다.
④ 포크 인상속도의 단위는 mm/s이며, 부하 시와 무부하 시로 나누어 표시한다.

53 ▶ 작업장치
지게차의 전폭이 짧을수록 최소 직각 통로의 폭이 좁아진다.

54 다음 그림에서 지게차의 축간거리에 해당하는 것은?

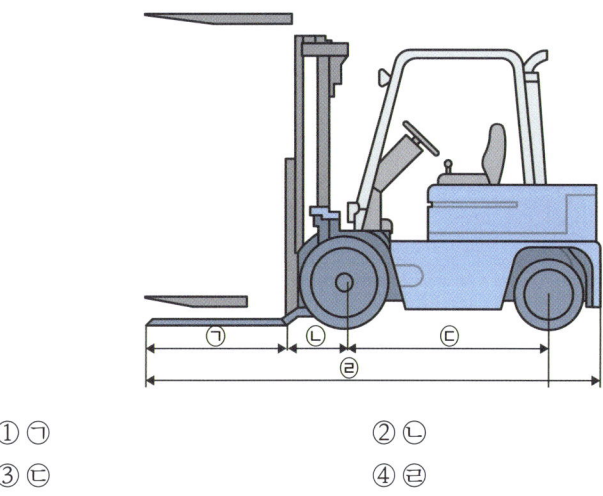

① ㉠
② ㉡
③ ㉢
④ ㉣

54 ▶ 작업장치
㉠은 포크의 길이, ㉢은 전방오버행(LMC), ㉣은 전장이다.

55 지게차의 메인컨트롤 밸브 레버작동 설명 중 옳지 <u>않은</u> 것은?

① 리프트 레버를 밀면 리프트 실린더에 유압유가 공급된다.
② 리프트 레버를 당기면 리프트 실린더에 유압유가 공급된다.
③ 틸트 레버를 밀면 틸트 실린더에 유압유가 공급된다.
④ 틸트 레버를 당기면 틸트 실린더에 유압유가 공급된다.

55 ▶ 작업장치
장치에 부하가 걸릴 때 실린더에 유압유가 공급되며, 포크의 상승(리프트 레버 당김), 마스트 전·후경(틸트레버 밀거나 당기기) 시에 실린더에 유압이 공급된다.

56 추락 위험이 있는 장소에서 작업할 경우 안전관리상 어떻게 하는 것이 가장 적절한가?

① 안전띠 또는 로프를 사용한다.
② 이동식 사다리를 사용한다.
③ 일반 공구를 사용한다.
④ 고정식 사다리를 사용한다.

56 ▶ 안전관리
추락 위험이 있는 장소에서는 고정식 사다리 또는 높은 곳에서 작업 시 임시로 설치하는 임시 가설물인 비계를 사용해야 한다.

57 작업 시 일반적인 안전에 대한 설명으로 적합하지 <u>않은</u> 것은?

① 사용 전에 장비를 점검한다.
② 사전에 장비 사용법을 숙지한다.
③ 장비는 취급자가 아니어도 사용한다.
④ 회전하는 물체에 손을 대지 않는다.

57 ▶ 안전관리
작업 시 장비는 안전상 취급 가능한 자만 사용해야 한다.

58 연삭작업 시 반드시 착용해야 하는 보호구는?

① 방독면 ② 장갑
③ 보안경 ④ 안전화

58 ▶ 안전관리
연삭작업 시에는 반드시 보안경을 착용해야 한다.

59 토크렌치의 가장 올바른 사용법은?

① 렌치 끝을 한 손으로 잡고 돌리면서 눈은 게이지 눈금을 확인한다.
② 왼손은 렌치 끝을 잡고 돌리고 오른손은 지지점을 누르고 게이지 눈금을 확인한다.
③ 렌치 끝을 양손으로 잡고 돌리면서 눈은 게이지 눈금을 확인한다.
④ 오른손은 렌치 끝을 잡고 돌리고 왼손은 지지점을 누르고 게이지 눈금을 확인한다.

59 ▶ 안전관리
토크렌치는 볼트나 너트를 규정 토크로 조일 때 사용하며, 몸쪽으로 당기면서 작업해야 하므로 오른손으로 렌치를 잡고 돌리고 왼손은 지지점을 누르고 작업한다.

60 각 볼트·너트를 조이고 풀 때 가장 적합한 공구는?

① 바이스 ② 플라이어
③ 드라이버 ④ 복스렌치

60 ▶ 안전관리
복스렌치는 볼트와 너트 주위를 완전히 감싸는 형태라 사용 중에 미끄러지지 않으며, 각 볼트나 너트에 적합하다.

CBT 적중 모의고사 제1회 정답

01 ③	02 ④	03 ②	04 ①	05 ③	06 ②	07 ①	08 ④	09 ②	10 ③
11 ④	12 ④	13 ②	14 ④	15 ④	16 ②	17 ①	18 ④	19 ①	20 ④
21 ①	22 ②	23 ④	24 ③	25 ①	26 ③	27 ①	28 ①	29 ③	30 ②
31 ①	32 ④	33 ③	34 ①	35 ①	36 ④	37 ④	38 ①	39 ①	40 ②
41 ③	42 ①	43 ①	44 ④	45 ①	46 ②	47 ④	48 ③	49 ①	50 ①
51 ④	52 ①	53 ③	54 ①	55 ①	56 ①	57 ③	58 ③	59 ④	60 ④

2회 CBT 적중모의고사

최신 출제기준에 따라 출제 빈도가 높은 기출문제 엄선

해설

01 기계의 회전부분(기어, 벨트, 체인)에 덮개를 설치하는 이유는?
① 회전부분과 신체의 접촉을 방지하기 위해
② 좋은 품질의 제품을 얻기 위해
③ 회전부분의 속도를 낮추기 위해
④ 제품의 제작과정을 숨기기 위해

01 ▶ 안전관리
기계의 회전 부분에 덮개를 설치하는 이유는 작업 과정에서 신체가 접촉하여 기계에 말려 들어가는 것을 방지하기 위해서이다.

02 차체에 드릴 작업 시 주의사항으로 옳지 <u>않은</u> 것은?
① 작업 시 내부의 파이프는 관통시킨다.
② 작업 시 내부에 배선이 없는지 확인한다.
③ 작업 후에는 내부에서 드릴 날 끝으로 인해 손상된 부품이 없는지 확인한다.
④ 작업 후에는 녹의 발생을 방지하기 위해 드릴 구멍에 페인트칠을 해둔다.

02 ▶ 안전관리
차체 드릴 작업 시 내부의 파이프를 관통해서는 안 된다.

03 운반작업을 하는 작업장의 통로에서 통과 우선순위로 옳은 것은?
① 짐차 - 빈차 - 사람
② 빈차 - 짐차 - 사람
③ 사람 - 빈차 - 짐차
④ 사람 - 짐차 - 빈차

03 ▶ 안전관리
운반 작업을 하는 작업장의 통로에서 통과 우선순위는 '짐차-빈차-사람' 순이다.

04 연소의 3요소가 <u>아닌</u> 것은?
① 점화원
② 질소
③ 산소
④ 가연성 물질

04 ▶ 안전관리
연소의 3요소는 가연성 물질, 점화원, 산소(공기)이다.

05 동력전달장치의 안전수칙으로 옳지 <u>않은</u> 것은?
① 동력전달을 빨리 하기 위해서 벨트를 회전하는 풀리에 걸어 작동시킨다.
② 기어가 회전하고 있는 곳을 커버로 잘 덮어 위험을 방지하도록 한다.
③ 회전하고 있는 벨트나 기어에 불필요한 점검을 하지 않는다.
④ 동력압축기나 절단기를 운전할 때 위험을 방지하기 위해 안전장치를 한다.

05 ▶ 안전관리
벨트를 풀리에 걸 때는 작업안전을 위해 반드시 회전이 정지된 상태에서 해야 한다.

06 무거운 짐을 운반할 때의 설명으로 옳지 <u>않은</u> 것은?

① 협동 작업을 할 때는 타인과의 균형에 신경써야 한다.
② 인력으로 어려울 때에는 장비를 사용한다.
③ 무거운 짐을 들고 놓을 때에는 척추를 올리는 자세가 안전하다.
④ 지렛대를 이용하기도 한다.

06 ▶ 안전관리
무거운 짐을 들고 내릴 때에는 척추를 낮은 자세로 하는 것이 좋다.

07 연삭기 받침대와 숫돌과의 틈새는 얼마가 적당한가?

① 3mm 이하
② 5mm 이하
③ 7mm 이하
④ 10mm 이하

07 ▶ 안전관리
연삭기 받침대와 숫돌의 틈새는 2~3mm 정도가 적당하다.

08 아크 용접 작업의 안전수칙으로 옳지 <u>않은</u> 것은?

① 차광 유리는 아크 전류의 크기에 적합한 번호를 선택한다.
② 아연 도금 강판 용접 시 발생하는 가스는 유해하지 않으므로 환기할 필요가 없다.
③ 타기 쉬운 물건인 기름, 나무 조각, 도료, 헝겊 등은 작업장 주위에 놓지 않는다.
④ 용접기의 리드단자와 케이블의 접속은 반드시 절연체로 보호한다.

08 ▶ 안전관리
아연 도금 강판 용접 시 발생하는 가스는 인체에 치명적이지는 않지만 해롭기 때문에 환기를 해주어야 한다.

09 유압장치의 일일점검사항이 <u>아닌</u> 것은?

① 필터의 오염 여부 점검
② 탱크의 오일량 점검
③ 호스의 손상 여부 점검
④ 이음 부분의 누유 점검

09 ▶ 작업 전·후 점검
유압장치 필터의 오염 여부 점검 및 교환은 보통 매 500시간마다 실시하는 주기적인 교환 항목이다.

10 통고무로 만든 타이어로, 주로 전동 지게차에 사용되며 포장이 잘 된 실내에서 사용하는 타이어에 해당하는 것은?

① 튜브리스 타이어
② 슬립 타이어
③ 솔리드 타이어
④ 레이디얼 타이어

10 ▶ 작업 전·후 점검
솔리드 타이어는 통고무로 만든 타이어로 큰 하중을 견딜 수 있으나, 비포장 실외에서는 잘 사용하지 않는다.

11 지게차 작업장치에서 작업 전 점검사항에 해당하는 것은?

① 좌·우 마스트 체인의 유격 동일 여부
② 좌·우 붐 인양 로프의 마모 여부
③ 버킷 실린더의 오일 누유 여부
④ 블레이드의 정상적인 좌·우 이동 여부

11 ▶ 작업 전·후 점검
②, ③, ④는 지게차의 작업장치에 해당하지 않는다.

12 MF(Maintenance Free) 축전지에 대한 설명으로 옳지 <u>않은</u> 것은?

① 격자의 재질은 납과 칼슘합금이다.
② 무보수용 배터리이다.
③ 밀봉 촉매 마개를 사용한다.
④ 증류수는 매 15일마다 보충한다.

12 ▶ 작업 전·후 점검
MF 축전지는 정비나 보수가 필요 없는 배터리이므로 증류수 보충을 하지 않는다.

13 지게차에 허용 하중 이상의 짐을 실을 경우 나타나는 현상이 <u>아닌</u> 것은?

① 조향이 어려워진다.
② 뒷바퀴가 들린다.
③ 지게차 부품 등이 손상될 수 있다.
④ 작업 속도를 높일 수 있다.

13 ▶ 화물 적재·하역
지게차에 허용 하중 이상의 짐을 실을 경우 뒷바퀴가 들려 조향이 어려워지고 장비가 손상될 수 있다.

14 지게차의 안전수칙으로 옳지 <u>않은</u> 것은?

① 옥내 주행 시 전조등을 켜고 작업한다.
② 출입구 통과 시 시야 확보를 위하여 얼굴을 지게차 밖으로 내밀고 통과한다.
③ 주·정차 시 주차 브레이크를 고정한다.
④ 부득이하게 포크를 올려서 출입하는 경우에는 출입구 높이에 주의한다.

14 ▶ 화물 적재·하역
출입구를 통과할 때에는 신체의 일부를 지게차 밖으로 내밀어서는 안 된다. 화물이 운전 시야를 가린다면 보조자의 수신호를 확인하는 등의 다른 적절한 조치를 취해야 한다.

15 지게차 운전 중 브레이크 제동이 안 될 경우 점검해야할 사항이 <u>아닌</u> 것은?

① 브레이크 페달 작동거리 점검
② 브레이크 휠 실린더 분해 점검
③ 브레이크 오일량 점검
④ 브레이크 오일 누유 점검

15 ▶ 작업 전·후 점검
브레이크 휠 실린더 분해 점검은 지게차 운전 중 점검할 수 있는 사항이 아니다.

16 도로교통법상 안전표지의 종류가 <u>아닌</u> 것은?

① 주의표지
② 규제표지
③ 안심표지
④ 보조표지

16 ▶ 도로교통법
안전표지의 종류: 주의표지, 규제표지, 지시표지, 보조표지

17 긴급자동차의 종류에 해당하지 <u>않는</u> 것은?

① 어린이 통학 전용버스
② 수사기관의 자동차 중 범죄수사를 위하여 사용되는 자동차
③ 혈액공급차량
④ 국군 및 주한 국제연합군용의 긴급자동차에 의하여 유도되는 국군 및 주한 국제연합군의 자동차

17 ▶ 도로교통법
도로교통법 시행령 제2조(긴급자동차의 종류)에 근거하여 긴급자동차의 종류에는 소방차, 구급차, 혈액공급차량, 그 밖에 대통령령으로 정하는 자동차 등이 있다. 어린이 통학 전용버스는 긴급 자동차에 해당하지 않는다.

18 건설기계 운전자가 조종 중 고의로 인명피해를 입히는 사고를 일으켰을 때 면허처분 기준은?

① 면허효력 정지 10일
② 면허효력 정지 30일
③ 면허취소
④ 면허효력 정지 20일

18 ▶ 건설기계관리법
건설기계 조종 중 고의로 인명피해(중상, 사망 등)를 입혔을 경우에는 면허취소의 처분을 받는다.

19 도로교통법상 반드시 서행하여야 할 장소로 지정된 곳은?

① 안전지대 우측
② 교통정리가 행하여지고 있는 교차로
③ 교통정리가 행하여지고 있는 횡단보도
④ 비탈길의 고갯마루 부근

19 ▶ 도로교통법
서행해야 하는 장소
• 교통정리를 하고 있지 아니하는 교차로
• 도로가 구부러진 부근
• 비탈길의 고갯마루 부근
• 가파른 비탈길의 내리막

20 경찰청장이 원활한 소통을 위해 특히 필요하다고 지정한 곳 이외의 고속도로에서 건설기계의 최고 속도는?

① 매시 70km
② 매시 80km
③ 매시 90km
④ 매시 100km

20 ▶ 도로교통법
고속도로에서 건설기계의 최고 속도는 매시 80km이며, 경찰청장이 원활한 소통을 위해 특히 필요하다고 지정한 곳은 매시 90km이다.

21 건설기계관리법상 등록말소 사유에 해당하지 <u>않는</u> 것은?

① 건설기계를 수출하는 경우
② 건설기계조종사 면허가 취소된 경우
③ 건설기계의 차대가 등록 시 차대와 다른 경우
④ 거짓 그 밖의 부정한 방법으로 등록한 경우

21 ▶ 건설기계관리법
건설기계조종사 면허가 취소된 경우는 등록 말소 사유에 해당하지 않는다. ①, ③, ④ 이외에도 건설기계를 교육과 연구 목적으로 사용하는 경우, 건설기계를 폐기하는 경우, 건설기계를 도난당한 경우 등이 건설기계관리법 상 등록 말소 사유에 해당한다.

22 건설기계 소유자는 건설기계를 도난당한 날로부터 얼마 이내에 등록말소를 신청해야 하는가?

① 30일 이내
② 2개월 이내
③ 3개월 이내
④ 6개월 이내

22 ▶ 건설기계관리법
건설기계의 등록말소
시·도지사는 등록된 건설기계의 도난 시에는 2개월 이내에 등록말소 신청을 해야 한다.

23 소형 또는 대형건설기계조종사 면허증 발급 신청 시 구비서류가 아닌 것은?

① 소형건설기계조종 교육이수증(소형면허 신청 시)
② 국가기술자격증 정보(대형면허 신청 시)
③ 주민등록등본
④ 신체검사서

23 ▶ 건설기계관리법
건설기계조종사 면허증을 발급받으려는 경우 신청서와 함께 구비서류인 ①, ②, ④를 포함하여 6개월 이내에 촬영한 탈모상반신 사진 2매, 건설기계조종사 면허증(건설기계조종사면허를 받은 자가 면허의 종류를 추가하고자 하는 경우)을 제출해야 한다.

24 건설기계의 좌석안전띠는 속도가 최소 몇 km/h 이상일 때 설치하여야 하는가?

① 10km/h
② 30km/h
③ 40km/h
④ 50km/h

24 ▶ 건설기계관리법
건설기계의 좌석안전띠는 속도가 30km/h 이상일 때 설치해야 한다.

25 건설기계의 적재중량을 측정할 때 측정 인원은 1인당 몇 kg을 기준으로 하는가?

① 50kg
② 55kg
③ 60kg
④ 65kg

25 ▶ 건설기계관리법
건설기계의 적재중량을 측정할 때 측정 인원은 1인당 65kg을 기준으로 한다.

26 라디에이터(Radiator)에 대한 설명으로 틀린 것은?

① 라디에이터의 재료 대부분에는 알루미늄 합금이 사용된다.
② 단위면적당 방열량이 커야 한다.
③ 냉각 효율을 높이기 위해 방열핀이 설치된다.
④ 공기 흐름 저항이 커야 냉각 효율이 높다.

26 ▶ 엔진구조
라디에이터는 방열을 위해 공기의 흐름 저항이 작아야 한다.

27 부동액에 대한 설명으로 옳은 것은?

① 에틸렌 글리콜과 글리셀린은 단맛이 있다.
② 부동액은 계절에 따라 냉각수와 혼합비율을 다르게 한다.
③ 온도가 낮아지면 화학적 변화를 일으킨다.
④ 부동액은 냉각 계통에 부식을 일으키는 특징이 있다.

27 ▶ 엔진구조
부동액은 여름에는 '냉각수 : 부동액=7 : 3', 겨울에는 '냉각수 : 부동액=5 : 5'로, 계절에 따라 냉각수와 혼합 비율을 다르게 하여 사용한다.

28 디젤기관에서 주행 중 시동이 꺼지는 원인으로 옳지 <u>않은</u> 것은?

① 연료여과기가 막혔을 때
② 프라이밍이 펌프가 작동하지 않을 때
③ 연료파이프에 누설이 있을 때
④ 분사파이프 내에 기포가 있을 때

28 ▶ 엔진구조
기관 가동 중 시동이 꺼지는 원인
• 연료탱크 내 연료 결핍
• 연료탱크 내 오물 유입
• 연료파이프에서 누설되는 경우
• 연료여과기가 막힌 경우
• 연료장치 내 기포가 유입된 경우

29 엔진오일의 교환방법으로 옳지 <u>않은</u> 것은?

① 오일 레벨 게이지의 'F'에 가깝게 오일을 주입한다.
② 엔진오일은 순정품으로 교환한다.
③ 가혹한 조건에서 지속적으로 운전하였을 경우 교환주기를 조금 앞당긴다.
④ 규정된 엔진오일보다는 플러싱 오일로 교체하여 사용한다.

29 ▶ 엔진구조
플러싱 오일은 잔유 제거용 오일이므로 잔유 제거 과정 후 플러싱 오일을 배출한 뒤, 규정된 엔진오일로 교체해야 한다.

30 냉각장치의 라디에이터 압력식 캡에 설치되어 있는 밸브는?

① 진공 밸브와 체크 밸브
② 압력 밸브와 진공 밸브
③ 압력 밸브와 스로틀 밸브
④ 릴리프 밸브와 감압 밸브

30 ▶ 엔진구조
라디에이터 압력식 캡은 냉각수의 비등점을 높여주는 역할을 하는 것으로, 압력 밸브와 진공 밸브가 설치되어 있다.

31 디젤기관에서 노킹을 일으키는 원인으로 올바른 것은?

① 연소실에 누적된 연료가 많아 일시에 연소할 경우
② 연료에 공기가 혼입되었을 경우
③ 흡입공기의 온도가 높을 경우
④ 착화지연 기간이 짧을 경우

31 ▶ 엔진구조
디젤기관의 노킹은 착화지연 기간 중 분사된 다량의 연료가 화염전파 기간 중 일시에 연소가 되어 급격한 압력 상승이나 부조현상을 나타내는 것을 말한다.

32 엔진의 윤활유에 대한 설명으로 옳지 <u>않은</u> 것은?

① 점도지수가 높은 것이 좋다.
② 인화점 및 발화점이 높아야 한다.
③ 응고점이 높은 것이 좋다.
④ 적당한 점도가 있어야 한다.

32 ▶ 엔진구조
엔진의 윤활유는 응고점이 낮아야 한다.

33 디젤기관에 과급기를 장착하는 이유는?

① 기관의 출력을 향상시키기 위해
② 기관의 냉각효율을 높이기 위해
③ 배기 소음을 줄이기 위해
④ 기관의 압축압력을 낮추기 위해

33 ▶ 엔진구조
과급기(터보장치)는 외기를 실린더에 밀어 넣는 압축기로, 기관의 출력을 향상시키기 위해 사용한다.

34 4행정 사이클 디젤기관의 크랭크축이 4,000rpm으로 회전할 때 분사펌프 캠축의 회전수는?

① 2,000rpm ② 4,000rpm
③ 6,000rpm ④ 8,000rpm

34 ▶ 엔진구조
크랭크축과 캠축의 회전비는 2 : 1이다. 크랭크축이 4,000rpm으로 회전할 때 분사펌프 캠축의 회전수는 2,000rpm이다.

35 퓨즈에 대한 설명으로 옳지 <u>않은</u> 것은?

① 퓨즈는 정격용량을 사용한다.
② 퓨즈 용량은 A로 표시한다.
③ 퓨즈는 가는 구리선으로 대용할 수 있다.
④ 퓨즈는 표면이 산화되면 끊어지기 쉽다.

35 ▶ 전기장치
구리선이나 정격 용량 이상의 퓨즈를 사용하면 과전류로 인해 회로가 단선되거나 화재가 발생할 위험이 높다. 즉, 퓨즈는 가는 구리선으로 대용하면 안 된다.

36 건설기계에 주로 사용되는 전동기의 종류는?

① 직류분권 전동기 ② 직류직권 전동기
③ 직류복권 전동기 ④ 교류 전동기

36 ▶ 전기장치
건설기계에 사용하는 기동 전동기는 전기자 코일과 계자 코일이 직렬로 연결되어 있는 직류직권 전동기이다.

37 축전지 내부의 충·방전 작용으로 옳은 것은?

① 화학 작용 ② 탄성 작용
③ 물리 작용 ④ 기계 작용

37 ▶ 전기장치
축전지는 전류의 3대 작용(발열, 화학, 자기) 중 화학 작용을 이용한다.

38 충전장치에서 발전기는 어떤 축과 연동되어 구동되는가?

① 추진축
② 캠축
③ 크랭크축
④ 변속기 입력축

38 ▶ 전기장치
교류발전기의 로터는 팬 벨트에 의해 크랭크축과 연동되어 구동된다.

39 전압(Voltage)에 대한 설명으로 옳은 것은?

① 자유전자가 도선을 통하여 흐르는 것을 말한다.
② 전기적인 높이, 즉 전기적인 압력을 말한다.
③ 물질에 전류가 흐를 수 있는 정도를 나타낸다.
④ 도체의 저항에 의해 발생하는 열을 나타낸다.

39 ▶ 전기장치
전압은 전기적인 압력을 말하며, 단위는 볼트(V)이다. ①은 전류에 관한 설명이다.

40 기관에 사용되는 시동모터가 회전이 안 되거나 회전력이 약한 원인이 아닌 것은?

① 시동 스위치의 접촉이 불량하다.
② 배터리 단자와 터미널의 접촉이 나쁘다.
③ 브러시가 정류자에 잘 밀착되어 있다.
④ 축전지 전압이 낮다.

40 ▶ 전기장치
기동 전동기가 회전이 되지 않거나 회전력이 약한 원인 중 하나는 브러시가 1/3 이상 마모되어 정류자에 잘 밀착되지 않기 때문이다.

41 타이어에서 고무로 피복된 코드를 여러 겹으로 겹친 층에 해당하며, 타이어 골격을 이루는 부분은?

① 카커스(carcass)
② 트레드(tread)
③ 숄더(should)
④ 비드(bead)

41 ▶ 전·후진 주행장치
카커스는 고무로 피복된 코드를 여러 겹으로 겹친 층으로, 타이어의 골격을 이루는 부분이다.

42 토크컨버터의 구성품 중 오일의 흐름 방향을 바꾸어 터빈으로 되돌려 터빈의 회전력을 증대시키는 것은?

① 펌프 임펠러
② 터빈 러너
③ 스테이터
④ 가이드링

42 ▶ 전·후진 주행장치
스테이터는 오일의 흐름 방향을 바꾸어 터빈 러너의 회전력(토크)을 증대시킨다.

43 동력전달장치에서 슬립 이음의 역할은?

① 길이 변화가 가능하다.
② 각도 변화가 가능하다.
③ 각도 및 길이 변화가 가능하다.
④ 구동력을 증가시킨다.

44 차동기어장치에서 피니언 기어와 링 기어의 틈새를 무엇이라고 하는가?

① 런아웃
② 백래시
③ 베이퍼록
④ 스프

45 지게차에서 작동유를 한 방향으로는 흐르게 하고 반대방향으로는 흐르지 않게 하기 위해 사용되는 밸브는 무엇인가?

① 릴리프 밸브
② 무부하 밸브
③ 감압 밸브
④ 체크 밸브

46 클러치에 대한 설명으로 옳지 <u>않은</u> 것은?

① 클러치 페달을 밟으면 동력이 차단된다.
② 클러치 페달을 떼면 동력이 전달된다.
③ 클러치 페달을 밟으면 플라이휠과 클러치판이 붙는다.
④ 클러치 페달을 떼면 압력판과 클러치판이 붙는다.

47 파스칼의 원리와 관련된 설명이 <u>아닌</u> 것은?

① 정지 액체에 접하고 있는 면에 가해진 압력은 그 면에 수직으로 작용한다.
② 정지 액체의 한 점에 있어서 압력의 크기는 전 방향에 대하여 동일하다.
③ 점성이 없는 비압축성 유체에서 압력에너지, 위치에너지, 운동에너지의 합은 일정하다.
④ 밀폐용기 내의 한 부분에 가해진 압력은 액체 내의 여러 부분에 같은 압력으로 전달된다.

---

43 ▶ 전·후진 주행장치
슬립 이음은 길이 변화에 대응하기 위한 이음으로, 변속기 출력축과 추진축에 스플라인으로 구성되어 있다. ② 각도 변화에 대응하기 위한 이음은 자재 이음으로, 추진축 앞뒤에 설치된다.

44 ▶ 전·후진 주행장치
백래시란 한 쌍의 기어를 맞물렸을 때 치면(맞물리는 면) 사이에 생기는 틈새이다. 백래시가 너무 작으면 마찰이 커지고, 백래시가 너무 크면 기어의 맞물림이 나빠져 기어가 파손되기 쉽다.

45 ▶ 유압장치
체크 밸브는 작동유를 한 방향으로만 흐르게 하여 유압회로에서 역류를 방지하고 회로내의 잔압을 유지하게 한다.

46 ▶ 전·후진 주행장치
클러치 페달을 밟으면 플라이휠과 클러치판이 떨어져 동력이 차단된다.

47 ▶ 엔진구조
파스칼의 원리
• 유체의 압력은 면에 대해 직각으로 작용한다.
• 각 점의 압력은 모든 방향으로 같다.
③은 베르누이의 법칙에 대한 설명이다.

48 건설기계의 작동유 탱크의 역할로 옳지 않은 것은?

① 유온을 적정하게 유지하는 역할을 한다.
② 작동유를 저장한다.
③ 오일 내 이물질의 침전 작용을 한다.
④ 유압 게이지가 설치되어 작업 중 유압 점검을 할 수 있다.

48 ▶ 유압장치
①, ②, ③ 이외에도 작동유 탱크는 안에 격리판이 설치되어 있어 기포를 분리시켜 주는 역할을 한다.

49 유압작동유의 온도가 상승하는 원인이 아닌 것은?

① 유압회로 내에 공동 현상이 발생했을 때
② 유압작동유의 점도가 높을 때
③ 유압모터 내에 내부마찰이 발생했을 때
④ 유압회로 내의 작동압력이 너무 낮을 때

49 ▶ 유압장치
①, ②, ③ 이외에 오일 쿨러의 작동이 불량할 때에도 유압작동유의 온도가 상승한다.

50 공동 현상이라고도 하며, 소음과 진동이 발생하고 양정과 효율이 저하되는 현상은?

① 캐비테이션   ② 스트로크
③ 제로랩   ④ 오버랩

50 ▶ 유압장치
공동 현상이란 캐비테이션이라고도 하며, 유체의 압력이 급격하게 변화하여 상대적으로 압력이 낮은 곳에 공동이 생기는 현상을 말한다. 이때 공동이 높은 압력을 받아 무너지면서 강한 충격이 발생한다.

51 유압장치의 주된 고장 원인으로 가장 거리가 먼 것은?

① 과부하 및 과열
② 물, 공기, 이물질의 혼입
③ 기기의 기계적 고장
④ 덥거나 추운 날씨에 사용

51 ▶ 유압장치
덥거나 추운 날씨에 사용하는 것은 유압장치의 주된 고장 원인에 해당하지 않는다.

52 유압회로에서 호스의 노화 현상이 아닌 것은?

① 호스의 탄성이 거의 없는 상태로 굳어 있는 경우
② 표면에 크랙(Crack)이 발생한 경우
③ 정상적인 압력 상태에서 호스가 파손된 경우
④ 액추에이터(작업장치)의 작동이 원활하지 않은 경우

52 ▶ 유압장치
고무로 만들어진 유압호스가 노화되면 고무가 경화되어 크랙이 발생하고 정상 압력 상태에서도 호스가 파손될 수 있다. 호스의 노화 현상은 액추에이터의 작동과 관련이 없다.

53 유압장치의 장점이 아닌 것은?

① 고장원인의 발견이 쉽다.
② 운동방향을 쉽게 변경할 수 있다.
③ 과부하 방지가 용이하다.
④ 작은 동력원으로 큰 힘을 낼 수 있다.

53 ▶ 유압장치
유압장치는 고장원인의 발견이 어렵고, 보수관리가 어려운 단점이 있다.

54 유압펌프의 기능으로 옳은 것은?

① 엔진 또는 모터의 기계적 에너지를 유체에너지로 전환한다.
② 유체 에너지를 동력으로 전환한다.
③ 유압회로 내의 압력을 측정한다.
④ 축압기와 동일한 역할을 한다.

54 ▶ 유압장치
유압펌프는 유압 발생 장치로서, 엔진 또는 전동 모터에서 발생한 기계적 에너지를 유체에너지로 전환하는 장치이다.

55 유압호스 중 가장 큰 압력에 견딜 수 있는 형식의 호스는?

① 나선 와이어 형식
② 고무 형식
③ 와이어리스 고무 블레이드 형식
④ 직물 블레이드 형식

55 ▶ 유압장치
나선 와이어 형식은 유압호스의 고무층 사이에 철선이 나선모양으로 감겨있는 것으로, 나선 층의 수에 따라 고압에 사용된다.

56 L자형으로 된 2개의 구조물로 되어 있으며, 핑거보드에 체결되어 화물을 받쳐 드는 부분은?

① 포크
② 백레스트
③ 마스트
④ 카운터 웨이트

56 ▶ 작업장치
지게차의 포크는 L자형으로 된 2개의 구조물로 되어 있으며, 핑거보드에 체결되어 화물을 받쳐 드는 부분이다.

57 지게차의 포크에 버킷을 장착하여 흘러내리기 쉬운 물건이나 흐트러진 물건을 운반하거나 트럭에 상차하는데 쓰는 작업장치는?

① 힌지드 포크
② 로드스태빌라이저
③ 힌지드 버킷
④ 드럼 클램프

57 ▶ 작업장치
① 원목 등 긴 원기둥 형태의 화물을 운반 및 적재하는 용도로 사용된다. ② 고르지 못한 노면 등에서 깨지기 쉬운 화물의 낙하를 방지하기 위해 포크 상단에 상하 작동할 수 있는 압력판을 부착한 것이다. ④ 클램프형 마스트의 일종이다.

58 지게차 조향바퀴정렬의 요소가 <u>아닌</u> 것은?

① 캠버(camber) ② 토인(toe in)
③ 캐스터(caster) ④ 부스터(booster)

58 ▶ 전·후진 주행장치
조향바퀴 얼라인먼트는 토인, 캠버, 킹핀 경사각, 캐스터이다.

59 지게차 장비중량에 포함되지 <u>않는</u> 것은?

① 연료 ② 냉각수
③ 윤활유 ④ 예비타이어

59 ▶ 작업장치
지게차 장비중량(자체중량)은 연료, 냉각수, 윤활유를 가득 채우고 운행에 필요한 장비를 갖춘 상태의 중량을 말한다. 예비타이어와 운전자는 포함되지 않는다.

60 차량이 남쪽에서 북쪽으로 진행 중일 때 그림에 대한 설명으로 옳지 <u>않</u>은 것은?

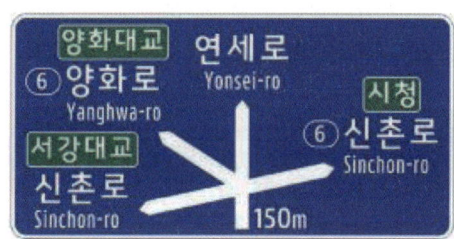

① 차량을 좌회전하면 '양화로' 또는 '신촌로' 시작지점과 만날 수 있다.
② 차량을 좌회전하면 '양화로' 또는 '신촌로'로 진입할 수 있다.
③ 차량을 직진하면 '연세로' 방향으로 갈 수 있다.
④ 차량을 우회전하면 '서강대교' 방향으로 갈 수 있다.

60 ▶ 도로명주소
차량을 우회전하면 '시청' 방향으로 갈 수 있다.

CBT 적중 모의고사 제2회 정답

01 ①	02 ①	03 ①	04 ②	05 ①	06 ③	07 ①	08 ②	09 ①	10 ③
11 ①	12 ④	13 ④	14 ②	15 ②	16 ③	17 ①	18 ③	19 ④	20 ②
21 ②	22 ②	23 ③	24 ②	25 ④	26 ④	27 ②	28 ②	29 ④	30 ②
31 ①	32 ③	33 ①	34 ①	35 ③	36 ①	37 ②	38 ①	39 ②	40 ③
41 ①	42 ③	43 ①	44 ②	45 ④	46 ③	47 ②	48 ④	49 ④	50 ①
51 ④	52 ④	53 ①	54 ①	55 ②	56 ①	57 ③	58 ④	59 ④	60 ④

3회 CBT 적중모의고사

최신 출제기준에 따라 출제 빈도가 높은 기출문제 엄선

해설

01 귀마개가 갖추어야 할 조건으로 옳지 않은 것은?

① 내습·내유성을 가질 것
② 적당한 세척 및 소독에 견딜 수 있을 것
③ 가벼운 귓병이 있어도 착용할 수 있을 것
④ 안경이나 안전모와 함께 착용을 하지 못하게 할 것

01 ▶ 안전관리
귀마개는 안경이나 안전모와 함께 착용할 수 있어야 한다.

02 해머 사용 시 주의해야 할 사항으로 옳지 않은 것은?

① 해머 사용 전 주위를 살펴본다.
② 담금질한 것은 무리하게 두들기지 않는다.
③ 해머를 사용하여 작업할 때에는 처음부터 강한 힘을 준다.
④ 대형 해머를 사용할 때에는 자기의 힘에 적합한 것으로 한다.

02 ▶ 안전관리
해머 사용 시에는 작업안전을 위해 처음부터 강한 힘을 주지 않는다. 약하게 타격을 시작하여 점차적으로 강한 힘을 주다가 마지막에는 약한 힘으로 작업을 마무리한다.

03 중량물을 들어 올리거나 내릴 때 손이나 발이 중량물과 지면 등에 끼어 발생하는 재해는?

① 낙하   ② 협착
③ 충돌   ④ 전도

03 ▶ 안전관리
협착은 물체와 물체사이에 신체가 끼거나 물리는 사고를 말한다.

04 운반작업 시 안전수칙으로 옳지 않은 것은?

① 무리한 자세로 장시간 운반하지 않는다.
② 화물은 될 수 있는 대로 중심을 높게 한다.
③ 정격하중을 초과하여 권상하지 않도록 한다.
④ 무거운 물건을 이동할 때 호이스트 등을 활용한다.

04 ▶ 안전관리
운반 작업 시에는 안정감 있는 작업을 위해 화물은 무게 중심을 낮게 하는 것이 좋다.

05 스패너의 올바른 사용법이 아닌 것은?

① 너트 크기에 알맞은 렌치를 사용한다.
② 공구에 묻은 기름을 잘 닦아서 사용한다.
③ 렌치를 몸 바깥쪽으로 밀어서 볼트·너트를 푼다.
④ 렌치를 몸 쪽으로 당기면서 볼트·너트를 조인다.

05 ▶ 안전관리
스패너나 렌치로 작업할 때는 볼트·너트에 잘 결합하여 항상 몸 쪽으로 잡아당길 때 힘이 걸리도록 해야 한다.

06 안전사항으로 옳지 않은 것은?

① 전선의 연결부는 되도록 저항을 작게 해야 한다.
② 전기장치는 반드시 접지하여야 한다.
③ 퓨즈 교체 시에는 기존보다 용량이 큰 것을 사용한다.
④ 계측기는 최대 측정범위를 초과하지 않도록 해야 한다.

06 ▶ 안전관리
퓨즈는 규정된 용량보다 큰 것을 사용하면 과전류로 인해 회로가 단선되거나 화재의 위험이 높으므로 규정된 용량의 퓨즈만 사용한다.

07 선반 작업, 목공 기계 작업, 연삭 작업, 해머 작업 등을 할 때 착용하면 불안전한 보호구는?

① 장갑
② 방진안경
③ 차광안경
④ 귀마개

07 ▶ 안전관리
선반 작업, 목공 기계 작업, 연삭 작업, 해머 작업, 드릴 작업, 정밀 기계 작업 등에는 장갑을 사용하지 않도록 한다.

08 다음 그림의 안전표지가 의미하는 것은?

① 보안경 착용
② 안전모 착용
③ 귀마개 착용
④ 안전복 착용

08 ▶ 안전관리
지시표지의 일종으로, 보안경 착용을 의미한다.

09 엔진에서 공기청정기가 막혔을 경우 발생하는 현상으로 옳은 것은?

① 배기색은 흰색이며, 출력은 증가한다.
② 배기색은 흰색이며, 출력은 저하된다.
③ 배기색은 무색이며, 출력은 증가한다.
④ 배기색은 검은색이며, 출력은 저하된다.

09 ▶ 작업 전·후 점검
엔진의 공기청정기가 막혔을 경우에는 연소의 3요소 중 산소의 공급이 부족하게 된다. 이때 불완전 연소로 인해 출력이 저하되고 배기색은 검게 변한다.

10 지게차 조종석 계기판에 없는 것은?

① 아워 미터
② 연료계
③ 냉각수 온도계
④ 차량 속도계

10 ▶ 작업 전·후 점검
지게차와 같이 속도가 느린 건설기계는 일반적으로 조종석 계기판에 차량 속도계를 장착하지 않는다.

11 지게차의 운전 전 점검사항으로 거리가 가장 먼 것은?

① 주요부의 볼트, 너트의 풀림점검
② 연료, 작동유, 냉각수, 엔진오일 점검
③ 타이어의 손상 및 공기압 점검
④ 배기가스의 색깔 점검

11 ▶ 작업 전·후 점검
배기가스의 점검은 운전 중에 점검할 수 있는 사항이다.

12 지게차 주차에 대한 설명으로 옳지 않은 것은?

① 주차 시 포크는 지면에 완전히 내려놓는다.
② 주차 시 전·후진 레버는 중립에 놓고 주차 브레이크를 체결해야 한다.
③ 경사지에 주차할 경우 고임대를 사용한다.
④ 주차 후 시동키는 다음 운전을 위하여 그대로 둔다.

12 ▶ 작업 전·후 점검
지게차 주차 후 시동키는 수거하여 열쇠함에 안전하게 보관해야 한다.

13 지게차의 작업방법에 대한 설명으로 옳은 것은?

① 화물을 싣고 평지에서 주행할 때에는 브레이크를 급격히 밟아도 된다.
② 비탈길을 오르내릴 때에는 마스트를 전면으로 기울인 상태에서 전진 운행한다.
③ 유체식 클러치는 전진 진행 중 브레이크를 밟지 않고 후진을 시켜도 된다.
④ 짐을 싣고 비탈길을 내려올 때에는 후진하며 천천히 내려온다.

13 ▶ 화물 적재·하역
지게차에 짐을 싣고 비탈길을 내려올 때에는 짐이 비탈길 위쪽으로 향하게 한 뒤 후진 서행하며 내려온다.

14 지게차의 작업안전에 대한 설명으로 옳지 않은 것은?

① 고소작업을 위해 포크에 사람을 태운다.
② 포크 끝단으로 물건을 적재하지 않는다.
③ 작업 전 점검을 실시한다.
④ 주차 시 포크는 지면에 완전히 닿도록 한다.

14 ▶ 화물 적재·하역
지게차는 고소 작업용이 아니며, 포크를 포함한 지게차에 작업자 1인 외 다른 사람을 탑승시키지 않는다.

15 운전 중 좁은 장소에서 지게차 방향을 전환할 때 주의할 점으로 옳은 것은?

① 뒷바퀴 회전에 주의하여 방향을 전환한다.
② 포크 높이를 높게 하여 방향을 전환한다.
③ 앞바퀴 회전에 주의하여 방향을 전환한다.
④ 포크가 땅에 닿게 내리고 방향을 전환한다.

15 ▶ 화물 적재·하역
지게차는 뒷바퀴 조향 방식이므로 뒷바퀴 회전에 주의하여 방향전환을 해야 한다.

16 도로교통법상 모든 차의 운전자가 서행하여야 하는 장소에 해당하지 않는 것은?

① 도로가 구부러진 부근
② 비탈길의 고갯마루 부근
③ 편도 2차로 이상의 다리 위
④ 가파른 비탈길의 내리막

16 ▶ 도로교통법
편도 2차로 이상의 다리 위는 서행해야 하는 장소가 아니다.

17 다음 중 무면허 운전에 해당하는 것은?

① 2종 보통면허로 원동기장치자전거를 운전한 경우
② 1종 보통면허로 12톤 화물 자동차를 운전한 경우
③ 1종 대형면허로 긴급자동차를 운전한 경우
④ 면허증을 휴대하지 않고 자동차를 운전한 경우

17 ▶ 도로교통법
1종 보통면허로 운전할 수 있는 차종은 승용자동차, 적재중량 12톤 미만 화물자동차, 승차정원 15명 이하의 승합자동차 등이다.

18 도로교통법령상 교차로의 가장자리나 도로의 모퉁이로부터 몇 m이내의 장소에 정차하거나 주차하여서는 안 되는가?

① 5m
② 12m
③ 8m
④ 10m

18 ▶ 도로교통법
교차로의 가장자리나 도로의 모퉁이로부터 5m 이내에 차량을 주차시키거나 정차시키면 안 된다.

19 노면표지 중 진로변경 제한선에 대한 설명으로 옳은 것은?

① 황색 점선은 진로변경을 할 수 없다.
② 백색 점선은 진로변경을 할 수 없다.
③ 황색 실선은 진로변경을 할 수 있다.
④ 백색 실선은 진로변경을 할 수 없다.

19 ▶ 도로교통법
노면표지가 황색 실선 및 백색 실선인 경우에는 진로 변경을 할 수 없으며, 황색 점선 및 백색 점선인 경우에는 진로 변경을 할 수 있다.

20 출발지의 관할 경찰서장이 안전기준을 초과하여 운행할 수 있도록 허가하는 사항에 해당하지 않는 것은?

① 적재중량
② 운행속도
③ 승차 인원
④ 적재용량

20 ▶ 도로교통법
도로교통법 제39조(승차 또는 적재의 방법과 제한)에 근거하여 출발지를 관할하는 경찰서장의 허가를 받은 경우에는 승차 인원, 적재중량 및 적재용량을 초과하여 운행할 수 있다. 단, 운행속도는 해당되지 않는다.

21 건설기계관리법상 건설기계의 등록말소 사유에 해당하지 않는 것은?

① 건설기계의 구조를 변경한 경우
② 건설기계의 차대가 등록 시의 차대와 다른 경우
③ 건설기계를 교육 및 연구목적으로 사용하는 경우
④ 건설기계를 수출하는 경우

21 ▶ 건설기계관리법
건설기계의 구조를 변경한 경우는 구조 변경 검사를 받아야 하는 경우이다.
② 직권에 의해 말소하는 경우에 해당한다.
③, ④ 신청에 의해 말소하는 경우에 해당한다.

22 건설기계 검사 연기신청을 하였으나 불허통지를 받은 자는 언제까지 검사를 신청하여야 하는가?

① 불허통지를 받은 날부터 5일 이내
② 불허통지를 받은 날부터 10일 이내
③ 검사신청기간 만료일부터 5일 이내
④ 검사신청기간 만료일부터 10일 이내

22 ▶ 건설기계관리법
검사 기간 연장 불허통지를 받은 자는 검사신청 기간 만료일부터 10일 이내에 검사신청을 해야 한다.

23 건설기계관리법상 건설기계가 위치한 장소에서 정기검사를 받을 수 있는 경우가 아닌 것은?

① 자체중량이 20톤인 경우
② 도서지역에 있는 경우
③ 너비가 3.5m인 경우
④ 최고속도가 20km/h인 경우

23 ▶ 건설기계관리법
자체중량이 40톤을 초과하거나 축중이 10톤을 초과하는 경우 해당 건설기계가 위치한 장소에서 검사(출장 검사)를 받을 수 있다.

24 건설기계사업을 영위하고자 하는 자는 누구에게 등록하여야 하는가?

① 시·도지사
② 시장·군수 또는 구청장(자치구청장)
③ 국토교통부 장관
④ 건설기계 폐기업자

24 ▶ 건설기계관리법
건설기계사업을 하려는 자는 대통령령으로 정하는 바에 따라 사업의 종류별로 시장, 군수 또는 구청장(자치구청장)에게 등록해야 한다.

25 건설기계관리법에서 정의한 '건설기계형식'에 대한 설명으로 옳은 것은?

① 구조·규격 및 성능 등에 관하여 일정하게 정한 것을 말한다.
② 유압의 성능 및 용량을 말한다.
③ 높이 및 넓이를 말한다.
④ 엔진의 구조 및 성능을 말한다.

25 ▶ 건설기계관리법
'건설기계형식'은 건설기계의 구조·규격 및 성능 등에 관하여 일정하게 정한 것을 말한다.

26 실린더와 피스톤 사이에 유막을 형성하여 압축 및 연소가스가 누설되지 않도록 기밀을 유지하는 작용으로 옳은 것은?

① 밀봉 작용
② 감마 작용
③ 냉각 작용
④ 방청 작용

26 ▶ 엔진구조
윤활유의 기능 중 밀봉 작용(기밀유지 작용)은 실린더와 피스톤 사이에 유막을 형성하여 압축 및 연소가스가 누설되지 않도록 기밀을 유지하는 작용이다.

27 기관의 과열 원인으로 가장 적절하지 <u>않은</u> 것은?

① 배기 계통의 막힘이 많이 발생함
② 워터펌프의 결함으로 냉각수 순환이 되지 않음
③ 수온조절기가 열려있는 채로 고착됨
④ 라디에이터 코어가 막힘

27 ▶ 엔진구조
수온조절기가 닫힌 채로 고착되면 기관이 과열되고, 열린 채로 고착되면 과냉이 된다.

28 가압식 라디에이터의 장점으로 옳지 <u>않은</u> 것은?

① 방열기를 작게 할 수 있다.
② 냉각수의 비등점을 높일 수 있다.
③ 냉각수의 순환 속도가 빠르다.
④ 냉각장치의 효율을 높일 수 있다.

28 ▶ 엔진구조
가압식 라디에이터는 압력식 캡의 스프링 장력을 이용하여 냉각계통의 압력을 $0.4 \sim 1.1 kgf/cm^2$로 유지하여 냉각수의 비등점을 112℃로 상승시켜 냉각 효율을 높일 수 있으며, 방열기를 작게 할 수 있다.

29 엔진오일이 연소실로 올라오는 주된 이유는?

① 피스톤 링 마모　② 피스톤 핀 마모
③ 커넥팅로드 마모　④ 크랭크축 마모

29 ▶ 엔진구조
피스톤 링이 마모되면 피스톤 링의 3대 작용 중 오일 제어 작용이 불량해져 엔진오일이 연소실로 올라와 연소가 일어난다.

30 예열 플러그를 빼서 보았더니 심하게 오염되어 있었다면, 그 원인으로 옳은 것은?

① 불완전 연소 또는 노킹　② 기관의 과열
③ 플러그의 용량 과다　④ 냉각수 부족

30 ▶ 엔진구조
예열 플러그가 심하게 오염되는 이유는 불완전 연소 및 노킹으로 인해 발생한 카본이 예열 플러그에 축적되기 때문이다.

31 디젤기관에서 터보차저의 기능으로 올바른 것은?

① 기관 회전수를 조절하는 장치이다.
② 실린더 내에 공기를 압축 공급하는 장치이다.
③ 냉각수 유량을 조절하는 장치이다.
④ 윤활유 온도를 조절하는 장치이다.

31 ▶ 엔진구조
타보차저는 과급기라고도 하며 실린더에 공기를 압축·공급하는 장치로, 기관의 출력을 증가시킨다.

32 디젤기관의 연소 방법으로 옳은 것은?

① 전기점화　② 자기착화
③ 마그넷점화　④ 전기착화

32 ▶ 엔진구조
디젤기관은 순수한 공기만을 연소실 및 실린더 내로 흡입하여 고압으로 압축한 후, 450~600℃ 고열에 연료를 안개처럼(무화) 분사하여 뜨거워진 공기 표면에 착화시키는 자기착화(압축착화) 방식으로 연소한다.

33 공회전 상태의 기관에서 크랭크축의 회전과 관계 없이 작동하는 기구는?

① 발전기 ② 캠 샤프트
③ 플라이휠 ④ 스타트 모터

33 ▶ 엔진구조
스타트모터(시동 전동기)는 건설기계 기관을 시동하기 위한 장치로서, 전동기의 피니언 기어가 플라이휠 링 기어에 접속하여 기관 크랭크축을 회전시켜 기관을 시동하며, 시동 후 작동이 멈춘다.

34 엔진의 회전수를 나타낼 때 RPM이 의미하는 것은?

① 시간당 엔진회전수 ② 분당 엔진회전수
③ 초당 엔진회전수 ④ 10분간 엔진회전수

34 ▶ 엔진구조
RPM(Revolution Per Minute)은 분당 엔진 회전수를 의미한다.

35 납산 축전지(배터리)의 전해액을 보충하기 위해 사용되는 것은?

① 빗물 ② 수돗물
③ 소금물 ④ 증류수

35 ▶ 전기장치
납산 축전지의 전해액이 부족한 경우에는 순수한 물인 증류수를 보충해야 한다.

36 교류(AC)발전기의 구성품이 아닌 것은?

① 스테이터 코일
② 슬립링
③ 전류 조정기
④ 실리콘 다이오드

36 ▶ 전기장치
교류발전기에는 전류 조정기가 없고, 전압 조정기가 있다.

37 축전지와 전동기를 동력원으로 하는 지게차는?

① 엔진 지게차
② 유압 지게차
③ 수동 지게차
④ 전동 지게차

37 ▶ 전기장치
축전지를 동력원으로 하는 지게차는 전동 지게차이다.

38 납산 축전지의 전해액을 만드는 방법으로 옳은 것은?

① 황산에 물을 조금씩 부으면서 유리막대로 젓는다.
② 황산과 물을 1: 1의 비율로 동시에 붓고 잘 젓는다.
③ 증류수에 황산을 조금씩 부으면서 잘 젓는다.
④ 축전지에 필요한 양의 황산을 직접 붓는다.

38 ▶ 전기장치
납산 축전지 전해액을 만들기 위해서는 질그릇 또는 합성수지 등 비전도성 그릇에 증류수를 담고 황산을 조금씩 부으면서 유리 막대 등으로 잘 저어 비중이 1,260~1,280/20℃로 되도록 한다.

39 기관 시동 시 전류의 흐름으로 옳은 것은?

① 축전지 → 전기자 코일 → 정류자 → 브러시 → 계자 코일
② 축전지 → 계자 코일 → 브러시 → 정류자 → 전기자 코일
③ 축전지 → 전기자 코일 → 브러시 → 정류자 → 계자 코일
④ 축전지 → 계자 코일 → 정류자 → 브러시 → 전기자 코일

40 전조등 회로에 대한 설명으로 옳은 것은?

① 전조등 회로는 직, 병렬로 연결되어 있다.
② 전조등 회로 전압은 5V 이하이다.
③ 전조등 회로는 퓨즈와 병렬로 연결되어 있다.
④ 전조등 회로는 병렬로 연결되어 있다.

41 드라이브 라인의 구성 중 각도 변화에 대응하기 위한 것은?

① 슬립 이음 ② 자재 이음
③ 추진축   ④ 종감속 기어

42 조향핸들이 무거운 원인에 해당하지 <u>않는</u> 것은?

① 타이어 공기압이 부족한 경우
② 조향기어 박스의 오일 양이 부족한 경우
③ 조향기어의 백래시가 작은 경우
④ 바퀴 정렬이 잘 되어 있는 경우

43 토크컨버터에서 엔진 크랭크축과 연결되어 유체에너지를 발생시키는 것은?

① 펌프 임펠러 ② 터빈 러너
③ 스테이터   ④ 가이드링

44 자동변속기의 과열 원인이 <u>아닌</u> 것은?

① 메인 압력이 높다.   ② 과부하 운전을 계속하였다.
③ 오일이 규정량보다 많다. ④ 변속기 오일 쿨러가 막혔다.

---

39 ▶ 전기장치
기관 시동 시 전류의 흐름은 '축전지 → 계자 코일 → 브러시 → 정류자 → 전기자 코일 → 정류자 → 브러시 → 계자 코일 → 차체 접지' 순이다.

40 ▶ 전기장치
전조등 회로는 한쪽 전등이 고장나도 다른 쪽이 작동되어야 하므로 병렬로 연결된 복선식으로 구성된다.
• 전조등 회로는 병렬로 연결되어 있다.
• 전조등 회로 전압은 12V 이다.
• 전조등 회로는 퓨즈와 직렬로 연결되어 있다.

41 ▶ 전·후진 주행장치
자재 이음은 각도 변화에 대응하기 위한 이음이며, 추진축 앞뒤에 설치된다.
① 슬립 이음은 길이 변화에 대응하기 위한 이음이며, 변속기 출력축과 추진축에 스플라인으로 구성되어 있다.

42 ▶ 전·후진 주행장치
바퀴 정렬이 잘 되어 있는 경우에는 조향핸들 조작이 가벼워진다.

43 ▶ 전·후진 주행장치
펌프 임펠러는 크랭크축과 연결되어 항상 함께 회전하며 유체 에너지를 발생시키는 장치이다.

44 ▶ 전·후진 주행장치
오일이 규정보다 적은 경우가 자동 변속기의 과열 원인에 해당한다.
①, ②, ④ 이외에도 자동변속기가 과열되는 원인에는 변속기 오일의 점도가 높은 경우 등이 있다.

45 유압장치의 제어 밸브에 해당하지 않는 것은?

① 유량제어 밸브
② 속도제어 밸브
③ 압력제어 밸브
④ 방향제어 밸브

45 ▶ 유압장치
유압장치에는 일의 크기를 제어하는 압력제어 밸브, 일의 방향을 제어하는 방향제어 밸브, 일의 속도를 제어하는 유량제어 밸브가 있다.

46 유압모터의 일반적인 특징에 대한 설명으로 가장 적절한 것은?

① 저속에만 적합하고 강력한 힘을 얻을 수 있다.
② 넓은 범위의 무단변속이 용이하다.
③ 강력한 힘을 얻을 수 있으나 부피가 크다.
④ 각도에 제한 없이 왕복 각운동을 한다.

46 ▶ 유압장치
유압모터의 장점
- 넓은 범위의 무단 변속이 용이
- 구조가 간단하며, 과부하에 안전
- 자동원격 조작이 가능하고 작동이 정확
- 속도나 방향 제어가 용이
- 소형, 경량으로 큰 출력을 낼 수 있음
- 관성이 작아 응답성이 빠름
- 정·역회전 변화가 쉬움
- 급속정지가 쉬움

47 유압 건설기계의 고압 호스가 자주 파열되는 원인으로 옳은 것은?

① 유압펌프의 고속 회전
② 오일의 점도 저하
③ 릴리프 밸브의 설정 압력 불량
④ 유압모터의 고속 회전

47 ▶ 유압장치
유압 라인 내에 최대 압력을 제어하는 릴리프 밸브의 설정 압력이 높으면 고압 호스가 자주 파열된다.

48 체크 밸브가 내장되어 있는 밸브로서, 유압회로의 한 방향의 흐름에 대해서는 설정된 배압을 생기게 하고 다른 방향의 흐름은 자유롭게 흐르도록 한 밸브는?

① 셔틀 밸브
② 언로드 밸브
③ 슬로우 리턴 밸브
④ 카운터 밸런스 밸브

48 ▶ 유압장치
카운터 밸런스 밸브는 배압 밸브 또는 푸트 밸브라고도 하며, 한쪽 방향 흐름에 배압을 발생시키기 위한 밸브이다. 실린더가 중력에 의해 자유로이 제어 속도 이상으로 낙하 하는 것을 방지한다.

49 다음 중 압력의 단위가 아닌 것은?

① bar
② atm
③ Pa
④ J

49 ▶ 유압장치
①, ②, ③ 이외에도 압력의 단위에는 kgf/cm^2, psi, mmHg 등이 있다.

50 유압회로에 사용되는 유압밸브의 역할이 아닌 것은?

① 일의 방향을 변환시킨다.
② 일의 크기를 조정한다.
③ 일의 관성을 제어한다.
④ 일의 속도를 제어한다.

50 ▶ 유압장치
유압회로에 사용되는 유압밸브는 일의 크기(압력), 일의 방향(방향), 일의 속도(유량)을 제어한다.

51 방향전환 밸브의 조작 방식에서 솔레노이드 조작 기호는?

①    ②

③ 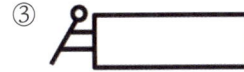   ④

51 ▶ 유압장치
② 파일럿 조작 방식, ③ 인력 조작 방식(레버 조작방식), ④ 기계 조작 방식을 나타내는 유압기호이다.

52 유압유의 점도가 지나치게 높을 때 나타나는 현상으로 옳지 않은 것은?
① 오일 누설이 증가한다.
② 유동 저항이 커져 압력 손실이 증가한다.
③ 동력 손실이 증가하여 기계 효율이 감소한다.
④ 내부 마찰이 증가하고 압력이 상승한다.

52 ▶ 유압장치
오일 누설이 증가하는 것은 유압유점도가 낮을 때 나타나는 현상이다.

53 유압식 작업장치의 속도가 느릴 때의 원인으로 옳은 것은?
① 오일 쿨러의 막힘이 있다.
② 유압펌프의 토출압력이 높다.
③ 유압 조정이 불량하다.
④ 유량 조정이 불량하다.

53 ▶ 유압장치
유압장치의 속도는 유량으로 조정한다. 유량 조정이 불량하면 유압식 작업장치의 속도가 느려진다.

54 유압 실린더의 종류에 해당하지 않는 것은?
① 단동 실린더   ② 다단 실린더
③ 복동 실린더   ④ 레이디얼 실린더

54 ▶ 유압장치
유압 실린더의 종류에는 단동 실린더, 다단 실린더(텔레스코픽 실린더), 복동 실린더가 있다.

55 타이어식 건설기계의 액슬 허브에 오일을 교환하고자 한다. 오일을 배출시킬 때와 주입할 때의 플러그 위치로 옳은 것은?

① 배출시킬 때 1시 방향, 주입할 때 9시 방향
② 배출시킬 때 6시 방향, 주입할 때 9시 방향
③ 배출시킬 때 3시 방향, 주입할 때 9시 방향
④ 배출시킬 때 2시 방향, 주입할 때 12시 방향

55 ▶ 전·후진 주행장치
타이어식 건설기계의 액슬 허브(종감속 기어 및 차동기어장치)는 6시 방향으로 오일을 배출하고, 9시 방향으로 오일을 주입한다.

56 지게차 마스트의 구성품이 아닌 것은?

① 이너레일
② 아웃레일
③ 가이드 롤러
④ 오버헤드가드

56 ▶ 작업장치
지게차 마스트는 핑거보드 및 가이드 롤러, 그리고 백레스트가 가이드 롤러에 의해 상하로 섭동하는 레일인 이너레일과 아웃레일로 구성된다.

57 지게차에서 카운터 웨이트의 역할은?

① 포크의 화물 뒤쪽을 받쳐준다.
② 앞쪽에 화물을 실었을 때 전복을 방지한다.
③ 리프트 롤러를 통해 상·하 미끄럼 운동을 한다.
④ 포크를 상승 및 하강시키는 작용을 한다.

57 ▶ 작업장치
카운터 웨이트는 작업 시 균형을 잡아 화물로 인한 전복 위험을 방지한다.

58 지게차 틸트 장치에 대한 설명으로 옳은 것은?

① 틸트 레버를 당기면 틸트 실린더 로드가 수축하고 마스트는 앞으로 기운다.
② 틸트 레버를 당기면 틸트 실린더 로드가 팽창하고 마스트는 앞으로 기운다.
③ 틸트 레버를 밀면 틸트 실린더 로드가 수축하고 마스트는 앞으로 기운다.
④ 틸트 레버를 밀면 틸트 실린더 로드가 팽창하고 마스트는 앞으로 기운다.

58 ▶ 작업장치
틸트 레버를 밀면 틸트 실린더 로드가 팽창하고 마스트는 앞으로 기운다. 반면, 틸트 레버를 당기면 틸트 실린더 로드가 수축하고 마스트는 뒤로 기운다.

59 지게차에서 틸트 장치의 역할로 옳은 것은?

① 포크의 너비 조절
② 리프트 상승 및 하강 조절
③ 평형추 중량 조절
④ 마스트 경사각 조절

59 ▶ 작업장치
틸트 장치는 마스트를 전·후로 움직이는 경사각을 조절한다.

60 차량이 서쪽에서 동쪽으로 진행 중일 때 그림에 대한 설명으로 옳지 않은 것은?

① 300m 전방에서 좌회전하면 '관평로'의 끝지점과 만날 수 있다.
② 300m 전방에서 우회전하면 '관평로'의 시작점과 만날 수 있다.
③ 300m 전방에서 직진하면 '평촌역' 방향으로 갈 수 있다.
④ 300m 전방에서 좌회전하면 '시청' 방향으로 갈 수 있다.

60 ▶ 도로명주소
300m 전방에서 직진하면 '만안구청역' 방향으로 갈 수 있다.

CBT 적중 모의고사 제3회 정답									
01 ④	02 ③	03 ②	04 ②	05 ③	06 ③	07 ①	08 ①	09 ④	10 ④
11 ④	12 ④	13 ④	14 ①	15 ①	16 ③	17 ②	18 ①	19 ④	20 ②
21 ①	22 ④	23 ①	24 ②	25 ①	26 ①	27 ③	28 ③	29 ①	30 ①
31 ②	32 ②	33 ④	34 ②	35 ④	36 ③	37 ②	38 ③	39 ②	40 ④
41 ②	42 ④	43 ①	44 ③	45 ②	46 ④	47 ②	48 ④	49 ④	50 ③
51 ①	52 ①	53 ④	54 ④	55 ②	56 ④	57 ②	58 ④	59 ④	60 ③

4회 CBT 적중모의고사

최신 출제기준에 따라 출제 빈도가 높은 기출문제 엄선

01 산업재해 부상의 종류별 구분에서 경상해란 무엇인가?

① 응급 처치 이하의 상처로 작업에 종사하면서 치료를 받는 상해 정도
② 부상으로 1일 이상 7일 이하의 노동 상실을 가져온 상해 정도
③ 업무상 목숨을 잃게 되는 경우
④ 부상으로 2주 이상의 노동 상실을 가져온 상해 정도

02 보안경의 유지관리 방법으로 옳지 않은 것은?

① 렌즈는 매일 깨끗이 닦아야 한다.
② 흠집이 있는 보호구는 교환해야 한다.
③ 성능이 떨어진 헤드밴드는 교환해야 한다.
④ 교환렌즈는 안전상 뒷면으로 빠지도록 해야 한다.

03 사고의 직접적인 원인으로 가장 적절한 것은?

① 성격 결함
② 유전적인 요소
③ 사회적 환경요인
④ 불안전한 행동 및 상태

04 다음 중 안전보호구가 아닌 것은?

① 안전모
② 안전화
③ 안전가드레일
④ 안전장갑

05 경고표지로 사용되지 않는 것은?

① 인화성물질 경고
② 급성독성물질 경고
③ 방진마스크 경고
④ 낙하물 경고

해설

01 ▶ 안전관리
경상해란 부상으로 1일 이상 7일 이하의 노동 상실을 가져오는 상해 정도를 말한다.

02 ▶ 안전관리
보안경의 교환렌즈는 안전상 앞면으로 빠지도록 해야 한다.

03 ▶ 안전관리
불안전한 행동 및 상태는 사고의 직접적인 원인으로, 재해 발생 원인 중 가장 높은 비중을 차지한다.

04 ▶ 안전관리
안전보호구는 인체 방호를 위한 보호 피복류나 용구를 말하는 것으로, 안전가드레일은 포함되지 않는다.

05 ▶ 안전관리
안전표지에는 금지, 경고, 지시, 안내표지가 있으며, 방진 마스크 착용은 지시표지이다.

06 안전모를 착용하는 이유로 옳은 것은?

① 물체의 낙하 또는 감전 등의 위험으로부터 머리를 보호한다.
② 유해 광선으로부터 눈을 보호한다.
③ 소음으로부터 귀를 보호한다.
④ 높은 곳에서의 낙하를 방지한다.

06 ▶ 안전관리
안전모는 물체의 낙하 또는 감전 등의 위험으로부터 머리를 보호하기 위해 착용한다.

07 전장품을 안전하게 보호하는 퓨즈의 사용법으로 옳지 않은 것은?

① 퓨즈가 없으면 임시로 철사를 감아서 사용한다.
② 회로에 맞는 전류 용량의 퓨즈를 사용한다.
③ 오래되어 산화된 퓨즈는 미리 교환한다.
④ 과열되어 끊어진 퓨즈는 과열된 원인을 먼저 수리한다.

07 ▶ 안전관리
퓨즈 대용으로 철사를 사용하면 과전류로 인해 배선 및 전장품이 파손될 수 있다.

08 안전·보건표지에서 다음 그림이 나타내는 것은?

① 독극물 경고
② 폭발물 경고
③ 고압전기 경고
④ 낙하물 경고

08 ▶ 안전관리
경고표지의 일종으로, 고압전기 경고를 나타낸다.

09 엔진오일을 점검하는 방법으로 옳지 않은 것은?

① 유면 표시기를 사용한다.
② 오일의 색과 점도를 확인한다.
③ 끈적끈적하지 않아야 한다.
④ 오일이 검은색이면 교환 시기가 경과한 것이다.

09 ▶ 작업 전·후 점검
엔진오일은 적당히 점도가 있어야 한다.

10 리프트 체인의 점검 요소에 해당하지 않는 것은?

① 균열(크랙)
② 마모
③ 힌지 균열
④ 부식

10 ▶ 작업 전·후 점검
리프트 체인의 점검 요소에는 균열(크랙), 마모, 부식, 장력 점검 등이 있다.

11 겨울철에 디젤기관 시동이 잘 안 걸리는 원인은 무엇인가?

① 엔진오일의 점도가 낮은 것을 사용
② 예열장치 고장
③ 점화코일 고장
④ 4계절용 부동액 사용

11 ▶ 작업 전·후 점검
예열장치는 겨울철에 시동을 쉽게 하기 위해 설치한 장치로, 고장나면 시동이 잘 걸리지 않게 된다.

12 기관이 작동되는 상태에서 점검 가능한 사항이 <u>아닌</u> 것은?

① 냉각수의 온도
② 충전 상태
③ 기관 오일의 압력
④ 엔진 오일량

12 ▶ 작업 전·후 점검
엔진 오일량은 기관을 정지하고 약 5분 정도 지난 후 딥스틱(오일 레벨 게이지)을 이용하여 점검한다.

13 지게차에 물건을 실을 경우 물건의 무게중심은 어디에 두는 것이 안전한가?

① 상부
② 하부
③ 우측
④ 좌측

13 ▶ 화물 적재·하역
지게차에 물건을 실을 경우 물건의 무게중심은 하부에 두는 것이 안전하다.

14 지게차 주행 시 안전에 대한 설명으로 옳지 <u>않은</u> 것은?

① 지게차 주행속도는 10km/h를 초과할 수 없다.
② 후진 시에는 경광등과 후진경고음 경적 등을 사용한다.
③ 선회 시에는 감속하고, 수송물의 안전에 유의한다.
④ 화물이 불안정할 경우 사람이 탑승하여 잡아준다.

14 ▶ 화물 적재·하역
화물이 불안정할 경우 슬링와이어 또는 로프 등으로 지게차와 결착시킨다. 지게차에는 작업자 1인 외에 다른 사람은 탑승하지 않는다.

15 지게차 야간작업 시 주의사항으로 옳지 <u>않은</u> 것은?

① 작업장에는 충분한 조명시설을 한다.
② 작업장에 조명시설이 충분하다면 전조등을 끄고 작업해도 된다.
③ 야간에는 원근감이나 지면의 고저가 불명확하므로 안전속도로 작업한다.
④ 주변 작업원이나 장애물에 주의하여야 한다.

15 ▶ 화물 적재·하역
지게차 야간 작업 시에는 작업안전을 위해 작업장에 조명 시설이 충분하더라도 전조등을 켜고 작업해야 한다.

16 지게차로 창고 또는 공장에 출입할 때 안전사항으로 <u>틀린</u> 것은?

① 짐이 출입구 높이에 닿지 않도록 주의한다.
② 지게차의 폭과 출입구의 폭을 확인해야 한다.
③ 얼굴을 차체 밖으로 내밀어 주위 장애물 상태를 확인한다.
④ 부득이 포크를 올려서 출입하는 경우 출입구 높이에 주의한다.

16 ▶ 화물 적재·하역
지게차 운행 시 얼굴이나 몸을 차체 밖으로 내미는 행동은 위험하다.

17 지게차의 주행 중 핸들이 떨리는 원인으로 옳지 <u>않은</u> 것은?

① 포크가 휘었을 때
② 타이어 밸런스가 맞지 않을 때
③ 타이어 휠이 휘었을 때
④ 킹핀의 각도가 적당하지 못할 때

17 ▶ 화물 적재·하역
지게차 포크는 지게차의 주행성능과는 관련이 없다.

18 보호자 없이 아동이나 유아가 자동차의 진행 전방에서 놀고 있을 때, 사고방지를 위해 지켜야 할 안전한 통행방법은?

① 일시정지한다.
② 안전을 확인하면서 빠른 속도로 통과한다.
③ 비상등을 켜고 서행한다.
④ 경음기를 울리면서 서행한다.

18 ▶ 도로교통법
보호자 없이 아동이나 유아가 자동차의 진행 전방에서 놀고 있을 때에는 일시정지하고 아동이나 유아의 안전을 위한 필요한 조치를 취한 뒤 통행해야 한다.

19 주행 중 앞지르기 금지장소가 <u>아닌</u> 것은?

① 교차로
② 터널 안
③ 버스정류장 부근
④ 다리 위

19 ▶ 도로교통법
앞지르기 금지 장소로는 교차로, 터널 안, 다리 위, 도로의 구부러진 곳, 비탈길의 고갯마루 부근, 가파른 비탈길의 내리막 등이 있다.

20 교통정리가 행하여지고 있지 않은 교차로에서 차량이 동시에 교차로에 진입한 때의 우선순위로 옳은 것은?

① 소형차량이 우선한다.
② 우측도로의 차가 우선한다.
③ 좌측도로의 차가 우선한다.
④ 중량이 큰 차량이 우선한다.

20 ▶ 도로교통법
교통 정리가 행해지고 있지 않은 교차로에서 차량의 우선순위는 우측 도로의 차, 이미 교차로에 들어가 있는 다른 차, 폭이 넓은 도로로부터 교차로에 들어가려는 차 등이다.

21 지게차의 정기검사 유효기간이 1년이 되는 것은 건설기계의 운행기간이 신규등록일로부터 몇 년 이상 경과되었을 때인가?

① 5년　　② 30년
③ 15년　　④ 20년

21 ▶ 건설기계관리법
지게차의 운행기간이 신규등록일로부터 20년 이상 경과된 경우 정기검사 유효기간은 1년이 된다.

22 1종 대형 운전면허로 운전할 수 없는 건설기계는?

① 덤프트럭　　② 노상안정기
③ 트럭적재식 천공기　　④ 트레일러

22 ▶ 건설기계관리법
트레일러, 레커는 제1종 특수면허로 운전할 수 있다.

23 건설기계조종사의 적성검사에 대한 설명으로 옳은 것은?

① 적성검사에 합격해야 면허 취득이 가능하다.
② 적성검사는 2년마다 실시한다.
③ 적성검사는 수시 실시한다.
④ 적성검사는 60세까지만 실시한다.

23 ▶ 건설기계관리법
건설기계 조종사의 적성검사는 면허취득 시 실시하며 정기적성검사는 10년마다(65세 이상의 경우 5년), 수시적성검사는 사유 발생 시에 받는다.

24 건설기계를 등록신청 하기 위해 일시적으로 등록지로 운행하는 임시운행 기간은?

① 15일 이내　　② 10일 이내
③ 1개월 이내　　④ 3개월 이내

24 ▶ 건설기계관리법
건설기계 등록신청을 하기 위하여 임시운행을 할 경우에 그 기간은 15일 이내이다.

25 건설기계등록 신청 시 첨부하지 않아도 되는 서류는?

① 호적 등본
② 건설기계의 소유자임을 증명하는 서류
③ 건설기계제작증
④ 건설기계제원표

25 ▶ 건설기계관리법
②, ③, ④ 이외에도 덤프트럭이나 타이어식 굴착기 등의 경우에는 건설기계등록 신청 시 자동차손해배상 보장법에 따른 보험 또는 공제의 가입을 증명하는 서류를 첨부해야 한다.

26 기관에 사용되는 오일 여과기의 점검사항으로 옳지 않은 것은?

① 여과기가 막히면 유압이 높아진다.
② 엘리먼트 청소는 압축공기를 사용한다.
③ 여과 능력이 불량하면 부품의 마모가 빠르다.
④ 작업 조건이 나쁘면 교환 시기를 빨리 한다.

26 ▶ 엔진구조
압축 공기를 이용하여 엘리먼트 청소를 하는 것은 흡기 장치이다. 오일 여과기의 경우에는 기관에 사용되는 엘리먼트가 오염되면 교환해야 한다.

27 4행정 사이클 기관의 행정 순서로 옳은 것은?

① 압축 → 흡입 → 동력 → 배기
② 압축 → 동력 → 흡입 → 배기
③ 흡입 → 동력 → 압축 → 배기
④ 흡입 → 압축 → 동력 → 배기

27 ▶ 엔진구조
4행정 기관의 행정순서는 흡입, 압축, 동력, 배기 순서이다.

28 디젤엔진이 진동하는 경우에 해당하지 않는 것은?

① 분사압력이 실린더별로 차이가 있을 때
② 인젝터의 불균율이 있을 때
③ 하이텐션코드가 불량할 때
④ 기통 엔진에서 한 개의 분사노즐이 막혔을 때

28 ▶ 엔진구조
하이텐션코드는 가솔린기관의 고압케이블로, 디젤엔진의 진동과는 무관하다.

29 디젤기관의 흡입행정에서 흡입하는 것은?

① 공기
② 등유
③ 경유
④ 가솔린

29 ▶ 엔진구조
디젤기관은 흡입행정에서 흡기밸브를 통해 여과된 공기를 흡입하고, 압축한 후 압축열에 연료를 분사시켜 자연 착화시킨다.

30 디젤기관 인젝션펌프에서 딜리버리 밸브의 기능으로 옳지 않은 것은?

① 역류 방지
② 후적 방지
③ 잔압 유지
④ 유량 조정

30 ▶ 엔진구조
디젤기관 인젝션펌프에서 딜리버리 밸브는 연료를 한쪽으로 흐르게 하는 체크 밸브의 일종이며, 연료의 역류 방지, 후적 방지, 잔압 유지의 기능이 있다.

31 엔진오일의 점도지수가 낮은 경우 온도 변화에 따른 점도 변화는?

① 온도에 따른 점도 변화가 작다.
② 온도에 따른 점도 변화가 크다.
③ 점도가 수시로 변화한다.
④ 온도와 점도는 무관하다.

31 ▶ 엔진구조
점도지수란 온도 변화에 따른 점도의 변화를 나타내는 것이다. 점도지수가 높으면 온도에 따른 점도의 변화가 작고, 점도지수가 낮으면 온도에 따른 점도의 변화가 크다.

32 기관의 연료장치에서 희박한 혼합비가 미치는 영향으로 적절한 것은?

① 시동이 쉬워진다.
② 공전이 원활하다.
③ 출력의 감소를 가져온다.
④ 연소 속도가 빠르다.

32 ▶ 엔진구조
희박한 혼합은 연료가 적고 공기가 많은 것을 뜻하며 이는 시동이 어렵고, 연소 속도가 느려서 부조화 현상을 발생시키고 동력이 감소하게 된다.

33 기관에서 열효율이 높은 것의 의미는 무엇인가?

① 일정한 연료 소비로 큰 출력을 얻는 것이다.
② 연료가 완전 연소하지 않는 것이다.
③ 기관의 온도가 표준보다 높은 것이다.
④ 부조가 없고 진동이 적은 것이다.

33 ▶ 엔진구조
열효율이란 열기관이 하는 유효한 일과 공급한 열량 또는 연료의 발열량과의 비를 말한다. 열효율이 높다는 것은 일정한 연료 소비로 큰 출력을 얻을 수 있음을 의미한다.

34 디젤엔진에서 오일을 가압하여 윤활부에 공급하는 역할을 하는 것은?

① 냉각수펌프
② 진공펌프
③ 공기압축펌프
④ 오일펌프

34 ▶ 엔진구조
기관의 오일펌프는 크랭크축에 의해 회전하며 오일을 가압하여 각 윤활부에 오일을 공급하는 역할을 한다.

35 6기통 디젤기관에 병렬로 연결된 예열 플러그가 있다. 이 중 3번 기통의 예열 플러그가 단선되면 어떤 현상이 발생하는가?

① 예열 플러그 전체가 작동이 안 된다.
② 3번 예열 플러그만 작동이 안 된다.
③ 2번과 4번의 예열 플러그가 작동이 안 된다.
④ 축전지 용량의 배가 방전된다.

35 ▶ 전기장치
디젤기관의 예열 플러그를 병렬로 연결하면 어느 한 실린더의 예열 플러그가 단선되더라도 단선된 해당 실린더의 예열 플러그만 작동되지 않고, 나머지 실린더의 예열 플러그는 작동된다.

36 이동하지 않고 물질에 정지하고 있는 전기를 가리키는 말은?

① 동전기
② 정전기
③ 직류전기
④ 교류전기

36 ▶ 전기장치
정전기란 전하가 정지 상태에 있어 흐르지 않고 머물러 있는 전기를 말한다.

37 작동 중인 교류 발전기의 소음발생 원인과 가장 거리가 먼 것은?

① 고정볼트가 풀렸다.
② 축전지가 방전되었다.
③ 베어링이 손상되었다.
④ 벨트장력이 약하다.

37 ▶ 전기장치
축전지의 방전은 교류 발전기의 소음발생 원인이 아니다.

38 축전지 충전 방법 중 옳지 않은 것은?

① 정전류 충전법
② 정전압 충전법
③ 단별전류 충전법
④ 정저항 충전법

38 ▶ 전기장치
축전지 충전 방법으로는 정전류, 정전압, 단계별 전류 충전법이 있다. 이 중 정전류 충전법이 가장 많이 사용된다.

39 교류발전기의 특징으로 옳지 않은 것은?

① 저속 시에도 충전이 가능하다.
② 소형 경량이다.
③ 전류조정기를 사용한다.
④ 다이오드 사용으로 정류 특성이 좋다.

39 ▶ 전기장치
교류발전기는 전류조정기를 사용하지 않는다. 다이오드가 해당 역할을 대신한다.

40 건설기계용 납산 축전지에 대한 설명으로 틀린 것은?

① 화학에너지를 전기에너지로 변환하는 것이다.
② 완전 방전 시에만 재충전한다.
③ 전압은 셀의 수에 의해 결정된다.
④ 전해액 면이 낮아지면 증류수를 보충하여야 한다.

40 ▶ 전기장치
축전지는 완전 방전 상태로 오랫동안 방치하면 극판이 영구 황산납이 되어 사용하지 못하게 되므로 25% 정도 방전되었을 때 충전한다.

41 브레이크 파이프 내에 베이퍼록이 생기는 원인과 관련이 없는 것은?

① 드럼의 과열
② 지나친 브레이크 조작
③ 잔압의 저하
④ 라이닝과 드럼의 간극 과대

41 ▶ 전·후진 주행장치
베이퍼록은 과도한 풋 브레이크 사용으로 인한 열로 브레이크액이 비등하여 발생하는 기포로 인해 브레이크가 제대로 작동하지 않는 현상을 말한다. 라이닝 드럼의 간극이 과대하면 마찰력이 전달되지 않아 브레이크 작동이 되지 않는다.

42 수동변속기가 장착된 건설기계 장비에서 주행 중 기어가 빠지는 원인이 아닌 것은?

① 기어가 덜 물렸을 때
② 기어의 마모가 심할 때
③ 클러치의 마모가 심할 때
④ 변속기의 록 장치가 불량할 때

42 ▶ 전·후진 주행장치
클러치의 마모가 심하면 동력이 잘 전달되지 않는다.

43 운전 중 클러치가 미끄러질 때의 영향이 아닌 것은?

① 속도 감소
② 견인력 감소
③ 연료소비량 증가
④ 엔진의 과냉

43 ▶ 전·후진 주행장치
클러치판(디스크)의 과도한 마모로 클러치가 미끄러지면 동력전달 효율이 떨어져 연료 소비량이 증가하고 견인력이 감소하며 속도가 저하되는 등의 현상이 발생한다.

44 자동변속기에서 사용하는 토크컨버터에 대한 설명으로 옳지 않은 것은?

① 펌프, 터빈, 스테이터로 구성되어 있다.
② 오일의 충돌에 의한 효율저하를 방지하기 위해 가이드 링이 있다.
③ 토크컨버터의 회전력 변환비율은 3~5 : 1 이다.
④ 마찰클러치에 비해 연료소비율이 더 높다.

44 ▶ 전·후진 주행장치
토크컨버터의 회전력 변환비율은 2~3 : 1 이다.

45 자동변속기가 장착된 건설기계의 모든 변속단에서 출력이 떨어질 경우 점검해야 할 항목과 거리가 먼 것은?

① 오일의 부족
② 토크컨버터 고장
③ 엔진고장으로 출력 부족
④ 추진축 휨

45 ▶ 전·후진 주행장치
추진축은 변속기 이후에 종감속 기어까지 동력을 전달하는 장치로, 모든 변속단에서 출력이 떨어질 경우 점검해야 할 사항과 거리가 멀다.

46 기계식 변속기가 부착된 건설기계의 작업장 이동을 위한 주행방법으로 옳지 않은 것은?

① 주차 브레이크를 해제한다.
② 브레이크를 서서히 밟고 변속 레버를 4단에 넣는다.
③ 클러치 페달을 밟고 변속 레버를 1단에 넣는다.
④ 클러치 페달에서 발을 천천히 떼면서 가속 페달을 밟는다.

46 ▶ 전·후진 주행장치
기계식 변속기기 부착된 건설기계의 출발 방법은 클러치 페달을 밟고 변속 레버를 저단(1단)에 넣은 다음 클러치 페달에서 발을 천천히 떼면서 가속 페달을 밟는 것이다.

47 건설기계에서 유압 작동기(액추에이터)의 방향전환 밸브로서, 원통형 슬리브 면에 내접하여 축방향으로 이동하여 유로를 개폐하는 형식의 밸브는?

① 스풀 형식
② 포핏 형식
③ 베인 형식
④ 카운터 밸런스 형식

47 ▶ 유압장치
스풀 형식은 원통형 슬리브 면에 내접하여 축방향으로 이동하여 유로를 개폐하는 형식의 밸브이다.

48 작동 중인 유압펌프에서 소음이 발생할 경우 가장 거리가 먼 것은?

① 오일 탱크의 유량 부족
② 프라이밍 펌프의 고장
③ 흡입되는 오일에 공기 혼입
④ 흡입 스트레이너의 막힘

48 ▶ 유압장치
프라이밍 펌프는 디젤기관의 연료계통 정비 후 연료분사펌프에 연료를 보내거나 연료계통의 공기를 배출할 때 사용하는 장치이다.

49 유압장치의 기본 구성요소가 아닌 것은?

① 종감속 기어
② 유압 실린더
③ 유압펌프
④ 유압제어 밸브

49 ▶ 유압장치
종감속 기어는 동력전달장치에서 최종적으로 구동력을 증가시켜 주는 장치이다.

50 유압실린더를 교환하였을 때 조치해야 할 사항과 관계가 없는 것은?

① 시운전하여 작동상태를 점검한다.
② 공기빼기 작업을 한다.
③ 누유를 점검한다.
④ 오일필터를 교환한다.

50 ▶ 유압장치
유압장치를 교환했을 시 기관을 시동하여 공회전 시킨 후 작동상태 점검, 공기 빼기, 누유 점검, 오일보충을 실시한다.

51 유압장치에서 피스톤펌프의 특징이 아닌 것은?

① 효율이 기어펌프보다 나쁘다.
② 구조가 복잡하고 가변용량 제어가 가능하다.
③ 가격이 고가이며 용량이 크다.
④ 고압, 초고압에 사용된다.

51 ▶ 유압장치
피스톤펌프는 플런저펌프라고도 하며, 펌프의 효율이 기어펌프보다 우수하다.

52 유압장치에서 캐비테이션(공동 현상)이 미치는 영향으로 옳지 않은 것은?

① 소음과 진동이 발생한다.
② 펌프의 손상을 촉진한다.
③ 동력전달 효율이 증가한다.
④ 펌프 효율이 저하된다.

52 ▶ 유압장치
캐비테이션(공동 현상)은 유체의 압력이 급격하게 변화하여 상대적으로 압력이 낮은 곳에 공동부가 발생하는 현상을 말한다. 이때 공동(공기층)이 높은 압력을 받아 무너지면서 강한 충격이 발생하고 용적 효율이 저하되며, 공동이 발생하면 공기가 압축되므로 유체의 동력전달 효율이 떨어진다.

53 유압유의 유체에너지(압력, 속도)를 기계적인 일로 변환시키는 유압장치는?

① 유압펌프
② 어큐뮬레이터
③ 유압 액추에이터
④ 유압제어밸브

53 ▶ 유압장치
유압 액추에이터는 유압펌프에서 발생된 유압 에너지를 기계적 에너지(직선·회전운동)로 바꾸는 장치이다.

54 유압유의 점검사항과 관련이 없는 것은?

① 점도
② 마멸성
③ 소포성
④ 윤활성

54 ▶ 유압장치
유압유의 점검사항으로는 점도, 소포성(기포가 소멸되는 성질), 방청성, 윤활성 등이 있다.

55 유압장치에서 오일 쿨러(Cooler)의 구비조건으로 옳지 않은 것은?

① 촉매 작용이 없을 것
② 오일 흐름에 저항이 클 것
③ 온도 조절이 잘 될 것
④ 정비 및 청소하기 편리할 것

55 ▶ 유압장치
오일 쿨러는 오일 흐름 저항이 작을 때 효율이 좋다.

56 리프트 체인의 일상점검사항으로 옳지 않은 것은?

① 좌우 리프트 체인의 유격
② 리프트 체인 연결부의 균열
③ 리프트 체인의 급유 상태
④ 리프트 체인의 강도

56 ▶ 작업장치
리프트 체인의 일상점검사항에는 체인의 유격, 균열, 부식, 급유 상태 점검 등이 있다. 리프트 체인의 강도는 일상점검사항이 아니다.

57 지게차 작업 시 화물이 마스트 또는 조종석 쪽으로 쏟아지는 것을 방지하기 위한 안전장치는?

① 백레스트
② 오버헤드가드
③ 핑거보드
④ 리프트

57 ▶ 작업장치
백레스트는 포크의 화물 뒤쪽을 받쳐 주어 화물의 낙하를 방지하는 안전장치이다.

58 지게차의 체인 길이는 어느 것으로 조정하는가?

① 핑거보드 롤러
② 핑거보드 인너 레일
③ 리프트 실린더 조정 로드
④ 틸트 실린더 조정 로드

58 ▶ 작업장치
지게차의 체인 길이는 핑거보드 롤러 위치로 조정한다. 롤러 중심과 인너 레일의 길이가 20mm가 되도록 체인 길이를 조절한다.

59 지게차에서 리프트 실린더의 주된 역할은?

① 마스트를 틸트시킨다.
② 마스트를 이동시킨다.
③ 포크를 상승, 하강시킨다.
④ 포크를 앞뒤로 기울게 한다.

59 ▶ 작업장치
지게차 리프트 실린더는 포크를 상승, 하강시키는 역할을 하는데, 레버를 당기면 포크가 상승하고, 밀면 포크가 하강한다.

60 다음 중 관공서용 건물번호판에 해당하는 것은?

① 중앙로 35 Jungang-ro
② 세종대로 Sejong-daero 209
③ 24 보성길 Boseong-gil
④ 262 중앙로 Jungang-ro

CBT 적중 모의고사 제4회 정답									
01 ②	02 ④	03 ④	04 ③	05 ③	06 ①	07 ①	08 ③	09 ③	10 ③
11 ②	12 ④	13 ②	14 ④	15 ②	16 ③	17 ①	18 ①	19 ③	20 ②
21 ④	22 ④	23 ①	24 ①	25 ①	26 ②	27 ④	28 ③	29 ①	30 ④
31 ②	32 ③	33 ①	34 ①	35 ②	36 ②	37 ②	38 ④	39 ③	40 ②
41 ④	42 ③	43 ④	44 ③	45 ④	46 ②	47 ①	48 ②	49 ③	50 ②
51 ①	52 ③	53 ②	54 ②	55 ②	56 ④	57 ①	58 ①	59 ③	60 ④

5회 CBT 적중모의고사

최신 출제기준에 따라 출제 빈도가 높은 기출문제 엄선

01 안전모 착용 대상 사업장이 <u>아닌</u> 곳은?

① 2m 이상 고소 작업 사업장
② 낙하 위험 작업 사업장
③ 비계의 해체 조립 작업 사업장
④ 전기 용접 작업 사업장

02 드릴 작업 시 재료 밑의 받침으로 적당한 것은?

① 나무판　　　　② 연강판
③ 스테인리스판　　④ 벽

03 작업장에서 지켜야 할 안전수칙이 <u>아닌</u> 것은?

① 작업 중 입은 부상은 즉시 응급조치하고 보고한다.
② 밀폐된 실내에서는 장비의 시동을 걸지 않는다.
③ 통로나 마룻바닥에 공구나 부품을 방치하지 않는다.
④ 기름걸레나 인화물질은 나무상자에 보관한다.

04 전기장치의 퓨즈가 끊어져서 새것으로 교체하였으나 또 끊어졌을 때의 조치로 옳은 것은?

① 또 새것으로 교체한다.
② 용량이 큰 것으로 갈아 끼운다.
③ 구리선이나 납선으로 바꾼다.
④ 전기장치의 고장 개소를 찾아 수리한다.

05 에어공구 사용 시 주의 사항으로 옳지 <u>않은</u> 것은?

① 규정 공기압력을 유지한다.
② 압축공기 중 수분을 제거하여 준다.
③ 에어 그라인더 사용 시 회전수에 유의한다.
④ 보호구는 사용하지 않아도 무방하다.

해설

01 ▶ 안전관리
안전모는 추락, 낙하, 머리 감전의 위험 등을 없애기 위해 착용하는 보호구이다.

02 ▶ 안전관리
드릴 작업 시 재료 밑의 받침으로는 비교적 재질이 약하고 구하기 쉬운 나무판을 사용한다.

03 ▶ 안전관리
기름걸레나 인화물질은 화재의 위험이 높으므로 철제상자에 보관해야 한다.

04 ▶ 안전관리
전기장치 퓨즈가 끊어져 새것으로 교체하였으나 또 끊어졌다면 과전류가 의심되므로 전기장치의 고장 개소를 찾아 수리해야 한다.

05 ▶ 안전관리
에어공구 작업뿐만 아니라 모든 작업에서 보호구는 꼭 착용해야 한다.

06 작업 중 기계에 손이 끼어들어 가는 사고가 발생했을 경우 우선적으로 해야하는 것은?

① 신고부터 한다. ② 응급처치를 한다.
③ 계속 작업한다. ④ 기계의 전원을 끈다.

06 ▶ 안전관리
작업 중 기계에 손이 끼어들어 가는 사고가 발생했을 경우에는 우선적으로 기계의 전원을 차단해야 한다.

07 다음 그림의 안전표지판이 나타내는 것은?

① 비상구
② 출입금지
③ 보안경착용
④ 인화성물질경고

07 ▶ 안전관리
안내표지의 일종으로, 비상구를 의미한다.

08 산업 재해의 통상적인 분류 중 통계적 분류에 대한 설명으로 옳지 않은 것은?

① 사망: 업무로 인해 목숨을 잃는 경우
② 무상해 사고: 응급처지 이하의 상처로 작업에 종사하면서 치료를 받는 상해 정도
③ 중경상: 부상으로 30일 이상의 노동 상실을 가져온 상해 정도
④ 경상해: 부상으로 1일 이상 7일 이하의 노동 상실을 가져온 상해 정도

08 ▶ 안전관리
산업재해의 통계적 분류에서 중경상은 부상으로 8일 이상의 노동 상실을 가져온 상해 정도를 뜻한다.

09 기관에서 팬벨트 및 발전기 벨트의 장력이 너무 강할 경우에 발생될 수 있는 현상은?

① 발전기의 베어링이 손상될 수 있다.
② 기관의 밸브장치가 손상될 수 있다.
③ 충전부족 현상이 생긴다.
④ 기관이 과열된다.

09 ▶ 작업 전·후 점검
팬벨트의 장력이 너무 강하면 발전기의 베어링이 손상될 수 있다.

10 자동변속기가 장착된 지게차의 주차 방법에 대한 설명으로 옳지 않은 것은?

① 평탄한 장소에 주차시킨다.
② 시동 스위치의 키를 'ON'에 놓는다.
③ 변속레버를 'P' 위치로 한다.
④ 주차 브레이크를 작동하여 장비가 움직이지 않게 한다.

10 ▶ 작업 전·후 점검
지게차를 주차할 때 시동 스위치는 'OFF'에 놓고, 시동키는 열쇠함에 보관한다.

11 기관의 예방정비 시 운전자가 할 수 있는 정비가 아닌 것은?

① 연료 여과기의 엘리먼트 점검
② 연료 파이프의 풀림 상태 조임
③ 냉각수 보충
④ 딜리버리 밸브 교환

11 ▶ 작업 전·후 점검
디젤기관 분사펌프의 딜리버리 밸브의 교환은 건설기계 부분품의 교체에 해당하므로 건설기계정비업자가 해야 한다.

12 건설기계장비 운전자가 연료탱크의 배출 콕을 열었다가 잠그는 작업을 하고 있다면 무엇을 배출하기 위한 예방정비 작업인가?

① 오물 및 수분
② 엔진오일
③ 유압오일
④ 공기

12 ▶ 작업 전·후 점검
연료 속에 포함된 불순물 및 수분은 연료보다 비중이 높아 탱크 아래에 침전되기 때문에 배출 콕을 열어 주기적으로 배출시켜야 한다.

13 무게중심을 확인하기 위한 준수사항 확인으로 옳지 않은 것은?

① 주행 중에 작업장치 조작은 가급적 자주 하도록 한다.
② 화물의 꼭대기가 백레스트 보다 높지 않아야 한다.
③ 화물이 들어 올려진 상태에서는 사이드쉬프트 작동을 하지 않아야 한다.
④ 주행하기 전 화물의 중앙에 센터링 시키고 반듯하게 틸트시켜야 한다.

13 ▶ 작업 전·후 점검
주행 중에 작업장치 조작은 가급적 적게 할수록 안전한 운반을 할 수 있다.

14 지게차 주행 시 안전수칙으로 틀린 것은?

① 중량물을 운반 중인 경우 반드시 제한속도를 준수한다.
② 화물을 편하중 상태로 운반하지 않는다.
③ 후륜이 뜬 상태로 주행해서는 안 된다.
④ 짧은 거리를 주행할 경우 안전벨트를 착용하지 않아도 된다.

14 ▶ 화물 적재·하역
지게차 주행 시에는 반드시 안전벨트를 착용해야 한다.

15 지게차의 전·후진 레버에 대한 설명으로 옳은 것은?

① 전·후진 레버를 밀면 후진한다.
② 전·후진 레버를 당기면 전진한다.
③ 전·후진 레버는 지게차가 완전히 멈춘 상태에서 조작한다.
④ 주차 시 전·후진 레버는 전진 또는 후진에 넣는다.

15 ▶ 화물 적재·하역
변속기를 보호하기 위해 지게차의 전·후진 레버는 지게차가 완전히 멈춘 상태에서 조작한다. 레버를 앞으로 밀면 전진하고, 당기면 후진한다.

16 철길 건널목 안에서 차가 고장이 나서 운행할 수 없게 된 경우 운전자의 조치 사항으로 옳지 <u>않은</u> 것은?

① 철도 공무 중인 직원이나 경찰공무원에게 즉시 알려 차를 이동하기 위해 필요한 조치를 한다.
② 차를 즉시 건널목 밖으로 이동시킨다.
③ 승객을 하차시켜 즉시 대피시킨다.
④ 현장을 그대로 보존하고 경찰관서로 가서 고장 신고를 한다.

16 ▶ 도로교통법
철길 건널목 안에서 차가 고장이 나서 운행할 수 없게 되면 동승한 승객을 하차시켜 즉시 대피시킨 후 인력으로 차를 건널목 밖으로 밀어 이동시키거나, 여의치 않을 경우 철도공무원이나 경찰공무원에게 신고해야 한다. 현장을 그대로 보존하는 것은 건널목 내 다른 차와의 충돌을 발생시킬 수 있으므로 바람직하지 않다.

17 노면표시 중 중앙선이 황색 실선과 점선의 복선으로 설치된 경우와 관련된 설명 중 옳은 것은?

① 어느 쪽에서든 중앙선을 넘어서 앞지르기를 할 수 있다.
② 실선 쪽에서만 중앙선을 넘어서 앞지르기를 할 수 있다.
③ 어느 쪽에서든 중앙선을 넘어서 앞지르기를 할 수 없다.
④ 점선 쪽에서만 중앙선을 넘어서 앞지르기를 할 수 있다.

17 ▶ 도로교통법
중앙선이 황색 실선과 점선의 복선으로 설치된 경우 점선 쪽에서만 중앙선을 넘어 앞지르기 할 수 있다.

18 일방통행으로 된 도로가 아닌 교차로 또는 그 부근에서 긴급자동차가 접근했을 때 운전자가 취해야 하는 방법으로 옳은 것은?

① 교차로를 피하여 도로의 우측 가장자리에 일시정지 한다.
② 서행하면서 앞지르기 하라는 신호를 보낸다.
③ 교차로의 우측 가장자리에 일시정지 하여 진로를 양보한다.
④ 진행방향으로 진행을 계속한다.

18 ▶ 도로교통법
교차로 또는 그 부근에서 긴급자동차가 접근했을 때에는 교차로를 피하여 도로의 우측 가장자리에 일시정지 한다.

19 도로교통법상 철길 건널목을 통과할 때의 방법으로 옳은 것은?

① 신호등이 없는 철길 건널목을 통과할 때에는 서행으로 통과하여야 한다.
② 신호등이 있는 철길 건널목을 통과할 때에는 건널목 앞에서 일시정지 하여 안전한지의 여부를 확인한 후에 통과하여야 한다.
③ 신호기가 없는 철길 건널목을 통과할 때에는 건널목 앞에서 일시정지 하여 안전한지의 여부를 확인한 후에 통과하여야 한다.
④ 신호기와 관련 없이 철길 건널목을 통과할 때에는 건널목 앞에서 일시정지 하여 안전한지의 여부를 확인한 후에 통과하여야 한다.

19 ▶ 도로교통법
철길 건널목을 통과하려는 경우에는 건널목 앞에서 일시정지하여 안전한지 확인한 후에 통과해야 한다. 다만, 신호기 등이 표시하는 신호에 따르는 경우에는 정지하지 아니하고 통과할 수 있다.

20 녹색신호에서 교차로 내를 직진하는 중에 황색신호로 바뀌었을 때, 안전운전 방법으로 옳은 것은?

① 속도를 줄여 조금씩 움직이는 정도의 속도로 서행하면서 진행한다.
② 일시정지하여 좌우를 살핀 후 진행한다.
③ 일시정지하여 다음 신호를 기다린다.
④ 계속 진행하여 신속히 교차로를 통과한다.

20 ▶ 도로교통법
녹색신호에서 교차로 내를 직진하는 중에 황색신호로 바뀐 경우, 계속 진행하여 신속하게 교차로를 통과한다.

21 건설기계 조정 면허에 관한 사항으로 옳지 않은 것은?

① 1종 대형 운전면허로 조종할 수 있는 건설기계는 없다.
② 건설기계 조종을 위해서는 해당 부처에서 규정하는 면허를 소지해야 한다.
③ 건설기계조종사 면허의 적성검사는 도로교통법상 제1종 운전면허에 요구되는 신체검사서로 갈음할 수 있다.
④ 소형건설기계는 관련법에서 규정한 기관에서 교육을 이수한 후에 소형건설기계조종면허를 취득할 수 있다.

21 ▶ 건설기계관리법
1종 대형면허 소지자는 덤프트럭, 노상 안정기, 아스팔트 살포기 등을 운전할 수 있다.

22 건설기계 등록의 경정은 어느 때 하는가?

① 등록을 한 후에 그 등록에 관하여 착오 또는 누락이 있음을 발견한 때
② 등록을 한 후에 소유권이 이전되었을 때
③ 등록을 한 후에 등록지가 이전되었을 때
④ 등록을 한 후에 소재지가 변동되었을 때

22 ▶ 건설기계관리법
건설기계등록의 경정은 등록을 한 후에 그 등록에 관하여 착오 또는 누락이 있음을 발견한 때에 한다.

23 건설기계관리법령상 국토교통부령으로 정하는 바에 따라 등록번호표를 부착 및 봉인하지 않은 건설기계를 운행하여서는 아니 된다는 규정을 1차 위반했을 경우의 과태료는? (단, 임시번호표를 부착한 경우는 제외한다)

① 5만 원
② 10만 원
③ 100만 원
④ 300만 원

23 ▶ 건설기계관리법
등록번호표를 부착 및 봉인하지 아니한 건설기계를 운행한 자는 300만원 이하의 과태료에 처한다.

24 건설기계조종사 면허증을 발급받을 수 없는 사람은?

① 두 눈의 시력이 각각 0.5 이상인 사람
② 55데시벨(보청기를 사용하는 사람은 40데시벨)의 소리를 들을 수 있는 사람
③ 두 눈을 동시에 뜨고 잰 시력이 0.1인 사람
④ 시각이 160도인 사람

24 ▶ 건설기계관리법
건설기계관리법상 면허의 적성기준 중 시력에 관한 것은 두 눈을 동시에 뜨고 잰 시력(교정시력 포함)이 0.7 이상이고, 두 눈의 시력이 각각 0.3 이상인 경우이다.

25 건설기계소유자는 시·도지사로부터 등록번호표 제작통지 등에 관한 통지서를 받은 날부터 며칠 이내에 등록번호표 제작자에게 제작 신청을 하여야 하는가?

① 3일
② 10일
③ 20일
④ 30일

25 ▶ 건설기계관리법
건설기계소유자는 시·도지사로부터 등록번호표 제작 통지 등에 관한 통지서를 받은 날부터 3일 이내에 등록번호표 제작자에게 제작 신청을 해야 한다.

26 엔진오일의 소비량이 많아지는 직접적인 원인은?

① 피스톤 링과 실린더의 간극이 과대한 경우
② 오일펌프 기어가 과대 마모된 경우
③ 배기밸브 간극이 너무 작은 경우
④ 윤활유의 압력이 너무 낮은 경우

26 ▶ 엔진구조
피스톤 링과 실린더의 간극이 과대하면 엔진오일이 연소실로 올라와 연소하기 때문에 엔진오일 소비량이 많아진다.

27 실린더 블록의 구비조건으로 옳지 않은 것은?

① 기관의 부품 중 가장 큰 부품이므로 가능한 소형, 경량일 것
② 기관의 기초 구조물이므로 강도와 강성이 클 것
③ 구조가 복잡하므로 주조 성능 및 절삭 가공이 용이할 것
④ 실린더 벽의 마모성이 클 것

27 ▶ 엔진구조
실린더 블록은 내마모성, 내식성, 내열성이 커야 한다.

28 먼지가 많은 곳에서 사용되는 여과기로, 흡입 공기는 회전운동을 하면서 입자가 큰 먼지나 이물질을 분리시키는 형식의 여과기는?

① 건식 여과기
② 오일배스 여과기
③ 습식 여과기
④ 원심식 여과기

28 ▶ 엔진구조
원심식 여과기는 먼지가 많은 곳에서 사용되는 여과기로, 회전 운동을 하면서 흡입 공기 내 입자가 큰 먼지나 이물질을 분리시키는 형식의 여과기이다.

29 기관 방열기에 연결된 보조탱크의 역할로 옳지 <u>않은</u> 것은?

① 냉각수의 체적팽창을 흡수한다.
② 장기간 냉각수 보충이 필요 없다.
③ 오버플로(Overflow)되어도 증기만 방출된다.
④ 냉각수 온도를 적절하게 조절한다.

29 ▶ 엔진구조
기관 방열기의 보조탱크(리저버 탱크)는 압력식 캡의 작동으로 방출된 고압 고온의 냉각수를 저장하여 체적 팽창을 흡수할 뿐만 아니라 대기 중으로 증기를 방출한다. 또한 압력식 캡의 진공 밸브가 작동되면 방열기로 냉각수를 보충한다.

30 기관의 크랭크축 베어링의 구비조건에 속하지 <u>않는</u> 것은?

① 추종유동성이 있을 것
② 내피로성이 클 것
③ 매입성이 있을 것
④ 마찰계수가 클 것

30 ▶ 엔진구조
크랭크축 베어링은 마찰계수가 작고, 내피로성이 커야 하며, 매입성과 추종유동성이 있어야 한다.

31 다음 중 실린더 내경과 행정의 길이가 같은 기관은?

① 단행정
② 장행정
③ 양방행정
④ 정방행정

31 ▶ 엔진구조
단행정: 내경>행정
정방행정: 내경=행정
장행정: 내경<행정

32 디젤기관을 시동한 후 충분한 시간이 지났는데도 냉각수 온도가 정상적으로 상승하지 않을 경우, 고장의 원인이 될 수 있는 것은?

① 냉각팬 벨트의 헐거움
② 수온 조절기가 열린 채 고장
③ 물펌프의 고장
④ 라디에이터 코어 막힘

32 ▶ 엔진구조
수온 조절기(정온기)는 65℃에서 열리기 시작해서 85℃에서 완전히 열려 엔진의 온도를 일정하게 유지시켜 주는 역할을 한다. 수온 조절기가 열린 채로 고장이 나면 과냉의 원인이 되고, 닫힌 채로 고장이 나면 과열의 원인이 된다.

33 연소실과 연소의 구비조건이 <u>아닌</u> 것은?

① 분사된 연료를 가능한 긴 시간 동안 완전 연소시킬 것
② 평균 유효압력이 높을 것
③ 고속회전에서의 연소 상태가 좋을 것
④ 노크 발생이 적을 것

33 ▶ 엔진구조
분사된 연료는 가능한 짧은 시간에 완전 연소되어야 한다.

34 급속 충전 시 유의할 사항으로 옳지 않은 것은?

① 통풍이 잘되는 곳에서 충전한다.
② 건설기계에 설치된 상태로 충전한다.
③ 충전 시간을 짧게 한다.
④ 전해액 온도가 45°C를 넘지 않게 한다.

34 ▶ 전기장치
급속 충전 시 발전기 다이오드의 손상을 방지하기 위해 건설기계에서 배터리를 분리하여 충전한다.

35 교류발전기에서 높은 전압으로부터 다이오드를 보호하는 구성품은?

① 정류기　　② 계자코일
③ 로터　　　④ 콘덴서

35 ▶ 전기장치
콘덴서는 교류발전기에서 높은 전압으로부터 다이오드를 보호하는 역할을 한다.

36 건설기계에 사용되는 12볼트(V), 80암페어(A) 축전지 2개를 병렬로 연결하면 전압과 전류는 어떻게 변하는가?

① 24볼트(V), 160암페어(A)가 된다.
② 12볼트(V), 80암페어(A)가 된다.
③ 24볼트(V), 80암페어(A)가 된다.
④ 12볼트(V), 160암페어(A)가 된다.

36 ▶ 전기장치
배터리 2개를 병렬로 연결하면 전압은 변함이 없고 용량은 2배가 된다. 이에 12볼트, 80암페어 축전지 2개를 병렬로 연결할 경우 전압은 12볼트, 전류는 160암페어가 된다.

37 실드 빔 형식의 전조등을 사용하는 건설기계 장비에서 전조등 밝기가 흐려 야간운전에 어려움이 있을 때의 조치 방법으로 옳은 것은?

① 렌즈를 교환한다.　　② 전조등을 교환한다.
③ 반사경을 교환한다.　④ 전구를 교환한다.

37 ▶ 전기장치
실드 빔 형식은 렌즈, 반사경, 필라멘트가 일체로 되어 있는 형식으로, 기후 변화에 따라 반사경이 흐려지는 경우가 있다. 필라멘트가 단선되면 전조등 전체를 교환해야 한다.

38 건설기계의 전기장치 중 전류의 화학 작용을 이용한 것은?

① 발전기　　② 배터리
③ 기동 전동기　④ 시트열선

38 ▶ 전기장치
전류의 3대 작용으로는 자기 작용, 화학 작용, 발열 작용이 있다. 이 중 배터리는 화학 작용을 이용한 것이다.
①, ③ 발전기와 기동 전동기는 전류의 자기 작용과 관련 있다.
④ 시트열선은 전류의 발열 작용과 관련 있다.

39 축전지의 용량을 나타내는 단위는?

① A　　② Ah
③ V　　④ Ω

39 ▶ 전기장치
배터리 용량 표시는 'A(방전 전류)*h(방전 시간)=Ah'로 나타낸다.

40 동력조향장치의 장점과 거리가 먼 것은?

① 작은 조작력으로 조향조작이 가능하다.
② 조향핸들의 시미현상을 줄일 수 있다.
③ 설계·제작 시 조향 기어비를 조작력에 관계없이 선정할 수 있다.
④ 조향핸들의 유격 조정이 자동으로 되어 볼 조인트 수명이 반영구적이다.

40 ▶ 전·후진 주행장치
조향핸들의 유격 조정은 자동 조정이 아니며, 조향장치의 렉서보트 너트로 조정해야 한다.

41 지게차에서 브레이크를 연속하여 자주 사용하면 브레이크 드럼이 과열되어, 마찰계수가 떨어지며 브레이크가 잘 듣지 않는 것으로 내리막길을 내려갈 때 브레이크 효과가 나빠지는 현상은?

① 채터링 현상
② 노킹 현상
③ 수막 현상
④ 페이드 현상

41 ▶ 전·후진 주행장치
페이드 현상은 브레이크 드럼과 라이닝 사이 마찰열로 마찰계수가 작아져 브레이크가 밀리는 현상을 말한다.

42 지게차에서 사용하는 유압식 제동장치의 구성품이 아닌 것은?

① 에어 컴프레셔
② 휠 실린더
③ 오일 리저브 탱크
④ 마스터 실린더

42 ▶ 전·후진 주행장치
유압식 제동장치는 마스터 실린더, 오일 리저브 탱크, 브레이크 파이프, 브레이크슈, 브레이크 드럼, 휠 실린더 등으로 구성된다.

43 토크컨버터 동력전달 매체로 옳은 것은?

① 클러치판
② 유체
③ 벨트
④ 기어

43 ▶ 전·후진 주행장치
토크컨버터는 펌프 임펠러, 터빈 러너, 스테이터로 구성되며, 유체의 힘에 의해 동력이 전달된다.

44 브레이크 장치의 베이퍼록 발생 원인이 아닌 것은?

① 긴 내리막길에서 과도한 브레이크 사용
② 엔진 브레이크와 풋 브레이크를 동시에 사용
③ 드럼과 라이닝의 끌림에 의한 가열
④ 오일의 변질에 의한 비등점 저하

44 ▶ 전·후진 주행장치
엔진 브레이크와 풋 브레이크를 함께 사용하는 것은 브레이크 라인의 베이퍼록 발생을 방지하기 위한 방법에 해당한다.

45 기관과 변속기 사이에 설치되어 동력의 차단 및 전달의 기능을 하는 것은?

① 변속기
② 클러치
③ 추진축
④ 차축

45 ▶ 전·후진 주행장치
클러치는 기관과 변속기 사이에 설치되어 동력 차단 및 전달을 하는 장치로, 마찰 클러치와 유체 클러치로 구분된다.

46 타이어의 구조에서 직접 노면과 접촉되어 마모에 견디고 적은 슬립으로 견인력을 증대시키는 부분의 명칭은?

① 브레이커　　　　② 카커스
③ 트레드　　　　　④ 비드

46 ▶ 전·후진 주행장치
트레드는 타이어의 마찰력을 증가시켜 미끄럼을 방지하고 구동력, 안정성 및 견인력을 증대시킨다.

47 유압장치에 사용되는 밸브 부품의 세척유로 적절한 것은?

① 엔진오일　　　　② 물
③ 경유　　　　　　④ 합성세제

47 ▶ 유압장치
경유는 인화점 및 발화점이 높아 화재의 위험이 낮고, 밸브 부품의 부식 방지에도 효과가 있어 세척유로 사용하기에 적합하다.

48 유압모터의 회전력이 변화하는 것에 영향을 미치는 것은?

① 유압유 압력　　　② 유량
③ 유압유 점도　　　④ 유압유 온도

48 ▶ 유압장치
유압모터의 회전력은 유압작동유의 압력에 의해 결정되며, 릴리프 밸브로 최대 압력을 조절할 수 있다.

49 유압탱크의 구비조건으로 옳지 않은 것은?

① 적당한 크기의 주유구 및 스트레이너를 설치한다.
② 오일에 이물질이 혼입되지 않도록 밀폐되어야 한다.
③ 배출밸브(드레인) 및 유면계를 설치한다.
④ 오일 냉각을 위한 쿨러를 설치한다.

49 ▶ 유압장치
오일 쿨러는 엔진의 라디에이터 또는 실린더 블록에 설치한다.

50 다음 중 압력제어 밸브가 아닌 것은?

① 릴리프 밸브　　　② 체크 밸브
③ 감압 밸브　　　　④ 시퀀스 밸브

50 ▶ 유압장치
체크 밸브는 유체를 한쪽 방향으로만 흐르게 하는 방향제어 밸브이다.

51 유압장치에 사용되는 오일 실(SEAL)의 종류 중 O-링의 구비조건으로 적절한 것은?

① 체결력이 작아야 한다.
② 오일의 입·출입이 가능해야 한다.
③ 탄성이 양호하고, 압축변형이 적어야 한다.
④ 작동 시 마모가 커야 한다.

51 ▶ 유압장치
O-링은 탄성이 양호하고, 압축변형이 적어야 한다.

52 유압기호 중 다음 그림이 나타내는 것은?

① 유압동력원
② 공기압동력원
③ 전동기
④ 원동기

52 ▶ 유압장치
제시된 그림은 유압동력원을 나타내는 유압기호로, 유압동력이 좌에서 우로 전달됨을 나타낸다.

53 현장에서 유압유의 열화를 찾아내는 방법으로 옳은 것은?
① 오일을 가열했을 때 냉각되는 시간 확인
② 오일을 냉각했을 때 침전물의 유무 확인
③ 자극적인 악취·색깔의 변화 확인
④ 건조한 여과지를 오일에 넣어 젖는 시간 확인

53 ▶ 유압장치
유압유의 열화 점검 방법으로는 색깔 변화 및 수분 함유 여부, 침전물 유무 및 점도 상태, 흔들었을 때 거품 발생 여부, 냄새 확인 등이 있다.

54 유압모터의 단점에 해당하지 않는 것은?
① 작동유에 먼지나 공기가 침입하지 않도록 특히 보수에 주의해야 한다.
② 작동유가 누출되면 작업 성능에 지장이 있다.
③ 작동유의 점도 변화에 의하여 유압모터의 사용에 제약이 있다.
④ 릴리프 밸브를 부착하여 속도나 방향을 제어하기가 곤란하다.

54 ▶ 유압장치
유압모터에 유량제어 밸브나 방향제어 밸브를 부착할 경우 속도나 방향 제어가 가능하다.

55 지게차의 운전 장치를 조작하는 동작에 대한 설명으로 옳지 않은 것은?
① 틸트 레버를 뒤로 당기면 마스트가 앞으로 기운다.
② 전·후진 레버를 앞으로 밀면 전진이 된다.
③ 리프트 레버를 뒤로 당기면 포크가 상승한다.
④ 리프트 레버를 앞으로 밀면 포크가 하강한다.

55 ▶ 작업장치
틸트 레버를 뒤로 당기면 마스트가 뒤로 기울고, 앞으로 밀면 마스트가 앞으로 기운다.

56 지게차의 좌우 포크 높이가 다를 경우에 조정하는 부위는?
① 리프트 밸브 조정
② 체인 조정
③ 틸트 레버 조정
④ 틸트 실린더 조정

56 ▶ 작업장치
지게차의 좌우 포크 높이가 다를 경우 조정너트를 이용하여 좌우 체인의 길이를 조정해야 한다.

57 지게차에 대한 설명으로 옳지 <u>않은</u> 것은?

① 지게차의 등판능력은 경사지를 오를 수 있는 최대각도로서 %(백분율)와 °(도)로 표기한다.
② 최대 인상높이는 마스트가 수직인 상태에서의 최대 높이로 지면으로부터 포크 윗면까지의 높이를 말한다.
③ 지게차의 전폭이 작을수록 최소직각 통로폭이 커진다.
④ 포크 인상속도의 단위는 mm/s이며 부하 시와 무부하 시로 나뉘어 표기한다.

57 ▶ 작업장치
최소직각 통로폭은 지게차의 전폭이 작을수록 최소직각 통로폭은 작아진다.

58 지게차의 조종 레버의 설명으로 틀린 것은?

① 로어링(lowering)   ② 덤핑(dumping)
③ 틸팅(tilting)   ④ 리프팅(lifting)

58 ▶ 작업장치
리프팅과 로어링은 리프트 레버로 포크를 상승, 하강하는 동작이고, 틸팅은 마스트를 전경, 후경시키는 동작이다.

59 카운트 밸런스형 지게차의 일반적인 전경각은?

① 3~4°   ② 5~6°
③ 7~8°   ④ 9~10°

59 ▶ 작업장치
통상적인 지게차의 전경각은 5~6°이며, 후경각은 10~12° 정도의 범위이다.

60 다음 도로명판에 대한 설명으로 옳지 <u>않은</u> 것은?

강남대로 Gangnam-daero 1→699

① 도로명은 강남대로이다.
② '1→'의 위치는 도로의 시작지점이다.
③ 강남대로는 699m이다.
④ 강남대로는 1~699번까지 지번이 부여되어 있다.

60 ▶ 도로명주소
강남대로는 6.99km(699*10m)이다.

CBT 적중 모의고사 제5회 정답									
01 ④	02 ①	03 ④	04 ④	05 ④	06 ④	07 ①	08 ③	09 ①	10 ②
11 ④	12 ①	13 ②	14 ④	15 ③	16 ④	17 ②	18 ④	19 ③	20 ④
21 ①	22 ①	23 ②	24 ③	25 ①	26 ①	27 ④	28 ④	29 ④	30 ④
31 ④	32 ②	33 ①	34 ②	35 ④	36 ②	37 ②	38 ②	39 ②	40 ④
41 ④	42 ①	43 ②	44 ②	45 ②	46 ③	47 ③	48 ①	49 ④	50 ②
51 ③	52 ①	53 ③	54 ④	55 ①	56 ②	57 ③	58 ②	59 ②	60 ③

부록
핵심 압축 이론
시험 전에 꼭 확인해야 할 마지막 핵심 이론

제1장 안전관리

01 산업재해의 원인

직접적 원인	개인의 불안전한 행동(가장 많은 재해발생), 불안정한 상태
간접적 원인	기술적 원인, 교육적 원인, 작업관리상 원인
불가항력	천재지변

02 사고 발생 순
불안전 행위 ⇨ 불안전 조건 ⇨ 불가항력

03 산업안전의 3요소
① 교육적 요소 ② 기술적 요소 ③ 관리적 요소

04 안전보호구의 구비조건
① 유해, 위험 요소로부터 충분한 보호 기능이 있어야 한다.
② 품질과 끝마무리가 양호해야 한다.
③ 착용이 간단하고 착용 후 작업하기가 편리해야 한다.
④ 겉모양과 표면이 매끈하고 외관상 양호해야 한다.
⑤ 보호성능 기준에 적합해야 한다.

05 보호구의 종류

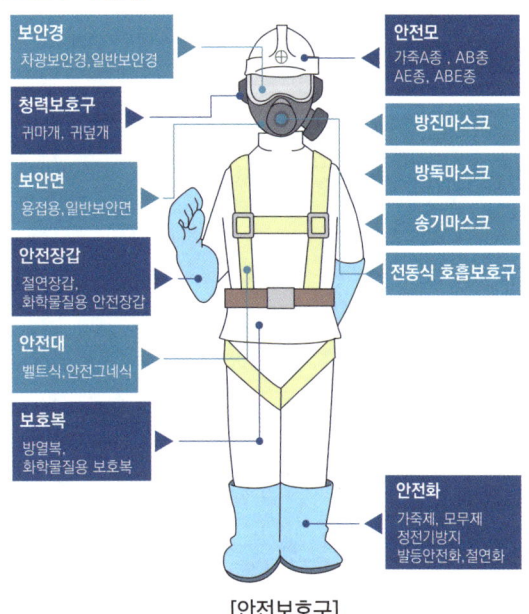

[안전보호구]

06 안전·보건 표지의 사용 및 색채

색상	용도	사용
빨간색	금지	소화설비, 정지신호, 유해행위 금지
빨간색	경고	화학물질 취급 장소에서의 유해·위험을 경고
노란색	경고	화학물질 취급 장소에서의 유해·위험경고 이외의 위험경고, 주의표지 및 기계 방호물
파란색	지시	특정 행위의 지시 및 사실의 고지
녹색	안내	사람 또는 차량의 통행표지, 비상구 및 피난소
흰색		파란색 또는 녹색에 대한 보조색
검은색		문자 및 빨간색 또는 노란색에 대한 보조색
보라색		방사능 등의 표시에 사용

07 수공구 사용 시 주의사항
① 수공구 사용 전에 이상 유무를 확인한다.
② 작업자는 필요한 안전보호구를 착용한다.
③ 용도 이외의 수공구는 사용하지 않는다.
④ 사용 전에 공구에 묻은 기름 등은 닦아낸다.
⑤ 수공구 사용 후에는 정해진 장소에 보관한다.
⑥ 작업대 위에서 떨어지지 않도록 안전한 곳에 보관한다.
⑦ 예리한 공구 등을 주머니에 넣고 작업하지 않는다.
⑧ 공구를 던져서 전달하지 않는다.

08 장갑을 착용하지 않는 작업의 종류
① 드릴작업   ② 정밀기계작업
③ 연삭작업   ④ 해머작업

09 전기장치 및 작업의 안전사항
① 전기장치는 반드시 접지설비를 구비하여 감전 사고를 방지한다.
② 퓨즈의 교체는 반드시 규정 용량의 퓨즈를 사용한다.
③ 작업 중 정전이 되었을 경우에는 즉시 전원스위치를 끄고 퓨즈의 단선 여부를 점검한다.
④ 전기장치는 사용을 마친 후에는 스위치를 끄도록 한다.
⑤ 전기장치의 전류 점검 시, 전류계는 부하에 직렬로 접속해야 한다.
⑥ 전기장치의 배선 작업 시, 제일 먼저 축전지의 접지 단자를 제거해야 한다.
⑦ 전선이나 코드의 접속부는 절연물로 완전히 피복한다.
⑧ 전선의 연결부(접촉부)는 최대한 저항을 적게해야 한다.
⑨ 퓨즈를 교체했음에도 지속적으로 단선이 발생하는 경우, 과전류가 의심되므로 고장개소를 찾아 수리해야 한다.

10 화재분류

A급 화재	일반 가연물질 화재
B급 화재	(유류 화재) 물사용 금지
C급 화재	(전기 화재) 물사용 금지
D급 화재	(금속 화재) 물사용 금지

11 소화설비의 종류

분말	미세한 분말인 제1인산 암모늄 방사
물 분무	냉각효과로 화재를 진화
이산화탄소	질식소화방식, 유류 및 전기 감전 위험이 높은 전기 화재

12 연소의 3요소

① 가연물 ② 점화원 ③ 산소

제2장 작업 전·후 점검

13 작업 전·후 점검

구분	점검사항
작업 전 점검	• 지게차 외관과 각부의 누유·누수 점검 • 냉각수와 엔진오일, 유압유 및 연료 등의 양 • 팬벨트 및 각종 벨트 장력, 타이어 상태 점검 • 축전지 및 공기청정기 엘리먼트 청소
작업 중 점검	• 지게차에서 발생하는 이상 소음 점검 • 배기색 및 냄새의 이상 점검
작업 후 점검	• 지게차의 외관 균열 및 변형 점검 • 각부 누수·누유 점검, 연료 부족 시 보충

14 안전주차(안전주기)

건설기계 관련 시행규칙에 따른 주기장을 선정한다.
① 지게차의 운전석을 떠나는 경우에는 주차 브레이크를 체결한다.
② 전·후진레버를 중립으로 한 후 포크 등을 바닥면에 내리고 엔진의 가동을 정지한다.
③ 보행자의 안전을 위한 주차 방법을 연습한다.
④ 마스트를 앞으로 기울인다.
⑤ 포크 끝이 지면에 닿게 주차한다.
⑥ 경사지에 주차하였을 때 안전을 위하여 바퀴에 고임목을 사용하여 주차한다.

제3장 화물 적재, 하역, 운반 작업

15 화물의 적재 방법

① 화물의 바로 앞에 도달하면 안전한 속도로 감속한다.
② 화물 앞에 가까이 갔을 시 일단 정지하여 마스트를 수직으로 한다.
③ 포크의 간격은 컨테이너 및 팔레트 폭의 1/2 이상 3/4 이하 정도로 유지하여 적재해야 한다.
④ 컨테이너, 팔레트, 스키트(Skid)에 포크를 꽂아넣을 때에는 지게차가 화물을 똑바로 향하고, 포크의 삽입 위치를 확인한 후에 천천히 포크를 넣는다.
⑤ 단위포장 화물은 화물의 무게 중심에 따라 포크 폭을 조정하고 천천히 포크를 완전히 넣는다.
⑥ 지면으로부터 화물을 들어 올릴 때에는 다음과 같은 순서에 따라 작업을 실시한다.
  • 일단 포크를 지면으로부터 5~10cm 들어 올린 후에 화물의 안정 상태와 포크의 편하중이 없는지 확인한다.
  • 이상이 없음을 확인한 후에 마스트를 충분히 뒤로 기울이고, 포크를 지면으로부터 약 20~30cm의 높이를 유지한 상태에서 약간 후진한다. 이때 브레이크 페달을 밟았을 때 화물 내용물에 동하중이 발생하는지 확인한다.
  • 적재 후 마스트를 지면에 내려놓은 다음 반드시 화물의 적재 상태를 확인한 후 포크를 지면으로부터 약 20~30cm의 높이를 유지하며 주행한다.

16 화물의 운반 작업

① 운행 경로와 지반 상태를 사전에 파악한다.
② 화물을 운반할 때는 마스트를 뒤로 4~6° 기울이고, 포크와 지면 거리를 20~30cm 정도 높이로 유지하며 주행한다.
③ 화물 운반 시, 주행 속도는 10km/h를 초과할 수 없다.
④ 후진 작업을 할 때는 주변 상황을 파악한 후, 후진경고음과 후 사경으로 주변을 확인한다.
⑤ 급출발 및 급제동, 급선회 등을 하지 않는다.
⑥ 경사로를 올라갈 때는 적재물이 경사로의 위 쪽을 향하도록 주행한다.(경사로를 내려갈 때는 엔진 브레이크 및 풋 브레이크를 조작하며 천천히 운전한다).
⑦ 지게차 조종석 또는 적하장치에 사람을 태우지 않으며, 포크 밑으로 사람 출입을 통제한다.
⑧ 뒷바퀴 조향에 유의하고, 후륜이 뜬 상태로 주행하지 않는다.
⑨ 운전자의 시야가 화물에 가려질 경우, 보조자의 수신호를 확인하며 운전한다.
⑩ 작업 전에 후사경과 경광등, 후진 경고음 및 후방카메라 등을 점검하여 안전하게 주행한다.

17 화물의 하역 작업
① 하역 장소의 앞에 오면 안전한 주행 속도로 감속한다.
② 하역 장소의 앞에 접근하였을 때에는 일단 정지한다.
③ 하역 장소에 화물의 붕괴, 파손 등의 위험이 없는지 확인한다.
④ 마스트는 수직, 포크는 수평으로 한 다음 내려놓을 위치보다 약간 높은 위치까지 올린다.
⑤ 내려놓을 위치를 잘 확인한 후, 천천히 주행하여 예정된 위치에 내린다.
⑥ 천천히 후진하여 포크를 10~20cm 정도 빼내고, 다시 약간 들어 올려 안전하고 올바른 하역 위치까지 밀어 넣고 내려야 한다.
⑦ 팔레트 또는 스키드로부터 포크를 빼낼 때에도 접촉 또는 비틀리지 않도록 조작한다.
⑧ 하역 시 포크를 완전히 올린 상태에서는 마스트를 앞뒤로 거칠게 조작하지 않는다.
⑨ 하역하는 상태에서는 절대로 지게차에서 내리거나 이탈하여서는 안 된다.

18 지게차 운전 시 운행 통로 확보
① 지게차 운행통로의 폭은 지게차의 최대 폭보다 넓어야 하고, 양방향으로 30cm 이상의 간격을 유지하며 여유 통로를 둔다.
② 지게차 운행 도로 선은 황색 실선으로 표시하고, 선의 폭은 12cm로 한다.
③ 화물 적재, 기계 설비, 출구 신설 등을 할 때는 운전자 및 보행자의 조망 상태를 충분히 고려하여야 한다.

19 지게차 운전 시 안전경고 표시
① 운행 통로를 확인하여 장애물을 제거하고 주행 동선을 확인한다.
② 작업장 내 안전 표지판은 목적에 맞는 표지판을 올바른 위치에 설치했는지 확인한다.
③ 적재 후 이동 통로를 확인하고, 하역 장소를 사전 답사해야 하며 신호수 지시에 따른 작업 진행 방법을 사전에 숙지해야 한다.

20 지게차 운전 시 신호수의 도움
① 신호수와는 서로의 맞대면으로 항상 통해야 한다.
② 차량에 적재를 할 때는 차량 운전자 입회하에 작업을 진행해야 한다.
③ 시야가 확보되지 않은 작업 시, 신호수를 두어 충돌과 낙하의 사고를 예방해야 한다.

21 지게차 운전 시 제한속도 준수규칙
① 제한속도 내에서 주행은 현장 여건에 맞추어야하므로 필수요건은 아니지만, 화물 종류와 지면 상태에 따라서 운전자가 반드시 준수해야 할 사항이다.
② 일반도로를 주행할 때는 통행 제한구역 및 시간이 있으므로 관련 법규를 준수해야 이동이 가능하다. 따라서 목적지까지 이동이 가능한지 사전에 확인해야 한다.

22 지게차 운전 시 안전거리 확보
① 제한속도는 현장 여건에 맞추어 시행하여야 하며, 화물 종류와 지면 상태에 따라 운전자는 제동거리를 준수해야 한다.
② 일반차도 주행 시 지역별 통행 제한구역 및 시간이 있으므로 관련 법규를 준수해야 이동이 가능하다. 따라서 목적지까지 이동 가능 여부가 사전 확인되어야 한다.
③ 도로상을 주행할 때에는 포크의 선단에 표식을 부착하는 등 보행자와 작업자가 식별할 수 있도록 하고, 주행 속도에 비례한 안전거리를 확보하며 방어 운전을 하여야 한다.

제4장 건설기계관리법 및 도로교통법

23 도로교통법 용어

용어	정의
도로	도로교통법상 도로 • 「유료도로법」에 따른 유료 도로 • 「도로법」에 따른 도로 • 「농어촌도로 정비법」에 따른 도로 • 차마의 통행을 위한 도로
고속도로	자동차의 고속운행에만 사용하기 위하여 지정된 도로
자동차 전용도로	자동차만 다닐 수 있도록 설치된 도로
긴급 자동차	소방차, 구급차, 혈액공급차량 그밖에 대통령령으로 정하는 자동차(긴급자동차는 긴급 용무 중일 때만 우선권과 특례의 적용을 받는다.)
정차	운전자가 5분을 초과하지 아니하고 차를 정지시키는 것으로서 주차 외의 정지상태
안전지대	도로를 횡단하는 보행자나 통행하는 차마의 안전을 위하여 안전표지나 이와 비슷한 인공구조물로 표시한 도로의 부분
어린이	13세 미만인 사람
안전표지	교통안전에 필요한 주의·규제·지시 등을 표시하는 표지판이나 도로의 바닥에 표시하는 기호·문자 또는 선 등
서행	운전자가 차 또는 노면전차를 즉시 정지시킬 수 있는 정도의 느린 속도로 진행하는 것

24 차로에 따른 통행차의 기준

도로	차로구분	통행할 수 있는 차종
고속도로 외 도로	왼쪽차로	승용자동차 및 경형·소형·중형 승합자동차
	오른쪽차로	건설기계·화물·특수·대형승합·이륜자동차 및 원동기장치자전거
고속도로	편도 2차로 / 1차로	• 앞지르기를 하려는 모든 자동차 • 도로상황이 시속 80km 미만으로 통행할 수밖에 없는 경우에는 통행 가능
	편도 2차로 / 2차로	모든 자동차(건설 기계 포함)
	편도 3차로 이상 / 1차로	• 앞지르기를 하려는 승용·경형·소형·중형 승합자동차 • 도로상황이 시속 80km 미만으로 통행할 수밖에 없는 경우에는 통행 가능
	편도 3차로 이상 / 왼쪽차로	승용자동차 및 경형·소형·중형 승합자동차
	편도 3차로 이상 / 오른쪽차로	건설기계 및 화물, 대형 승합, 특수자동차

25 통행 우선순위

① 긴급자동차
② 긴급자동차 이외 차량
③ 원동기장치자전거
④ 자동차 및 원동기장치자전거 이외 차마

26 이상 기후에서의 운행 속도

도로의 상태	감속운행속도
• 비가 내려 노면에 습기가 있는 때 • 눈이 20mm 미만 쌓인 때	최고속도의 20/100
• 폭우·폭설·안개 등으로 가시거리가 100m 이내인 때 • 노면이 얼어붙는 때 • 눈이 20mm 이상 쌓인 때	최고속도의 50/100

27 앞지르기 금지 장소

① 교차로, 터널, 다리 위
② 급경사의 내리막
③ 경사로 정상 부근

28 도로의 주정차 금지장소

주정차 금지 장소	① 안전지대의 사방으로부터 각각 10m이내 ② 건널목의 자장자리 또는 횡단보도로부터 10m 이내 ③ 버스 정류지임을 표시하는 기둥이나 표지판 또는 선이 설치된 곳으로부터 10m 이내 ④ 교차로의 가장자리나 도로의 모퉁이로부터 5m이내 ⑤ 소방용수시설 또는 비상 소화장치가 설치된 곳으로부터 5m이내 ⑥ 지방 경찰청장이 필요하다고 인정하여 지정한 곳 ⑦ 교차로, 횡단보도, 건널목이나 보도와 차도가 구분된 도로의 보도
주차 금지 장소	① 터널 안 및 다리 위 ② 도로공사를 하고 있는 경우에는 그 공사 구역의 양쪽 가장자리로부터 5m 이내 ③ 다중이용업소의 영업장이 속한 건축물로, 소방본부장의 요청에 의하여 시·도 경찰청장이 지정한 곳으로부터 5m이내

29 건설기계관리법 목적

건설기계를 효율적으로 관리하고 건설기계의 안전도를 확보하여 건설공사의 기계화를 촉진함

30 건설기계 용어 정리

용어	정의
건설기계 대여업	건설기계를 대여
건설기계 정비업	건설기계를 분해, 조립, 수리하고 그 부분품을 가공, 제작, 교체하는 등 건설기계를 원활하게 사용하기 위한 모든 행위
건설기계 매매업	중고건설기계의 매매 또는 그 매매의 알선과 그에 따른 등록사항에 관한 변경신고의 대행
건설기계 해체 재활용업	폐기 요청된 건설기계의 인수(引受), 재사용 가능한 부품의 회수, 폐기 및 그 등록말소 신청의 대행을 업으로 하는 것
건설기계 형식	건설기계의 구조, 규격 및 성능 등에 관하여 일정하게 정하는 것

31 건설기계 등록

건설기계를 취득한 날부터 2월(60일) 이내에 소유자의 주소지 또는 건설기계 사용본거지를 관할하는 시·도지사에게 하여야 한다.(상속의 경우 상속 개시일부터 3개월, 전시, 사변 기타 이에 준하는 국가 비상 상태 하에 있어서는 5일 이내)

32 건설기계 등록 시 첨부 서류
① 건설기계의 출처를 증명하는 서류(건설기계 제작증, 수입면장, 매수증서)
② 건설기계의 소유자임을 증명하는 서류
③ 건설기계제원표
④ 자동차손해배상보장법에 따른 보험 또는 공제의 가입을 증명하는 서류

33 등록변경 신고
건설기계 등록사항에 변경이 있을 때(전시, 사변 기타 이에 준하는 비상사태 및 상속 시의 경우는 제외)에는 등록사항의 변경신고를 변경이 있는 날부터 30일 이내에 하여야 한다.

34 건설기계 등록말소 사유
① 거짓이나 그 밖의 부정한 방법으로 등록을 한 경우
② 건설기계가 천재지변 또는 이에 준하는 사고 등으로 사용할 수 없게 되거나 멸실된 경우
③ 건설기계의 차대(車臺)가 등록 시의 차대와 다른 경우
④ 건설기계안전기준에 적합하지 아니하게 된 경우
⑤ 최고(催告)를 받고 지정된 기한까지 정기검사를 받지 아니한 경우
⑥ 건설기계를 수출하는 경우
⑦ 건설기계를 도난당한 경우
⑧ 건설기계를 폐기한 경우
⑨ 건설기계 해체 재활용 업을 등록한 자에게 폐기를 요청한 경우
⑩ 구조적 제작 결함 등으로 건설기계를 제작자 또는 판매자에게 반품한 경우
⑪ 건설기계를 교육·연구 목적으로 사용하는 경우
⑫ 대통령령으로 정하는 내구연한을 초과한 건설기계. 다만, 정밀진단을 받아 연장된 경우는 그 연장기간을 초과한 건설기계

35 등록번호표 용도에 따른 색

비사업용	자가용	흰색 판에 검은색 문자
	관용	흰색 판에 검은색 문자
사업용	영업용	주황색 판에 흰색 문자
임시운행		흰색 판에 검은색 문자

36 기종별 기호표시

구분	색상	구분	색상
01	불도저	06	덤프트럭
02	굴착기	07	기중기
03	로더	08	모터 그레이더
04	지게차	09	롤러
05	스크레이퍼	10	노상 안정기

37 특별표지 부착대상 건설기계
① 길이가 16.7m를 초과하는 경우
② 너비가 2.5m를 초과하는 경우
③ 최소회전반경이 12m를 초과하는 경우
④ 높이가 4.0m를 초과하는 경우
⑤ 총중량이 40톤을 초과하는 경우
⑥ 총중량에서 축하중이 10톤을 초과하는 경우

38 등록번호표 반납
① 건설기계의 등록이 말소된 경우
② 건설기계 등록 사항 중 대통령령으로 정하는 사항이 변경된 경우
③ 등록번호표 또는 그 봉인이 떨어지거나 식별이 어려운 때 등록번호표의 부착 및 봉인을 신청한 경우
④ 반납 사유가 발생한 날로부터 10일 이내에 시·도지사에게 반납

39 임시운행의 요건
① 등록신청을 위한 등록지로 운행
② 신규 등록검사 및 확인검사를 받기 위하여 건설기계를 검사장소로 운행
③ 수출을 위한 선적지 운행
④ 수출을 위한 등록말소 한 건설기계의 점검·정비의 목적으로 운행
⑤ 신개발 시험·연구의 목적으로 운행
⑥ 판매 또는 전시를 위한 일시적으로 운행
⑦ 임시운행기간 15일 이내, 시험연구목적 3년 이내

40 건설기계검사 종류

신규등록검사	신규로 등록 시
정기검사	검사유효기간이 끝난 후 지속적으로 운행하려는 경우
구조변경검사	구조 변경 또는 개조한 경우
수시검사	성능이 불량하거나 사고 발생이 잦은 경우

41 정기검사 대상 건설기계 유효기간

기종	연식	검사유효기간
굴착기	타이어식	-	1년
로더	타이어식	20년 이하	2년
		20년 초과	1년
지게차	1톤 이상	20년 이하	2년
		20년 초과	1년
덤프트럭	-	20년 이하	1년
		20년 초과	6개월
기중기	-	-	1년
모터그레이더	-	20년 이하	2년
		20년 초과	1년
콘크리트믹서트럭	-	20년 이하	1년
		20년 초과	6개월
콘크리트펌프	트럭적재식	20년 이하	1년
		20년 초과	6개월
아스팔트살포기	-	-	1년
천공기	-	-	1년

42 출장 검사가 가능한 경우
① 도서지역에 있는 경우
② 자체중량이 40t을 초과하거나 축중이 10t을 초과하는 경우
③ 너비가 2.5m를 초과하는 경우
④ 최고속도가 시간당 35km 미만인 경우

43 건설기계 사업의 종류

건설기계 대여업	건설기계를 대여를 업으로 하는 것을 말한다.
건설기계 정비업	건설기계를 분해, 조립, 수리하고 그 부분품을 가공, 제작, 교체하는 등 건설기계를 원활하게 사용하기 위한 모든 행위를 업으로 하는 것을 말한다. ① 종합건설기계 정비업 ② 부분건설기계 정비업 ③ 전문건설기계 정비업
건설기계 매매업	중고건설기계의 매매 또는 그 매매의 알선과 그에 따른 등록사항에 관한 변경신고의 대행을 업으로 하는 것을 말한다.
건설기계 폐기업	국토교통부령으로 정하는 건설기계 장치를 그 성능을 유지할 수 없도록 해체하거나 압축, 파쇄, 절단 또는 용해를 업으로 하는 것

44 제1종 대형면허로 조종 가능한 건설기계
① 덤프트럭, 아스팔트살포기, 노상안정기
② 콘크리트믹서트럭, 콘크리트펌프, 천공기(트럭적재식을 말한다.)
③ 특수건설기계 중 국토교통부장관이 지정하는 건설기계이다.

45 조종사 면허 결격사유
① 18세 미만인 사람
② 건설기계 조종 상의 위험과 장해를 일으킬 수 있는 정신질환자 또는 뇌전증 환자
③ 앞을 보지 못하는 사람, 듣지 못하는 사람
④ 마약, 대마, 향정신성 의약품 또는 알코올 중독자

46 조종사 면허 반납 사유
① 건설기계 면허가 취소된 때
② 건설기계 면허의 효력이 정지된 때
③ 면허증의 재교부를 받은 후 잃어버린 면허증을 발견한 때에는 사유 발생한 날부터 10일 이내에 시장, 군수, 구청장에게 면허증을 반납

47 건설기계 관리법상 벌칙
① 2년 이하의 징역 또는 2천만원 이하의 벌금
  • 등록되지 아니한 건설기계를 사용하거나 운행한 자
  • 등록이 말소된 건설기계를 사용하거나 운행한 자
  • 시·도지사의 지정을 받지 아니하고 등록번호표를 제작하거나 등록번호를 새긴 자
② 1년 이하의 징역 또는 1천만원 이하의 벌금
  • 거짓이나 그 밖의 부정한 방법으로 등록을 한 자
  • 등록번호를 지워 없애거나 그 식별을 곤란하게 한 자
  • 구조변경검사 또는 수시검사를 받지 아니한 자
  • 정비명령을 이행하지 아니한 자
③ 300만원 이하의 과태료 부과
  • 등록번호표를 부착하지 아니하거나 봉인하지 아니한 건설기계를 운행한 자
  • 정기검사를 받지 아니한 자
  • 건설기계임대차 등에 관한 계약서를 작성하지 아니한 자
④ 100만원 이하의 과태료 부과
  • 등록번호표를 부착·봉인하지 아니하거나 등록번호를 새기지 아니한 자
  • 등록번호표를 가리거나 훼손하여 알아보기 곤란하게 한 자 또는 그러한 건설기계를 운행한 자
  • 건설기계안전기준에 적합하지 아니한 건설기계를 사용하거나 운행한 자 또는 사용하게 하거나 운행하게 한 자
⑤ 50만원 이하의 과태료 부과
  • 임시번호표를 붙이지 아니하고 운행한 자
  • 등록의 말소를 신청하지 아니한 자
  • 변경신고를 하지 아니하거나 거짓으로 변경신고한 자

제5장 엔진구조

48 기관(엔진)
① 열에너지를 기계적 에너지로 바꾸는 장치
② rpm(Revolution Per Minute): 분당회전수

49 디젤기관의 장·단점
건설 기계에 사용되는 엔진의 종류는 주로 디젤기관을 사용한다.

디젤기관의 장점	디젤기관의 단점
• 연료소비율이 적다 • 인화점이 높아 화재의 위험이 적다. • 전기점화장치가 없어 고장률이 적당하다. • 유해 배기가스 배출량이 적다.	• 압축압력, 폭발압력이 커서 마력당 중량이 크다(무겁다). • 소음 및 진동이 크다. • 제작비가 비싸다. • 압축착화방식을 이용하기 때문에 겨울철에는 시동보조 장치인 예열플러그가 필요하다.

50 4행정 사이클의 의미와 행정 순서
4행정 사이클: 크랭크축 2회전에 '흡입-압축-폭발-배기'의 행정 순으로 4행정에 1사이클을 완성하는 기관

51 엔진 용어 정리

※ 시험에 자주 출제되는 엔진 용어정리
① 블로다운: 배기행정 초기에 배기가스의 잔압을 이용하여 배기가스가 배출되는 현상
② 블로우바이스: 피스톤과 실린더 사이의 간극 과대로 압축시 미연소가스가 새는 현상
③ 상사점(TDC: Top Dead Center): 피스톤의 위치가 가장 높은 곳에 위치한 상태
④ 하사점(BDC: Bottom Dead Center): 피스톤의 위치가 가장 아래에 위치한 상태
⑤ 행정(Stroke): 상사점과 하사점의 거리
⑥ 밸브오버랩(Valve over lap): 흡배기밸브가 동시에 열려 있는 구간이며 흡배기 효율을 높여 엔진의 출력을 증가시킬 목적으로 밸브오버랩을 둔다.

52 실린더 헤드

주철과 알루미늄 합금으로 제작되며, 헤드가스켓을 사이에 두고 실린더 블록에 볼트로 설치되며, 피스톤, 실린더와 함께 연소실을 형성하고 있으며 흡배기 밸브를 구동하기 위한 캠축, 캠, 로커암 등이 설치되어 있다.

※ 실린더 헤드 탈부착 시 주의사항
① 실린더 헤드 볼트를 풀 때: 바깥쪽에서 안쪽으로 대각선 방향으로 푼다.
② 실린더 헤드 볼트를 조일 때: 안쪽에서 바깥쪽으로 대각선 방향으로 조인다. (실린더헤드의 변형 방지를 위해 위와 같은 방법으로 풀거나 조여야 한다.)
③ 마지막 조임 시에는 볼트의 규정토크로 조이기 위해 토크렌치를 사용하여 조인다.

53 실린더 블록(cylinder block)

위쪽은 실린더헤드가 부착되고 가운데는 실린더, 냉각수 통로, 오일 통로와 엔진의 각 부속품이 부착되어 있으며 아래쪽은 오일 팬이 설치되어 있다.

장행정기관	실린더내경 < 행정길이
단행정기관	실린더내경 > 행정길이
정방행정기관	실린더내경 = 행정길이

54 피스톤(Piston)

① 실린더 내에서 왕복 운동하며 흡입 공기 압축한다.
② 폭발행정 압력으로 발생한 동력을 크랭크축에 전달하여 크랭크축을 회전 운동시킨다.

55 피스톤 링(Piston Ring) 의 3대 작용

① 밀봉 작용: 실린더 벽과 윤활유를 사이에 두고 압축압력이 새지 않도록 방지한다.
② 오일제어 작용: 피스톤 상승 시 링으로 실린더 벽에 윤활하고, 하강 시 그 오일을 긁어내린다.
③ 열전도(냉각) 작용: 피스톤 헤드부의 열을 실린더 벽으로 전달하여 냉각시킨다.

56 크랭크축의 구조

피스톤의 왕복운동을 회전운동으로 변환시켜 주는 축을 말한다.

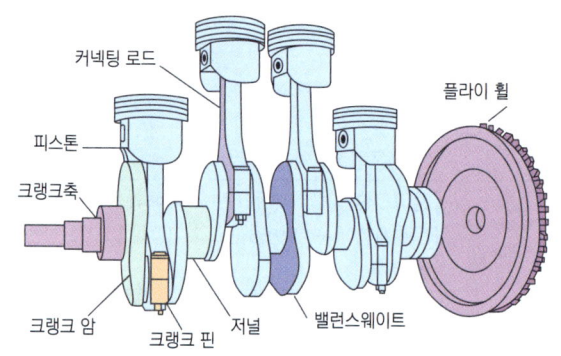

[크랭크축 구조]

57 기계식 리프터와 유압식 밸브 리프터

기계식 리프트 방식은 밸브의 간극을 조정해야 하지만, 유압식리프트 방식은 밸브간극을 조정할 필요가 없으므로 유압식은 밸브간극 "0" 이 된다.

58 밸브 간극

밸브간극이 클 때의 영향	밸브간극이 작을 때의 영향
흡·배기 밸브가 완전히 열리지 못하여 엔진 출력이 감소되며, 배기가스 배출이 증가하고 밸브에 충격과 소음이 발생한다.	흡·배기 밸브가 확실히 닫히지 못하여 엔진 출력이 감소되며, 역화나 후화 등의 이상연소가 발생한다.

59 디젤기관(연료장치) 연료공급 순서

연료탱크 ⇨ 공급펌프 ⇨ 연료필터(연료 여과기) ⇨ 분사펌프 ⇨ 분사노즐

60 디젤 노킹 발생 원인
① 압축비가 너무 낮은 경우
② 착화 지연 기간이 길거나 착화 온도가 너무 높을 경우
③ 실린더 벽 온도나 흡입공기 온도가 낮은 경우
④ 엔진 회전속도가 너무 느린 경우
⑤ 연료의 분사량이 많거나 분사 시기가 너무 늦은 경우
⑥ 디젤 연료가 원인인 경우: 세탄가가 낮은 연료를 사용

61 CRDI 디젤 기관의 구성
① 저압 펌프: 흡입된 연료의 양과 압력이 조절되어 압송한다.
② 커먼레일(Common Rail): 고압펌프로부터 공급받은 고압 연료를 저장하고 인젝터에 분배
③ 연료압력 센서(Fuel Pressure Sensor): 커먼레일에 장착되어 있으며 연료압력을 감지하여 연료 분사량과 분사시기를 제어한다.
④ 연료온도 센서: 연료의 온도에 따라 연료량을 증감시키는 보정 신호로 사용한다.
⑤ 압력제어 밸브: 커먼레일에 공급되는 유량으로 압력을 제어하며, 고압펌프에 장착
⑥ 인젝터(Injector): 고압의 연료를 연소실에 분사한다.

62 연료탱크에 연료를 가득 채우는 이유
연료의 기포방지 및 공기 중의 수분이 응축되어 물이 생성되는 것을 방지하고 다음 작업의 준비를 위해 작업 후 연료를 가득 채워 둔다.

63 윤활유의 작용
① 감마작용(마찰 및 마모방지)
② 밀봉(기밀)작용
③ 냉각작용
④ 세척작용
⑤ 방청작용
⑥ 응력 분산작용

64 윤활유의 구비조건
① 적당한 점도를 가질 것
② 청정성이 양호할 것
③ 적당한 비중을 가질 것
④ 인화점 및 발화점이 높을 것
⑤ 기포발생이 적을 것
⑥ 카본생성이 적을 것

65 오일 점검 방법
① 차량을 수평 상태로 두고, 시동을 끈 상태에서 오일 레벨 게이지가 Full선에 있는지 확인한다.
② 오일 부족 시 오일을 보충하고, 오일의 점도 및 오염도를 점검한다.

66 유압이 높아지는 원인
① 윤활유의 점도가 높은 경우
② 윤활 회로가 막힌 경우
③ 유압조절밸브의 스프링 장력이 클 때
④ 오일의 점도가 높은 경우

67 유압이 낮아지는 원인
① 베어링의 오일 간극이 클 경우
② 오일펌프가 마모 또는 오일이 누출될 때
③ 오일의 양이 적을 경우
④ 유압조절밸브 스프링의 장력이 작거나 절손될 때
⑤ 윤활유의 점도가 낮을 경우

68 냉각 장치
① 엔진이 정상적으로 작동할 수 있는 온도인 80~90℃가 유지될 수 있도록 과냉 및 과열을 방지하는 장치이다.
② 냉각 방식에 따라 공랭식과 수냉식이 있다.

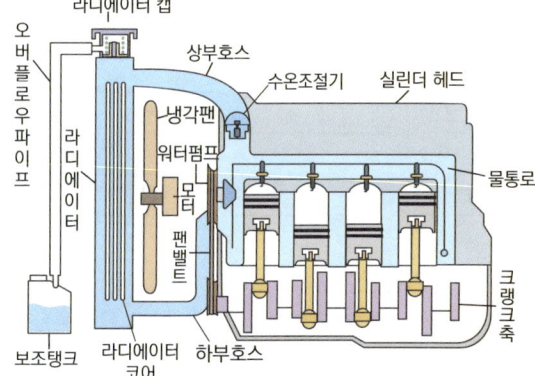

[냉각장치 구조]

69 수온조절기(Thermostat)
엔진 냉각수의 온도를 항상 일정하게 유지하기 위해 실린더 헤드와 라디에이터 사이에 설치되어 물의 흐름을 제어하는 장치이다.
① 펠릿형: 내부에 왁스와 고무가 봉입된 형태
② 벨로즈형: 내부에 에테르나 알코올이 봉입된 형태

70 압력식 캡(라디에이터 캡)
냉각 계통의 압력을 일정하게 유지하여 비등점을 112℃로 상승시켜 냉각 효율을 높이는 장치이다. 압력 밸브 및 압력스프링, 진공 밸브로 구성되어 있다.

71 라디에이터
뜨거워진 냉각수가 라디에이터로 유입되어 수관으로 흐르는 동안 자동차의 주행속도와 냉각팬에 의하여 유입되는 대기와의 열 교환이 냉각핀에서 이루어져 냉각된다.

72 과열 원인
① 냉각수 부족
② 라디에이터 압력 캡의 스프링 장력 약화
③ 냉각팬 모터 또는 스위치 및 릴레이 고장
④ 물펌프 불량, 팬벨트의 장력 부족 및 파손
⑤ 라디에이터의 코어 막힘 또는 파손
⑥ 수온조절기의 닫힘 고장
▶ 냉각수: 냉각수로 증류수, 수돗물, 빗물 등이 사용된다.

73 공기청정기 종류

건식 공기청정기	여과망으로 여과지 또는 여과포를 사용하여 작은 이물질과 입자도 여과 가능하다.
원심식 공기청정기	흡입 공기의 원심력으로 먼지를 분리하고, 정제된 공기를 건식 공기청정기에 공급한다.
습식 공기청정기	케이스 밑에 오일이 들어있기 때문에 공기가 오일에 접촉하면서 먼지 또는 오물이 여과된다.

74 연소상태에 따른 배기가스 색의 종류

농후한 혼합기	검은색
희박한 혼합기	엷은 자색
오일의 연소	백색
정상 연소	무색 또는 담청색

75 배기장치(배기관 및 소음기)
① 배기가스가 배출될 때 발생하는 소음을 줄이고 유해 물질을 정화한다.
② 소음기에 카본 퇴적으로 엔진이 과열될 경우 출력이 떨어진다.
③ 소음기가 손상되어 구멍이 생기면 배기음이 커진다.

76 과급기(터보차저)
기관의 흡입공기량을 증가시키기 위한 장치이다.
① 흡기관과 배기관사이에 설치되어 엔진의 실린더 내에 공기를 압축하여 공급한다.
② 과급기를 설치하면 엔진의 중량은 10~15% 정도 증가되고, 출력은 35~45% 정도 증가한다.
③ 구조가 간단하고 설치가 간단하다.
④ 연소상태가 양호하기 때문에 비교적 질이 낮은 연료를 사용할 수 있다.
⑤ 연소상태가 좋아지므로 압축온도 상승에 따라 착화지연기간이 짧아진다.
⑥ 동일 배기량에서 출력이 증가하고, 연료소비율이 감소한다.
⑦ 냉각손실이 적으며, 높은 지대에서도 엔진의 출력 변화가 적다.

제6장 전기장치

77 전류의 3대 작용
① 발열작용: 전기 히터, 전구, 예열 플러그 등
② 자기작용: 전동기, 발전기 등
③ 화학작용: 축전지, 전기도금 등

78 옴(Ohm)의 법칙
- 전압(V)=전류(I) x 저항(R)
- 저항(R)=$\dfrac{전압(V)}{전류(I)}$

79 직렬접속
여러 저항을 직렬로 접속하면 합성저항은 각 저항의 합과 같다.

$R=R_1+R_2+R_3 \ldots +R_n$

80 병렬접속
저항 R_1, R_2, R_3, R_n을 병렬로 접속하면 합성저항은 다음과 같다.

$$\dfrac{1}{R} = \dfrac{1}{R_1} + \dfrac{1}{R_2} + \dfrac{1}{R_3} + \cdots + \dfrac{1}{R_n}$$

81 플레밍의 법칙

구분	정의	적용
플레밍의 왼손 법칙	도선이 받는 힘의 방향을 정하는 규칙	전동기의 원리
플레밍의 오른손 법칙	유도 기전력 또는 유도 전류의 방향을 정하는 규칙	발전기의 원리

82 축전기의 기능
축전지는 기동 전동기의 전기적 부하와 점등장치, 그밖에 다른 장치 등에 전원을 공급해주기 위해 사용한다.

83 축전지의 구조
① 극판: 과산화납으로 된 양(+)극판, 해면상납으로 된 음(-)극판이 있다.
② 격리판: 극판 사이에서 단락을 방지하기 위한 장치
③ 터미널: 연결 단자
④ 셀 커넥터: 축전지 내의 각각 단전지를 직렬로 접속하기 위한 장치
⑤ 전해액: 양(+)극판 및 음(-)극판의 작용 물질과 화학 작용을 일으키는 물질이다. 묽은 황산을 사용하며, 전해액 비중에 따라 완전충전 상태와 반충전 상태로 나뉜다.

84 축전지 자기방전

자기방전이란 배터리를 사용하지 않아도 스스로 방전되는 것을 말하며 온도와 비중에 비례해서 자기방전율이 높아진다.

▶ 자기방전의 원인: 전해액에 포함된 불순물이 국부전지를 형성하거나 탈락한 극판 작용물질이 축전지 내부에 축적되어 형성이되 표면의 먼지 등에 의해 (+)극판과 (-)극판에 전기 회로를 형성하기 때문에 발생한다.

85 기동전동기 원리

기동전동기의 원리는 전기에너지를 운동에너지로 변화시키는 플레밍의 왼손법칙을 이용한 것이다.

직권식 전동기	계자 코일과 전기자 코일이 직렬로 접속된 형식이며, 기동력이 크지만 회전속도의 변화가 심한 것이 단점이다.
분권식 전동기	계자 코일과 전기자 코일이 병렬로 접속된 형식이며, 회전속도는 일정하지만 회전력이 약한 것이 단점이다.
복권식 전동기	계자 코일과 전기자 코일이 직렬과 병렬의 혼합으로 접속된 형식이며, 회전속도가 일정하고 회전력이 크지만 구조가 복잡한 것이 단점이다.

86 기동전동기의 회전이 느린 경우

① 축전지 불량
② 축전지 케이블의 접속 불량
③ 브러시의 마모 및 접촉 불량
④ 전기자 코일의 접지 불량

87 기동전동기가 회전하지 못하는 경우

① 축전지의 완전 방전
② 솔레노이드 스위치 불량
③ 전기자 코일 및 계자코일의 단선
④ 브러시와 정류자의 접촉 불량

88 충전장치 기능

① 자동차 시동 시 방전된 배터리를 충전한다.
② 주행 시 자동차에 필요한 전력을 공급한다.
③ 발전기와 레귤레이터 등으로 구성된다.
④ 발전기는 플레밍의 오른손 법칙 및 렌츠의 법칙 원리를 따른다.

89 발전기가 충전이 되지 않는 원인

① 다이오드의 단선 및 단락
② 전압 조정기의 불량
③ 스테이터 코일 또는 로터 코일의 단선
④ 발전기가 충전되지 않으면 계기판의 충전 경고등이 점등된다.

90 교류발전기의 구조

로터	양 철심 안쪽에 코일이 감겨 있고, 풀리에 의해 회전하는 부분이다. 슬립링으로 공급된 전류로 코일이 자기장을 형성할 때 전자석이 된다.
스테이터	3개 코일이 철심에 고정되는 부분이다. 3개의 코일인 스테이터 코일이 로터 철심의 자기장을 자르며 교류가 발생한다.
정류 다이오드	스테이터 코일에 발생된 교류 전기를 정류하여 직류로 변환시키는 장치로, 발전기로 전류가 역류하는 것을 방지한다.
스립링	스립링은 브러시와 접촉되어 회전하는 로터코일에 전류를 공하는 접촉링을 말한다.
브러시	스립링에 접속하여 로터코일에 전류를 공급하는 기능을 한다.
전압 조정기	로터코일에 공급되는 전류를 제어하여 발전기의 출력전압이 13.5V~14.5V의 전압이 엔진의 회전수에 관계없이 일정하게 유지되도록 하는 발전기 내의 전자 회로이다.
히트 싱트 (Heat sink)	실리콘 다이오드가 정류작용 시 발생되는 열을 외부로 방출하기 위한 방열판으로 방열판에 다이오드가 붙어있다.

91 예열 플러그의 종류

코일형 예열플러그	가열코일이 노출되어 예열시간이 짧고 코일 저항이 작아 직렬연결로 사용하고 외부에 저항을 연결하여 사용한다.
시일드형 예열플러그	가열코일이 금속 튜브 속에 있으며 병렬연결로 사용하기 때문에 하나가 단선되어도 다른 예열플러그는 작동 가능하다.

92 전조등의 종류

① 세미 실드식(semi-sealed type): 렌즈와 반사경은 일체형이며 전구만 독립되어 분리가 가능하여 편리하지만 반사경이 흐려져 빛이 어두워지는 단점이 있다.
② 실드식(sealed type): 렌즈, 반사경, 필라멘트가 모두 일체형이며 내부는 진공으로 알곤, 질소등의 불활성 가스를 넣어 밝기가 밝고 반사경이 어두워지는 것을 방지할 수 있으나 필라멘트가 단선이 되면 전구 전체를 교환해야하는 단점이 있다.

93 방향지시등

▶ 좌우 점멸 횟수가 다르고 한 쪽이 작동되지 않는 경우
- 좌·우 전구의 용량이 다른 경우
- 접지 불량인 경우
- 한쪽 전구의 단선인 경우

제7장 전·후진 주행장치

94 동력전달 순서

피스톤 ⇨ 토크 컨버터 또는 클러치 ⇨ 변속기 ⇨ 드라이브 라인 ⇨ 종감속 장치 및 차동장치 ⇨ 액슬축 ⇨ 바퀴

95 클러치의 필요성

① 엔진 시동 시 무부하 상태를 위해 동력을 차단한다.
② 변속 시 기관 동력을 차단한다.
③ 관성운전을 가능하게 한다.

96 클러치가 미끄러지는 원인

① 클러치의 자유간극이 작은 경우(자유간극이 크면 클러치의 차단 불량)
② 클러치판에 오일이 부착된 경우
③ 클러치판이나 압력판의 마멸
④ 클러치 압력판의 스프링 장력이 약화된 경우

97 클러치의 자유 간극

① 정의: 클러치 페달을 밟았을 때 릴리스 베어링이 릴리스 레버에 닿을 때까지 페달이 움직인 거리를 말한다.
② 기능: 클러치의 미끄러짐을 방지하고, 클러치의 동력차단 기능을 원활하게 하여 변속 시 기어의 물림을 좋게 한다.

자유간극이 클 때	자유간극이 작을 때
클러치가 잘 끊어지지 않고, 변속이 잘 안 됨	클러치의 소음발생, 클러치 미끄럼 발생

98 변속기의 필요성

① 기관의 회전력을 증가시키기 위해
② 기관을 무부하 상태로 만들기 위해
③ 후진을 하기 위해

99 토크컨버터의 구성

펌프	크랭크축에 연결되어 회전한다.
스테이터	오일이 흐르는 방향을 바꾸어 회전력을 증가시킨다.
터빈	변속기 입력축의 스플라인에 결합한다.
가이드링	유체 클러치의 와류를 감소시킨다.

100 드라이브 라인(Drive Line)

변속기에서 나오는 동력을 바퀴까지 전달하는 추진축이다.

자재 이음	두 개의 축 각도에 유연성을 주는 장치이며, 축이 특정 각도로 교차할 때 자유롭게 동력을 전달하기 위한 이음매이다.
슬립 이음	차량의 하중이 증가할 때 변속기 중심과 후차축 중심 길이가 변하는 것을 신축시켜 추진축 길이의 변동을 흡수하는 장치이다.

101 종감속 기어

기관 동력을 구동력으로 증가시키는 장치이며, 추진축에서 받은 동력을 직각으로 바꾸어 뒷바퀴에 전달하고, 알맞은 감속비로 감속하여 회전력을 높인다.

102 차동기어

커브를 돌 때 선회를 원활하게 해주는 장치이다.
① 험로의 주행이나 선회 시에 좌우 구동바퀴의 회전속도를 달리하여 무리한 동력전달을 방지한다.
② 보통 차동기어장치는 노면의 저항을 작게 받는 쪽의 바퀴회전속도가 빠르다.
③ 선회 시 바깥쪽 바퀴의 회전속도를 증대시킨다.
④ 빙판이나 수렁을 지날 때 구동력이 한쪽 바퀴에만 전달되며 진행을 방해할 수 있기 때문에 4륜 구동 형식을 채택하거나 차동제한 장치를 두기도 한다.

103 타이어

트레드 (Tread)	노면과 접촉하는 두꺼운 고무층으로, 마모에 잘 견디고 미끄럼 방지 및 열 발산 기능을 한다.
브레이커 (Breaker)	트레드와 카커스 사이에 있으며, 여러 겹의 코드 층을 고무로 감싼 구조이다.
카커스 (Carcass)	타이어의 골격을 형성하는 부분으로, 강도가 강한 합성섬유에 고무를 입힌 층이다. 골격과 공기압을 유지시켜주는 역할을 한다.
사이드월 (Side Wall)	카커스를 보호하고 승차감을 좋게 한다. 타이어의 사이즈와 생산년도, 규정공기압, 하중 등의 정보가 표기되어 있다.
비드 (Bead)	휠림과 접촉하는 부분으로, 타이어를 림에 고정시키는 기능이 있으며 공기가 새는 경우를 방지하는 기능을 한다.
튜브리스 타이어	타이어 내부에 튜브 대신 이너 라이너라는 고무 층을 둔다. 펑크 발생 시, 급격한 공기누설이 없기 때문에 안정성이 좋다. 또한 방열이 좋고 수리가 간편하다.

104 지게차의 조향원리
조향의 원리는 애커먼장토식의 원리이며, 뒷바퀴 조정방식이다.

105 캠버(Camber)
① 자동차를 앞에서 보았을 때 노면 수직선과 바퀴의 중심선이 이루는 각도이다.
② 앞바퀴가 하중에 의해 아래로 벌어지는 것을 방지한다.
③ 조향 휠의 조작력을 가볍게 한다.

106 캐스터(Caster)
① 자동차를 옆에서 보았을 때 노면 수직선과 킹핀 중심선(조향축)이 이루는 각이다.
② 바퀴의 직진 안정성을 높인다.
③ 조향 후 바퀴를 직진 방향으로 돌아오게 하는 복원력을 높인다.

107 토(Toe)
바퀴를 위에서 보았을 때 좌우 바퀴의 간격이 뒤쪽보다 앞쪽이 좁은 경우(토 인) 또는 큰 경우(토 아웃)를 말한다.
① 조향을 가볍게 하고 직진성을 좋게 한다.
② 옆 방향으로 미끄러지지 않도록 한다.
③ 바퀴를 평행하게 회전하도록 한다.
④ 토가 잘못되면 타이어 트레드에 마모가 발생할 수 있다.

108 킹핀 경사각(King Pin Inclination Angle)
① 자동차를 앞에서 보았을 때 노면 수직선과 킹핀 중심선(조향축)이 이루는 각도이다.
② 바퀴의 방향 안정성과 복원성을 높인다.
③ 핸들의 조작력을 줄인다.
④ 바퀴의 시미현상을 방지한다.

109 제동장치의 원리
제동장치는 "밀폐 용기 내에서 액체를 채우고 그 용기에 힘을 가하면 유체 속에서 발생하는 압력은 용기 내의 모든 면에 같은 압력이 작용한다."라는 파스칼의 원리를 이용한다.

베이퍼록 현상	유압 라인 내에 마찰열이나 압력 변화로 오일에서 기포가 발생하고, 그 기포가 오일 흐름을 방해하여 제동력이 떨어지는 현상
페이드 현상	브레이크 드럼과 라이닝 사이에 마찰열이 과도하게 발생되면 마찰계수가 작아져 브레이크가 밀리는 현상을 말하며, 과도한 브레이크 사용으로 발생한다.

110 유압식 브레이크의 종류

드럼식 브레이크	• 브레이크 드럼 안쪽으로 라이닝을 부착한 브레이크 슈를 압착하는 방식으로 제동한다. • 휠 실린더, 브레이크슈 및 브레이크 드럼, 백 플레이트 등으로 이루어져 있다.
디스크 브레이크	• 바퀴에 디스크가 붙어 있어서 브레이크 패드가 디스크에 마찰을 주는 방식으로 제동한다. • 패드의 마찰 면적이 작기 때문에 제동 배력 장치가 필요하다 • 패드는 높은 강도의 재질로 구성되어야 한다.
공기 브레이크	• 압축 공기로 제동력을 얻는 장치이다. • 큰 제동력이 가능하므로 건설 기계 또는 대형 차량에 사용 가능하다.
인칭페달 및 링크	인칭페달의 초기행정(stroke)에서는 트랜스 액슬 제어 밸브 인칭스풀의 작동으로 유압 클러치가 중립으로 되어 구동력을 차단하며 페달을 더욱 깊게 밟으면 브레이크가 작동된다.

제8장 유압장치

111 유압장치
유체에너지를 기계적 에너지로 바꾸는 장치이다.

112 파스칼의 원리
① 밀폐용기 내의 한 부분에 가해진 압력은 액체 내의 전부분에 같은 압력으로 전달된다.
② 정지된 액체에 접하고 있는 면에 가해진 압력은 그 면에 수직으로 작용한다.
③ 정지된 액체의 한 점에 있어서의 압력의 크기는 전 방향으로 동일하다.
  • 압력의 단위: psi, kgf/cm^2, kPa, mmHg, bar, atm
  • 압력: 힘(kgf)/단면적(cm^2)

113 유압장치의 장점
① 작은 동력으로 큰 힘을 낼 수 있다.
② 과부하 방지가 간단하다.
③ 운동 방향을 쉽게 변경할 수 있다.
④ 정확한 위치제어가 가능하다.
⑤ 동력의 전달 및 증폭을 연속적으로 제어할 수 있다.
⑥ 무단변속이 가능하고 작동이 원활하다.
⑦ 원격 제어가 가능하고 속도 제어가 쉽다.
⑧ 윤활성, 내마멸성, 방청성이 좋다.
⑨ 에너지 축적이 가능하다.

114 기어 펌프(Gear Pump)
① 소형이며 구조가 간단하다.
② 고속회전이 가능하다.
③ 정용량형 펌프이다.
④ 가격이 저렴하고 다루기 쉽다.
⑤ 흡입 성능이 우수하여 펌프 내에서 기포 발생이 적다.
⑥ 수명이 짧고, 소음과 진동이 큰 편이다.
⑦ 펌프 효율이 낮다.
⑧ 종류: 외접식, 내접식, 트로코이드식 등

115 기어 펌프의 폐입(폐쇄) 현상
토출된 유압오일 일부가 입구 쪽으로 귀환하여 토출 유량 감소, 축동력 증가 및 케이싱 마모, 기포 발생 등을 유발하는 현상이다.

116 베인 펌프(Vane Pump)
① 수명이 길고 구조가 간단하다.
② 토출 압력의 맥동과 소음이 적다.
③ 수리와 관리가 쉬운 편이다.
④ 제작 시 높은 정밀도가 요구된다.
⑤ 베인, 캠 링, 회전자 등으로 구성된다.

117 플런저 펌프(피스톤 펌프)
① 실린더에서 플런저(피스톤)이 왕복 운동을 하면서 유체 흡입 및 송출 등의 펌프 작용을 한다.
② 최고 압력 토출이 가능하고 높은 평균 효율로 고압 대출력에 사용 가능하다.
③ 높은 압력에 잘 견디며 가변용량이 가능하다.
④ 구조가 복잡하고 가격이 비싼 편이다.
⑤ 오일 오염에 민감하다.

118 유압펌프의 용량 표시방법
① 주어진 압력과 그 때의 토출유량으로 표시한다.
② 토출유량의 단위는 LPM(ℓ/min)이나 GPM(Gallon Per Minute)을 사용한다.

119 유압실린더의 종류

단동 실린더	피스톤 한쪽에만 유압이 발생하고 제어되는 단방향 형식의 실린더이다.
복동 실린더	피스톤 양쪽에 유압이 발생하고 제어되는 교대 형식의 실린더이다.
다단 실린더	실린더 내부에 실린더가 내장되어 있으며, 압착된 유체가 유입되면 실린더가 차례로 나오는 형식의 실린더이다.

120 유압모터
유압모터는 유압 에너지에 의해 연속으로 회전운동을 하면서 기계적인 일을 하는 장치이다.

121 컨트롤 밸브 구조와 기능
① 압력제어 밸브: 유압으로 일의 크기를 제어

릴리프 밸브 (Relief valve)	• 유압회로 전체의 압력을 일정하게 유지한다. • 과부하 방지와 유압기기의 보호를 위하여 최고압력을 제한한다.
리듀싱 밸브 (감압 밸브, Reducing Valve)	메인 유압보다 낮은 압력으로 유압 액추에이터를 동작시키고자 할 때 사용한다.
시퀀스 밸브 (Sequence Valve)	2개 이상의 분기회로에서 유압회로 압력으로 각 유압 실린더를 일정한 순서로 작동시킨다.
무부하 밸브 (언로드 밸브, Unloader Valve)	유압펌프를 무부하 상태로 만드는 데 사용한다.
카운터밸런스 밸브(Counter Balance Valve)	중력 및 자체 중량에 의한 자유낙하 등을 방지하기 위하여 회로에 배압을 유지한다.

② 유량제어 밸브: 유량으로 일의 속도를 제어

교축밸브	밸브의 통로 면적을 변경하여 유량을 제어
오리피스 밸브	유압유가 통하는 작은 지름의 구멍으로, 소량의 유량 측정
분류밸브	2개 이상의 액추에이터에 동일한 유량을 분배
니들밸브	밸브가 바늘모양으로 되어 있으며, 노즐 또는 파이프 속의 유량을 제어
속도 제어밸브	액추에이터의 작동 속도를 제어

③ 방향제어 밸브: 유압의 방향을 제어

스풀 밸브	원통형 슬리브 면에 내접하여 축 방향으로 이동하여 유압회로를 개폐하는 형식
체크 밸브	유압유의 흐름을 한쪽으로만 허용
셔틀 밸브	2개 이상의 입구와 1개의 출구가 설치되어 있으며, 출구가 최고 압력의 입구를 선택

122 유압탱크 구조와 기능
① 유압탱크는 주입구 캡, 유면계, 격리판(배플), 스트레이너, 드레인 플러그 등으로 구성되어 있으며, 유압유를 저장하는 장치이다.
② 유압펌프 흡입관에는 스트레이너를 설치하며, 흡입관은 유압탱크 가장 밑면과 어느 정도 공간을 두고 설치하여야 한다.
③ 유압펌프 흡입관과 복귀관 사이에는 격리판(배플)을 설치한다.
④ 유압펌프 흡입관은 복귀관으로부터 가능한 한 멀리 떨어진 위치에 설치한다.

123 유압유의 구비조건
① 내열성이 크고, 인화점 및 발화점이 높아야 한다.
② 점성과 적절한 유동성이 있어야 한다.
③ 기포분리 성능(소포성)이 커야 한다.
④ 압축성, 밀도, 열팽창 계수가 작아야 한다.
⑤ 화학적 안정성(산화 안정성)이 커야 한다.
⑥ 점도지수 및 체적탄성계수가 커야 한다.

124 유압유의 점도가 높을 때의 영향
① 유압이 높아지므로 유동저항이 커져 압력손실이 증가한다.
② 내부마찰이 증가하므로 동력손실이 증가한다.
③ 열 발생의 원인이 될 수 있다.

125 유압유의 점도가 낮을 때의 영향
① 유압장치(회로)내의 유압이 낮아진다.
② 유압펌프의 효율이 저하된다.
③ 유압실린더와 유압모터의 작동속도가 늦어진다.
④ 유압 실린더 및 유압모터, 제어밸브에서 누출현상이 발생한다.

126 유압장치의 이상 현상

숨돌리기 현상	유압 회로에 공기의 유입으로 기계가 작동하다가 순간적으로 멈추고 다시 작동하는 현상을 말한다.
캐비테이션 (공동현상)	작동유 속에 녹아있는 공기가 기포로 발생, 유압장치 내에 국부적인 폰은 압력과 소음 및 진동이 발생하여 효율과 펌프양정이 저하되는 현상
서지압력	급격하게 유압라인에 유체 흐름이 막혀 순간적으로 발생하는 이상압력의 최대값을 의미한다.

127 어큐뮬레이터(축압기, Accumulator)
① 유압의 압력 에너지를 저장한다.
② 펌프의 맥동(충격)을 흡수하여 일정하게 유지시킨다.
③ 비상용 및 보조 유압원으로 사용한다.
④ 스프링형, 기체 압축형(질소 사용), 기체와 기름 분리형(피스톤, 블래더, 다이어프램으로 구분) 등이 있다.

128 오일 여과기(Oil Filter)
오일여과기는 유압유 내에 금속의 마모된 찌꺼기나 카본 덩어리 등의 이물질을 제거하는 장치이다.

129 오일 냉각기(Oil Cooler)
공랭식과 수랭식으로 작동유를 냉각시키며, 작동유 온도를 알맞게 유지하기 위한 장치이다.
▶ 오일 실(Oil seal): 유압유의 누출을 방지

130 언로드 회로(무부하 회로)
일하던 도중에 유압펌프 유량이 필요하지 않게 되었을 때 유압유를 저압으로 탱크에 귀환시킨다.

131 속도제어 회로
유압회로에서 유량제어를 통하여 작업속도를 조절하는 방식에는 미터인 회로, 미터 아웃 회로, 블리드 오프 회로, 카운터밸런스 회로 등이 있다.

미터-인 회로 (meter-in circuit)	액추에이터의 입구 쪽 관로에 직렬로 설치한 유량제어 밸브로 유량을 제어하여 속도를 제어한다.
미터-아웃 회로 (meter-out circuit)	액추에이터의 출구 쪽 관로에 직렬로 설치한 유량제어 밸브로 유량을 제어하여 속도를 제어한다.
블리드 오프 회로 (bleed off circuit)	유량제어밸브를 실린더와 병렬로 설치하여 유압펌프 토출량 중 일정한 양을 탱크로 되돌리므로 릴리프 밸브에서 과잉압력을 줄일 필요가 없는 장점이 있으나 부하변동이 급격한 경우에는 정확한 유량제어가 곤란하다.

제9장 작업장치

132 지게차의 관련 용어
① 전경각: 지게차의 마스트를 포크 쪽으로 가장 기울인 최대경사각 약 5~6°범위이다.
② 후경각: 지게차의 마스트를 조종실 쪽으로 기울인 최대경사각 약 10~12°범위이다.
③ 포크의 인상 및 하강 속도: 포크가 상승 및 하강하는 속도이며, 부하 시와 무부하시로 나누어 표기하고 단위는 mm/s로 표시 한다.
④ 최소회전반경: 무부한 상태에서 지게차가 회전할 때 바깥쪽 뒷바퀴의 중심이 그리는 원의 반지름을 의미한다.
⑤ 최소 선회반지름: 무부하 상태에서 지게차가 회전할 때 차체바깥 부분이 그리는 원의 반지름을 의미한다.
⑥ 최소직각 통로폭: 지게차가 직각 통로에서 직각 회전을 할 수 있는 통로의 최소폭을 말하며, 지게차의 전폭이 작을수록 통로폭도 작아진다.
⑦ 최소 직각 적재 통로폭: 하물을 적재한 지게차가 일정 각도로 회전하여 작업할 수 있는 직선 통로의 최소 폭을 말한다.

133 지게차의 안전장치

플로레귤레이터	포크가 천천히 내려가도록 작용
프로 프로텍터	컨트롤밸브와 리프트 실리너 사이에서 배관 파손된 경우 적재물 급강하를 방지하는 기능
틸트록 장치	마스트 기울일 때 갑자기 엔진이 정지되면 틸트록 밸브의 작동으로 마스트의 작동이 고정되도록 한다.

134 지게차의 동력 전달 장치

수동변속기 지게차	엔진-클러치-변속기-종감속장치 및 차동장치-앞 구동축-바퀴
전동지게차	축전지-제어기구-구동모터-변속기-종감속장치 및 차동기어장치-앞 구동축-바
자동변속기(토크 컨버터)지게차	엔진-토크컨버터-변속기-종감속장치 및 차동장치-앞 구동축-바퀴

135 지게차의 조향 구동 및 현가장치
① 조향방식: 후륜조향방식
② 구동방식: 전륜구동방식
③ 현가방식: 롤링현상을 방지하기 위해 현가스프링을 사용하지 않는다.

136 지게차 구조 및 기능

마스트 (Mast)	백레스트와 포크가 가이드 롤러(또는 리프트 롤러)로 상하 미끄럼 운동을 할 수 있도록 설치된 레일이다.
백레스트	포크의 화물 뒤쪽을 받쳐 줌
핑거보드	포크가 설치되는 부분으로 백레스트에 지지되며, 리프트 체인의 한쪽 끝이 부착되어 있다.
리프트 체인	① 포크의 좌우수평 높이 조정 및 리프트 실린더와 함께 포크의 상하작용을 돕는다. ② 양쪽 포크 높이 조정은 체인 길이로 조절되며, 윤활을 위해 엔진 오일을 도포한다. ③ 리프트 체인의 길이는 핑거보드 롤러의 위치로 조정할 수 있다.
포크 (Fork)	① L자형의 2개로 되어 있으며, 핑거보드에 체결되어 화물을 받쳐 드는 부분이다. ② 적재 화물 크기에 따라 간격을 조정할 수 있다.
틸트 실린더	① 마스트를 전경 또는 후경으로 작동시킨다. ② 복동 실린더에 유압유가 공급되는 원리로 작동한다.
리프트 실린더	① 포크를 상승 또는 하강시킨다. ② 단동 실린더로 되어 있으며, 포크를 상승시킬 때만 유압이 가해짐
카운터 웨이트	작업 시 안정성을 위해 균형을 잡아주는 평형추이며, 지게차 장비 뒤쪽에 설치되어 있다.
리프트 레버	① 리프트 실린더로 포크를 상승 및 하기시키는 데 사용한다. ② 레버를 당기면 포크가 상승하고, 레버를 밀면 포크가 하강한다.
틸트 레버	① 마스트를 앞뒤로 기울이는 데 사용한다. ② 레버를 당기면 마스트는 뒤로 기울며, 레버를 밀면 마스트는 앞쪽으로 기운다.
전·후진 레버	지게차의 전·후진 선택
인칭페달	트렌스미션 내부에 설치되어 페달을 밟으면 엔진의 동력이 차단되고 브레이크가 동시에 작동되며, 엔진 rpm 상승으로 유압이 상승하여 작업 시 큰 유압 에너지를 공급하게 된다.

137 지게차작업 장치

용어	정의
하이 마스트	하이 마스트는 가장 일반적인 지게차이며, 마스트가 2단으로 되어 있어 포크의 승강이 빨라 능률이 높은 표준형 마스트이다.
3단 마스트	3단 마스트는 마스트가 3단으로 되어있어 높은 장소에서의 적재·적하 작업에 유리하다.
로드 스태빌라이저	로드 스태빌라이저는 고르지 못한 노면이나 경사지 등에서 깨지기 쉬운 화물이나 불안전한 화물의 낙하를 방지하기 위해 포크 상단에 상하 작동할 수 있는 압력판을 부착한 것이다.
로테이팅 클램프	원추형 화물을 조이거나 회전시켜 운반 또는 적재하는 데 적합하다.
로테이팅 포크	포크를 360° 회전시킬 수 있으며, 용기에 들어있는 액체 또는 제품을 운반하거나 붓는 데 적합하다.
블록 클램프	블록 클램프는 집게작업을 할 수 있는 장치를 지닌 것이다.
힌지드 버킷	힌지드 버킷은 석탄, 소금, 비료, 모래 등 흘러내리기 쉬운 화물의 운반에 사용된다.
힌지드 포크	포크의 힌지 부분이 상하로 움직이며, 원목, 파이프 등을 운반 및 적재하는 데 사용된다.
사이드 시프트 포크	지게차의 방향을 바꾸지 않고도 포크를 좌우로 움직여 적재 및 하역할 수 있다.
램	원통형(코일 등)의 화물을 램에 끼워 운반할 때 사용되며, 화물을 램의 뒷부분까지 삽입한 후 주행해야 한다.
롤 클램프 암	종이 롤 등의 둥근 형태의 화물을 취급하는 데 용이하다.

138 지게차의 제원

용어	정의
전장 (길이)	포크의 앞부분 끝단에서부터 지게차 후단부의 제일 끝부분까지의 길이(고정 장치와 후경은 포함하지 않는다.)
전고 (높이)	마스트를 수직으로 하고 타이어의 공기압이 규정치인 상태에서 포크를 지면에 내려놓았을 때 지면으로부터 마스트 상단까지의 높이이다. 만약 오버헤드 가드가 마스트보다 높을 때에는 오버헤드 가드까지의 높이가 전고가 된다.
전폭 (너비)	기게차를 전면이나 후면에서 보았을 때 양쪽에 끝에 돌출된 부분 사이의 거리
축간거리 (축거)	지게차의 앞바퀴 중심에서 뒷바퀴의 중심사이의 거리이다. 축간거리가 커질수록 지게차의 안정도는 향상되지만 회전 반경이 커질 수 있으므로 안전도에 지장이 없는 한도에서 최소의 길이로 한다.
윤거	지게차를 앞에서 보았을 때 지게차 양쪽 바퀴의 중심과 중심 사이의 거리
최저지 상고	지면에서부터 포크와 타이어를 제외하고 지면으로부터 지게차의 가장 낮은 부위까지의 거리
최대인상 높이 (최대올림 높이)	마스트가 수직인 상태에서 포크를 최대로 올렸을 때 지면에서 포크의 윗면까지의 높이
자유인상 높이	포크를 들어 올렸을 때 내측 마스트가 돌출되는 시점에서 지면으로부터 포크 윗면까지의 높이

139 하중(중량)의 제원

용어	정의
최대하중	안전도를 확보한 상태에서 포크를 최대올림높이로 올렸을 때 기준하중의 중심에 최대로 적재할 수 있는 하중
하중중심	지게차 포크의 수직면으로부터 포크 위에 놓인 화물의 무게중심까지의 거리
기준하중의 중심	지게차의 포크 윗면에 최대하중이 고르게 가해지는 상태에서 하중의 중심
기준 무부하 상태	지면으로부터 높이가 300mm인 수평상태의 지게차의 포크 윗면에 하중이 가해지지 아니한 상태
기준 부하 상태	지면으로부터의 높이가 300mm인 수평상태(주행 시에는 마스트를 가장 안쪽으로 기울인 상태를 말한다)의 지게차의 포크 윗면에 최대하중이 고르게 가해지는 상태를 말한다.
자체중량 (장비중량)	연료, 냉각수 및 윤활유 등을 가득 채우고 휴대공구, 작업 용구를 싣거나 부착하고 즉시 작업할 수 있는 상태에 있는 지게차의 중량을 말한다.(운전자, 예비타이어는 포함하지 않는다.)
등판능력	지게차가 경사지를 오를 수 있는 최대각도로, %(백분율), °(도)등으로 표기한다.
적재능력	마스트를 90°로 세운 상태로 하중 중심의 범위 내에서 포크로 들어 올릴 수 있는 화물의 최대 무게(표준하중 몇 mm에서 몇 kg 등으로 표시)

부록
출제 예상 문제 100제
최신경향 문제로 실전 시험 완벽 대비

해설

01 안전관리의 근본적인 목적으로 옳은 것은?
① 생산량 증대
② 생산자의 경제적 운용
③ 근로자의 생명 및 신체 보호
④ 생산과정의 시스템화

01 근로자의 생명과 신체를 보호하고 사고 발생을 사전에 방지하는 것이 안전관리의 가장 근본적인 목적이다.

02 <보기>에서 재해발생 시 조치요령 순서로 가장 적절하게 이루어진 것은?

― 보기 ―
ⓐ 응급처치 ⓑ 2차 재해 방지
ⓒ 운전정지 ⓓ 피해자 구조

① ⓐ → ⓑ → ⓒ → ⓓ
② ⓒ → ⓑ → ⓓ → ⓐ
③ ⓒ → ⓓ → ⓐ → ⓑ
④ ⓐ → ⓒ → ⓓ → ⓑ

02 재해가 발생하였을 때 조치순서
운전정지 → 피해자 구조 → 응급처치 → 2차 재해방지

03 다음 중 안전제일 이념에 해당하는 것은?
① 품질향상
② 재산보호
③ 인간존중
④ 생산성 향상

03 안전제일의 이념은 인간존중, 즉 인명보호이다.

04 다음 중 안전 보호구의 종류가 <u>아닌</u> 것은?
① 안전 방호장치
② 안전모
③ 안전장갑
④ 보안경

04 안전 방호장치는 안전시설이다.

05 보안경을 착용하는 이유로 옳지 <u>않은</u> 것은?
① 유해 화학물의 침입을 막기 위해서
② 낙하하는 물체로부터 작업자의 머리를 보호하기 위해서
③ 그라인더 작업이 비산되는 칩으로부터 작업자의 눈을 보호하기 위해서
④ 용접이 발생되는 자외선이나 적외선 등으로부터 작업자의 눈을 보호하기 위해서

05 낙하하는 물체로부터 작업자의 머리를 보호하기 위한 보호구는 안전모이다.

06 다음 안전보건표지가 나타내는 것은?

① 인화성 물질경고
② 출입금지
③ 보안경 착용
④ 비상구

06 금지표지 중 출입금지표지이다.

07 적색 원형으로 만들어진 안전표지의 종류로 옳은 것은?

① 경고표시 ② 안내표시
③ 지시표시 ④ 금지표시

07 금지표시는 적색원형으로 만들어지는 안전 표지판이다.

08 다음 안전보건표지가 나타내는 것은?

① 안전복 착용
② 안전모 착용
③ 보안면 착용
④ 출입금지

08 지시표지 중 안전모 착용표지이다.

09 기계 운전에 대한 설명으로 옳은 것은?

① 기계 운전 중 이상한 냄새, 소음, 진동이 날 때는 운전을 멈추고 전원을 끈다.
② 작업 효율을 높이기 위해 작업 범위 이외의 기계도 동시에 작동시킨다.
③ 빠른 속도로 작업할 때는 일시적으로 안전장치를 제거한다.
④ 기계 장비의 이상으로 정상 가동이 어려운 상황에서는 중속 회전 상태로 작업한다.

09 기계 운전 중에 이상한 냄새나 소음, 진동이 날 때는 운전을 멈추고 전원을 끈 다음 점검해야 한다.

10 렌치를 사용할 때의 안전사항으로 옳은 것은?

① 볼트를 풀 때는 렌치 손잡이를 당길 때 힘을 받도록 한다.
② 볼트를 조일 때는 렌치를 해머로 쳐서 조이면 강하게 조일 수 있다.
③ 렌치 작업 시 큰 힘으로 조일 경우 연장대를 끼워서 작업한다.
④ 볼트를 풀 때는 지렛대 원리를 이용하여, 렌치를 밀어서 힘이 받도록 한다.

10 렌치 사용 시에는 렌치 손잡이를 몸 쪽으로 당길 때 힘을 받도록 하여 사용하는 것이 안전하다.

11 스패너 사용 시 주의사항으로 옳지 <u>않은</u> 것은?

① 스패너는 볼트나 너트의 폭과 맞는 것을 사용한다.
② 필요 시 스패너 두 개를 이어서 사용하기도 한다.
③ 스패너를 너트에 정확하게 장착하여 사용한다.
④ 스패너의 입이 변형된 것은 폐기한다.

11 스패너 사용 시 두 개를 연결하여 사용하는 행동은 하지 말아야 한다.

12 드릴 작업의 안전수칙으로 옳지 <u>않은</u> 것은?

① 드릴을 끼운 후에 척 렌치는 그대로 둔다.
② 칩을 제거할 때는 회전을 정지시킨 상태에서 솔로 제거한다.
③ 일감은 견고하게 고정시키고 손으로 잡고 구멍을 뚫지 않는다.
④ 장갑을 끼고 작업하지 않는다.

12 드릴을 끼운 후 척 렌치는 분리하여 보관하여야 안전하다.

13 연삭기에서 연삭 칩의 비산을 막기 위한 착용하는 보호구는?

① 안전덮개
② 광전식 안전방호장치
③ 급정지 장치
④ 양수 조작식 방호장치

13 연삭기에는 연삭 칩의 비산을 막기 위하여 안전덮개를 부착하여야 한다.

14 화재 분류에 대한 설명으로 옳은 것은?

① B급 화재-전기 화재
② C급 화재-유류 화재
③ D급 화재-금속 화재
④ E급 화재-일반 화재

14 A급 화재: 일반 가연물 화재
B급 화재: 유류 화재
C급 화재: 전기 화재
D급 화재: 금속 화재

15 지게차의 일일 점검 사항이 <u>아닌</u> 것은?

① 엔진 오일 점검
② 배터리 전해액 점검
③ 냉각수 점검
④ 연료량 점검

15 배터리 전해액 점검은 주간정비(매50시간주기)점검 사항에 해당한다.

16 건설기계의 운전 전 점검사항을 나타낸 것으로 적합하지 않은 것은?

① 라디에이터의 냉각수량 확인 및 부족 시 보충
② 엔진 오일량 확인 및 부족 시 보충
③ 팬벨트 상태 확인 및 장력 부족 시 조정
④ 배출가스의 상태 확인 및 조정

16 배출가스의 상태 확인 및 조정은 운전 전이 아니라 시동을 건 후 운전상태에서 점검이 가능하다.

17 그림과 같은 경고등의 의미는?

① 엔진오일 압력 경고등
② 와셔액 부족 경고등
③ 브레이크액 누유 경고등
④ 냉각수 온도 경고등

17 제시된 그림은 엔진오일 압력 경고등이며, 엔진오일 부족 시 점등된다.

18 기관을 시동하여 공전 상태에서 점검하는 사항으로 옳지 않은 것은?

① 배기가스 색 점검
② 냉각수 누수 점검
③ 팬벨트 장력 점검
④ 이상소음 발생유무 점검

18 팬벨트 점검은 기관 정지 상태에서 점검해야 안전하다.

19 다음 기관에서 팬벨트의 장력이 약할 때 생기는 현상으로 옳은 것은?

① 물펌프 베어링의 조기 마모
② 엔진 과냉
③ 발전기 출력 저하
④ 엔진 부조

19 보통 팬벨트는 엔진의 회전력을 물펌프, 발전기 등에 전달하므로 물펌프 회전이 약해져서 발전기 출력이 저하된다.

20 엔진 오일량 점검에서 오일게이지에 상한선(Full)과 하한선(Low)표시가 되어 있을 때 점검 상태확인으로 옳은 것은?

① Low와 Full 표시 사이에서 Full 근처에 있어야 오일양이 적당하다.
② Low와 Full 표시 사이에서 Low에 가까이 있으면 좋다.
③ Low 표시에 있어야 한다.
④ Full 표시 이상이 되어야 한다.

20 엔진오일은 기관 정지 후 레벨게이지를 뽑았을 때 Low와 Full 표시 사이에서 Full에 근처에 있어야 오일양이 적당하다.

21 운전 중 운전석 계기판에 다음 그림과 같은 경고등이 점등되었다. 이는 무슨 표시인가?

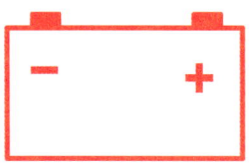

① 충전 경고등
② 전원 차단 경고등
③ 전기계통 작동 표시등
④ 배터리 완전충전 표시등

21 배터리의 충전 전압이 낮을 때 충전 경고등이 점등된다.

22 작업 전 지게차의 난기운전 및 점검 사항으로 옳지 <u>않은</u> 것은?

① 엔진 시동 후 작동유의 온도가 정상범위 내에 도달하도록 고속으로 전·후진 주행을 2~3회 실시한다.
② 엔진 시동 후 5분간 저속운전을 실시한다.
③ 틸트 레버를 사용하여 전체행정으로 전후 경사운동을 2~3회 실시한다.
④ 리프트 레버를 사용하여 상승, 하강운동을 전체행정으로 2~3회 실시한다.

22 지게차의 난기운전 방법
• 포크를 지면으로 부터 20cm 정도로 올린 후 틸트 레버를 사용하여 전체행정으로 포크를 앞뒤로 2~3회 작동시킨다.
• 리프트 레버를 사용하여 포크의 상승·하강 운동을 실린더 전체행정으로 2~3회 실시한다.
• 엔진을 시동 후 5분 정도 공회전 시킨다.

23 지게차를 주차하고자 할 때 포크는 어떤 상태로 하면 안전한가?

① 평지에 주차하면 포크의 위치는 상관없다.
② 평지에 주차하고 포크는 지면에 접하도록 내려놓는다.
③ 앞으로 3° 정도 경사지에 주차하고 마스트 전경각을 최대로 포크는 지면에 접하도록 내려놓는다.
④ 평지에 주차하고 포크는 녹이 발생하는 것을 방지하기 위하여 10cm 정도 들어 놓는다.

23 지게차를 주차시킬 때에는 포크의 선단이 지면에 닿도록 하강 후 마스트를 전방으로 약간 경사시켜야 안전주차가 이루어진다.

24 건설기계 운전 작업 후 탱크에 연료를 가득 채워주는 이유와 가장 관련이 적은 것은?

① 연료의 압력을 높이기 위해서
② 연료의 기포방지를 위해서
③ 다음의 작업을 준비하기 위해서
④ 연료탱크에 수분이 생기는 것을 방지하기 위해서

24 작업 후 탱크에 연료를 가득 채워주는 이유
• 다음 작업을 준비하기 위해
• 연료의 기포방지를 위해
• 연료탱크 내 공기 중의 수분이 응축되어 물이 생기는 것을 방지하기 위해

25 지게차 운전 시 유의사항이 <u>아닌</u> 것은?

① 운전석에는 운전자 이외는 승차하지 않는다.
② 내리막길에서는 급회전을 하지 않는다.
③ 화물적재 후 고속 주행을 하여 작업 능률을 높인다.
④ 면허소지자 이외는 운전하지 못하도록 한다.

25 포크에 화물을 싣고 운행할 때에는 저속으로 주행하여야 한다.

26 지게차 포크에 화물을 적재하고 주행할 때 지면과 포크와 간격으로 옳은 것은?

① 20~30cm
② 70~85cm
③ 지면에 밀착
④ 40~55cm

26 화물을 적재하고 주행할 때 포크와 지면과 간격은 20~30cm가 적당하다.

27 지게차의 화물운반 방법으로 옳지 <u>않은</u> 것은?

① 화물을 적재하고 운반할 때에는 항상 후진으로 운행한다.
② 화물운반 중에는 마스트를 뒤로 6° 가량 기울인다.
③ 주행 중에는 포크를 지면에서 20~30cm 정도 들고 주행한다.
④ 경사지에서 화물을 운반할 때 내리막에서는 후진으로, 오르막에서는 전진으로 운행한다.

27 화물이 전방시야를 가리거나 경사지에서 화물을 싣고 내려올 때에는 후진 주행이 안전하다.

28 지게차 작업방법 중 옳지 <u>않은</u> 것은?

① 마스트를 앞쪽으로 기울이고 화물을 운반해서는 안 된다.
② 젖은 손, 기름이 묻은 손, 구두를 신고서 작업을 해서는 안 된다.
③ 화물을 2단으로 적재 시 안전에 주의하여야 한다.
④ 옆 좌석에 다른 사람을 태워서는 안 되며, 고공 작업 시 사람을 태우는 엘리베이터용으로 사용이 가능하다.

28 지게차 포크에 사람을 태우는 행동을 해서는 안 된다.

29 지게차의 안전작업에 관한 설명으로 옳지 <u>않은</u> 것은?

① 정격용량을 초과하는 화물을 싣고 균형을 맞추려면 밸런스 웨이트(balance weight)에 사람을 태워야 한다.
② 부피가 큰 화물로 인하여 전방시야가 방해를 받을 경우에는 후진으로 운행한다.
③ 경사면에서 운행을 할 때에는 화물이 언덕 위를 향하도록 하고 후진한다.
④ 포크(fork) 끝 부분으로 화물을 올려서는 안 된다.

29 지게차의 정격용량을 초과하여 화물을 적재하여서는 안 된다.

30 도로교통법상 도로에 해당되지 <u>않는</u> 것은?

① 해상 도로법에 의한 항로
② 차마의 통행을 위한 도로
③ 유료도로법에 의한 유료도로
④ 도로법에 의한 도로

30 도로교통법상의 도로
- 도로법에 따른 도로
- 유료도로법에 따른 유료도로
- 농어촌도로 정비법에 따른 농어촌도로
- 그밖에 현실적으로 불특정 다수의 사람 또는 차마(車馬)가 통행할 수 있도록 공개된 장소로서 안전하고 원활한 교통을 확보할 필요가 있는 장소

31 도로교통법에서 안전지대의 정의에 관한 설명으로 옳은 것은?

① 버스정류장 표지가 있는 장소
② 자동차가 주차할 수 있도록 설치된 장소
③ 도로를 횡단하는 보행자나 통행하는 차마의 안전을 위하여 안전표지 등으로 표시된 도로의 부분
④ 사고가 잦은 장소에 보행자의 안전을 위하여 설치한 장소

31 안전지대라 함은 도로를 횡단하는 보행자나 통행하는 차마의 안전을 위하여 안전표지 등으로 표시된 도로의 부분이다.

32 그림의 교통안전표지가 의미하는 것은?

① 차간거리 최저 50m이다.
② 차간거리 최고 50m이다.
③ 최저속도 제한표지이다.
④ 최고속도 제한표지이다.

32 그림은 도로의 최고속도(50km/h) 제한 표지를 의미한다.

33 다음 중 통행의 우선순위가 옳게 나열된 것은?

① 긴급자동차 → 일반 자동차 → 원동기장치 자전거
② 긴급자동차 → 원동기장치 자전거 → 승용자동차
③ 건설기계 → 원동기장치 자전거 → 승합차동차
④ 승합자동차 → 원동기장치 자전거 → 긴급 자동차

33 통행 우선순위
긴급자동차 → 일반 자동차 → 원동기장치 자전거

34 일시정지를 하지 않고도 철길건널목을 통과할 수 있는 경우는?

① 차단기가 내려져 있을 때
② 경보기가 울리지 않을 때
③ 앞차가 진행하고 있을 때
④ 신호등이 진행신호 표시일 때

34 일시정지를 하지 않고도 철길건널목을 통과할 수 있는 경우는 신호등이 진행신호 표시이거나 신호수가 진행신호를 하고 있을 때이다.

35 도로교통법에서는 교차로, 터널 안, 다리 위 등을 앞지르기 금지 장소로 규정하고 있다. 그 외 앞지르기 금지 장소를 <보기>에서 모두 고르면?

> 보기
> A. 도로의 구부러진 곳
> B. 비탈길의 고갯마루 부근
> C. 가파른 비탈길의 내리막

① A
② A, B
③ B, C
④ A, B, C

35 앞지르기 금지 장소
- 교차로, 도로의 구부러진 곳
- 터널 내, 다리 위
- 경사로의 정상부근
- 급경사로의 내리막
- 앞지르기 금지표지 설치 장소

36 도로교통법상 주차금지의 장소로 옳지 않은 것은?

① 터널 안 및 다리 위
② 안전지대로부터 20m 이내인 곳
③ 소방용 기계, 기구가 설치된 5m 이내인 곳
④ 소방용 방화물통이 있는 5m 이내의 곳

36 안전지대로부터 10m 이내의 지점

37 다음 중 도로교통법을 위반한 경우는?

① 밤에 교통이 빈번한 도로에서 전조등을 계속 하향했다.
② 낮에 어두운 터널 속을 통과할 때 전조등을 켰다.
③ 소방용 방화물통으로부터 10m 지점에 주차하였다.
④ 노면이 얼어붙은 곳에서 최고속도의 20/100을 줄인 속도로 운행하였다.

37 노면이 얼어붙은 곳에서는 최고속도의 50/100을 줄인 속도로 운행하여야 한다.

38 건설기계관리법의 입법목적에 해당되지 않는 것은?

① 건설기계의 효율적인 관리를 하기 위함
② 건설기계 안전도 확보를 위함
③ 건설기계의 규제 및 통제를 하기 위함
④ 건설공사의 기계화를 촉진함

38 건설기계관리법의 목적은 건설기계의 등록·검사·형식승인 및 건설기계사업과 건설기계조종사면허 등에 관한 사항을 정하여 건설기계를 효율적으로 관리하고 건설기계의 안전도를 확보하여 건설공사의 기계화를 촉진함을 목적으로 한다.

39 건설기계 등록신청 시 첨부하지 않아도 되는 서류는?

① 호적등본
② 건설기계 소유자임을 증명하는 서류
③ 건설기계제작증
④ 건설기계제원표

39 건설기계를 등록할 때 필요한 서류
- 건설기계제작증(국내에서 제작한 건설기계의 경우)
- 수입면장 기타 수입 사실을 증명하는 서류(수입한 건설기계의 경우)
- 매수증서(관청으로부터 매수한 건설기계의 경우)
- 건설기계의 소유자임을 증명하는 서류
- 건설기계제원표
- 자동차손해배상보장법에 따른 보험 또는 공제의 가입을 증명하는 서류

40 건설기계 소유자가 관련법에 의하여 등록번호표를 반납하고자 하는 때에는 누구에게 반납해야 하는가?
① 국토교통부장관 ② 구청장
③ 동장 ④ 시·도지사

40 반납사유 발생일로부터 10일 이내에 시·도지사에게 반납한다.

41 신개발 시험, 연구목적 운행을 제외한 건설기계의 임시 운행기간은 며칠 이내인가?
① 5일 ② 10일
③ 15일 ④ 20일

41 임시운행기간은 15일이며, 신개발 시험·연구목적 운행은 3년이다.

42 건설기계관리법령상 건설기계 검사의 종류가 아닌 것은?
① 구조변경검사 ② 임시검사
③ 수시검사 ④ 신규등록검사

42 건설기계 검사의 종류: 신규등록검사, 정기검사, 구조변경검사, 수시검사

43 건설기계관리법령상 건설기계를 검사유효기간이 끝난 후에 계속 운행하고자 할 때 받아야 하는 검사에 해당하는 것은?
① 계속검사 ② 신규등록검사
③ 수시검사 ④ 정기검사

43 정기검사: 건설공사용 건설기계로서 3년의 범위에서 국토교통부령으로 정하는 검사유효기간이 끝난 후에 계속하여 운행하려는 경우에 실시하는 검사와 대기환경보전법 및 소음·진동관리법에 따른 운행차의 정기검사

44 건설기계 사업을 하고자 하는 자는 누구에게 신고하여야 하는가?
① 건설기계 폐기업자 ② 전문건설기계정비업자
③ 시장·군수 또는 구청장 ④ 건설교통부 장관

44 건설기계관리법의 대부분의 권리자는 시장·군수·구청장 등에게 있다.

45 건설기계관리법상 건설기계의 구조를 변경할 수 있는 범위에 해당되는 것은?
① 육상작업용 건설기계의 규격을 증가시키기 위한 구조변경
② 육상작업용 건설기계의 적재함 용량을 증가시키기 위한 구조변경
③ 원동기의 형식변경
④ 건설기계의 기종변경

45 건설기계의 구조변경을 할 수 없는 경우
- 건설기계의 기종변경
- 육상작업용 건설기계의 규격을 증가시키기 위한 구조변경
- 육상작업용 건설기계의 적재함 용량을 증가시키기 위한 구조변경

46 3톤 미만 지게차의 소형건설기계 조종 교육시간은?

① 이론 6시간, 실습 6시간
② 이론 4시간, 실습 8시간
③ 이론 12시간, 실습 12시간
④ 이론 10시간, 실습 14시간

46 3톤 미만 굴착기, 지게차, 로더의 교육시간은 이론 6시간, 조종 실습 6시간이다.

47 마스트 유압라인의 고장으로 견인하려고 할 때, 조치사항으로 옳지 않은 것은?

① 포크를 마스트에 고정하고 주차브레이크를 푼다.
② 시동은 켠 상태로 브레이크의 페달을 놓는다.
③ 안전주차 후 후면 안전거리에 고장표시판을 설치한다.
④ 지게차에 견인봉을 연결하고 속도는 2km/h 이하로 운행한다.

47 마스트 유압라인 고장 시 시동스위치는 off로 한다.

48 4행정 사이클 기관의 행정순서로 옳은 것은?

① 압축 → 동력 → 흡입 → 배기
② 흡입 → 동력 → 압축 → 배기
③ 압축 → 흡입 → 동력 → 배기
④ 흡입 → 압축 → 동력 → 배기

48 4행정 사이클 기관의 행정순서는 '흡입 → 압축 → 동력(폭발) → 배기'이다.

49 4행정 사이클 기관에서 1사이클을 완료할 때 크랭크축은 몇 회전하는가?

① 1회전
② 2회전
③ 3회전
④ 4회전

49 4행정 사이클 기관은 크랭크축이 2회전하고, 피스톤은 '흡입 → 압축 → 폭발(동력) → 배기'의 4행정을 하여 1사이클을 완성한다.

50 디젤기관의 연소실 중 연료소비율이 낮으며 연소압력이 가장 높은 연소실 형식은?

① 예연소실식
② 와류실식
③ 직접분사실식
④ 공기실식

50 직접분사실식은 디젤기관의 연소실 중 연료소비율이 낮으며 연소압력이 가장 높다.

51 <보기>에서 피스톤과 실린더 벽 사이의 간극이 클 때 미치는 영향을 모두 나타낸 것은?

―― 보기 ――
ⓐ 마찰열에 의해 소결되기 쉽다.
ⓑ 블로바이에 의해 압축압력이 낮아진다.
ⓒ 피스톤 링의 기능저하로 인하여 오일이 연소실에 유입되어 오일소비가 많아진다.
ⓓ 피스톤 슬랩 현상이 발생되며, 기관출력이 저하된다.

① ⓐ, ⓑ, ⓒ
② ⓒ, ⓓ
③ ⓑ, ⓒ, ⓓ
④ ⓐ, ⓑ, ⓒ, ⓓ

51 피스톤과 실린더 벽 사이의 간극이 작으면 마찰열에 의해 소결되기 쉽다.

52 디젤엔진에서 피스톤 링의 3대 작용과 거리가 먼 것은?
① 응력분산작용
② 기밀작용
③ 오일제어 작용
④ 열전도 작용

52 피스톤 링의 작용: 기밀작용(밀봉작용), 오일제어 작용, 열전도 작용(냉각작용)

53 기관의 동력을 전달하는 계통의 순서를 바르게 나타낸 것은?
① 피스톤 → 커넥팅로드 → 클러치 → 크랭크축
② 피스톤 → 클러치 → 크랭크축 → 커넥팅로드
③ 피스톤 → 크랭크축 → 커넥팅로드 → 클러치
④ 피스톤 → 커넥팅로드 → 크랭크축 → 클러치

53 실린더 내에서 폭발이 일어나면 '피스톤 → 커넥팅로드 → 크랭크축 → 플라이휠(클러치)' 순서로 전달된다.

54 유압식 밸브 리프터의 장점이 아닌 것은?
① 밸브간극 조정은 자동으로 조절된다.
② 밸브개폐시기가 정확하다.
③ 밸브구조가 간단하다.
④ 밸브기구의 내구성이 좋다.

54 유압식 밸브 리프터는 밸브기구의 구조가 복잡하다.

55 디젤기관에서 연료장치의 구성요소가 아닌 것은?
① 분사노즐
② 연료필터
③ 분사펌프
④ 예열플러그

55 디젤기관의 연료장치는 연료탱크, 연료파이프, 연료여과기, 연료공급펌프, 분사펌프, 고압파이프, 분사노즐로 구성되어 있다.

56 다음 중 예열장치의 설치목적으로 옳은 것은?

① 연료를 압축하여 분무성능을 향상시키기 위해
② 냉간시동 시 시동을 원활히 하기 위해
③ 연료분사량을 조절하기 위해
④ 냉각수의 온도를 조절하기 위해

56 예열장치는 겨울철 기관을 시동할 때 시동이 원활히 걸릴 수 있도록 한다.

57 기관 윤활유의 구비조건이 아닌 것은?

① 점도가 적당할 것
② 청정력이 클 것
③ 비중이 적당할 것
④ 응고점이 높을 것

57 윤활유의 구비조건: 점도가 적당할 것, 청정력이 클 것, 비중이 적당할 것, 응고점이 낮을 것, 인화점 및 자연발화점이 높을 것 등

58 운전석 계기판에 아래 그림과 같은 경고등과 가장 관련이 있는 경고등은?

① 엔진오일 압력 경고등
② 엔진오일 온도 경고등
③ 냉각수 배출 경고등
④ 냉각수 온도 경고등

58 위 그림에 해당하는 경고등은 엔진오일 압력 경고등이다.

59 디젤기관 냉각장치에서 냉각수의 비등점을 높여주기 위해 설치된 부품으로 알맞은 것은?

① 코어
② 냉각핀
③ 보조탱크
④ 압력식 캡

59 압력식 캡은 냉각장치 내의 비등점(비점)을 높이고, 냉각범위를 넓히기 위하여 사용한다.

60 건식 공기청정기의 장점이 아닌 것은?

① 설치 또는 분해조립이 간단하다.
② 작은 입자의 먼지나 오물을 여과할 수 있다.
③ 구조가 간단하고 여과망을 세척하여 사용할 수 있다.
④ 기관 회전속도의 변동에도 안정된 공기청정 효율을 얻을 수 있다.

60 건식 공기청정기는 비교적 구조가 간단하며, 여과망은 압축공기로 청소하여 사용할 수 있다.

61 디젤기관에서 과급기를 사용하는 이유로 옳지 않은 것은?

① 체적효율 증대
② 냉각효율 증대
③ 출력증대
④ 회전력 증대

61 과급기를 사용하는 목적은 체적효율 증대, 출력 증대, 회전력 증대 등이다.

62 전류의 크기를 측정하는 단위로 옳은 것은?

① V　　　　② A
③ R　　　　④ K

62
- 전압: 볼트(V)
- 전류: 암페어(A)
- 저항: 옴(Ω)

63 축전지의 역할을 설명한 것으로 옳지 않은 것은?

① 기동장치의 전기적 부하를 담당한다.
② 발전기 출력과 부하와의 언밸런스를 조정한다.
③ 기관시동 시 전기적 에너지를 화학적 에너지로 바꾼다.
④ 발전기 고장 시 주행을 확보하기 위한 전원으로 작동한다.

63 축전지의 역할
- 발전기가 고장 났을 때 주행을 확보하기 위한 전원으로 작동한다.
- 기동장치의 전기적 부하를 담당한다.
- 기관을 시동할 때 화학적 에너지를 전기적 에너지로 바꾼다.
- 발전기 출력과 부하와의 언밸런스를 조정한다.

64 건설기계에 주로 사용되는 기동전동기로 옳은 것은?

① 직류분권 전동기　　② 직류직권 전동기
③ 직류복권 전동기　　④ 교류 전동기

64 엔진의 시동 전동기는 직류직권 전동기이다.

65 엔진이 시동되었는데도 시동스위치를 계속 ON 위치로 할 때 미치는 영향으로 옳은 것은?

① 크랭크축 저널이 마멸된다.　　② 클러치 디스크가 마멸된다.
③ 기동전동기의 수명이 단축된다.　　④ 엔진의 수명이 단축된다.

65 엔진이 기동되었을 때 시동스위치를 계속 ON 위치로 하면 기동전동기 피니언이 플라이휠의 링기어에 맞물려 소음, 진동, 기어의 파손을 발생시켜 전동기의 수명이 단축된다.

66 충전장치의 역할로 옳지 않은 것은?

① 각종 램프에 전력을 공급한다.
② 에어컨 장치에 전력을 공급한다.
③ 축전지에 전력을 공급한다.
④ 기동장치에 전력을 공급한다.

66 충전장치는 축전지, 각종 램프, 각종 전장 부품에 전력을 공급하는 기능을 한다.

67 건설기계의 전조등 성능을 유지하기 위하여 가장 좋은 방법은?

① 단선으로 한다.
② 복선식으로 한다.
③ 축전지와 직결시킨다.
④ 굵은 선으로 갈아 끼운다.

67 복선식은 접지 쪽에도 전선을 사용하는 것으로 주로 전조등과 같이 큰 전류가 흐르는 회로에서 사용된다.

68 한쪽의 방향지시등만 점멸속도가 빠른 원인으로 옳은 것은?

① 전조등 배선접촉 불량
② 플래셔 유닛 고장
③ 한쪽 램프의 단선
④ 비상등 스위치 고장

68 한쪽 램프(전구)가 단선되면 회로의 전체 저항이 증가하여 한쪽의 방향지시등만 점멸속도가 빨라진다.

69 동력을 전달하는 계통의 순서를 바르게 나타낸 것은?

① 피스톤 → 커넥팅로드 → 클러치 → 크랭크축
② 피스톤 → 클러치 → 크랭크축 → 커넥팅로드
③ 피스톤 → 크랭크축 → 커넥팅로드 → 클러치
④ 피스톤 → 커넥팅로드 → 크랭크축 → 클러치

69 엔진 내부에서 발생된 폭발압력으로 인해 발생된 동력의 전달과정은 '피스톤 - 커넥팅 로드 - 크랭크축 - 클러치'를 통해서 변속기 입력축에 전달되고, 추진축과 종감속장치를 통해 바퀴축과 바퀴에 전달된다.

70 수동식 변속기가 장착된 장비에서 클러치 페달에 유격을 두는 이유는?

① 클러치 용량을 크게 하기 위해
② 클러치의 미끄럼을 방지하기 위해
③ 엔진 출력을 증가시키기 위해
④ 제동 성능을 증가시키기 위해

70 클러치 유격은 릴리스 베어링이 릴리스 레버에 접촉할 때까지 페달이 움직인 거리를 말하는데 클러치의 미끄러짐을 방지하기 위해 클러치페달에 적당한 유격을 두게 된다.

71 토크 컨버터에서 오일 흐름 방향을 바꾸어 주는 것은?

① 펌프
② 변속기축
③ 터빈
④ 스테이터

71 ① 펌프: 토크컨버터 내의 오일 압력 발생
② 스테이터: 터빈에서 나온 오일을 펌프 측 오일 입력 방향으로 바꾼다.
③ 터빈: 펌프에서 발생된 유압의 힘을 받아 변속기 입력축에 전달한다.

72 추진축의 각도변화를 가능하게 하는 이음은?

① 등속이음
② 자재이음
③ 플랜지 이음
④ 슬립이음

72 자재이음(유니버설 조인트)은 추진축의 각도변화를 가능하게 하는 부품이다.

73 타이어에서 고무로 피복된 코드를 여러 겹으로 겹친 층에 해당되며 타이어 골격을 이루는 부분은?

① 카커스(carcass)부분
② 트레드(tread)부분
③ 숄더 (should)부분
④ 비드(bead)부분

73 카커스 부분은 고무로 피복 된 코드를 여러겹 겹친 층에 해당되며, 타이어 골격을 이루는 부분이다.

74 튜브리스타이어의 장점이 <u>아닌</u> 것은?

① 펑크 수리가 간단하다.
② 못이 박혀도 공기가 잘 새지 않는다.
③ 고속 주행하여도 발열이 적다
④ 타이어 수명이 길다

74 튜브리스(tubeless)타이어란 튜브가 없고 대신에 공기가 누설되지 않는 고무막을 타이어 내부에 설치하는 방식의 타이어로 최근에 많이 사용하며, 타이어의 수명은 운전 조건에 따른 트레드의 마모 상태로 판단하는 것이므로 튜브리스타이어라고 해서 수명이 길다고 할 수 없다.

75 지게차에서 조향장치가 하는 역할은?

① 제동을 쉽게 하는 장치이다.
② 분사압력 증대장치이다.
③ 분사시기를 조절하는 장치이다.
④ 건설기계의 진행방향을 바꾸는 장치이다.

75 조향장치는 건설기계의 진행방향을 바꾸는 장치이다.

76 지게차의 조향 장치 원리는 어떤 형식인가?

① 애커먼 장토식　　② 포토래스 형
③ 전부동식　　　　④ 빌드업 형

76 동력조향장치의 원리로는 애커먼 장토식을 이용하고 있다.

77 건설기계 조향바퀴 정렬의 요소가 <u>아닌</u> 것은?

① 캐스터(caster)　　② 부스터(booster)
③ 캠버(camber)　　④ 토인(toe-in)

77 조향바퀴 얼라인먼트의 요소에는 캠버, 캐스터, 토인, 킹핀 경사각 등이 있다.

78 타이어식 건설 기계에서 앞바퀴 정렬의 역할과 거리가 <u>먼</u> 것은?

① 브레이크의 수명을 길게 한다.
② 타이어 마모를 최소로 한다.
③ 방향 안정성을 준다.
④ 조항핸들의 조작을 작은 힘으로 쉽게 할 수 있다.

78 앞바퀴 정렬이란 차량의 바퀴 위치 방향 및 다른 부품들과의 밸런스 등을 올바르게 유지하는 정렬상태로 휠 얼라인먼트(wheel alignment)라고도 하며 브레이크 수명과는 관계가 없다.

79 지게차를 전·후진 방향으로 서서히 화물에 접근시키거나 빠른 유압작동으로 신속히 화물을 상승 또는 적재시킬 때 사용하는 것은?

① 액셀러레이터 페달　　② 디셀러레이터 페달
③ 인칭조절 페달　　　　④ 브레이크 페달

79 인칭조절페달(인칭페달)은 지게차를 전·후진 방향으로 서서히 화물에 접근시키거나 빠른 유압작동으로 신속히 화물을 상승 또는 적재시킬 때 사용한다.

80 지게차 인칭조절장치에 대한 설명으로 옳은 것은?

① 브레이크 드럼 내부에 있다.
② 트랜스미션 내부에 있다.
③ 디셀러레이터 페달에 있다.
④ 작업장치의 유압상승을 억제하는 장치이다.

80 인칭조절장치는 트랜스미션 내부에 설치되어 있으며, 화물에 접근시키거나 빠른 유압작동으로 신속히 화물을 상승 또는 적재 시 사용하는 장치이다.

81 파스칼의 원리와 관련된 설명이 <u>아닌</u> 것은?

① 정지된 액체에 접하고 있는 면에 가해진 압력은 그 면에 수직으로 작용한다.
② 정지된 액체의 한 점에 있어서의 압력의 크기는 전 방향에 대하여 동일하다.
③ 점성이 없는 비압축성 유체에서 압력에너지, 위치에너지, 운동에너지의 합은 같다.
④ 밀폐용기 내의 한 부분에 가해진 압력은 액체 내의 전부분에 같은 압력으로 전달된다.

81 파스칼의 원리: 밀폐용기 내에 힘을 가하면 용기 내의 모든 면에 같은 압력이 작용한다.

82 유압장치의 장점이 <u>아닌</u> 것은?

① 속도제어가 용이하다.
② 힘의 연속적 제어가 용이하다.
③ 온도의 영향을 많이 받는다.
④ 윤활성, 내마멸성, 방청성이 좋다.

82 유압장치는 온도에 따른 오일의 점도 영향을 많이 받는 단점이 있다.

83 유압장치의 구성요소가 <u>아닌</u> 것은?

① 오일탱크　　② 유압제어밸브
③ 유압펌프　　④ 차동장치

83 유압장치는 유압 실린더와 유압모터, 오일여과기, 유압펌프, 유압제어밸브, 배관, 오일탱크, 오일냉각기 등으로 구성되어 있다.

84 유압펌프에서 토출압력이 가장 높은 것은?

① 베인 펌프
② 기어펌프
③ 엑시얼 플런저 펌프
④ 레이디얼 플런저 펌프

84 유압펌프의 최고압력
- 액시얼 플런저 펌프: 210~400 kgf/cm²
- 베인 펌프: 35~140 kgf/cm²
- 레이디얼 플런저 펌프: 140~250 kgf/cm²
- 기어펌프: 10~250 kgf/cm²

85 유압 실린더 중 피스톤의 양쪽에 유압유를 교대로 공급하여 양방향의 운동을 유압으로 작동시키는 형식은?

① 단동식
② 복동식
③ 다동식
④ 편동식

85
- 단동식
  한쪽 방향에 대해서만 유효한 일을 하고, 복귀는 중력이나 복귀스프링에 의한 실린더를 말한다.
- 복동식
  유압 실린더 피스톤의 양쪽에 유압유를 교대로 공급하여 양방향의 운동을 유압으로 작동시키는 실린더를 말한다.

86 유압 실린더의 로드 쪽으로 오일이 누출되는 결함이 발생하는 원인이 아닌 것은?

① 실린더 로드 패킹 손상
② 실린더 헤드 더스트 실(seal) 손상
③ 실린더 로드의 손상
④ 실린더 피스톤 패킹 손상

86 유압 실린더의 로드 쪽으로 오일이 누출되는 원인: 실린더 로드 패킹 손상, 실린더 헤드 더스트 실(seal) 손상, 실린더 로드의 손상

87 유압회로에 사용되는 제어밸브의 역할과 종류의 연결사항으로 틀린 것은?

① 일의 속도제어: 유량조절밸브
② 일의 시간제어: 속도제어밸브
③ 일의 방향제어: 방향전환밸브
④ 일의 크기제어: 압력제어밸브

87 제어밸브의 기능
- 유량제어밸브: 일의 속도결정
- 압력제어밸브: 일의 크기결정
- 방향제어밸브: 일의 방향결정

88 오일탱크 내의 오일을 전부 배출시킬 때 사용하는 것은?

① 드레인 플러그
② 배플
③ 어큐뮬레이터
④ 리턴라인

88 오일탱크 내의 오일 및 수분 배출 시 드레인 플러그를 풀어 배출하게 된다.

89 <보기>에서 유압 작동유가 갖추어야 할 조건으로 옳은 것을 모두 고르면?

— 보기 —
㉠ 압력에 대해 비압축성일 것
㉡ 밀도가 작을 것
㉢ 열팽창계수가 작을 것
㉣ 체적탄성계수가 작을 것
㉤ 점도지수가 낮을 것
㉥ 발화점이 높을 것

① ㉠, ㉡, ㉢, ㉣
② ㉡, ㉢, ㉤, ㉥
③ ㉡, ㉣, ㉤, ㉥
④ ㉠, ㉡, ㉢, ㉥

89 유압유의 구비조건: 압력에 대해 비압축성일 것, 밀도가 작을 것, 열팽창계수가 작을 것, 체적탄성계수가 클 것, 점도지수가 높을 것, 인화점 발화점이 높을 것, 내열성이 크고, 거품이 없을 것 등

90 유압장치에서 사용하는 작동유의 정상작동 온도범위로 가장 적절한 것은?

① 120~150℃
② 40~80℃
③ 90~110℃
④ 10~30℃

90 작동유의 정상작동 온도범위는 40~80℃이다.

91 유압회로에서 속도제어회로에 속하지 <u>않는</u> 것은?

① 시퀀스 회로
② 미터-인 회로
③ 블리드 오프 회로
④ 미터-아웃 회로

91 속도제어 회로의 종류에는 미터-인(meter in)회로, 미터-아웃(meter out)회로, 블리드 오프(bleed off)회로가 있다.

92 그림과 같은 유압 기호에 해당하는 밸브는?

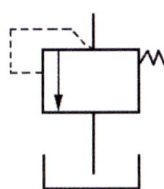

① 체크밸브
② 카운터밸런스 밸브
③ 릴리프 밸브
④ 무부하 밸브

92 그림은 유압회로 내의 설정 압력 이상의 압력이 발생할 때 유체를 탱크로 되돌려 보내어 유압 내의 압력을 유지시키고 보호하는 안전밸브인 릴리프 밸브를 나타내는 기호이다.

93 지게차의 작업 장치 중 깨지기 쉬운 화물이나 불안전한 화물의 낙하를 방지하기 위하여 포크 상단에 상하 작동할 수 있는 압력판을 부착한 형식은?

① 로드 스태빌라이저
② 힌지드 포크
③ 사이드 시프트 포크
④ 하이 마스트

93 로드 스태빌라이저는 깨지기 쉬운 화물이나 불안전한 화물의 낙하를 방지하기 위하여 포크 상단에 상하 작동할 수 있는 압력판을 부착한 지게차를 말한다.

94 다음 중 지게차의 구성품이 <u>아닌</u> 것은?

① 마스트
② 블레이드
③ 평형추
④ 틸트 실린더

94 지게차는 마스트, 백레스트, 핑거보드, 리프트 체인, 포크, 리프트 실린더, 틸트 실린더, 평형추(밸런스 웨이트) 등으로 구성되어 있다.

95 다음 그림에서 지게차의 축간 거리를 표기한 것은?

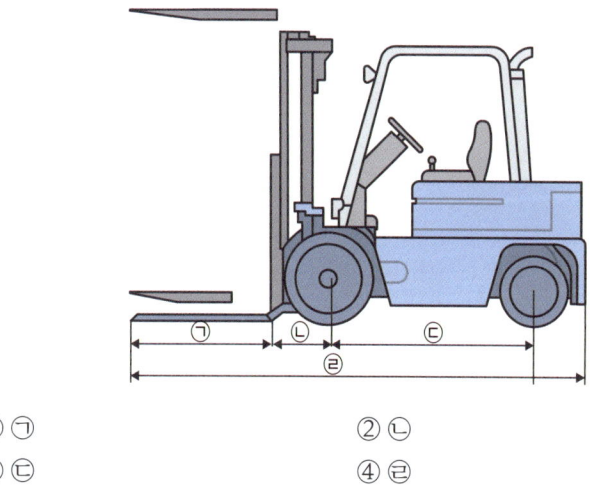

① ㉠
② ㉡
③ ㉢
④ ㉣

95 ㉠: 포크의 길이
㉡: 전방오버행
㉢: 축간 거리
㉣: 전장

96 최소직각 통로폭에 대한 설명으로 옳은 것은?

① 전고가 낮을수록 통로폭이 커진다.
② 전고가 낮을수록 통로폭이 작아진다.
③ 전폭이 작을수록 통로폭이 커진다.
④ 전폭이 작을수록 통로폭이 작아진다.

96 최소직각교차 통로폭은 지게차의 전폭이 작을수록 통로폭이 작아지고, 전폭이 클수록 커진다.

97 지게차가 무부하 상태에서 최대 조향각으로 운행 시 가장 바깥쪽 바퀴의 접지 자국 중심점이 그리는 원의 반경은?

① 윤간거리
② 최소선회지름
③ 최소직각 통로폭
④ 최소회전반경

97 지게차가 무부하 상태에서 최대 조향각으로 운행 시 가장 바깥쪽 바퀴의 접지 자국 중심점이 그리는 원의 반경은 최소회전반경이다.

98 차량이 남쪽에서 북쪽으로 진행 중일 때, 그림에 대한 설명으로 틀린 것은?

① 차량을 우회전하는 경우 서울역 쪽 '통일로'로 진입할 수 있다.
② 차량을 좌회전하는 경우 불광역 쪽 '통일로'로 진입할 수 있다.
③ 차량을 좌회전하는 경우 불광역 쪽 '통일로'로 건물번호가 커진다.
④ 차량을 좌회전하는 경우 불광역 쪽 '통일로'의 건물번호가 작아진다.

98 남쪽에서 북쪽으로 진행하고 있으면 좌측(불광역)이 서쪽이고, 우측(서울역)이 동쪽이 된다. 도로 구간의 시작점과 끝지점은 '서 → 동', '남 → 북'쪽 방향으로 건물번호 순서를 정하고 있기 때문에 불광역 쪽에서 서울역 쪽으로 가면서 건물번호가 커진다. 이에 차량을 좌회전 하는 경우 불광역 쪽 '통일로'의 건물번호가 점차적으로 작아지게 됨을 알 수 있다.

99 다음 중 관공서용 건물번호판에 해당하는 것은?

①  ②

③ ④ (안양로4길 60 / 안양로 3길 71)

99
① 은 문화재 건물
② 는 관공서 건물
③ 은 주택 건물
④ 는 상가 건물번호판 표지이다.

100 차량이 남쪽에서 북쪽으로 진행 중일 때 그림에 대한 설명으로 옳지 않은 것은?

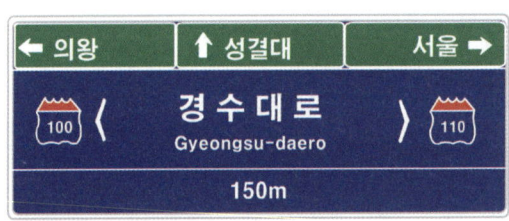

① 150m 전방에서 직진하면 '성결대' 방향으로 갈 수 있다.
② 150m 전방에서 좌회전하면 경수대로 도로 구간의 끝 지점과 만날 수 있다.
③ 150m 전방에서 우회전하면 경수대로 도로 구간의 시작점과 만날 수 있다.
④ 150m 전방에서 우회전하면 '의왕' 방향으로 갈 수 있다.

100 150m 전방에서 우회전하면 '서울' 방향으로 갈 수 있다.

출제 예상 문제 100제 정답

01 ③	02 ③	03 ③	04 ①	05 ②	06 ②	07 ④	08 ②	09 ①	10 ①
11 ②	12 ①	13 ①	14 ③	15 ②	16 ④	17 ①	18 ③	19 ③	20 ①
21 ①	22 ①	23 ②	24 ①	25 ③	26 ①	27 ①	28 ④	29 ①	30 ①
31 ③	32 ④	33 ①	34 ④	35 ①	36 ②	37 ④	38 ③	39 ①	40 ④
41 ③	42 ②	43 ④	44 ③	45 ①	46 ①	47 ②	48 ④	49 ②	50 ③
51 ③	52 ①	53 ④	54 ③	55 ④	56 ②	57 ④	58 ①	59 ④	60 ③
61 ②	62 ②	63 ③	64 ②	65 ④	66 ④	67 ②	68 ③	69 ④	70 ②
71 ④	72 ②	73 ①	74 ③	75 ④	76 ①	77 ②	78 ①	79 ③	80 ②
81 ③	82 ③	83 ④	84 ③	85 ②	86 ④	87 ②	88 ①	89 ④	90 ②
91 ①	92 ③	93 ①	94 ②	95 ④	96 ①	97 ④	98 ③	99 ②	100 ④

박문각 취밥러 시리즈
지게차운전기능사 필기

2판발행	2025. 6. 30
2쇄발행	2025. 12. 05

저자와의
협의 하에
인지 생략

발 행 인	박용
출판총괄	김현실
개발책임	이성준
편집개발	김태희, 윤혜진
마 케 팅	김치환, 최지희
일러스트	㈜ 유미지

발 행 처	㈜ 박문각출판
출판등록	등록번호 제2019-000137호
주 소	06654 서울시 서초구 효령로 283 서경B/D 4층
전 화	(02) 6466-7202
팩 스	(02) 584-2927
홈페이지	www.pmgbooks.co.kr

ISBN	979-11-7262-900-7
정가	13,900원

이 책의 무단 전재 또는 복제 행위는 저작권법 제 136조에 의거, 5년 이하의 징역 또는 5,000만원 이하의 벌금에 처하거나 이를 병과할 수 있습니다.